K. Knothe · S. Stichel

Schienenfahrzeugdynamik

Engineering ONLINE LIBRARY

http://www.springer.de/engine-de/

Springer-Verlag Berlin Heidelberg GmbH

Klaus Knothe · Sebastian Stichel

Schienenfahrzeugdynamik

Mit 155 Abbildungen

Springer

Prof. Dr.-Ing. Klaus Knothe
Technische Universität Berlin
Institut für Luft- und Raumfahrt
Marchstr. 12
10587 Berlin

Dr.-Ing. Sebastian Stichel
Royal Institute of Technology
Railway Technology
S - 10044 Stockholm
Sweden

ISBN 978-3-642-62814-6   ISBN 978-3-642-55766-8 (eBook)
DOI 10.1007/978-3-642-55766-8
Bibliografische Information der Deutschen Bibliothek
Die Deutsche Bibliothek verzeichnet diese Publikation in der Deutschen Nationalbibliografie;
detaillierte bibliografische Daten sind im Internet über http://dnb.ddb.de abrufbar.

Dieses Werk ist urheberrechtlich geschützt. Die dadurch begründeten Rechte, insbesondere die
der Übersetzung, des Nachdrucks, des Vortrags, der Entnahme von Abbildungen und Tabellen, der
Funksendung, der Mikroverfilmung oder Vervielfältigung auf anderen Wegen und der Speicherung
in Datenverarbeitungsanlagen, bleiben, auch bei nur auszugsweiser Verwertung, vorbehalten. Eine
Vervielfältigung dieses Werkes oder von Teilen dieses Werkes ist auch im Einzelfall nur in den Grenzen der gesetzlichen Bestimmungen des Urheberrechtsgesetzes der Bundesrepublik Deutschland
vom 9. September 1965 in der jeweils geltenden Fassung zulässig. Sie ist grundsätzlich vergütungspflichtig. Zuwiderhandlungen unterliegen den Strafbestimmungen des Urheberrechtsgesetzes.

http://www.springer.de

© Springer-Verlag Berlin Heidelberg 2003
Ursprünglich erschienen bei Springer-Verlag Berlin Heidelberg 2003
Softcover reprint of the hardcover 1st edition 2003

Die Wiedergabe von Gebrauchsnamen, Handelsnamen, Warenbezeichnungen usw. in diesem Buch
berechtigt auch ohne besondere Kennzeichnung nicht zu der Annahme, dass solche Namen im
Sinne der Warenzeichen- und Markenschutz-Gesetzgebung als frei zu betrachten wären und daher
von jedermann benutzt werden dürften. Sollte in diesem Werk direkt oder indirekt auf Gesetze,
Vorschriften oder Richtlinien (z. B. DIN, VDI, VDE) Bezug genommen oder aus ihnen zitiert worden
sein, so kann der Verlag keine Gewähr für die Richtigkeit, Vollständigkeit oder Aktualität übernehmen. Es empfiehlt sich, gegebenenfalls für die eigenen Arbeiten die vollständigen Vorschriften oder
Richtlinien in der jeweils gültigen Fassung hinzuzuziehen.

Einbandgestaltung: Struve & Partner, Heidelberg
Satz: Digitale Druckvorlage der Autoren
Gedruckt auf säurefreiem Papier   68/3020/M - 5 4 3 2 1 0

Vorwort

Das Buch *Schienenfahrzeugdynamik* ist entstanden aus den Skripten zur Lehrveranstaltung *Dynamik von Schienenfahrzeugen* an der Technischen Universität Berlin. Klaus Knothe hat die Lehrveranstaltung über fast 25 Jahre, davon 20 Jahre gemeinsam mit Professor Gasch, verantwortet. Aus diesem Grund sind die Kapitel 4 bis 7 sehr stark von Professor Gasch geprägt. Sebastian Stichel war 5 Jahre lang wissenschaftlicher Mitarbeiter im Fachgebiet *Konstruktionsberechnung* und hat während dieser Zeit das Vorlesungsskript grundsätzlich überarbeitet. Er ist heute an der Königlichen Technischen Hochschule (KTH) Stockholm und bei Bombardier in Schweden tätig. Außerdem gehen Ergebnisse von zahlreichen Forschungsvorhaben und Dissertationen in das Buch ein.

Der Grund für die Entscheidung, ein Buch über *Schienenfahrzeugdynamik* zu veröffentlichen, war, dass weder in Deutschland noch im englischsprachigen Raum ein umfassendes Buch zur Schienenfahrzeugdynamik verfügbar ist. In den beiden sehr verdienstvollen deutschsprachigen Büchern zur *Fahrzeugdynamik* [179] und zur *Systemdynamik und Regelung von Fahrzeugen* [132] kommt notwendigerweise die Schienenfahrzeugdynamik etwas zu kurz. Im englischsprachigen Bereich gibt es das Buch von Garg und Dukkipati [57], das aber inzwischen überholt ist. Das gleiche gilt für das in Russisch verfasste Buch von Kovalev [133] sowie für die Broschüre von Krugmann [137] oder das für konstruktive Einzelfragen zum Drehgestell noch immer wertvolle Buch von Hanneforth [74]. Ein Sammelband, der mit von Klaus Knothe herausgegeben wurde [120], behandelt eine Vielzahl von Spezialaspekten, gibt aber keine grundsätzliche Einführung. Anders sieht die Situation bei der Gleisdynamik [124] oder bei der Brückendynamik [56] aus. Bücher aus dem 19. Jahrhundert [9] oder der ersten Hälfte des 20. Jahrhunderts [192, 105] können diese Lücke nicht füllen. Es ist also angebracht, die Leerstelle bei der Schienenfahrzeugdynamik auszufüllen.

Das Buch hat den Charakter einer Einführung. Dies lässt sich unter zwei Gesichtspunkten verdeutlichen: Wesentliche Aspekte werden sehr ausführlich behandelt, während weiterführende Fragen vielfach nur angedeutet werden. Die Vorgehensweise ist fast durchgehend induktiv, d.h., allgemeine Grundlagen werden dann bereitgestellt, wenn es von der Sache her geboten ist. Dies hat sich in der Lehrveranstaltung bewährt, in der Studenten der Fahrzeugtechnik und des Maschinenbaus nach dem Vorexamen vielfach das erste Mal mit Bewegungsdifferentialgleichungen und deren Lösung konfrontiert waren.

Damit ist auch der Leserkreis angesprochen: Das Buch ist geschrieben für Studenten der Ingenieurwissenschaften an Hoch- und Fachhochschulen, die sich über Schienenfahrzeugdynamik informieren wollen und vielleicht auch auf diesem Weg einen Einstieg in Vorgehensweisen zur Behandlung dynamischer Probleme bei anderen technischen Systemen suchen. Es spricht in gleicher Weise aber auch Ingenieure in der Schienenfahrzeugindustrie und bei den Eisenbahnen im deutschsprachigen Raum an, die zu grundlegenden Fragen schnelle und (hoffentlich) leicht verständliche Informationen suchen.

Das Buch enthält kapitelweise Übungsaufgaben, allerdings ohne die Angabe von Lösungen. In der verfügbaren Zeit war die Erstellung der Lösungen nicht mehr zu schaffen. Dies bleibt der nächsten Auflage vorbehalten.

Die Autoren wären ohne Hilfe von vielen Seiten nicht in der Lage gewesen, dass Buch zu schreiben. Da ist zunächst nochmals Herr Professor Gasch zu nennen, dessen Vorlesungsskript zum ersten Teil der Vorlesung DYNAMIK VON SCHIENENFAHRZEUGEN Ausgangsmaterial für die Kapitel 4 bis 7 lieferte. Auf die Assistenten, die an den Vorlesungen mitwirkten und das Vorlesungsskript an vielen Stellen überarbeiteten, soll nur exemplarisch eingegangen werden. Genannt seien Herr Dr.-Ing. Arnold Groß-Thebing, Herr Dr.-Ing. Burchard Ripke und Herr Alexander Böhmer. Herr Dr.-Ing. Walter Kik hat schon das Vorlesungsskript interessiert und mit einer Vielzahl von Anregungen begleitet, er stand auch in der letzten Phase der Erstellung des Buchmanuskriptes mit Rat und Tat zur Verfügung, wenn es um Beispielrechnungen für Einzelprobleme ging. Speziell zu Kapitel 3 danken die Autoren Herrn André Theiler für eine Vielzahl von Anregungen. Diejenigen, die im Rahmen von Forschungsvorhaben Beiträge lieferten, die im Buch verarbeitet werden, werden an den entsprechenden Stellen genannt. Danken möchten die Autoren auch Prof. Evert Andersson und Dr. Mats Berg mit denen Sebastian Stichel seit sechs Jahren gemeinsam die Lehrveranstaltung DYNAMIK VON SCHIENENFAHRZEUGEN and der KTH in Stockholm betreut. Anregungen aus dem dortigen Vorlesungsumdruck sind besonders in die Kapitel 7 und 14 eingeflossen. Weiterer Dank gilt Roger Enblom von der KTH in Stockholm sowie Alexander Böhmer von der TU Berlin, die beide noch in letzter Minute Korrekturen zu einzelnen Kapiteln beisteuerten.

Die Zeichnungen stellte in der bekannten, zuverlässigen Weise Frau Christine Koll her. Ihr gilt unser besonderer Dank.

Dem Springer Verlag, und dort insbesondere Herrn Lehnert, sei an dieser Stelle für die Geduld und das Entgegenkommen gegenüber den Autoren gedankt.

Nicht zuletzt möchten die Autoren ihren Frauen danken, die besonders in den letzten Wochen sehr viel Geduld aufbringen mussten und in einem Fall auch bei der letzten Korrekturlesung mitwirkten.

Berlin und Stockholm, Februar 2003

Inhaltsverzeichnis

1. **Einleitung** 1
   1.1 Grundlegende Aufgaben des Rad/Schiene-Systems 1
   1.2 Bedeutung der Dynamik für den Betrieb von Schienenfahrzeugen 2
   1.3 Zur Geschichte der bahntechnischen Forschung seit 1800 4
       1.3.1 Von 1800 bis 1945 4
       1.3.2 Neuanfang nach 1945: Japan und Frankreich 8
       1.3.3 Forschung und Entwicklung in Deutschland zur Überwindung der „Grenzen des Rad/Schiene-Systems" 11
   1.4 Bahntechnische Industrie in Europa 13
   1.5 Übersicht über das Buch 14
       1.5.1 Einteilung in Gruppen 14
       1.5.2 Vertikalschwingungen und Lateralschwingungen 14
       1.5.3 Bogenlauf 15
       1.5.4 Frequenzbereichsrechnung und Zeitbereichsrechnung .. 15

2. **Modellierung von Fahrzeug, Gleis und Anregung** 17
   2.1 Vorüberlegungen und Koordinatensysteme 17
   2.2 Fahrzeugmodellierung 18
       2.2.1 Laufwerkskonstruktionen, Radsatzfesselungen und Drehgestellführungen 18
       2.2.2 Mechanisches Modell des Fahrzeugs. Verbindungselemente 23
       2.2.3 Elastische Wagenkästen 24
   2.3 Modellierung des Gleises und der Anregung 26
       2.3.1 Gleismodellierung 26
       2.3.2 Modellierung der Anregung 28

3. **Modellierung des Rad/Schiene-Kontaktes** 33
   3.1 Profilgeometrie 34
   3.2 Kinematik des Kontakts von Rad und Schiene.............. 37
       3.2.1 Kinematik des Kontakts bei konischen Profilen und Kreisprofilen 37
       3.2.2 Kontaktkinematik bei beliebigen Profilen 43

	3.2.3 Zur Ermittlung der äquivalenten Berührkenngrößen mit der Methode der Quasilinearisierung	45
	3.2.4 Umrechnung in äquivalente Kreisprofile	48
	3.2.5 Linearisierte Kontaktkinematik mit Gleislagefehlern	49
	3.2.6 Schlupfberechnung	50
3.3	Normalkontaktmechanik	52
	3.3.1 Überblick zur Kontaktspannungsberechnung	52
	3.3.2 Annahmen zum Normalkontaktproblem	52
	3.3.3 Nichtelliptische Kontaktflächen	53
	3.3.4 Behandlung des Normalkontaktproblems nach Hertz	54
	3.3.5 Kugelkontakt oder Punktkontakt (point contact)	57
	3.3.6 Ellipsoidkontakt	57
	3.3.7 Walzenkontakt, Linienkontakt	59
	3.3.8 Linearisiertes Ersatzmodell	60
3.4	Tangentialkontaktmechanik	60
	3.4.1 Einführung in das Tangentialkontaktproblem	60
	3.4.2 Analytische Lösung für Walzenkontakt (Linienkontakt)	64
	3.4.3 Kalkers Theorie des Rollkontakts für Ellipsoidkontakt	66
	3.4.4 Näherungslösung nach Vermeulen-Johnson und Shen-Hedrick-Elkins	68
	3.4.5 Vereinfachte Theorie des rollenden Kontaktes [107]	72
	3.4.6 Anpassung der Theorie an die Praxis	78

4. Vertikaldynamik. Bewegungsgleichungen und freie Schwingungen ... 79

4.1	Bezeichnungen und Annahmen	79
4.2	Bewegungsdifferentialgleichungen mit Impuls und Drallsatz	80
	4.2.1 Verschiebungsfreiheitsgrade beim Zweiachser	81
	4.2.2 Zwangsbedingungen	82
	4.2.3 Kräfte in den Feder- und Dämpferelementen	82
	4.2.4 Freischneiden der Einzelmassen	85
	4.2.5 Impuls- und Drallsatz zum Aufstellen des Gleichungssystems	87
	4.2.6 Elimination der Zwangskräfte. Endgültiges Gleichungssystem	87
4.3	Prinzip der virtuellen Verrückungen für Starrkörpersysteme	90
	4.3.1 Vorbemerkungen	90
	4.3.2 Formulierung des Prinzips der virtuellen Verrückungen	90
	4.3.3 Einbau kinematischer Zwangsbedingungen. Beispiel Fahrzeug	93
4.4	Aufstellen der Bewegungsgleichungen mit dem Prinzip	94
	4.4.1 Verschiebungsvektor mit den Freiheitsgraden des freigeschnittenen Systems	94
	4.4.2 Zusammenhang zwischen Federdehnungen und Systemverschiebungen	94

       4.4.3 Angabe der Federgesetze und Formulierung der virtuellen Formänderungsenergie 95
       4.4.4 Angabe der Massenmatrix und Formulierung der virtuellen Arbeit der Massenträgheitskräfte 96
       4.4.5 Äußere Belastungen und Zwangskräfte 96
       4.4.6 System von Bewegungsdifferentialgleichungen des freien Systems. Einführung von Zwangsbedingungen 97
  4.5 Bewegungsgleichungen für elastische Wagenkästen 98
  4.6 Lösung für freie Schwingungen 100
  4.7 Übungsaufgaben zu Kapitel 4 103
       4.7.1 Zwangskräfte bei Erfüllung der Zwangsbedingungen .. 103
       4.7.2 Gültigkeit der Rollbedingung 103

5. Erzwungene Vertikalschwingungen, Frequenzbereichslösung 105
  5.1 Komplexe Schreibweise 106
  5.2 Vertikalschwingungen beim Abrollen über ein Cosinusgleis ... 109
       5.2.1 Gleislagefehler und Fußpunktanregung 109
       5.2.2 Lösung für die Tauchbewegung 110
       5.2.3 Interpretation der Lösung 113
  5.3 Fahrzeug auf allgemein periodischem Gleis 117
  5.4 Lösung für ein Fahrzeug mit elastischem Wagen 121
  5.5 Aufgaben zu Kapitel 5 122
       5.5.1 Zweiachsiges Fahrzeug auf Cosinusgleis 122
       5.5.2 Zweiachser auf allgemein periodischem Gleis 123

6. Regellose Schwingungen 125
  6.1 Charakterisierung einer unregelmäßigen Fahrbahn 125
  6.2 Ermittlung der Fahrzeugantwort bei regelloser Gleisanregung 127
  6.3 Spektrale Leistungsdichten von Gleislagefehlern 131
       6.3.1 Einige Anmerkungen zur Ermittlung der spektralen Leistungsdichte der Gleislagefehler 131
       6.3.2 Spektrale Leistungsdichten für das Netz der DB 133
  6.4 Wegkreisfrequenzen und Zeitkreisfrequenzen 137
  6.5 Bedeutung des Antwortleistungsspektrums 137

7. Schwingungseinwirkungen auf den Menschen - Komfortbeurteilung 139
  7.1 Wertungsziffer nach Sperling 140
       7.1.1 Allgemein periodische Schwingungen 143
       7.1.2 Regellose Schwingungen 145
  7.2 ISO 2631 146
  7.3 CEN Norm ENV 12299 149
       7.3.1 Vereinfachtes Kriterium für mittleren Komfort – N_{MV} 150
       7.3.2 Komfortstörungen in Übergangskurven – P_{CT} 151
       7.3.3 Diskrete Komfortstörungen – P_{DE} 153

7.4 Abschlussbemerkungen 154
   7.4.1 Messen oder Rechnen 154
   7.4.2 Komfort als Systemeigenschaft 154
   7.4.3 Einwirkungsdauer einer komfortbeeinträchtigenden Schwingung 155
7.5 Übungsaufgaben zu Kapitel 7 155
   7.5.1 Berechnen der Wertungsziffer nach Sperling 155

8. Einführung in die Lateraldynamik 157
8.1 Vorbemerkung 157
8.2 Sinuslauf und Klingelformel 161
8.3 Voraussetzungen und Annahmen bei der Ableitung der Klingel-Formel 164
8.4 Bestimmung der wirksamen Konizität mit Gleichung (8.13) .. 166

9. Bewegungsgleichungen für die Lateraldynamik 167
9.1 Prinzip für einen gefesselten Radsatz 167
   9.1.1 Betrachtetes System und einwirkende Kräfte 167
   9.1.2 Formulierung des Prinzips der virtuellen Verrückungen 169
   9.1.3 Ermittlung der virtuellen Verschiebungen 170
   9.1.4 Gleichgewichtsbedingungen in x-Richtung und um die y-Achse 173
   9.1.5 Gleichgewichtsbedingungen in y-Richtung und um die z-Achse 173
9.2 Übungsaufgaben zu Kapitel 9 175
   9.2.1 Interpretation der Schlupfkraftterme in Gl (9.13) 175
   9.2.2 Rollwiderstand infolge Bohrschlupf 175
   9.2.3 Bewegungsgleichungen für erzwungene Lateralschwingungen 175
   9.2.4 Rollwiderstand in der vereinfachten Theorie 176
   9.2.5 Nummerische Besetzung der Bewegungsdifferentialgleichung eines gefesselten Radsatzes 176
   9.2.6 Schlupfkräfte bei Annahme eines nicht schlupfkraftfreien Referenzzustandes 176

10. Laterales Eigenverhalten eines Radsatzes 179
10.1 Ermittlung von Eigenwerten und Eigenvektoren 179
10.2 Wurzelortskurven 181
10.3 Näherungslösung für niedrige Geschwindigkeiten 183
10.4 Stabilitätsuntersuchung mit Beiwertbedingung oder Hurwitz-Kriterium 187
10.5 Kritische Geschwindigkeit eines Einzelradsatzes 189
10.6 Interpretation der Stabilitätsgrenzbedingung des Einzelradsatzes 190
10.7 Übungsaufgaben zu Kapitel 10 195

10.7.1 Charakteristische Gleichung 195
10.7.2 Transformation der Radsatz- Bewegungsdifferentialgleichung 195
10.7.3 Grafische Darstellung der Wurzelortskurven eines gefesselten Einzelradsatzes und Bestimmung der kritischen Geschwindigkeit 196
10.7.4 Losradsatz....................................... 196

11. Laterales Eigenverhalten und Stabilität von Drehgestellen 197
11.1 Nummerische Ermittlung der Eigenwerte und der Grenzgeschwindigkeit 197
11.2 Analytische Näherungslösungen bei Drehgestellen 203
11.2.1 Koordinatentransformationen zur Einführung generalisierter Verschiebungszustände 206
11.2.2 Drehgestelle mit unendlich großer Biege- und Schersteifigkeit....................................... 215
11.2.3 Konstruktive Realisierung sehr großer Biege- und Schersteifigkeiten.................................. 219
11.2.4 Drehgestelle mit unendlich großer Schersteifigkeit 220
11.2.5 Drehgestelle mit unendlich großer Biegesteifigkeit 223
11.2.6 Drehgestelle mit endlicher Biege- und Schersteifigkeit . 224
11.3 Übungsaufgaben zu Kapitel 11 226
11.3.1 Bewegungsgleichungen eines Drehgestells 226
11.3.2 Bewegungsgleichungen eines frei rollenden Drehgestells bei niedrigen Geschwindigkeiten 227
11.3.3 Beziehungen für Biegesteifigkeit und Schersteifigkeit .. 227

12. Stabilität von Drehgestell-Fahrzeugen 229
12.1 Stabilität eines aus zwei Wagen bestehenden Zuges 229
12.2 Stabilität eines Drehgestellfahrzeugs 233
12.2.1 Sinuslauf eines Drehgestellfahrzeugs 234
12.2.2 Drehgestell-Sinuslauf 238
12.2.3 Auswirkung von Reibdrehhemmungen................ 239
12.3 Anregungen zur Weiterarbeit zu Kapitel 12 241
12.3.1 Abhängigkeit der Stabilität des Drehgestellfahrzeugs von Biege- und Schersteifigkeit 241
12.3.2 Stabilität eines Fahrzeugs mit Losradsätzen 241
12.3.3 Reibdrehhemmung und Drehhemmung mit viskosen Dämpfern 241

13. Nichtlineare Stabilitätsuntersuchungen 243
13.1 Vorbemerkung 243
13.2 Nichtlineare kritische Geschwindigkeit..................... 244
13.3 Verfahren von Urabe und Reiter 246
13.4 Methode der Quasilinearisierung........................... 250

13.5 Grenzen der Fourierzerlegung 252
13.6 Nichtlineare Stabilitätsberechnung im Zeitbereich 253
13.7 Anregungen zur Weiterarbeit zu Kapitel 13 253
    13.7.1 Stabilitätsuntersuchung für das Boedecker-Fahrzeug .. 253

14. Quasistatischer Bogenlauf 255
14.1 Historische Vorbemerkung 255
14.2 Allgemeine Anmerkungen 256
14.3 Bogenlauf eines Radsatzes 257
    14.3.1 Frei laufender Radsatz im Bogen (kinematischer Bogenlauf) 257
14.4 Radsatz im mitgeführten Rahmen 258
14.5 Bogenlauf von Drehgestellen und ganzen Fahrzeugen 266
    14.5.1 Verfahren zur Berechnung des Bogenlaufes nach Uebelacker und Heumann 267
    14.5.2 Kräfte beim Bogenlauf von Drehgestellen mit Federung 270
14.6 Verschleißberechnung im Rad-Schiene Kontakt 272
14.7 Übungsaufgaben zu Kapitel 14 275
    14.7.1 Vorzeichen der Schlupfkräfte bei unterschiedlichen Radsatzstellungen 275
    14.7.2 Schiefstellung und Versatz von Radsätzen 275
    14.7.3 Bogenlauf eines Einzelradsatzes 276

15. Beanspruchungsermittlung von Fahrzeugkomponenten 277
15.1 Einleitung 277
15.2 Prinzipielle Vorgehensweise 278
15.3 Spannungsberechnung im Bauteil 280
    15.3.1 FE-Rechnung in jedem Zeitschritt 280
    15.3.2 Spannungsberechnung mit Hilfe von Transformationsmatrizen 281
15.4 Ermittlung von Beanspruchungskollektiven 283
    15.4.1 Ermittlung ertragbarer Beanspruchungen 284
    15.4.2 Zählverfahren zur Kollektivermittlung 286
    15.4.3 Umrechnen des zweiparametrischen Kollektivs in ein einparametrisches Kollektiv 292
    15.4.4 Superposition zum Gesamtkollektiv 294
15.5 Schadensakkumulation – Festigkeitsnachweis 296
    15.5.1 Schadensakkumulationshypothesen 296
    15.5.2 Konzepte zur Betriebsfestigkeitsberechnung bei Schienenfahrzeugen 297
15.6 Übungsaufgaben zu Kap. 15 299
    15.6.1 Transformationsmatrix zwischen MKS-Freiheitsgraden und Spannungen im Drehgestell 299

15.6.2 Ermittlung des Belastungskollektivs der Federkräfte
mit Hilfe der Spektraldichtemethode 299

16. **Anhang** 301
    16.1 Formelzeichen 301
    16.2 Koordinatensysteme 309
    16.3 Grundlagen der Kontaktmechanik 311
        16.3.1 Hertzsche Kontaktmechanik 311
        16.3.2 Kontaktgleichung 313
        16.3.3 Grundgleichungen für das Tangentialkontaktproblem
               nach Carter 315
    16.4 Funktion Φ für die Lösung nach Vermeulen-Johnson 318
    16.5 Grundgleichungen der vereinfachten Rollkontakttheorie 319
    16.6 Stabilitätsbedingungen charakteristischer Gleichungen mit dem
         Hurwitz-Kriterium 320
    16.7 v_{crit} mit Nebendiagonalgliedern der Dämpfungsmatrix 322

17. **Literaturverzeichnis** 323

Sachregister 337

1. Einleitung

1.1 Grundlegende Aufgaben des Rad/Schiene-Systems

Rad und Schiene sind die konstitutiven Elemente jedes Schienenfahrzeuges. Das Zusammenwirken beider führt zum *System Rad/Schiene*, von dem eine Vielzahl von Aufgaben wahrgenommen werden müssen:

- Das System Rad/Schiene nimmt eine **Tragfunktion** wahr. Es sorgt dafür, dass das Eigengewicht des Fahrzeugs und die Lasten (Güter, Personen) auf den Boden abgetragen werden.
- Das System Rad/Schiene muss garantieren, dass beim Lauf des Fahrzeugs im geraden Gleis möglichst geringe seitliche Abweichungen auftreten und dass auch bei der Fahrt im Bogen die Abweichungen sich in engen Grenzen halten (**Führfunktion**).
- Das System Rad/Schiene hat schließlich Antreiben und Bremsen sicherzustellen (**Antriebsfunktion** und **Bremsfunktion**).

Die Übertragung aller zur Wahrnehmung dieser Aufgaben erforderlichen Kräfte erfolgt in der Kontaktfläche zwischen Rad und Schiene, die etwa die Größe einer Centmünze besitzt. Es ist daher unmittelbar einsichtig, dass dort erhebliche Beanspruchungen auftreten. Der Kontakt von Rad und Schiene hat aber auch maßgebenden Einfluss auf das gesamte Verhalten des Fahrzeugs beim Lauf im geraden Gleis und im Bogen.

Weder im geraden Gleis noch im Bogen ist damit zu rechnen, dass das Fahrzeug ein ideales Gleis vorfindet. Gleislagefehler wirken als Störgrößen, die das gesamte Fahrzeug zu Schwingungen anregen und auch von Passagieren registriert werden. Es kann dabei zu erheblichen Komforteinbußen kommen.

Eine rad/schiene-spezifische Besonderheit ist die Führfunktion. Das Radprofil hat im einfachsten Fall die Gestalt eines Konus, beide Radsätze zusammen bilden, wenn man nur den Laufflächenbereich betrachtet, einen Doppelkonus (Bild 1.1). Diese Profilausbildung hat zur Folge, dass der Radsatz beim Lauf im geraden Gleis bei kleinen Auslenkungen, wie sie als Folge von Störungen unvermeidlich sind, in der Regel immer wieder in die zentrische Lage zurückkehrt. Erst bei großen Auslenkungen oder beim Lauf durch den Bogen müssen die Spurkränze des Radsatzes die Führfunktion übernehmen. Die Erhöhung der Fahrgeschwindigkeit kann nun aber dazu führen, dass der

Radsatz bei noch so kleinen Störungen nicht in die zentrische Lage zurückkehrt, sondern dass kleine Störungen sich immer stärker aufschaukeln: Das System wird instabil und im ungünstigsten Fall nur durch die Spurkränze vom Entgleisen abgehalten.

Mit diesen einleitenden Worten ist schon der Rahmen für eine *Dynamik von Schienenfahrzeugen* abgesteckt.

- Mit der **Tragfunktion** sind Komforteinbußen und Beanspruchungen von Komponenten aufgrund von Gleislagefehlern verbunden. Es müssen Modelle angegeben werden, mit denen diese Vorgänge einer Berechnung zugänglich gemacht werden können.
- Mit der **Führfunktion** können zwar auch Komforteinbußen aufgrund von Gleislagefehlern verbunden sein. Wesentlicher aber ist, dass das Führverhalten zu einer Instabilität des Gesamtsystems führen kann. Auch diese Vorgänge müssen modelliert werden, um sie simulieren zu können.
- Wie ein Fahrzeug einen Bogen durchfährt, ist zumeist durch das **quasistatische Bogenlaufverhalten**, auch dies ein Teil des Führverhaltens, bestimmt. Das gilt nicht mehr bei Bogeneinfahrt und Bogenausfahrt sowie bei kürzeren Bögen.
- **Antriebs-** und **Bremsvorgänge** sind zwar nicht völlig losgelöst von Vorgängen beim Tragen und Führen, können aber vielfach unabhängig betrachtet werden. Wir verzichten daher hier darauf, auf sie einzugehen.

Untersuchungen zum Tragverhalten sind im wesentlichen Aufgaben der *Vertikaldynamik*, während Untersuchungen zum Führverhalten zu den Aufgaben der *Lateraldynamik* gehören. Diese Trennung ist möglich, da die meisten Schienenfahrzeuge eine Symmetrieebene besitzen, die durch die Achse in Längsrichtung und in vertikaler Richtung aufgespannt wird. Im geraden Gleis führt das zu einer Entkopplung der Vertikaldynamik von der Lateraldynamik. Antriebs- und Bremsvorgänge gehören in diesem Sinn zur Vertikal-(Longitudinal)-Dynamik.

1.2 Bedeutung der Dynamik für den Betrieb von Schienenfahrzeugen

Viele der für den Betreiber wichtigen Aspekte beziehen sich auf die dynamischen Eigenschaften des Fahrzeugs. An erster Stelle sind *Sicherheitsaspekte* zu nennen. Das Fahrzeug darf beispielsweise nicht aufgrund schlechter Laufeigenschaften entgleisen. Damit ein Fahrzeug vom Reisenden akzeptiert wird, muss es einen hohen *Fahrkomfort* aufweisen. Dies leitet direkt zum nächsten wichtigen Punkt über, der *Wirtschaftlichkeit*. Ein Fahrzeug mit schlechtem Komfort wird vom Kunden gemieden, was zu Einnahmeeinbußen führt. Einen Überblick darüber, welche Aspekte für die Schienenfahrzeugdynamik relevant sind, erhält man, wenn man sich existierende *Beurteilungskriterien* ansieht [5, 25, 49, 167]. Beurteilungskriterien sind die Grundlage für Auslegung

1.2 Bedeutung der Dynamik für den Betrieb von Schienenfahrzeugen

und Zulassung neuer Fahrzeuge. Auch beim Abschluss eines Kaufvertrages zwischen Betreiber und Hersteller von Schienenfahrzeugen spielen zulässige Grenzwerte, z.B. hinsichtlich des Komforts, eine entscheidende Rolle. An dieser Stelle dient die Auflistung der Beurteilungskriterien auch dazu, sich darüber klar zu werden, wozu eine Simulationsrechnung durchgeführt wird. In einem weiteren Schritt bilden sie aber einen der Ausgangspunkte zur Berechnung von *Lebenszykluskosten*. Die Analyse der Lebenszykluskosten (life cycle costs = LCC) liegt allerdings außerhalb des Themas dieses Buches.

Tabelle 1.1. Beurteilungskriterien für die Kurzzeitdynamik

1. Das Fahrzeug darf nicht entgleisen.
2. Das Fahrzeug darf nicht umkippen.
3. Kollisionen mit anderen Bahnanlagen müssen vermieden werden.
4. Es darf zu keiner Lateralverschiebung der Schiene durch das Fahrzeug kommen.
5. Die Nutzlasten (d.h. Fracht oder Passagiere) dürfen keinen inakzeptablen Bedingungen ausgesetzt sein.
   - Hinreichender Komfort für Passagiere muss gewährleistet sein.
   - Auch beim Gütertransport müssen Grenzwerte für Beschleunigungen eingehalten werden.
   - Die Lärmbelästigung im Fahrzeug muss unter einer zulässigen Grenze bleiben.
6. In der Umgebung einer Strecke müssen ebenfalls Grenzwerte eingehalten werden, insbesondere hinsichtlich Lärm und Erschütterungen.
7. Die für das Erreichen und die Aufrechterhaltung einer gewünschten Fahrgeschwindigkeit oder das Überwinden von Steigungen erforderlichen Traktionskräfte müssen von der Antriebseinheit zur Verfügung gestellt werden und zwischen Rad und Schiene übertragen werden können.

Die vorstehend angegebenen Beurteilungskriterien sind sicher noch ergänzungsbedürftig. Bei der Durchsicht wird deutlich, dass es sich zum Teil um Kriterien handelt, die nicht für das Fahrzeug allein sondern für das Gesamtsystem Fahrzeug/Gleis gelten. Eine derartige Systembetrachtung ist charakteristisch für die Schienenfahrzeugtechnik.

Die Punkte 1 bis 4 aus Tab. 1.1 sprechen Sicherheitsaspekte an, während die Punkte 5 und 6 unter Gesichtspunkten des Komforts und des Umweltschutzes von Bedeutung sind. Punkt 7 schließlich ist eine Voraussetzung, um überhaupt Hochgeschwindigkeits- und Schwergüterverkehr betreiben zu können.

Die Beurteilungskriterien lassen sich zwei unterschiedlichen Gruppen zuordnen. Beurteilt werden zum einen dynamische oder (quasi)statische Vorgänge, die sich unmittelbar während der Fahrt abspielen. Wir sprechen hier von Problemen der *Kurzzeitdynamik*. Zum anderen werden Vorgänge beurteilt, die erst nach vielen Hunderten, Tausenden oder gar Millionen von Überrollvorgängen wirksam werden. Wir sprechen dann von *Langzeitvorgängen*. Dazu gehören die meisten *Schädigungen* (siehe Tabelle 1.2). Probleme der Kurzzeitdynamik und des Langzeitverhaltens wurden in einem DFG-Schwerpunktprogramm [180] behandelt.

Tabelle 1.2. Beurteilungskriterien für das Langzeitverhalten
1. Fahrzeugkomponenten dürfen während einer angesetzten Lebensdauer ihre Funktionsfähigkeit nicht verlieren.
   - Sicherheitsrelevante Bauteile dürfen nicht versagen.
   - Die Schädigung oder der Verschleiß von Komponenten (z.B. durch Materialermüdung) sollte möglichst niedrig sein.
2. In entsprechender Weise muss die Funktionsfähigkeit von Gleiskomponenten gewährleistet sein.
   - Inakzeptable Gleislageverschlechterungen (insbesondere durch Schottersetzungen) sind auszuschließen.
   - Schienen und andere Gleiskomponenten (Schwellen, Schienenbefestigungen) dürfen nicht brechen.
   - Der Verschleiß von Schienen (im weitesten Sinn) soll möglichst niedrig bleiben.

Im Rahmen der Schienenfahrzeugdynamik werden im wesentlichen nur Probleme der *Kurzzeitdynamik* angesprochen.

1.3 Zur Geschichte der bahntechnischen Forschung seit 1800

1.3.1 Von 1800 bis 1945

Forschungen zum dynamischen Verhalten von Schienenfahrzeugen sind fast 200 Jahre alt. Eine Ausgangspunkt für Forschungsaktivitäten ergab sich in der ersten Hälfte des 19. Jahrhunderts als zylindrische Radreifenprofile durch konische Radreifenprofile ersetzt wurden. Während bei zylindrischen Profilen die Radsätze immer die Tendenz haben, seitlich auszuwandern und erst die Radkränze für eine Begrenzung sorgen, zeigen konische Profile die Tendenz zur Zentrierung. Dieses **kinematische Verhalten** wurde bereits sehr präzise von Stephenson[1] beschrieben ([37], zitiert in [228]):

„Bei kleinen Schienenirregularitäten kann es passieren, dass die Räder seitlich etwas nach rechts oder links versetzt werden. Wenn das

---
[1] George Stephenson, 1781 – 1848, war der Sohn eines Dampfmaschinen-Kesselheizers aus einem Dorf bei Newcastle. Am Ende seines Lebens war er einer der angesehensten und wohlhabendsten Ingenieure in England. Stephenson war der Erfinder der Lokomotive (1814 für Kohletransport); er gründete 1822 eine Lokomotivbauanstalt in der u.a. THE ROCKET für die Liverpool-Manchester-Eisenbahn gebaut wurde. Das Zitat stammt vermutlich aus einer Patentanmeldung.

zuerst Genannte geschieht, dann wird das rechte Rad im Kontaktpunkt einen größeren Durchmesser und das linke Rad einen kleineren Durchmesser aufweisen. Das linke Rad wird dadurch etwas hinter dem rechten Rad zurückbleiben, aber während es vorwärts rollt, wird der Laufkreisdurchmesser größer, während es beim rechten Rad zu einer Verkleinerung des Laufkreisdurchmessers kommt. Auf gleiche Weise, wie eben beschrieben, kommt es beim Weiterlauf des rechten Rades wieder zu einer Vergrößerung. Dieses wechselseitige Voreilen und Zurückbleiben versetzt die Räder auf den Schienen in eine einfache, oszillatorische Bewegung (freie Übersetzung)."

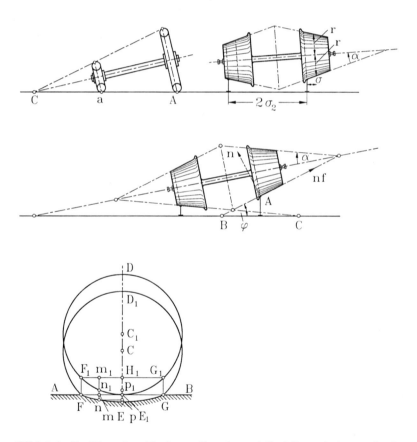

Bild 1.1. Position eines Drehgestells mit zwei Radsätzen beim stationären Bogenlauf nach Redtenbacher [187]. In der oberen Bildhälfte ist das Prinzip des Doppelkonus illustriert, in der unteren Bildhälfte sind Redtenbachers Vorstellungen zum Normalkontaktproblem wiedergegeben.

1. Einleitung

In Deutschland war der in Karlsruhe tätige Hochschullehrer Redtenbacher[2] der erste, der in seinem heute noch lesenswerten Werk über „*Die Gesetze des Lokomotiv-Baues*" [187] versuchte, das Verhalten von Radsätzen im Gleis zu erklären. Primär ging es Redtenbacher um das Verhalten von Lokomotiven beim Durchfahren von Gleisbögen. Bild 1.1 ist diesem Werk entnommen. Man erkennt zunächst, dass Redtenbacher die von Stephenson formulierte Kinematik des „Doppelkonus" geläufig war. Er hat diese Kenntnisse eingesetzt, um die Stellung von Schienenfahrzeugen beim Durchlaufen eines Gleisbogens zu untersuchen. Wahrscheinlich war Redtenbacher auch der erste Wissenschaftler in Deutschland, der Resonanzphänomene bei Schienenfahrzeugen behandelte.

Für die zweite Hälfte des 19. Jahrhunderts ist zunächst Klingel zu nennen. 1883 veröffentlichte Klingel[3] eine Arbeit mit dem Thema „*Über den Lauf von Eisenbahnfahrzeugen auf gerader Bahn*" [121]. Das Stephensonsche Problem wurde erneut aufgegriffen und diesmal auf analytischem Wege gelöst. Klingel ermittelte die Wellenlänge des oszillierenden, sinusförmigen Bewegungsverlaufes, der heute als *Sinuslauf* bezeichnet wird, siehe Bild 1.2. Offen blieb bei Klingel, ob diese Bewegung stabil oder instabil ist, d.h., ob sie im Laufe der Zeit abklingt oder aufklingt und nur durch die Spurkränze begrenzt wird.

Der Erste, der die Frage nach der *Stabilität* des Laufs von Schienenfahrzeugen gestellt hat, dürfte Boedecker[4] gewesen sein [9]. Er hatte zu diesem Zweck neben den kinematischen Beziehungen im Kontakt von Rad und Schiene auch noch physikalische Beziehungen eingeführt und hierfür das Coulombsche Gesetz in lokaler Formulierung verwendet. Boedeckers Schlussfolgerung

---

[2] Ferdinand Redtenbacher (1809-1863) hatte am polytechnischen Institut in Wien studiert, war von 1833 bis 1841 Dozent für Mathematik am Polytechnikum Zürich und von 1841 bis 1863 Professor für angewandte Mechanik und Maschinenentwurf am Polytechnikum Karlsruhe. 1862-1865 erschien sein bedeutendstes Werk *Der Maschinenbau*.

[3] Johann Klingel wurde 1819 in Heidelberg geboren. Er hat von 1833/34 bis 1837/38 am Polytechnikum in Karlsruhe Ingenieurwissenschaften studiert und 1840 seine Staatsprüfung abgelegt. Von 1840 bis 1882/83 war er bei der badischen Eisenbahn in Karlsruhe tätig, zunächst als Praktikant, zuletzt mit dem Titel Oberbaurat bei der Generaldirektion der badischen Staatseisenbahn. Die Arbeit [121] ist vermutlich seine einzige Publikation. Es ist anzunehmen, dass Klingel die Arbeiten von Redtenbacher kannte. Klingel ist im Januar 1888 verstorben.

[4] Christoph Boedecker wurde ca. 1845 geboren und hat an der Bauakademie ion Berlin studiert. Ab 1876 war Boedecker als Regierungsbaumeister bei der preußischen Eisenbahn tätig. Im WS 1880/81 wurde Boedecker Privatdozent an der Technischen Hochschule Berlin und hat vom WS 1880/81 bis zum SS 1885 „*Theoretische Kapitel aus dem Eisenbahnbau*" gelesen. Anschließend war Boedecker bis zu seinem Eintritt in den Ruhestand im Jahr 1910 bei der Königlich preußischen Eisenbahn tätig, zuletzt mit dem Titel Geheimer Baurat als Vorstand der Betriebsinspektion Berlin. Von Boedecker sind außer dem Buch [9] weitere kleinere Veröffentlichungen bekannt. Boedecker starb 1937 oder 1938 in Berlin.

1.3 Zur Geschichte der bahntechnischen Forschung seit 1800

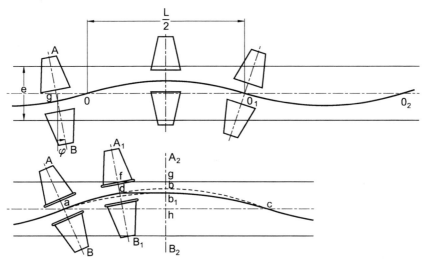

Bild 1.2. Sinuslaufbewegung eines Einzelradsatzes nach Klingel [121]

war etwas überraschend: Schienenfahrzeuge fahren immer instabil. Erst die Radkränze sorgen dafür, dass es nicht zur Entgleisung kommt, siehe Bild 1.3.

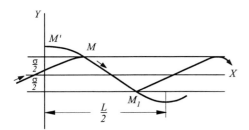

Bild 1.3. Nichtlineare, instabile Radsatzbewegung nach [9]

Eine korrekte Behandlung der so genannten Sinuslauf-Instabilität gelang erst Carter[5] [20]. Erforderlich hierfür war, dass die Vorgänge beim Tangentialkontakt, die Boedecker noch mit einer lokalen Fassung des Coulombschen Gesetzes beschrieben hatte, verstanden waren. Bei seiner Untersuchung von 1915 setzte Carter dieses Gesetz intuitiv (aber richtig) an, erst 1926 gab er in

---

[5] Carter wurde 1870 geboren. Er war von der Ausbildung her Elektrotechniker. 1915 hat er seinen bahnbrechenden Vortrag zu dem Thema "The electric locomotive" gehalten, in dem als Randnotiz erstmals auf die Stabilität des Laufs von Lokomotiven eingegangen wurde. Bei dieser Ableitung wurde ohne Ableitung ein lineares Kraftschluss-Schlupf-Gesetz eingeführt. 1926 lieferte Carter die Ableitung zu diesem Gesetz [21]. Bereits 1922 hatte Carter sich in einem Buch mit der Problematik des elektrischen Antriebs von Lokomotiven befasst, 1928 [22] ging er nochmals grundsätzlich auf das Stabilitätsproblem ein. Carter starb 1952.

8   1. Einleitung

einer weiteren Arbeit [21] die Begründung dafür. Gleichzeitig wurden die Gesetzmäßigkeiten für das tangentiale Rollkontaktproblem auch in Berlin in der Dissertation von Fromm[6] hergeleitet, allerdings erst ein Jahr später (1927) publiziert [54]. 1928 befasste sich Carter noch einmal grundlegend mit der Stabilität von Lokomotiven. Ives Rocard[7], der 1935 zwei Bände [105, 192] zur Stabilität des Laufs von Lokomotiven publizierte, zitiert die Arbeit von Carter nicht, die Übereinstimmungen sind aber stellenweise verblüffend.

Während des 2. Weltkrieges stagnierten Untersuchungen zum Stabilitätsproblem bei Schienenfahrzeugen, wohingegen zur Stabilität von luftbereiften Fahrzeugen intensive Forschungen erfolgten, um vor allem Instabilitäten beim Starten oder Landen von Flugzeugen in den Griff zu bekommen, vergleiche z.B. [125].

1.3.2 Neuanfang nach 1945: Japan und Frankreich

Deutschland hatte unmittelbar nach 1945 zunächst andere Probleme, als den Hochgeschwindigkeitsverkehr auf Schienen voranzubringen. In Japan war das anders. Rüstungsforschung war in Japan wie in Deutschland nach 1945 verboten. Die japanische Regierung stellte 120 Wissenschaftler aus der maritimen Forschung 1946 dazu ab, grundlegende Untersuchungen zum schienengebundenen Hochgeschwindigkeitsverkehr voranzutreiben. In Europa ist von diesen Arbeiten zunächst nichts bekannt geworden, da sie wohl ausschließlich auf japanisch publiziert wurden [149]. Das änderte sich erst Ende der 50er Jahre [152].

In Europa begannen Anfang der fünziger Jahre bei der SNCF in Frankreich Forschungen mit dem Ziel der Entwicklung eines Hochgeschwindigkeitszuges. Die ersten Versuchsfahrten endeten am 29. März 1955 in einem Desaster, siehe Bild 1.4. Auf der speziell ausgebauten und überholten Strecke Bordeaux-Hendaye erreichte ein Zug mit einer Lokomotive vom Typ BB 9104

---

[6] Hans Fromm wurde 1892 in Kreuznach geboren. Er studierte von 1912 bis 1920 - unterbrochen durch 4 Jahre Kriegsdienst - an der Technischen Hochschule Berlin Maschinenbau. 1922 wurde Fromm als Oberingenieur am Festigkeitslaboratorium der TH Berlin beschäftigt und promovierte in dieser Funktion 1926. Ab 1931 war Fromm, der sich inzwischen habilitiert hatte, Leiter des Festigkeitslaboratoriums. In der Berliner Zeit befasste sich Fromm u.a. mit Reifendynamik und der Stabilität der Laufwerke von Flugzeugen. 1934 wurde Fromm an die TH Danzig auf den Lehrstuhl für Mechanik berufen und publizierte auf dem Gebiet der Materialwissenschaften. Nach dem Krieg war Fromm noch kurze Zeit als Lehrbeauftragter für Mechanik an der Universität Mainz tätig. Er starb 1952.

[7] Yves Rocard wurde 1903 in Vannes in Frankreich geboren. 1927 hat Rocard an der Ecole Normale Supérieure seine Doktorprüfung (Mathematik) abgelegt. An der gleichen Hochschule nahm er von 1945 bis 1973 einen Lehrstuhl für Physik ein. Auf dem Gebiet der Mechanik ist Rocard vor allem durch seine Arbeiten zur Dynamik bekannt geworden [193, 194], die teilweise auch ins Englische übersetzt wurden [195]. Rocard war darüber hinaus auch in vielen anderen Bereichen der Physik tätig. Er starb 1992 in Paris. Sein Sohn, Michel Rocard, war von 1988 bis 1991 französischer Premierminister.

1.3 Zur Geschichte der bahntechnischen Forschung seit 1800

eine Höchstgeschwindigkeit von 331 km/h. Der Gleisrost wurde von der hin und her schlingernden Lokomotive seitlich verschoben, Stromabnehmer und

Bild 1.4. Verschiebung des Gleisrostes beim Hochgeschwindigkeitsversuch der SNCF auf der Strecke von Bordeaux nach Hendaye am 29.3.1955

Fahrdraht wurden heruntergerissen. Aus heutiger Sicht kann man sagen, dass der Lauf der Lokomotive instabil geworden war. Für die katastrophalen Folgen war vermutlich noch ein weiterer Grund maßgebend. Am Gleis waren kurz vor den Versuchen Instandhaltungsmaßnahmen durchgeführt worden. Es wurde vermutet [5], dass dadurch der seitliche Verschiebewiderstand des Gleises herabgesetzt wurde (siehe Punkt 4 in Tab. 1.1), so dass die hohen Lateralkräfte zwischen Lokomotivrädern und Schienen während des instabilen Sinuslaufs zum seitlichen Verschieben des Gleisrostes führten. Ob bei der Entwicklung des Hochgeschwindigkeitszuges Stabilitätsuntersuchungen durchgeführt worden waren, so wie sie Rocard 20 Jahre vorher in seinen beiden Büchern [105, 192] empfohlen hatte, ist nicht bekannt.

Prinzipiell war man sich in Europa der Probleme beim Hochgeschwindigkeitsverkehr durchaus bewusst. Man redete nur nicht vom instabilen Sinuslauf sondern vom „Schlingerproblem". Im Mai 1955 wurde vom Ausschuss C9 (Wechselwirkung zwischen Fahrzeug und Gleis) der ORE (Office de Recherche et d'Essais de l'Union International des Chemins de Fer, d.h. Forschungs- und Versuchsamt des Internationalen Eisenbahnverbandes), ein Wettbewerb zur Lösung des Schlingerproblems (im Englischen sprach man vom „hunting problem") ausgeschrieben. Es ist zunächst verlockend, einen unmittelbaren Zusammenhang zwischen dem Preisausschreiben und der Beinahe-Katastrophe bei der SNCF zu sehen. Das ist aber nicht der Fall, da die Vorbereitungen zu diesem Wettbewerb bis auf das Jahr 1952 zurückgingen. Von den drei Gewinnern des Preisausschreibens war einer der Japaner Matsudaira. Vermutlich waren wesentliche Teile der Arbeit schon 1952 auf japanisch veröffentlicht worden [149], in Europa aber unbekannt. Leider wurde die Wettberwerbsarbeit nur als Bericht des ORE Committees C9 publiziert [150] und nie in einer Zeitschrift. Wir werden im zweiten Teil in Kapitel 11 auf die Arbeit von Matsudaira zurückkommen. Als Ergebnis der Arbeiten von Matsudaira wurde bereits 1952 in Japan ein neues Drehgestell für den Tokaido-Hochgeschwindigkeitszug entworfen [152].

Auch in England kam es etwa zur gleichen Zeit zu intensiven theoretischen Untersuchungen zum „hunting problem", die vor allem mit dem Namen von Wickens verbunden sind [225, 226]. Wickens hatte grundlegende Kenntnisse auf dem Gebiet des Flugzeugbaus. Es war ihm daher unmittelbar klar, dass Instabilitätsprobleme wie das Flügelflattern in der Aeroelastizität durch den gleichen Typ von Gleichungen beschrieben werden können wie die Sinuslaufinstabilität. Es scheint, dass außerfachliche Impulse notwendig waren, um grundlegende mechanische Probleme der Schienenfahrzeugtechnik voranzutreiben. Carter in England war Elektrotechniker, Rocard in Frankreich Physiker, Matsudaira kam von der Marine und Wickens aus dem Flugzeugbau.

Führender Fachmann für alle Probleme der Schienenfahrzeugdynamik in Deutschland war damals Carl Theodor Müller[8], der in einem Fachaufsatz aus dem Jahr 1969 eine sehr überzeugende Darstellung zum Schlingerproblem verfasste [162]. Er unterschied hierbei deutlich zwischen erzwungenen Schwingungen und den bei Erhöhung der Fahrgeschwindigkeit auftretenden freien, selbsterregten Schwingungen. Da Müller, neben seiner Funktion als Bundesbahndirektor, Honorarprofessor an der TH München war, darf man vermuten, dass er dieses Problem auch in der Lehre mit ähnlicher Klarheit behandelt hat. Umso überraschender sind die Darstellungen in einem Band von Krugmann [137], der sich als Schüler von Müller verstand. Obwohl der 1982 erschienene Band das Ziel hatte „eine Lücke ... zu schließen", werden die Arbeiten des ORE Ausschusses C9 und die Arbeiten von Wickens nicht erwähnt. „*Schlingern*" wurde als ein Problem erzwungener Schwingungen aufgrund stochastischer Gleislagefehler erklärt[9]. Instabilität wird zwar diskutiert, die physikalischen Ursachen der Instabilität werden aber, anders als bei Müller, nicht erkannt. Es kann angenommen werden, dass an keiner deutschen Hochschule - sieht man von den Vorlesungen Müllers an der TH München ab - diese für den Hochgeschwindigkeitsverkehr relevanten Fragen der Stabilität angesprochen wurden.

1.3.3 Forschung und Entwicklung in Deutschland zur Überwindung der „Grenzen des Rad/Schiene-Systems"

Förderprogramme in der Bundesrepublik. Anfang der siebziger Jahre wurden in Deutschland aus öffentlichen Mitteln massiv Forschungen zu neuen, spurgebundenen Verkehrsmitteln gefördert, die später in Bau und Erprobung des Transrapid einmündeten. Als Folge davon wurde, vor allem auf Initiative von Krupp, beim damaligen Bundesminister für Forschung und Technologie ein Vorhaben zur „*Erforschung der Grenzen des Rad/Schiene-Systems*" beantragt und genehmigt, so dass 1972 die Arbeiten aufgenommen werden konnten [36]. Im Zentrum des Vorhabens standen drei Forschungsbereiche, ein Bereich Fahrbahn, ein Bereich Fahrzeug und ein Bereich Zusammenwirken von Fahrbahn und Fahrzeug. Während zu diesem Zeitpunkt in Japan und Frankreich schon Hochgeschwindigkeitszüge liefen, war man in Deutschland dabei, Grundlagen der Laufstabilität und der Kontaktmechanik

---

[8] Carl Theodor Müller wurde 1903 in Cherson in der Ukraine geboren. Er hat von 1924 bis 1929 an der TH Berlin Maschinenbau studiert und 1934 bei Heumann an der TH Aachen promoviert. 1934 war er in der Versuchsabteilung für Lokomotiven des Reichsbahn-Ausbesserungswerks in Grunewald tätig. Ab 1952 nahm er Lehraufträge für Dampflokomotivbau und Fahrzeuglauf im Gleis an der TH München wahr, 1961 wurde er dort Honorarprofessor. Ab 1962 war Prof. Dr.-Ing. Theodor Müller Direktor der Versuchsanstalt Minden. Er starb 1970 in Boppard am Rhein.

[9] „Wenn keine Gleislagefehler mehr kommen würden, so würde der Wellenlauf nach einigen Halbwellen abgeklungen sein." ([137], Seite 82).

aufzuarbeiten [158]. Wenn man etwas polemisch formuliert: Die bundesdeutsche Schwerindustrie lernte mit öffentlichen Mitteln, wie man Stabilitätsuntersuchungen durchführt. Das Ergebnis der BMFT-finanzierten Forschung war, neben der Tatsache, dass in der Industrie anschließend die modernen Werkzeuge für die Auslegung von Schienenfahrzeugen zur Verfügung standen, ein Rollprüfstand für ganze Schienenfahrzeuge in München-Freimann, ein Versuchsfahrzeug Intercity-Experimental (ICE), das der Prototyp für die erste ICE-Generation war, und - was nicht gering einzuschätzen ist - begriffliche Klarheit über die Grundlagen der Kontaktmechanik und über lineare und nichtlineare Stabilitätsuntersuchungen (Stichwort: Grenzzykelberechnungen). Ab 1976 wurden im Rahmen des Gesamtvorhabens auch Arbeiten zur Entwicklung eines Simulationsprogrammes gefördert, die vor allem bei der DLR, bei MAN Neue Technologie und an der TU Berlin durchgeführt wurden. Ergebnis war hier das Programmsystem MEDYNA und später SIMPACK.

Die Industrie war anschließend in der Lage, mit neu entwickelten Werkzeugen Komfortuntersuchungen, Stabilitätsuntersuchungen und Bogenlaufrechnungen durchzuführen.

Neue Systemgrenzen Anfang der 90er Jahre. Eine der Auswirkungen des Vorhabens zur Erforschung der Grenzen des Rad/Schiene-Systems war, dass die Grenzen auch in der Bahnpraxis weiter hinausgeschoben wurden. Welche Auswirkungen steigende Fahrgeschwindigkeiten, höhere Achslasten, höherer Durchsatz, höhere Traktion oder konstruktive Veränderungen bei Gleisen und Fahrzeugen im Gesamtsystem zur Folge haben, wurde kaum untersucht. Die Ergebnisse dieser Forschungs- und Entwicklungsvorhaben müssen daher durchweg als Subsystemoptimierungen bezeichnet werden. Es war abzusehen, dass das System Rad/Schiene dadurch an neue Grenzen stoßen würde. Bei diesen handelte es sich vor allem um Grenzen, die durch das Langzeitverhalten vorgegeben wurden. Vorstöße von Forschungsinstituten, Hochschulen und Industrie, das BMFT dafür zu gewinnen, ein neues Forschungsvorhaben aufzulegen, blieben erfolglos, vor allem wohl deswegen, weil die verfügbaren Fördermittel durch die Magnetschwebetechnik gebunden waren. Ab Mitte bis Ende der 80er Jahre gab es, vor allem an Hochschulen, eine Reihe von Vorhaben, bei denen das Gleis und die aus dem Zusammenwirken von Rad und Schiene resultierenden Beanspruchungen im Zentrum standen. Sie mündeten dann ein in ein DFG Schwerpunktprogramm mit dem Titel „*Systemdynamik und Langzeitverhalten von Fahrzeug, Gleis und Untergrund*". Für die klassische Schienenfahrzeugdynamik sind die dort behandelten Themen Spezialprobleme. Wir werden in Kapitel 15 kurz auf die Problematik der Beanspruchungen von Fahrzeugkomponenten und in diesem Zusammenhang auf Fragen der Betriebsfestigkeit eingehen.

Alle Forschungen und Entwicklungen, sowohl fahrzeugseitig als auch gleisseitig, lassen erkennen, dass der spurgebundene Hochgeschwindigkeitsverkehr in Europa zu einem Motor für neue Entwicklungen geworden war.

1.4 Bahntechnische Industrie in Europa

Die Schienenfahrzeugdynamik zu Beginn des dritten Jahrtausends blickt nicht nur auf eine mehr als 150jährigen Geschichte zurück und auf staatlich finanzierte Forschung und Entwicklung von bis zu fünfzig Jahren. Sie muss sich auch mit der Tatsache auseinandersetzen, dass es eine Schienenfahrzeugindustrie gibt, die sich in den zurückliegenden fünfzehn Jahren dramatisch verändert hat. 1997 wurde in einem Forschungsbericht des Deutschen Instituts für Wirtschaftsforschung [91] ein ausführlicher und in vieler Hinsicht aufschlussreicher Überblick über die Entwicklung des deutschen Schienenfahrzeugbaus seit etwa 1980 gegeben. Führt man diese Zusammenstellung 5 Jahre weiter, so ist eine Fortsetzung der dramatischen Entwicklung zu beobachten. Zu berücksichtigen ist, dass der kanadische Schienentechnikkonzern Bombardier zunächst die DWA (Deutsche Waggonbau) und Talbot in Aachen und dann Adtranz übernimmt. 1980 waren in Mitteleuropa fast 50 Unterneh-

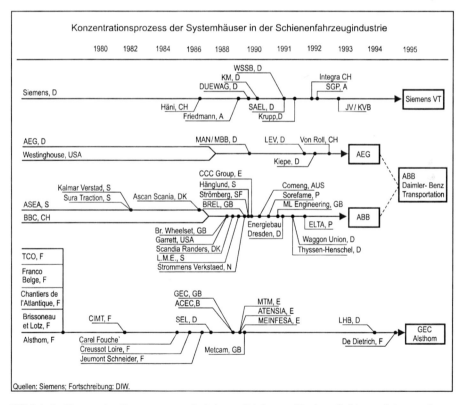

Bild 1.5. Konzentrationsprozesse bei den mitteleuropäischen Schienenfahrzeugherstellern zwischen etwa 1980 und 1996 nach [90, 91]. Auf die Zeit nach 1996 wird im Text eingegangen.

men im Schienenfahrzeugbau tätig, heute sind es im wesentlichen nur noch drei (Siemens Transportation Systems, Bombardier Transportation, GEC Alstom). Die anderen sind dem Konzentrationsprozess zum Opfer gefallen. In Bild 1.5 ist dieser Konzentrationsprozess für den Zeitraum zwischen (etwa) 1980 und 1996 dargestellt. Es stellt sich natürlich die Frage, ob die Konzentration weiter geht und wieviele Schienenfahrzeughersteller in Mitteleuropa übrig bleiben werden.

1.5 Übersicht über das Buch

1.5.1 Einteilung in Gruppen

Die nachfolgenden Kapitel 2 bis 15 gliedern sich in sechs Gruppen:

- In den Kapitel 2 und 3 werden **Modellierungsfragen** besprochen, zunächst die Modellierung des Fahrzeugs, des Gleises und der Anregung und dann die Modellierung des Kontakts von Rad und Schiene.
- In den Kapitel 4 bis 6 werden **erzwungene Vertikalschwingungen** betrachtet. Hierbei steht die **Behandlung im Frequenzbereich** bis hin zu regellosen Schwingungen im Vordergrund.
- Im Kapitel 7 werden darauf aufbauend **Komfortuntersuchungen** behandelt.
- In den Kapiteln 8 bis 13 werden **freie Lateralschwingungen** untersucht. Man kann auch hier durchaus noch von einer **Rechnung im Frequenzbereich** reden, wenn man den Begriff weit fasst. Praktische eingesetzt werden derartige Betrachtungen für **Stabilitätsuntersuchungen** von Schienenfahrzeugen. Kapitel 13 beschäftigt sich hierbei mit nichtlinearen Stabilitätsbetrachtungen.
- Kapitel 14 befasst sich in knapper Form mit **Bogenlaufuntersuchungen** einschließlich der im Bogen zu beobachtenden Verschleißvorgänge.
- Im abschließenden Kapitel 15 schließlich geht es um **Beanspruchungsrechnungen**, die nach Ansicht der Autoren in Zukunft eine erhebliche Bedeutung gewinnen werden.

1.5.2 Vertikalschwingungen und Lateralschwingungen

Die etwas ungewöhnliche Aufteilung in erzwungene Vertikalschwingungen und freie Lateralschwingungen ergibt sich aus den praktischen Problemen, im einen Fall **Komfort**, im anderen Fall **Stabilität**. Während das Stabilitätsverhalten des Fahrzeugs fast ausschließlich von der Lateraldynamik bestimmt wird, sind für Komfort (und für Beanspruchungen) sowohl vertikale als auch laterale dynamische Vorgänge verantwortlich. Alles wesentliche einer Komfortbetrachtung erkennt man aber bereits am Vertikalverhalten.

1.5.3 Bogenlauf

Mit Bogenlaufbetrachtungen tun sich die Autoren zugegebenermaßen schwer. Die klassische, quasistatische Bogenlauftheorie von Heumann[10] [88] ist - wie schon der Name sagt - eine statische Theorie und passt daher nicht recht in ein Lehrbuch zur Dynamik von Schienenfahrzeugen. Das gilt auch für neuere quasistatische Bogenlaufuntersuchungen mit großen Programmsystemen [17]. Dynamische Bogenlaufuntersuchungen erfordern entweder aufwendige Zeitbereichsrechnungen, bei denen man Computerprogramme einsetzen muss, oder komplizierte stochastische Überlegungen [230]. Andererseits ist nicht zu verkennen, dass die Forderungen nach guter Laufstabilität und gutem Bogenlaufverhalten entgegengesetzte gerichtete Forderungen sind. Um die unterschiedlichen Forderungen, die sich aus diesem Gegensatz ergeben, verstehen zu können, wurden als Kapitel 14 Ausführungen zum Bogenlaufverhalten aufgenommen.

1.5.4 Frequenzbereichsrechnung und Zeitbereichsrechnung

Obwohl heute aufgrund ständig steigender Rechnerleistungen in der Praxis immer häufiger Zeitbereichslösungen eingesetzt werden, konzentrieren wir uns in diesem Buch im wesentlichen auf Frequenzbereichslösungen.

- Diese sind eher geeignet prinzipielle Einblicke in die Dynamik des Systems Fahrzeug/Fahrweg zu liefern.
- Weiterhin sind Lösungen von Frequenzbereichsrechnungen besser geeignet ein Grundverständnis für die hinter heutigen kommerziellen Mehrkörperdynamikprogrammen stehende Theorien zu gewinnen.
- Schließlich lassen sich Vorgehensweisen und Erkenntnisse aus Frequenzbereichsrechnungen zumeist unmittelbar auf Zeitbereichsverfahren übertragen.
- Schließlich: Eine Einführung in Zeitbereichslösungen würde auch eine Einführung in diesen Teil der numerischen Mathematik erfordern, was den Rahmen dieses Buches sprengen würde.

---

[10] Hermann Heumann wurde 1878 in Neubauhof geboren. Er ging bereits etwa 1905 zur Preussischen Staatsbahn. 1910 promovierte Heumann in Danzig mit einem Thema aus dem Gebiet der Fördertechnik, etwa 1920 wurde er an die Technische Hochschule Aachen berufen. Heumanns wissenschaftlicher Arbeitsschwerpunkt war die Untersuchung des quasistatische Bogenlaufverhaltens [87, 88]. Durch eine Reihe von Vereinfachungen, die in der Regel in engen Bögen gültig sind, gelang ihm die Entwicklung eines Verfahrens dass in der Industrie in der zweiten Hälfte des letzten Jahrhunderts in breitem Umfang eingesetzt wurde und erst in den letzten 15 Jahren durch computerorientierte Verfahren abgelöst wurde. Heumann starb 1967, in Grafrath bei Fürstenfeldbruck.

2. Modellierung von Fahrzeug, Gleis und Anregung

2.1 Vorüberlegungen und Koordinatensysteme

Um die Dynamik eines Fahrzeuges untersuchen zu können, muss das Fahrzeug zunächst in ein mechanisches Modell überführt werden. Für die Komfortberechnung und die Stabilitätsbetrachtung (Sinuslauf) genügen in der Regel Modelle, die die Eigenfrequenzen des Systems im niederfrequenten Bereich bis etwa 25 Hz richtig wiedergeben. Dann reicht es aus, Radsätze und Drehgestellrahmen als *starre Körper* zu modellieren, die über Feder- und Dämpferelemente miteinander und mit dem Wagenkasten verbunden sind. Den Wagenkasten modelliert man gewöhnlich mit sechs Starrkörperfreiheitsgraden und den ersten elastischen Eigenformen. Häufig versucht man bei diesen Berechnungen Symmetrien des Fahrzeuges auszunutzen, obwohl Triebwagen und Loks selten wirklich symmetrisch gebaut sind. Das Vernachlässigen kleiner Symmetriestörungen hat den Vorteil, dass man das *Vertikalmodell*, d.h. die Vertikal- und Longitudinalbewegungen, und das *Lateralmodell* getrennt voneinander untersuchen kann.

Durch Programmsysteme wie ADAMS RAIL, GENSYS, MEDYNA, SIMPACK, VAMPIRE oder VOCO wird heute dem Ingenieur die Aufstellung und Lösung der Bewegungsgleichungen für Probleme der Schienenfahrzeugdynamik erleichtert bzw. ganz abgenommen. Diese Programmsysteme rechnen heute durchwegs mit dreidimensionalen, gekoppelten Vertikal- und Lateralmodellen. Wir werden aber in dieser als Einführung gedachten Monographie fast durchgängig eine Trennung nach vertikal- und lateraldynamischen Modellen und Phänomenen vornehmen.

Betriebsfestigkeitsuntersuchungen, die Berechnung der Kräfte zwischen Radsatz und Gleis auch im Mittelfrequenzbereich (40-400 Hz), die Untersuchung von Vorgängen bei der Riffelüberrollung (500–1500 Hz) oder akustische Untersuchungen erfordern weitergehende Modelle, die bis zu einigen tausend Hertz reichen können.

Das in Bild 2.1 dargestellte Fahrzeug besteht aus

- einem Wagenkasten,
- zwei Drehgestellen und
- vier Radsätzen,

18   2. Modellierung von Fahrzeug, Gleis und Anregung

die wir der Einfachheit halber als starre Körper ansehen. Wir unterscheiden zwischen einem gleisfesten (raumfesten) (x,y,z)-Koordinatensystem und einem mit der Geschwindigkeit v_0 mit dem Fahrzeug mitbewegten (x',y',z')-Koordinatensystem. In diesem Referenzkoordinatensystem werden auch die Verschiebungen und Verdrehungen gemessen, bei denen es sich um *Störbewegungen* (parasitäre Bewegungen) handelt:

u_z Tauchbewegung (vertical motion),
u_y Querbewegung (lateral motion),
u_x Längsbewegung, Zuckeln (longitudinal motion),
φ_z Wenden (yawing),
φ_y Nicken (pitching),
φ_x Rollen (oft mit gleichzeitiger u_y Bewegung) (rolling).

Rollen mit gleichzeitiger Querbewegung wird als Wanken bezeichnet.

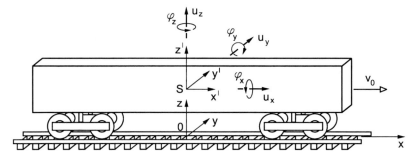

Bild 2.1. Koordinatensysteme; Bezeichnungen der Bewegungen

2.2 Fahrzeugmodellierung

2.2.1 Laufwerkskonstruktionen, Radsatzfesselungen und Drehgestellführungen

Das Bild 2.2 zeigt eine Form des Minden-Deutz-Drehgestells, das die Bundesbahn seit Jahrzehnten in zahlreichen Weiterentwicklungen einsetzt. Die Anlenkung der Radsätze am Drehgestellrahmen erfolgt hier über wartungsfreie, biegeelastische Blattfederlenker. Die vertikalen Primärfedern sind Schraubenfedern. Es gibt auch Drehgestelle, in denen als Federn Gummiblöcke benutzt werden, dann oft als Federung in allen drei Raumrichtungen. Aus der Querschnittsdetailzeichnung (Bild 2.3) sind der Wiegenbalken und die zentrale Wagenkastenabstützung in einer Drehpfanne ersichtlich. Die seitlichen Hilfs- oder Gleitstützen können so ausgebildet sein, dass sie nicht als

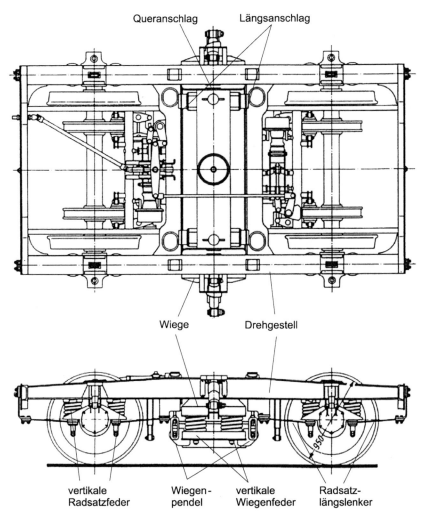

Bild 2.2. Reisezugwagen-Drehgestell mit zwei Radsätzen. Bauart Minden - Deutz schwer mit Scheibenbremse (MD 36), entnommen aus [38]

Tragelemente dienen sondern lediglich das Kippen des Wagenkastens verhindern. Sie können aber auch tragend ausgeführt sein und werden dann als Reibdrehhemmung eingesetzt. Der Wiegenbalken ist hier mittels zylindrischer Schraubenfedern gegenüber dem Gehänge abgefedert. Die schräg angeordneten Stoßdämpfer ergeben eine wirksame Dämpfung der Wagenkastenschwingungen sowohl in vertikaler Richtung als auch in horizontaler Ebene quer zur Fahrtrichtung. Gegen zu starkes Auspendeln der Wiege sind in Längs- und Querrichtung elastische Begrenzungspuffer vorgesehen. Das

20   2. Modellierung von Fahrzeug, Gleis und Anregung

Wiegenlängsspiel beträgt in der Regel 5 mm, das Querspiel kann bis zu 70 mm betragen.

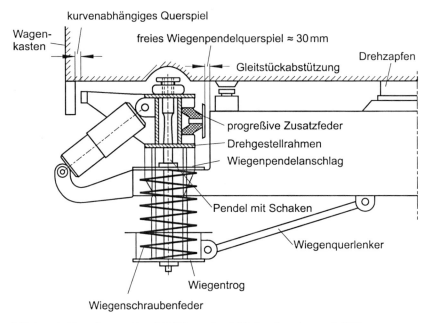

Bild 2.3. Details zur Pendel-Wiege des MD-Laufwerks nach [15]

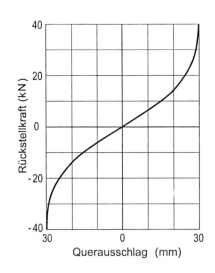

Bild 2.4. Charakteristik der lateralen Sekundärfeder nach [15]

2.2 Fahrzeugmodellierung 21

Zur Führung des Wiegenbalkens im Gehänge werden so genannte Querlenker – zum Teil auch verschleißlose Federblattlenker – verwendet, welche die Bewegungsfreiheit der Wiege nicht beeinträchtigen. Bedingt durch die Begrenzungspuffer und die dabei eingesetzte progressive Zusatzfeder ist die Charakteristik der lateralen Sekundärfeder stark nichtlinear (Bild 2.4).

Drehgestelle aus der Familie der Minden-Deutz-Drehgestelle sind die in Deutschland vermutlich am häufigsten eingesetzten Drehgestelle, sie sind aber keineswegs die einzigen. Bei Drehgestellen vom Minden-Deutz Typ wirkt zwischen Wagenkasten und Wiegenbalken zumeist eine Reibdrehhemmung.

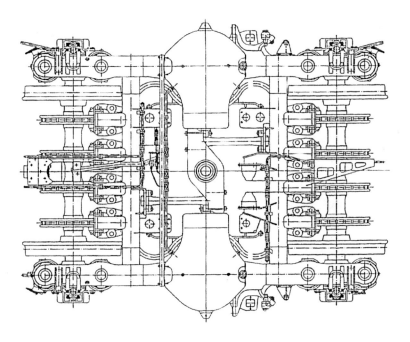

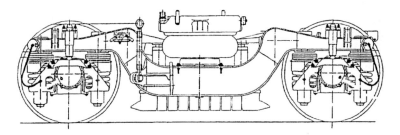

Bild 2.5. Reisezugwagen-Drehgestell SGP 400 für die zweite Generation des ICE (vier Scheibenbremsen und Wirbelstrombremse) nach [38]

22   2. Modellierung von Fahrzeug, Gleis und Anregung

Beim Lauf im geraden Gleis kommt es in der Regel nicht zum Losbrechen der Reibdrehhemmung sondern erst bei der Bogeneinfahrt. Sollten Sinuslaufbewegungen so stark werden, dass es schon im geraden Gleis zum Losbrechen kommt, dann wirkt die Reibdrehhemmung dämpfend. Sie hat dann einen stabilisierenden Einfluss auf Sinuslauf-Instabilitäten. Für die zweite Generation

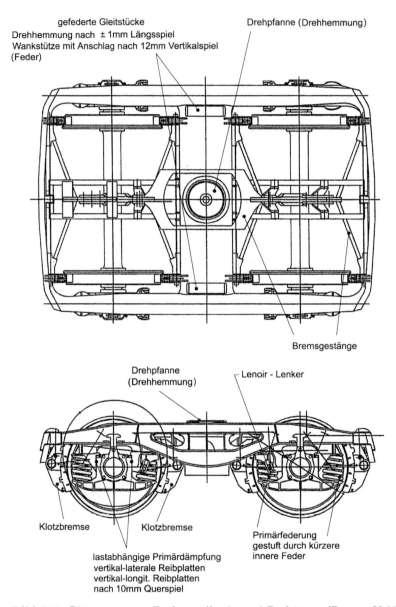

Bild 2.6. Güterzugwagen-Drehgestell mit zwei Radsätzen (Bauart Y 25) [38]

des ICE wurde von Siemens SGP Verkehrstechnik GmbH das Hochleistungs-Drehgestell SGP 400 entwickelt, siehe Bild 2.5. Das SGP 400 Drehgestell enthält keine Reibelemente mehr, so dass man sich um deren Nichtlinearitäten nicht zu kümmern braucht. Natürlich gibt es bei einer Reihe anderer Verbindungselemente (siehe z.B. Bild 2.4) weiterhin Nichtlinearitäten, die aber „gutmütig" sind, da man sie für kleine Verschiebungen linearisieren kann.

Das häufigste im Güterverkehr eingesetzte Drehgestell ist das Y25 Drehgestell, das in Bild 2.6 wiedergegeben ist. Das Y25-Drehgestell enthält eine Vielzahl von Reibelementen und verhält sich aufgrund dessen stark nichtlinear. Eine lineare Behandlung ist dann nicht gerechtfertigt.

Eine gute Übersicht über andere Drehgestelle bietet immer noch ein Buch aus DDR-Zeiten [74].

2.2.2 Mechanisches Modell des Fahrzeugs. Verbindungselemente

Das Grundmodell für die meisten Reisezugwagen besteht aus einem Wagenkasten, zwei Laufwerksrahmen und vier Starrradsätzen. Zwischen Wagenkasten und Laufwerksrahmen ist die Sekundärfesselung, zwischen Laufwerksrahmen und den Radsätzen ist die Primärfesselung angeordnet. Viele konstruktive Varianten von Drehgestellfahrzeugen lassen sich auf das Grundmodell von Bild 2.7 zurückführen. Typische Fesselungselemente, die in Programmsystemen wie MEDYNA, SIMPACK oder GENSYS zur Modellierung vorrätig sind, zeigt Bild 2.8.

Allerdings sind bei 4-achsigen Fahrzeugen im Hochgeschwindigkeits-Personenverkehr noch einige elastische Eigenformen des Wagenkastens zu berücksichtigen, um den Komfort bis 25 Hz richtig zu beschreiben, siehe Bild 2.9.

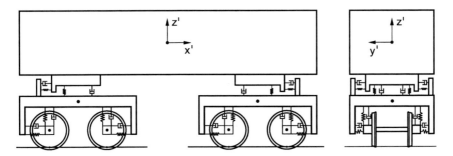

Bild 2.7. Einfaches mechanisches Modell eines 4-Achsers. Sechs Wagenkasten-Freiheitsgrade und je sechs Freiheitsgrade der Drehgestellrahmen (Die Koordinatenursprünge der Koordinatensysteme von Wagenkästen und Drehgestellrahmen liegen häufig auf Schienenoberkante.)

24   2. Modellierung von Fahrzeug, Gleis und Anregung

Bezeichnung	Grafisches Symbol
Zugstange (elastisch angelenkt) **Schraubenfeder** (schlank oder gelenkig angekoppelt)	
Torsionsstab, Torsionsfeder	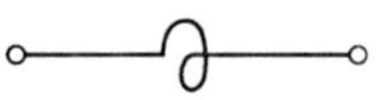
Dämpfer (viskose) **Reibungsdämpfer** (Coulomb - Element)	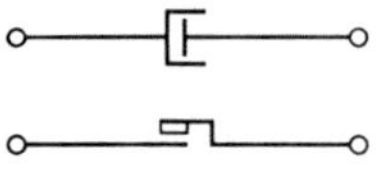
Torsionsdämpfer	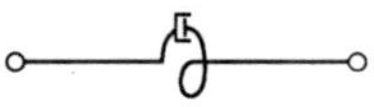
Anschlag (elastisch) **Anschlag** (viskose) **Anschlag** (mit coulombscher Reibung)	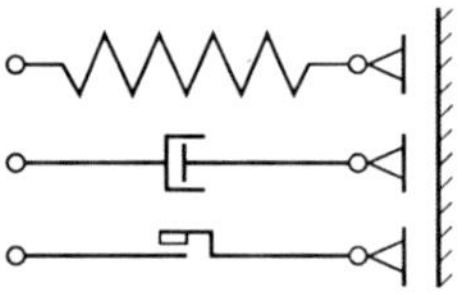
Feder/ Dämpfer- Reihenschaltung	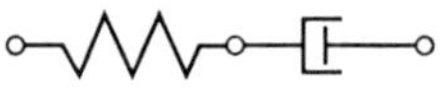
Komplettes Koppelelement **Realisierung als:** **Schraubenfeder** (gedrungen, Flexicoll - Feder) **Gummiplattenfeder** **Silentblock** **Blattfeder** **elastischer Stab** (dehn-, biege-,schub- und torsionselastisch) **Luftfeder**	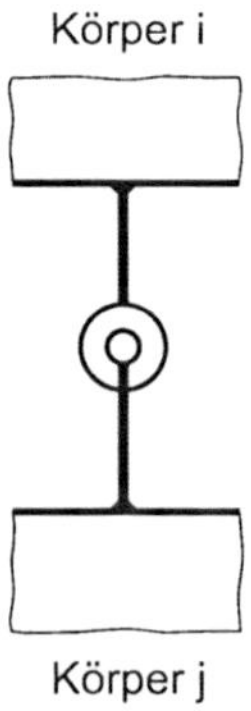 Körper i Körper j

Bild 2.8. Einfache Verbindungselemente für Mehrkörperalgorithmen und komplexes Koppelelement (unten)

2.2.3 Elastische Wagenkästen

Wie bereits ausgeführt, reicht es bei Wagenkästen im Hochgeschwindigkeitsverkehr nicht aus, nur die sechs Starrkörperfreiheitsgrade zu berücksichtigen.

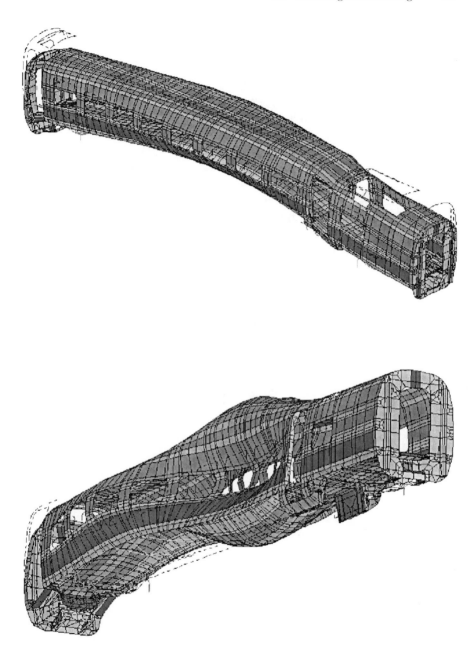

Bild 2.9. Eigenschwingungsformen eines Leichtbauwagenkastens für den ICE (mit freundlicher Genehmigung der DUEWAG, Krefeld Uerdingen). Biegung mit überlagerter Querschnittsdeformation bei 10 Hz (oben), reine Querschnittsdeformation bei 13 Hz (unten)

Das gilt insbesondere für Leichtbauwagenkästen. Eine Modellierung derartiger Wagenkästen als Finite-Elemente-Modell ist heute relativ problemlos möglich. Der Einbau eines kompletten FE-Modells in ein Modell für fahrzeugdynamische Untersuchungen kommt aber aus Rechenzeit- und Speicherplatzgründen kaum in Frage, obwohl bei einer Komfortberechnung nach ISO [96] eigentlich der Frequenzbereich bis 80 Hz berücksichtigt werden soll. Hier bieten sich zwei Möglichkeiten an:

1. Man kann den Wagenkasten näherungsweise als elastischen Balken mit Biege- und Schubsteifigkeiten sowie Torsionssteifigkeit modellieren, siehe z.B. [58]. Die generalisierten Massen und Steifigkeiten [60] sind so zu wählen, dass die unteren vertikalen und lateralen Biegeeigenfrequenzen sowie die Torsionseigenfrequenz des freien Balkens mit Werten übereinstimmen, die man aus einem Standschwingversuch bei weich gelagertem Wagenkasten erhält.
2. Bei Leichtbauwagenkästen ist diese Vorgehensweise nicht mehr möglich, da, wie aus Bild 2.9 ersichtlich, die unteren Eigenformen keine reinen Biegeeigenformen mehr sind sondern bereits starke lokale Deformationen enthalten. Hier müssen Eigenwerte und Eigenformen für ein FE-Modell des Wagenkastens berechnet werden. Bei der fahrdynamischen Rechnung berücksichtigt man dann nur die niedrigsten Eigenfrequenzen und Eigenformen (modale Reduktion, siehe [60]). Die praktische Durchführung ist etwas verwickelter, da der Wagenkasten über die Sekundärfesselung an das Drehgestell angeschlossen ist und die aus den Sekundärfesseln in den Wagenkasten eingeleiteten Kräfte die Schwingung beeinflussen. Einzelheiten kann man z.B. [39] entnehmen. In großen Programmsystemen wird dem bereits Rechnung getragen.

2.3 Modellierung des Gleises und der Anregung

2.3.1 Gleismodellierung

Das Gleis wird bei Untersuchungen der Schienenfahrzeugdynamik zumeist als starr und unverschieblich angesehen. Wenn man aber die Kräfte zwischen Rad und Schiene bis zu Frequenzen von 200 Hz, d.h. zum Beispiel die Kräfte aufgrund unrunder Räder, bei einer Simulation mit erfassen will, so existieren auch dafür noch einfache Gleismodelle. Im Bild 2.10 ist ein derartiges Gleismodell unter dem Radsatz eingeführt worden. Bei den in vertikaler Richtung eingeführten Grundelementen handelt es sich jeweils um eine Feder sowie, parallel geschaltet, um eine Reihenschaltung aus einem Dämpfer- und einem Voigt-Kelvin-Element (Parallelschaltung von Feder und Dämpfer).

2.3 Modellierung des Gleises und der Anregung

		Ausbaustrecke	Neubaustrecke	Südumfahrung Stendal
		mittlerer Untergrund	harter Untergrund	harter Untergrund
		Schiene UIC 60 Zwischenlage Zw700 Schwelle B70 Schwellenabstand 0,6 m Schotterdicke 0,3 m Untergrund $c_s = 150\,\frac{m}{s}$	Schiene UIC 60 Zwischenlage Zw700 Schwelle B70 Schwellenabstand 0,6 m Schotterdicke 0,3 m Untergrund $c_s = 300\,\frac{m}{s}$	Schiene UIC 60 Zwischenplatte Zwp 104 Schwelle B75 Schwellenabstand 0,63 m Schotterdicke 0,4 m Untergrund $c_s = 300\,\frac{m}{s}$
i=0	c_0	+0.9968E+08	+0.2434E+09	+0.1888E+09
	d_0	+0.4046E+06	+0.3824E+06	+0.2359E+06
i=1	c_1	+0.4487E+09	+0.6395E+09	+0.1756E+09
	c_2	−0.4314E+07	−0.5351E+07	−0.1697E+08
	d_3	+0.1962E+05	−0.2655E+05	+0.4667E+05
	d_4	−0.2000E+05	+0.2594E+05	−0.4680E+05
i=2	c_1	−0.1165E+11	−0.8016E+10	+0.5296E+09
	c_2	+0.2705E+09	+0.5398E+10	−0.1032E+09
	d_3	+0.8651E+06	+0.9640E+07	+0.3032E+06
	d_4	−0.8387E+06	−0.2222E+07	−0.2738E+06
i=3	c_1	+0.2400E+10	+0.5959E+09	
	c_2	−0.9275E+09	−0.1864E+07	
	d_3	+0.1897E+07	+0.3582E+05	
	d_4	−0.1309E+07	−0.3643E+05	

Tabelle 2.1. Parameter eines aus drei bzw vier in Reihe angeordneten Grundelementen bestehenden vertikalen Gleismodells. Sollen die Grundmodelle unter jedem Radaufstandspunkt angebracht werden, so sind die Werte zu halbieren. In Bild 2.10 ist nur eines dieser Grundmodelle eingezeichnet.

Will man Frequenzen bis 300 Hz korrekt erfassen, so muss man mehrere solche Grundelemente hintereinander schalten [229]. Das Problem ist hierbei

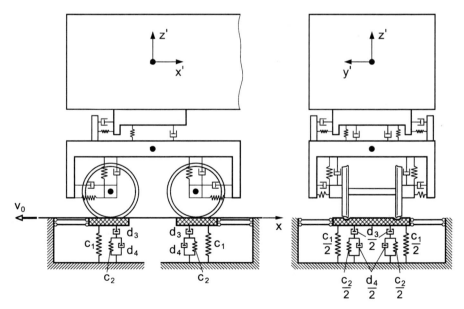

Bild 2.10. Modellierung des Gleises für Frequenzen bis 100 Hz

die Ermittlung der Parameter, die erst mit den Methoden der Gleisdynamik [63, 229, 124] möglich ist. In Tab. 2.1 sind für drei unterschiedliche Gleistypen aus dem DB-Netz (Gleis mit B70-Schwellen auf Ausbaustrecken, Gleis mit B70-Schwellen auf Neubaustrecken und Versuchsgleis auf der Südumfahrung Stendal mit B75-Schwellen) die Parameter für das Vertikalmodell zusammengestellt. Das Auftreten von negativen Werten für Steifigkeiten ist unproblematisch, da bei allen Modellen nur Eigenwerte mit negativen Realteilen auftreten. - Im Prinzip ist es auch möglich, solche Ersatzmodelle noch für Lateral- und Wankbewegungen anzugeben.

2.3.2 Modellierung der Anregung

Die Anregung eines Schienenfahrzeuges ergibt sich vor allem aus Gleislagefehlern oder Radunrundheiten, die als Fußpunktanregung im Kontakt von Rad und Schiene wirken. Daneben gibt es Anregungen aus Radunwuchten oder aus Windkräften. Unterteilen lassen sich solche Anregungen in

- periodische Erregung,
- allgemeine, deterministische Erregung und
- stochastische Anregung.

Die aus *Unrundheiten des Radsatzes* herrührende Anregung ist stets *periodisch*, da sie sich nach einer Umdrehung wiederholt. Die Grundharmonische hat eine Frequenz

$$f_1 = \frac{v_0}{2\pi r}, \tag{2.1}$$

die bei einem Radumfang von $2\pi r \approx 3$ m und einer Fahrgeschwindigkeit $v_0 = 60$ m/s noch im Frequenzbereich liegt, der für die Vertikaldynamik von Interesse ist. Die höheren Harmonischen, so etwa die beim ICE auftretende Polygonalisierung, liefern höchst unangenehme mittelfrequente Geräusche und Erschütterungen („Brummen" bei 100 Hz) und können das Gleis und den Radsatz erheblich schädigen, siehe z.B. [2, 1, 10, 124].

Ein Gleis ist nie ideal verlegt sondern weist Lagefehler auf, die zumeist im Betrieb noch verstärkt werden. Das Gleis wird üblicherweise durch vier *Gleislagefehler* beschrieben (siehe Bild 2.11). Der Spurweitenfehler spielt in der Schienenfahrzeugdynamik erst bei nichtlinearer Betrachtung eine Rolle, so dass wir uns auf die ersten drei Fehler beschränken können. Diese sind in Bild 2.12 veranschaulicht.

Vertikale Gleislagefehler können durchaus, ebenso wie die Unrundheiten der Räder, periodisch sein, beispielsweise, wenn die Schienen an den Stößen nicht geschweißt sind (Bild 2.13). Der Gleislagefehler muss hierbei als Durchsenkung des Gleises unter statischer Last ermittelt werden, da das gerade die Störung ergibt, die das Rad „erfährt". An der Stelle des Schienenstoßes wird dann ein Knick, u.U. sogar ein Sprung auftreten. Auch Hohllagen sind

2.3 Modellierung des Gleises und der Anregung

- Richtungsfehler (lateral alignment)

$$y_G = \frac{1}{2}(y_1 + y_2),$$

- Längshöhenfehler (vertical alignment)

$$z_G = \frac{1}{2}(z_1 + z_2),$$

- Querhöhenfehler (cross level)

$$\varphi_{xG} = \frac{1}{2b}(z_1 - z_2),$$

- und Spurweitenfehler (gauge)

$$\Delta y_G = \frac{1}{2}(y_1 - y_2).$$

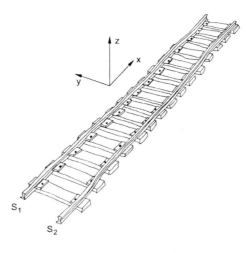

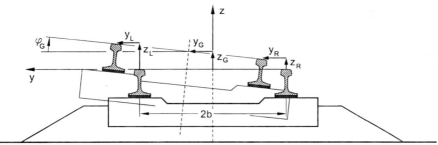

Bild 2.11. Gleislagefehler (in Anlehnung an Renger [190])

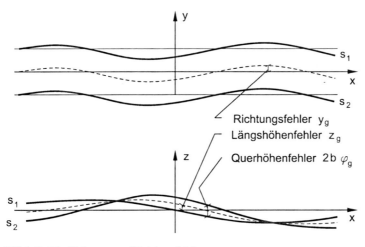

Bild 2.12. Skizze von Gleislagefehlern

30   2. Modellierung von Fahrzeug, Gleis und Anregung

vielfach nahezu periodisch angeordnet, so dass sie auf fast-periodische Gleislagefehler führen. Auch Fertigungsprozesse (z.B. Fertigungsprozesse bei der Festen Fahrbahn) können zu periodischen Gleislagefehlern führen.

Weitaus häufiger sind *deterministische Einzelfehler*, die sich zumeist aus Irregularitäten im Gleis ergeben, so bei Weichenüberfahrten, bei Steifigkeitsunterschieden (Brückenauffahrt, Überfahrt über niveaugleiche Übergänge) oder bei mehreren hohlliegenden Schwellen, die der Radsatz bei der Überfahrt als Höhenfehler empfindet, selbst wenn bei einer Absolutvermessung des Gleises (etwa per Laser) kein Höhenfehler auftritt.

Am häufigsten sind völlig *regellose (stochastische) Gleislagefehler*, die wir später in Kapitel 6 mit spektralen Leistungsdichten beschreiben werden.

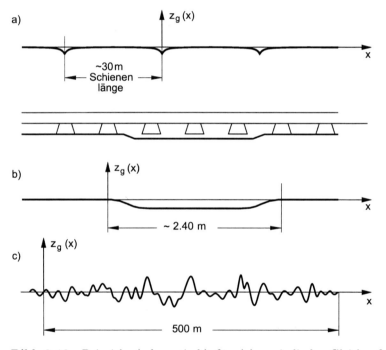

Bild 2.13. Beispiele (schematisch) für (a) periodische Gleislagefehler (Schienenstöße), (b) deterministische Einzelfehler (Hohllagen) und (c) regellose Längshöhenfehler

Im Zusammenhang mit dem in Bild 2.10 eingeführten Gleismodell wird zumeist ein modifiziertes Erregungsmodell eingeführt (Bild 2.14). Dabei rollt nicht der Radsatz über das mit Profilirregularitäten versehene Gleis, vielmehr wird ein masseloses Störgrößenband mit der Geschwindigkeit v_0 zwischen Radsatz und Gleis hindurchgezogen, Wagenkasten (beim Drehgestellfahrzeug) oder Drehgestellrahmen (beim einzelnen Drehgestell) werden in Rollrichtung fixiert. Die Ergebnisse aus einem Modell mit bewegtem Radsatz

2.3 Modellierung des Gleises und der Anregung

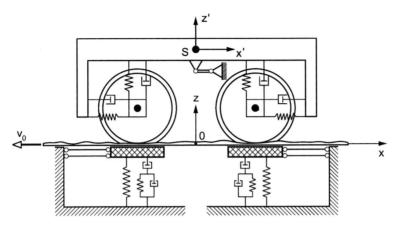

Bild 2.14. Modell einer bewegten Irregularität (Der Ursprung des mitbewegten x'-z'-Koordinatensystems wurde aus Gründen der Übersichtlichkeit im Drehgestellrahmen und nicht, wie vielfach üblich, auf der Schienenoberkante angeordnet.)

oder mit bewegter Profilirregularität unterscheiden sich für kontinuierliche Gleismodelle erst für sehr hohe Fahrgeschwindigkeiten oder hohe Erregerfrequenzen [124].

Bei dem Anregungsmodell einer bewegten Profilirregularität bewegt sich das $(0;x,y,z)$-Koordinatensystem mit der konstanten Geschwindigkeit v_0 entgegen der Fahrtrichtung, das Koordinatensystem (S,x',y',z') bleibt stehen. Aufpassen muss man, wenn es sich um eine beschleunigte Bewegung handelt (Anfahren, Bremsen, Bogenfahrt). Dann müssen zusätzliche Trägheitskräfte berücksichtigt werden.

Die Erregung durch ein Störgrößenband ist in den allermeisten Fällen bei fahrdynamischen Untersuchungen ausreichend. Erst bei der Simulation von Brückenüberfahrten stößt das Modell an seine Grenzen [55, 56].

3. Modellierung des Rad/Schiene-Kontaktes

Alle zwischen Rad und Schiene auftretenden Kräfte (Bild 3.1) wirken in einer etwa 1,5 cm² großen Kontaktfläche. Das Fahrzeuggewicht wird durch Normalkräfte abgetragen, die Führung in Bögen mit großem Radius erfolgt durch Tangentialkräfte, bei Antriebs-und Bremsvorgängen treten zusätzliche Tangentialkräfte in Umfangsrichtung des Rades auf.

Da man den Kontakt von Rad und Schiene durch eine Zwangsbedingung ersetzen kann, ist die Normalkontaktmechanik für die eigentliche Schienen-

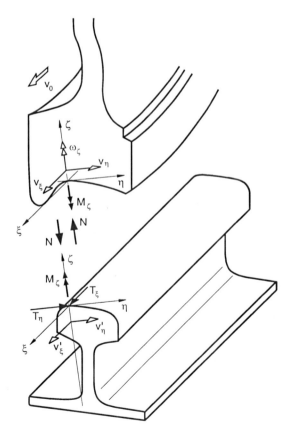

Bild 3.1. Kräfte und Schlüpfe beim Rad/Schiene-Kontakt.
Als Kräfte wirken die Normalkraft N, die Tangentialkräfte T_ξ und T_η und das Bohrmoment M_ζ. Aus den radseitigen Geschwindigkeiten v_ξ, v_η und Winkelgeschwindigkeiten ω_ζ sowie aus den schienenseitigen Geschwindigkeiten $(v'_\xi, v'_\eta, \omega'_\zeta)$ werden die Relativgeschwindigkeiten (Schlupfgeschwindigkeiten) gebildet.

fahrzeugdynamik belanglos. Wenn es aber um Beanspruchungen geht, ist das Normalkontaktproblem von erheblicher Bedeutung. Bei schweren Fahrzeugen treten im Radaufstandspunkt Normalkräfte von über 100 kN auf. In solchen Fällen müssen die auftretenden Normalspannungen genau bekannt sein. Außerdem ist die Lösung des Normalkontaktproblems Voraussetzung für die Berechnung der für die Laufdynamik relevanten Tangentialkräfte.

Wir befassen uns zunächst mit der Profilgeometrie von Rad und Schiene, Abschnitt 3.1, anschließend mit Fragen der Kinematik beim Kontakt von Rad und Schiene, Abschnitt 3.2. Es folgt in Abschnitt 3.3 die Behandlung des Normalkontaktproblems und in Abschnitt 3.4 die des Tangentialkontaktproblems. Beide dürfen in der Regel getrennt voneinander behandelt werden.

Anders als im Kapitel 2 bei der Modellierung von Fahrzeug und Gleis sollen im vorliegenden Kapitel auch die Gleichungen angegeben werden, die später zum Aufstellen der Bewegungsgleichungen erforderlich sind.

3.1 Profilgeometrie

Die im Rad und in der Schiene auftretenden maximalen Beanspruchungen werden stark von den Profilen von Rad und Schiene beeinflusst. Aber auch die Lateralkontaktmechanik und damit die gesamte Schienenfahrzeugdynamik hängen von Profilpaarungen ab. Schienen- und Radprofile sind heute

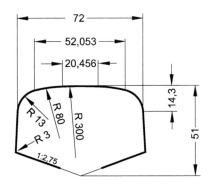

Bild 3.2. Schienenprofil UIC 60 mit Radienbemaßung

in Mitteleuropa weitgehend genormt [44, 166] . Auf Neubau- und Ausbaustrecken werden überwiegend UIC 60 Schienen, siehe Bild 3.2, und damit auch das entsprechend bezeichnete Schienenprofil verwendet. Im Laufflächenbereich besteht es aus einem Bogen mit dem Radius 300 mm, an beiden Seiten schließen mit stetiger Tangente Bögen vom Radius 80 mm an, gefolgt von Bögen mit dem Radius 13 mm im Bereich der Fahrkante. Diese Bögen gehen wiederum mit stetiger Tangente in Geradenabschnitte über.

Dieses Schienenprofil ist kein reines Verschleißprofil, d.h. kein Profil, das sich auf geradem Gleis unter gleichbleibenden Verkehrsbedingungen einstel-

3.1 Profilgeometrie

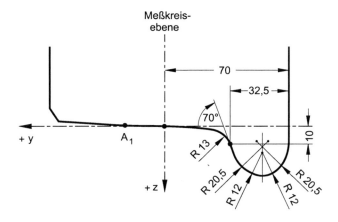

Bild 3.3. Radprofil S 1002 mit Radienbemaßung

len würde. Das hat, obwohl es nur um Bruchteile von Millimetern geht, den Nachteil, dass sich aufgrund der Sprünge in den Profilkrümmungsradien nichtelliptische Kontaktflächen („Bärentatzen") ausbilden. Wir greifen hier vor und verweisen auf Bild 3.12. Das Auftreten von Sprüngen in den Krümmungsradien kann höhere Maximalbeanspruchungen zur Folge haben und verkompliziert die kontaktmechanische Berechnung.

Es gab daher Bestrebungen, das herkömmliche UIC 60 Profil durch ein Profil ohne Krümmungssprünge im Laufflächenbereich zu ersetzen. Moelle [62] hat beispielsweise im Laufflächenbereich statt des Kreisbogens mit dem Krümmungsradius von 300 mm einen Ellipsenbogen eingeführt, der in der Lauffläche einen stetigen Krümmungsübergang vom 300 mm zum 80 mm Krümmungsradius garantiert. Das bei der DB entwickelte Profil DB 60E2 [171] besitzt einen stetig veränderlichen Krümmungsradius bis in den Fahrkantenbereich.

Neben dem Schienenprofil bestimmen auch die Einbauneigung der Schiene und das Radprofil die Laufdynamik. Im Netz der DB AG beträgt die Einbauneigung 1:40, im Netz der SNCF 1:20. In Verbindung damit kommen unterschiedliche Radprofile zum Einsatz, bei der SNCF konische Profile, bei der DB AG hingegen Verschleißprofile. Bei Verschleißprofilen sind die Zeitintervalle für die Reprofilierung (gleichen Schienenstahl vorausgesetzt) größer, so dass die Instandhaltungskosten niedriger liegen. Das von den europäischen Bahnen weitgehend eingesetzte Radprofil S 1002 (siehe Bild 3.3) ist ein Verschleißprofil, das im Laufflächenbereich durch Polynome höherer Ordnung oder punktweise beschrieben werden kann [169, 170]. In Verbindung mit dem DB 60E2 Schienenprofil treten dann im Laufflächenbereich keine Berührpunktsprünge mehr auf.

Einen Eindruck von der zeitlichen Entwicklung von Verschleißprofilen erhält man aus der Darstellung in Bild 3.4. Es handelt sich um die aus [29] entnommenen gemessenen Verschleißprofile von einem US-Güterwagen mit einem Gewicht von 60 Tonnen. Hier ist der fortschreitende Verschleiß mit

36   3. Modellierung des Rad/Schiene-Kontaktes

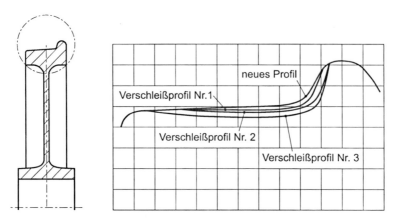

Bild 3.4. Ausbildung von Verschleißprofilen bei einem US-Güterwagen mit einem Gewicht von 70 Tonnen [29]

steigender Belastungsdauer deutlich erkennbar. Um mit derartigen Profilen laufdynamische Untersuchungen durchführen zu können, sind zunächst Profilmessungen und Profilauswertungen erforderlich. Das ist auch notwendig, wenn man die Auswirkungen von Verschleißprofilen in Bögen (Bild 3.5) auf das Bogenlaufverhalten und die Beanspruchungen untersuchen will. Wenn man an unterschiedlichen Stellen eines Bogens solche Verschleißprofile misst, dann zeigt sich, dass sie fast deckungsgleich sind. Das Profil wird von den Betriebsbedingungen (wozu auch die Konstruktion der häufigsten Drehgestelle gehört) und vom Bogenradius bestimmt. Diese Parameter ändern sich natürlich bei einem Bogen mit konstantem Radius nicht.

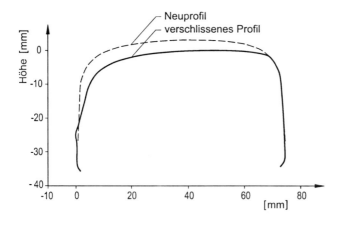

Bild 3.5. Vergleich eines Verschleißprofils (gemessen) einer Bogenaußenschiene (Radius = 519 m, Einbauneigung 1:40, v_{max} = 100 km/h; Güterverkehr und geringer Personenverkehr) mit einem neuen UIC 60 Profil [212]

3.2 Kinematik des Kontakts von Rad und Schiene

In der Kinematik des Kontakts von Rad und Schiene geht es zunächst um die Frage, welche Kontaktpunkte sich zwischen Rad und Schiene ausbilden, wenn man Radsatz und Gleis als starre Körper ansieht und auch im Kontaktgebiet keine Deformationen zulässt, und wie sich die Lage der Kontaktpunkte ändert, wenn Relativverschiebungen zwischen Radsatz und Gleis auftreten. Fordert man, dass stets Kontakt zwischen Rad und Schiene besteht, so liegen zwei kinematische Zwangsbedingungen vor. Sieht man das Gleis als unverschieblich an, dann sind von den sechs Freiheitsgraden des Radsatzes vier unabhängige und zwei sind abhängige Variable.

Es ist nicht zwingend, die kinematischen Beziehungen am Beispiel eines starren Radsatzes und eines starren Gleises zu behandeln. Man könnte statt dessen auch eine elastische Radsatzwelle annehmen, so dass beide Räder sich unabhängig voneinander verschieben können. Anstelle der kinematischen Beziehungen für einen starren Radsatz und ein starres Gleis sind dann kinematische Beziehungen für ein *Rad/Schiene-Verbindungselement* erforderlich. Die linearisierten kinematischen Beziehungen für ein derartiges Rad/Schiene-Verbindungselement findet man z.B. in [154, 163]. Realisiert ist diese Möglichkeit beispielsweise in den Programmsystemen MEDYNA, ADAMS RAIL und SIMPACK.

Zunächst wird der Fall behandelt, dass es sich bei den Profilen von Rad und Schiene um konische Profile oder um Kreisprofile handelt, Abschnitt 3.2.1. In diesem Fall sind analytische Lösungen möglich. Anschließend werden in Abschnitt 3.2.2 kinematische Beziehungen für allgemeine Profile betrachtet, die nur noch nummerisch beschrieben werden können. Allgemeine Profile, bei denen es bei einer geringen Verschiebung aus der zentrischen Stellung zu einem Berührpunktsprung oder zu einer schnellen Änderung der Profilkrümmungsradien kommt, sind nicht unmittelbar linear zu behandeln. In Abschnitt 3.2.3 wird gezeigt, wie man auch hier linearisierte Beziehungen gewinnen kann. Diese wiederum ermöglichen einen Übergang zu äquivalenten Kreisprofilen, worauf im Abschnitt 3.2.4 eingegangen wird. Abschließend werden die kinematischen Beziehungen für den Fall erweitert, dass Gleislagefehler vorliegen (Abschnitt 3.2.5) und es werden noch die Beziehungen zur Ermittlung der Schlüpfe bereitgestellt (Abschnitt 3.2.6).

3.2.1 Kinematik des Kontakts bei konischen Profilen und Kreisprofilen

Die kinematischen Beziehungen für konische Profile und Kreisprofile wurde u.a. von Wickens [224, 226] und Joly [104] für laufdynamische Untersuchungen eingesetzt. Eine gute Übersicht bietet der Bericht eines ORE-Ausschusses [175]. Mit der Kinematik an sich befassen sich Knothe [122], Matsui [153] und Mauer [154]; am gründlichsten ist wohl die zuletzt genannte Arbeit.

3. Modellierung des Rad/Schiene-Kontaktes

Der Einfachheit halber wird angenommen, dass die beiden Radprofile und die beiden Schienenprofile symmetrisch bezüglich der Radsatz- bzw. Gleismittelebene sind und durch Kreisprofile oder konische Profile beschrieben werden können. Kreisprofilkombinationen werden ausführlich behandelt, konische Profile ergeben sich dann als Sonderfall. Die Bezeichnungen in der unverschobenen sowie in der verschobenen Lage sind für Kreisprofile in Bild 3.6 angegeben. Die dort eingeführten Bezeichnungen haben die folgende Bedeutung:

e_0 halber Abstand zwischen den Messkreisebenen(Berührpunkten) bei zentrischer Stellung des Radsatzes im Gleis,

r_0 Rollkreisradius bei zentrischer Stellung,

δ_0 Tangentenneigung im Radaufstandspunkt bei zentrischer Stellung,

R_R Krümmungsradius des Radprofils,

R_S Krümmungsradius des Schienenprofils.

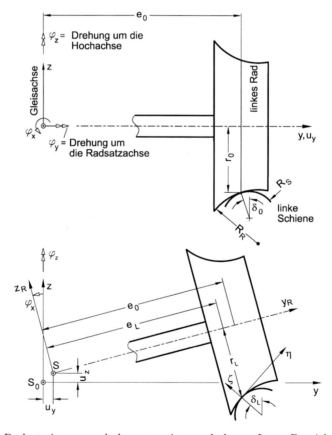

Bild 3.6. Radsatz in unverschobener sowie verschobener Lage; Bezeichnungen

3.2 Kinematik des Kontakts von Rad und Schiene

Der Radsatz kommt dem Betrachter entgegen. Die Bezeichnung „linke Schiene" (Index L) ergibt sich aus der Sicht eines mitfahrenden Beobachters. Für die spätere laufdynamische Rechnung interessieren folgende Größen:

- die Radien des rechten und linken Rollkreises, d.h. r_R und r_L, bei Querverschiebung des Radsatzes,
- die Tangentenneigung im rechten (linken) Radaufstandspunkt ($\tan \delta_R$ und $\tan \delta_L$) sowie
- die Schwerpunktanhebung $u_z(u_y, \varphi_z)$ als Funktion der Querverschiebung u_y und des Wendewinkels φ_z.

Es wird sich bei den laufdynamischen Untersuchungen zeigen, dass die Rollradiendifferenz $\Delta r = r_L - r_R$ maßgebend für die Stabilität des Radsatzlaufs ist, während die Kontaktwinkeldifferenz oder die Schwerpunktanhebung ein Maß dafür sind, wie das Gewicht den Radsatz bei seitlicher Auslenkung in die zentrische Stellung zurück drängt (Gravitationsrückstellung).

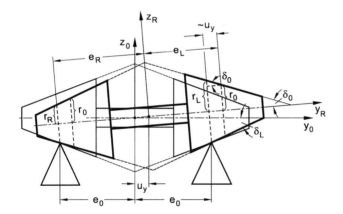

Bild 3.7. Radsatz mit einem Doppelkonus-Profil

Bei *konischen Profilen* kann man ohne aufwendige Rechnung feststellen, dass die Rollradien und Kontaktwinkel sich proportional zum Tangens des Konuswinkels ändern (Bild 3.7). Für die Rollradiendifferenz und die Kontaktwinkeldifferenz ergeben sich damit bei konischen Profilen in guter Näherung die Beziehungen

$$r_L \simeq r_0 + \tan \delta_0 \, u_y \quad \text{(konisches Profil)}, \tag{3.1a}$$

$$\delta_L \simeq \delta_0 + \frac{\tan \delta_0}{e_0} u_y \quad \text{(konisches Profil)}. \tag{3.1b}$$

Bei Kreisprofilen bestimmt man die gesuchten Größen r_L und δ_L aus einer Taylorentwicklung der nichtlinearen Gleichungen bis zu linearen Termen

$$r_\mathrm{L}(u_\mathrm{y},\varphi_\mathrm{z}) \simeq r_0 + \left.\frac{\partial r_\mathrm{L}}{\partial u_\mathrm{y}}\right|_0 u_\mathrm{y},$$

$$\delta_\mathrm{L}(u_\mathrm{y},\varphi_\mathrm{z}) \simeq \delta_0 + \left.\frac{\partial \delta_\mathrm{L}}{\partial u_\mathrm{y}}\right|_0 u_\mathrm{y}.$$

Terme, in denen φ_z linear auftritt kommen nicht vor, da die $x-z$-Ebene Symmetrieebene ist.

Weiterhin interessiert man sich dafür, wie der Wankwinkel φ_x und die Vertikalverschiebung u_z sich ändern, wenn der Radsatz quer verschoben (u_y) oder um die Hochachse gedreht wird (φ_z):

$$\varphi_\mathrm{x}(u_\mathrm{y},\varphi_\mathrm{z}) \simeq \left.\frac{\partial \varphi_\mathrm{x}}{\partial u_\mathrm{y}}\right|_0 u_\mathrm{y},$$

$$u_\mathrm{z}(u_\mathrm{y},\varphi_\mathrm{z}) \simeq \frac{1}{2}\left.\frac{\partial^2 u_\mathrm{z}}{\partial u_\mathrm{y}^2}\right|_0 u_\mathrm{y}^2 - \frac{1}{2}\left.\frac{\partial^2 u_\mathrm{z}}{\partial \varphi_\mathrm{z}^2}\right|_0 \varphi_\mathrm{z}^2.$$

Dass beim Wankwinkel nur ein linearer Term und bei der Schwerpunktanhebung nur zwei quadratische Terme auftreten, ergibt sich wieder aus der Tatsache, das die $x-z$-Ebene Symmetrieebene ist. Die konkrete Berechnung dieser Beziehungen ist eine recht mühsame Aufgabe. Wenn man für Rad und Schiene Kreisprofile verwendet und sich auf Verschiebungen in der $y-z$-Ebene beschränkt, dann gelingt es überraschenderweise noch, die nichtlinearen Beziehungen exakt anzugeben. Der gesamte Verschiebungszustand kann bei Einhaltung der Zwangsbedingungen anschaulich durch einen Viergelenkmechanismus erfasst werden (Bild 3.8). Die Mittelpunkte M_R der Rad-

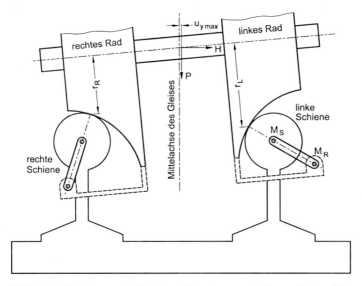

Bild 3.8. Radsatz mit Kreisprofilen in verschobener Lage (Viergelenk-Mechanismus; nach einer Idee von Lutz Mauer)

profile (die mit dem Radsatz fest verbunden sind) und die mit der Schiene verbundenen Mittelpunkte M_S der Schienenprofile werden zu diesem Zweck mit einer Gelenkstange verbunden. In Bild 3.8 ist für eine derartige Profilkombination die Lage des Radsatzes bei einer Querauslenkung angegeben. Das Gleis (d.h. beide Schienen und die Schwelle) wurde bisher als unverschieblich angesehen. Das Modell ist aber auch dann gültig, wenn das Gleis zwar starr aber verschieblich ist. Das ist beispielsweise beim kinematischen Modell für einen Rollprüfstand oder bei der Vorgabe von Gleislagefehlern (siehe Abschnitt 3.2.5) der Fall.

Nachfolgend sind die nichtlinearen kinematischen Beziehungen zwischen u_y, u_z und φ_x für ein starres, unverschiebliches Gleis angegeben [122, 154]:

$$\left[u_y + h_R \sin\varphi_x\right]^2 = \left(R_R - R_S\right)^2 \frac{g_R^2 \sin^2\varphi_x}{g_R^2 - 2g_R g_S \cos\varphi_x + g_S^2} - g_R^2 \sin^2\varphi_x, \tag{3.2}$$

$$\left[u_z + h_R \cos\varphi_x + h_S\right]^2 = \left(R_R - R_S\right)^2 \frac{(g_R \cos^2\varphi_x - g_S)^2}{g_R^2 - 2g_R g_S \cos\varphi_x + g_S^2} - (g_R \cos\varphi_x - g_S)^2, \tag{3.3}$$

mit den Abkürzungen[1]

$$g_R = e_0 + R_R \sin\delta_0,$$
$$h_R = e_0 + R_R \cos\delta_0,$$
$$g_S = e_0 + R_S \sin\delta_0,$$
$$h_S = e_0 + R_S \cos\delta_0.$$

Durch Reihenentwicklung erhält man daraus linearisierte Beziehungen für die gesuchten Geometriegrößen und den Wankwinkel φ_x,

$$r_{L(R)} \simeq r_0 \pm \lambda\, u_y \tag{3.4a}$$

$$\tan\delta_{L(R)} \simeq \tan\delta_0 \pm \varepsilon \frac{1}{e_0} u_y, \tag{3.4b}$$

$$\varphi_x \simeq \sigma \frac{1}{e_0} u_y. \tag{3.4c}$$

Die *Linearkoeffizienten* λ, ε und σ sind hierbei zunächst Abkürzungen, bei denen noch angegeben werden muss, wie man sie erhält. Bei u_z sind die ersten von Null verschiedenen Terme quadratische Terme:

$$u_z \simeq \frac{1}{2}\zeta u_y^2 - \frac{1}{2}\chi \varphi_z^2, \tag{3.5}$$

---

[1] Das Schienenprofil ist konvex: Der Krümmungsradius der Schiene ist mathematisch positiv, da der Krümmungsmittelpunkt auf der inneren Normalen liegt. Das Radprofil ist konkav: Der Krümmungsradius des Rades ist negativ. Die in Bild 3.6 eingetragene Größe R_S ist der Krümmungsradius des Schienenprofils (vorzeichenrichtig) während R_R der Betrag des Radkrümmungsradius ist.

wobei natürlich ausgehend von den nichtlinearen Beziehungen bei einer Beschränkung auf Verschiebungen in der $y-z-$Ebene (Bild 3.8) nur der in u_y quadratische Term bestimmt werden kann. Eine linearisierte Beziehung erhält man für das Differential

$$\mathrm{d}u_z \simeq \zeta u_y\,\mathrm{d}u_y - \chi\,\varphi_z\,\mathrm{d}\varphi_z \qquad (3.6)$$

Bei den eingeführten Bezeichnungen für die Linearkoeffizienten haben wir uns weitgehend an die Festlegungen des ORE-Ausschusses C 116 [174, 175] gehalten:

$\lambda \simeq \dfrac{r_L - r_R}{2u_y}$ wirksame Konizität (Koeffizient der Rollradiendifferenz),

$\varepsilon \simeq \dfrac{e_0\,(\tan\delta_L - \tan\delta_R)}{2u_y}$ normierter Koeffizient der Kontaktwinkeldifferenz,

$\sigma \simeq \dfrac{\varphi_x\,e_0}{u_y}$ normierter Koeffizient des Wankwinkels, (Laufparameter),

$\zeta \simeq \dfrac{\partial u_z/\partial u_y}{u_y}$ Koeffizient der Gravitationssteifigkeit der Querverschiebung,

$\chi \simeq \dfrac{\partial u_z/\partial \varphi_z}{\varphi_z}$ Koeffizient der Gravitationssteifigkeit des Wendewinkels.

Die *vollständigen Linearkoeffizienten für große Kontaktwinkel* δ_0 sind nachfolgend wiedergegeben:

$$\lambda = \frac{R_R \sin\delta_0}{(R_R - R_S)} \frac{(e_0 + R_S \sin\delta_0)}{(e_0 \cos\delta_0 - r_0 \sin\delta_0)}, \quad (3.7a)$$

$$\varepsilon = \frac{e_0}{(R_R - R_S)} \frac{(e_0 + R_R \sin\delta_0)}{(e_0 \cos\delta_0 - r_0 \sin\delta_0)}, \quad (3.7b)$$

$$\sigma = \frac{e_0 \sin\delta_0}{e_0 \cos\delta_0 - r_0 \sin\delta_0}, \quad (3.7c)$$

$$\zeta = \frac{\sin\delta_0}{e_0 \cos\delta_0 - r_0 \sin\delta_0} \\ + \frac{(e_0 + R_R \sin\delta_0)(e_0 + R_S \sin\delta_0)}{(R_R - R_S) \cos\delta_0 (e_0 \cos\delta_0 - r_0 \sin\delta_0)^2}, \quad (3.7d)$$

$$\chi = \tan\delta_0 (e_0 - r_0 \tan\delta_0) + \frac{(e_0 - r_0 \tan\delta_0)^2}{R_R - R_S}. \quad (3.7e)$$

Sofern man sich auf kleine Kontaktwinkel δ_0 beschränkt, kann man $\sin\delta_0 = \delta_0$ und $\cos\delta_0 = 1$ setzen und δ_0 gegenüber 1 vernachlässigen. Dann ergibt sich *für kleine Kontaktwinkel δ_0*

für konische Profile		für Kreisprofile	
$\lambda \simeq \delta_0$,	(3.8a)	$\lambda \simeq R_R \delta_0 / (R_R - R_S)$,	(3.9a)
$\varepsilon \simeq \delta_0$,	(3.8b)	$\varepsilon \simeq e_0 / (R_R - R_S)$,	(3.9b)
$\sigma \simeq \delta_0$,	(3.8c)	$\sigma \simeq \delta_0$,	(3.9c)
$\zeta \simeq 2\delta_0 / e_0$,	(3.8d)	$\zeta \simeq 1/(R_R - R_S)$,	(3.9d)
$\chi \simeq \delta_0 e_0$;	(3.8e)	$\chi \simeq \delta_0 e_0 + e_0/(R_R - R_S)$.	(3.9e)

Gl. (3.5) und die in ihr enthaltenen Größen ζ und χ bedürfen einer Erläuterung. Bei einer Querverschiebung kommt es zu einer Anhebung des Schwerpunktes, bei einer Wendebewegung zu einer Schwerpunktabsenkung. Um dies zu erreichen (oder zu verhindern) sind Kräfte erforderlich, die zu den jeweiligen Verschiebungen proportional sind. Von da ergibt sich der Begriff „Gravitationssteifigkeit". Beide Effekte lassen sich mit dem Modell eines Doppelkonus anschaulich demonstrieren.

3.2.2 Kontaktkinematik bei beliebigen Profilen

Die Profile von Rad und Schiene sind, wie bereits an den Bildern 3.2 und 3.4 deutlich wurde, in der Regel keine Kreisprofile. Es stellt sich nun die Frage, ob bei derartigen allgemeinen Profilen eine Linearisierung möglich ist. Wir betrachten hierzu die Rollradiendifferenz Δr ($2\Delta r = r_L - r_R$) in Abhängigkeit von der Lateralverschiebung u_y, die in Bild 3.9 für die Kombination eines neuen UIC 60 Schienenprofils mit einer Einbauneigung 1:40 und eines S 1002 Radprofils wiedergegeben ist. Deutlich sind mehrere sprunghafte Veränderungen der Rollradiendifferenz in Abhängigkeit von der Querverschiebung erkennbar. Eine Linearisierung in Sinne einer Taylorentwicklung ist nur für Querverschiebungen bis etwa 0,25 mm möglich. Im Vergleich ist auch die Rollradiendifferenz unter Verwendung des Profils DB 60E2 eingetragen, die bis 6mm völlig glatt verläuft. Die Ursache der sprunghaften Veränderungen der Rollradiendifferenzen beim UIC 60 Profil sind Berührpunktsprünge, siehe Bild 3.10. In diesem Bild sind durch die dicken Balken die Berührpunktlagen auf dem linken[2] Rad- und Schienenprofil in Abhängigkeit von der Querverschiebung eingezeichnet. Die Querverschiebungsamplituden sind in der Mitte angegeben. Man erkennt, dass bei einer Verschiebung des Radsatzes die Berührpunkte auf Rad- und Schienenprofil in die entgegengesetzte Richtung wandern. Das Bild 3.10 täuscht vor, dass es in der Lauffläche von Rad und Schiene Bereiche gibt, in denen es nie zum Kontakt kommt. Diese Täuschung hat ihre Ursache darin, dass in dem verwendeten Geometrieprogramm RS-GEO mit starren Profilen gearbeitet wurde. Bei Berücksichtigung der Elastizität von Rad und Schiene im Geometrieprogramm bilden sich *Kontakt-*

---

[2] Es handelt sich hierbei um das linke Rad aus der Sicht eines mit dem Radsatz mitbewegten Beobachters, wobei der Radsatz aus der Bildebene heraus fährt.

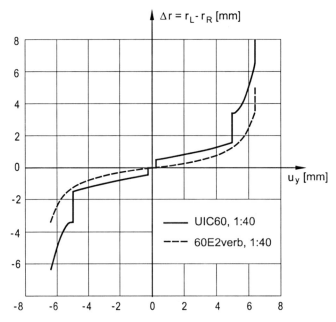

Bild 3.9. Rollradiendifferenz Δr in Abhängigkeit von der Radsatzquerverschiebung u_y (Profilkombinationen ORE S 1002/UIC 60 sowie ORE S 1002/DB 60E2) bei starrem Rad- und Schienenprofil. Quelle DB AG, FTZ

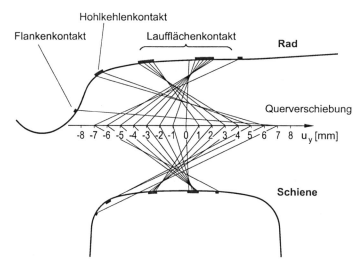

Bild 3.10. Berührpunktwanderung auf dem Rad- und Schienenprofil in Abhängigkeit von der Querverschiebung des Radsatzes bei starren Profilen (ORE S1002 auf UIC60, Einbauneigung 1:40, Spurweite 1435)

flächen aus, durch die auch Profilbereiche, in denen kein *Berührpunkt* liegt, zur Lastübertragung herangezogen werden. In der Regel treten dann keine Berührpunktsprünge mehr auf, vielmehr kommt es zumeist zu einem kontinuierlichen und gleichmäßigem Wandern der Berührpunkte auf den Rad- und Schienenprofilen.

Der erste Sprung bei starren Profilen (Bilder 3.9 und 3.10) tritt bereits bei $u_y = 0{,}25$ mm auf. Nach diesem Sprung verlaufen die Rollradiendifferenz und die Kontaktwinkeldifferenz bis zu einer Querverschiebung von 4,8 mm nahezu auf einer Geraden, die allerdings nicht durch den Ursprung geht. Wird u_y noch größer, dann springt der Berührpunkt zunächst in die Hohlkehle und bei mehr als 6 mm Querverschiebung in die Spurkranzflanke. Danach kommt es zum *Aufklettern* des Rades. Die annähernd ±6 mm Querverschiebung entsprechen in diesem Fall dem *Spurspiel*.

3.2.3 Zur Ermittlung der äquivalenten Berührkenngrößen mit der Methode der Quasilinearisierung

Solange es nicht zum Flankenanlauf kommt, lässt sich auch bei der Profilkombinationen ORE S 1002/UIC 60 noch ein ausgeprägter Sinuslauf beobachten, der auf ein quasi-lineares Verhalten hindeutet. Man versucht dann, eine *äquivalente* oder *wirksame Konizität* (englisch: *equivalent conicity*) λ_e zu bestimmen, mit der sich näherungsweise ein linearer Zusammenhang zwischen der Rollradiendifferenz Δr und der Querverschiebungsamplitude u_{y0} angeben lässt:

$$\Delta r(u_{\rm y}) = r_{\rm L}(u_{\rm y}) - r_{\rm R}(u_{\rm y}) \simeq 2\lambda_{\rm e} u_{\rm y}\,. \tag{3.10}$$

Wir beschränken uns für die Ermittlung der wirksamen Konizität $\lambda_{\rm e}$ wieder auf den Fall, dass die beiden Profilpaarungen bezüglich der Mittelebene von Radsatz und Gleis symmetrisch sind. Die wirksame Konizität $\lambda_{\rm e}$ wird dann aus der Forderung bestimmt, dass bei einer Sinuslaufbewegung $(u_{\rm y}(t) = u_{\rm y0} \sin \omega t)$ die linearisierte Rollradiendifferenz, integriert über eine Periode, im quadratischen Mittel möglichst wenig von der nichtlinearen Rollradiendifferenz abweicht,

$$\int_0^{2\pi} [\Delta r(u_{\rm y0} \sin \tau) - 2\lambda_{\rm e} u_{\rm y0} \sin \tau]^2 d\tau = \text{Min}\,. \tag{3.11}$$

Durch Differentiation nach $\lambda_{\rm e}$ führt das zu folgendem Ergebnis:

$$\lambda_{\rm e} = \frac{1}{\pi u_{\rm y0}} \int_0^\pi \Delta r(u_{\rm y0} \sin \tau) \sin \tau d\tau\,. \tag{3.12}$$

Dieses Vorgehen zur Umrechnung einer nichtlinearen Abhängigkeit für $\Delta r(u_{\rm y})$ in eine lineare Beziehung wird als *Quasilinearisierung*, im speziellen Fall eines harmonischen Bewegungsvorganges auch als *harmonische Linearisierung* bezeichnet [28, 75, 78]. Berücksichtigt man regellose Gleislagefehler, so liegt ein stochastischer Bewegungsvorgang vor. Man spricht dann von *statistischer Linearisierung* [189, 230].

Für die äquivalente Konizität $\lambda_{\rm e}$ in Abhängigkeit von einer angenommenen Querverschiebungsamplitude $u_{\rm y0}$ gilt also für Profile, die symmetrisch bezüglich der Radsatz- bzw. Gleismittelebene sind

$$\lambda_{\rm e} = \frac{1}{\pi u_{\rm y0}} \int_0^\pi [r_{\rm L}(u_{\rm y0} \sin \tau) - r_{\rm R}(u_{\rm y0} \sin \tau)] \sin \tau d\tau\,. \tag{3.13}$$

In entsprechender Weise kann ein äquivalenter Koeffizient $\varepsilon_{\rm e}$ der Kontaktwinkeldifferenz angegeben werden:

$$\varepsilon_{\rm e} = \frac{e_0}{\pi u_{\rm y0}} \int_0^\pi [\tan \delta_{\rm L}(u_{\rm y0} \sin \tau) - \tan \delta_{\rm R}(u_{\rm y0} \sin \tau)] \sin \tau d\tau\,. \tag{3.14}$$

Schließlich lässt sich auch noch ein äquivalenter Koeffizient $\sigma_{\rm e}$ des Wankwinkels (äquivalenter Laufparameter) bestimmen,

3.2 Kinematik des Kontakts von Rad und Schiene 47

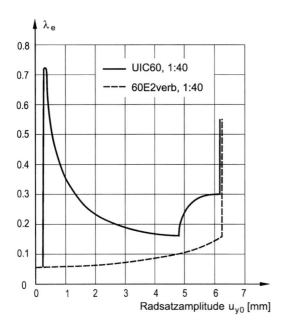

Bild 3.11. Verlauf der äquivalenten Konizität λ_e in Abhängigkeit von der Querverschiebungsamplitude u_{y0} des Radsatzes für die Kombination eines starren Radprofils ORE S 1002 mit einem starren Schienenprofil UIC 60

$$\sigma_e = \frac{2e_0}{\pi u_{y0}} \int_0^\pi \varphi_x(u_{y0} \sin \tau) \sin \tau d\tau \,. \tag{3.15}$$

In Bild 3.11 ist die wirksame Konizität λ_e für die Profilkombination UIC 60 und S 1002 dargestellt. Die wirksame Konizität besitzt bei Amplituden unter $\hat{u}_{y0} = 0,25$ mm einen extrem niedrigen Wert, steigt dann fast auf 0.8 an und liegt bei Amplituden von 3 mm etwa bei $\lambda_e = 0.2$. Amplituden von 3 mm werden bei der DB AG als realistische Größen für übliche Störbewegungen angesehen. Bei noch höheren Amplituden fällt die wirksame Konizität noch weiter ab, um bei 4,8 mm und schließlich knapp über 6 mm (Sprung des Berührpunktes in die Flanke) steil anzusteigen. Das Profil DB 60E2 beginnt ebenfalls bei dem gleichen, sehr niedrigen Wert und steigt bei Erhöhung der Querverschiebungsamplitude u_{y0} bis knapp über 6 mm auf etwa 0.15 an.

Es ergibt sich also, dass auch Profile, die nicht mehr durch Kreisbögen darstellbar sind, sich im Rahmen einer linearisierten Rechnung behandeln lassen, allerdings um den Preis, dass die äquivalenten Berührkoeffizienten von der Amplitude u_{y0} abhängen.

Unbefriedigend ist aber weiterhin, dass die äquivalente Konizität der UIC 60/S 1002 Profilkombination bei sehr kleinen Querverschiebungsamplituden sprunghaft sehr hohe Werte annimmt. Dies lässt sich nur ändern, wenn man - wie oben bereits angedeutet - näherungsweise das elastische Verhalten von Rad und Schiene berücksichtigt, das zur Ausbildung einer nichtelliptischen Kontaktfläche um den Berührpunkt führt. Da die Berechnung nichtelliptischer Kontaktflächen recht aufwendig ist, siehe Abschnitt 3.3.4, haben z.B.

Kik und Piotrowski [116] eine Näherungslösung entwickelt, bei der die nichtelliptische Kontaktfläche aus einer nichtelliptischen Durchdringungsfläche ermittelt wird. Der Schwerpunkt dieser Fläche nimmt die Rolle des Kontaktpunktes ein, die Rollradiendifferenzen ändern sich damit stetig.

3.2.4 Umrechnung in äquivalente Kreisprofile

Die kontaktmechanische Rechnung, insbesondere die Ermittlung der Schlupfkraft-Schlupf-Beziehungen, ist bei Kreisprofilen besonders einfach. Ein Vorschlag, wie man bei allgemeinen Profilen zu äquivalenten Kreisprofilen gelangt, stammt von Mauer [154]. Man ermittelt unter der Annahme, dass e_0 und r_0 konstant bleiben, eine Kreisprofilkombination, die auf die gleichen Parameterwerte λ, σ und ε wie das Ausgangsprofil führt. Durch Auflösung der Beziehung für σ nach $\delta_0 = \delta_e$ erhält man als *äquivalenten Kontaktwinkel*

$$\tan \delta_e = \frac{\sigma_e}{1 + \sigma_e\, r_0/e_0}, \qquad (3.16)$$

woraus sich auch $\sin \delta_e$ und $\cos \delta_e$ ermitteln lassen. Bildet man dann den Ausdruck

$$\frac{e_0\, \lambda_e}{\varepsilon_e - \sigma_e} = R_{R,e} \sin \delta_e, \qquad (3.17)$$

so lässt sich daraus der *äquivalente Radprofilkrümmungsradius*

$$R_{R,e} = \frac{\lambda_e}{(\varepsilon_e - \sigma_e)} \frac{e_0}{\sin \delta_e} \qquad (3.18)$$

bestimmen. Schließlich ergibt sich aus

$$\frac{e_0\, (\lambda_e - \sigma_e)}{\varepsilon_e} = R_{S,e} \sin \delta_e \qquad (3.19)$$

der *äquivalente Schienenprofilkrümmungsradius*

$$R_{S,e} = \frac{e_0\, (\lambda_e - \sigma_e)}{\varepsilon_e} \frac{1}{\sin \delta_e}. \qquad (3.20)$$

Es ist damit ein Weg aufgezeigt, wie man für beliebige Profilpaarungen bei Vorgabe einer Querverschiebungsamplitude u_{y0} nicht nur äquivalente Linearisierungsparameter, sondern anschließend auch noch äquivalente Geometrieparameter ($\tan \delta_e$, $R_{R,e}$, $R_{S,e}$) und damit eine äquivalente Kreisprofilkombination ermitteln kann.

Selbst für den Fall, dass keine symmetrische Profilpaarung vorliegt (was beispielsweise bei Radsätzen in Bögen der Fall ist), dürfte es noch gelingen, eine beliebige Profilpaarung auf Kreisprofile abzubilden, wobei dann natürlich rechts und links unterschiedliche Krümmungsradien auftreten werden.

3.2.5 Linearisierte Kontaktkinematik mit Gleislagefehlern

In Bild 2.11 wurden vier Gleislagefehler eingeführt, der Richtungsfehler y_G, der Längshöhenfehler z_G, der Querhöhenfehler φ_xG und der Spurweitenfehler Δy_G. Relative Verdrehungen der beiden Schienen gegenüber den Schwellen oder der Festen Fahrbahn werden, abgesehen von Auswirkungen auf den Spurweitenfehler, in der Regel vernachlässigt, da die Gleislagefehler sich im Lauf der Zeit als inelastische Deformationen des Gleisbettes einstellen und Relativverdrehungen der beiden Schienen demgegenüber klein sind [188, 189]. Will man lineare, erzwungene Schwingungen aufgrund solcher Gleislagefehler untersuchen, so müssen zunächst die kinematischen Beziehungen für diesen Fall erweitert werden. Das ist bei Profilkombinationen unproblematisch, die symmetrisch zur Gleismittelebene sind und nur Vertikalschwingungen hervorrufen. Die Vertikalverschiebung des Radsatzes muss gleich dem Höhenfehler sein. Beim Auftreten von Richtungsfehlern und Querhöhenfehlern wird die Kinematik komplizierter.

Bei der nachfolgenden Betrachtung lassen wir den Spurweitenfehler auch *als Anregung für erzwungene Schwingungen* außer Betracht. Als symmetrische Anregungsgröße hat der Spurweitenfehler erst bei *nichtlinearer Betrachtung* erzwungene Vertikalschwingungen zur Folge, hingegen keine Lateralschwingungen. Das heißt nicht, dass der Spurweitenfehler bedeutungslos ist. Geringe Spurweitenänderungen können merkliche Änderungen der Berührpunktlagen und damit der Berührpunktkenngrößen zur Folge haben. Als *Parameter* muss die Spurweitenänderung also berücksichtigt werden. Nummerische Untersuchungen zum Einfluss der Spurweite auf die wirksame Konizität findet man z.B. bei Nefzger [169].

Als Anregungsgrößen verbleiben damit

y_G als Richtungsfehler,
z_G als Höhenfehler und
φ_xG als Querhöhenfehler.

Wir sehen das Gleis weiterhin als unverschieblich an, jetzt allerdings mit einem Gleislagefehler, und betrachten wieder die Radsatzverschiebungen u_yRa und φ_zR als unabhängige Verschiebungsgrößen. Gesucht sind die Beziehungen, mit denen sich die abhängigen Verschiebungsgrößen u_zR und φ_xR bestimmen lassen. Wir beschränken uns hierbei auf Kreisprofilkombinationen. Wenn man φ_xR als klein annimmt - was stets der Fall ist - ist keine neue Rechnung erforderlich.

Für die Ermittlung der Rollradiendifferenz und der anderen Berührkenngrößen ist es gleichgültig, ob der Radsatz gegenüber dem Gleis um u_y in positiver Richtung verschoben wird oder ob ein betragsmäßig gleicher negativer Richtungsfehler y_G vorhanden ist. Es kommt nur auf die relative Verschiebung $u_\mathrm{y} - y_\mathrm{G}$ an. Auch der Querhöhenfehler φ_xG kann in diese Überlegungen einbezogen werden. Ein kleiner Querhöhenfehler φ_xG des Gleises führt dazu, dass auf der Höhe des Radsatzschwerpunktes nicht y_G wirksam ist, sondern

$y_G - r_0\,\varphi_{xG}$. Die wirksame, relative Querverschiebung ist mithin

$$u_{y,\text{rel}} = u_y - (y_G - r_0\varphi_{xG})\,.$$

Nach dieser Vorüberlegung kann man die *linearisierten kinematischen Beziehungen bei Berücksichtigung von Gleislagefehlern* angeben, und zwar für die Rollradien und Kontaktwinkel,

$$r_{L(R)} = r_0 \pm \lambda_e\,(u_y - y_G + r_0\varphi_{xG})\,, \qquad (3.21\text{a})$$

$$\tan\delta_{L(R)} = \tan\delta_0 \pm \varepsilon\frac{1}{e_0}(u_y - y_G + r_0\varphi_{xG})\,, \qquad (3.21\text{b})$$

sowie für den Wankwinkel und die Schwerpunktanhebung,

$$\varphi_x = \varphi_{xG} + \sigma\frac{1}{e_0}(u_y - y_G + r_0\varphi_{xG})\,, \qquad (3.22\text{a})$$

$$u_z = z_G - \frac{1}{2}r_0\,(\varphi_{xG})^2 + \frac{1}{2}\zeta\,(u_y - y_{xG} + r_0\varphi_{xG})^2 - \frac{1}{2}\chi\,\varphi_z^2\,. \qquad (3.22\text{b})$$

Erläuterung. Bei Gl. (3.22b) überrascht zunächst, dass der Querhöhenfehler φ_{xG} auf der rechten Seite zweimal auftritt, und zwar einmal mit dem Vorfaktor $r_0/2$ und einmal in der runden Klammer mit dem Vorfaktor $\zeta/2$. Der Term mit dem Vorfaktor $r_0/2$ ergibt sich dadurch, dass bei Einhaltung der Kontaktbedingung und ohne relative Querverschiebung (also $u_y = y_G - r_0\varphi_{xG}$) der Radsatz sich nur mit dem Gleis dreht. Der Term in der Klammer beschreibt gerade die Auswirkung einer relativen Querverschiebung. Entsprechend lassen sich die Terme bei φ_x interpretieren.

3.2.6 Schlupfberechnung

Zu den kinematischen Beziehungen gehören auch noch die Gleichungen zur Ermittlung der Schlüpfe, d.h., der normierten Relativgeschwindigkeiten im Kontaktpunkt von Rad und Schiene. Man findet eine ausführliche Herleitung derartiger Gleichungen beispielsweise in [35, 75, 154, 188].

Wir geben die Beziehungen hier zunächst nur der Vollständigkeit halber an, wobei wir nur die Linearitätsannahme einführen. Im Zusammenhang mit dem Aufstellen der Bewegungsgleichungen für die Lateraldynamik des Einzelradsatzes (Kapitel 9) werden wir sehen, in welcher vereinfachten Form die Schlupfgleichungen benötigt werden.

Betrachtet wird ein um u_y verschobener und um φ_z um die Hochachse gedrehter Radsatz. Eine überlagerte Geschwindigkeit $\dot{u}_x$ in Längsrichtung sowie eine ebensolche Winkelgeschwindigkeit $\dot{\varphi}_y$ sollen berücksichtigt werden.

Die Auswirkungen von Gleislagefehlern und einer eventuellen Vorverlagerung des Kontaktpunktes werden nicht betrachtet.

Unser Ziel ist die Angabe der *linearisierten Beziehungen*. Sofern quadratische Ausdrücke in den beiden Variablen u_y und φ_z auftauchen, können diese als nichtlineare Terme vernachlässigt werden. Aus diesem Grund brauchen z.B. die Einflüsse von $u_z(u_y, \varphi_z)$ nicht berücksichtigt zu werden.

Man erhält zunächst als Relativgeschwindigkeiten im linken Radaufstandspunkt bezogen auf ein Kontaktkoordinatensystem (ξ, η, ζ). Der Koordinatenursprung O_K liegt im Mittelpunkt der Kontaktellipse. Die Kordinatenrichtungen sind im Anhang erläutert.

$$v_{\xi L} = (v_0 + \dot{u}_x) - (\Omega_0 + \dot{\varphi}_y) r_L - \dot{\varphi}_z e_L \,, \tag{3.23a}$$

$$v_{\eta L} = \dot{u}_y \cos\delta_L + \dot{\varphi}_x (e_L \sin\delta_L + r_L \cos\delta_L)$$
$$- \frac{(v_0 + \dot{u}_x) + (\Omega_0 + \dot{\varphi}_y) r_L}{2} \varphi_z \cos\delta_L \,, \tag{3.23b}$$

$$\omega_{\zeta L} = -(\Omega_0 + \dot{\varphi}_y) \sin\delta_L + \dot{\varphi}_z \cos\delta_L \,, \tag{3.23c}$$

oder nach Einführung der Beziehungen für r_L, δ_L und φ_x aus den Gln. (3.4a) bis (3.4c) und bei Vernachlässigung von Termen, in denen u_y, φ_z quadratisch oder als Produkt vorkommen

$$v_{\xi L} = (v_0 + \dot{u}_x) - \Omega_0 (r_0 + \lambda_e u_y) - \dot{\varphi}_y r_0 - \dot{\varphi}_z e_0 \,, \tag{3.24a}$$

$$v_{\eta L} = \dot{u}_y \cos\delta_0 + \frac{\sigma}{e_0} \dot{u}_y (e_0 \sin\delta_0 + r_0 \cos\delta_0)$$
$$- \frac{v_0 + \Omega_0 r_0}{2} \varphi_z \cos\delta_0 \,, \tag{3.24b}$$

$$\omega_{\zeta L} = -\Omega_0 \left(\sin\delta_0 + \frac{\varepsilon}{e_0} u_y \right) - \dot{\varphi}_y \sin\delta_0 + \dot{\varphi}_z \cos\delta_0 \,. \tag{3.24c}$$

Um die Schlüpfe zu bestimmen, benötigt man eine Bezugsgeschwindigkeit. In Anlehnung an Kalker wird hierfür die mittlere Geschwindigkeit

$$v_m = \frac{v_0 + \Omega_0 r_0}{2}$$

verwendet. Gleichzeitig nehmen wir an, dass der Winkel δ_0 sehr klein ist, so dass er gegenüber 1 vernachlässigt werden kann. Dann ergeben sich als Schlüpfe für das linke Rad:

$$\nu_{\xi L} = \nu_{\xi 0} - \frac{\Omega_0 \lambda_e}{v_m} u_y + \frac{1}{v_m} (\dot{u}_x - r_0 \dot{\varphi}_y - e_0 \dot{\varphi}_z) \,, \tag{3.25a}$$

$$\nu_{\eta L} = -\varphi_z + \frac{1}{v_m} \left[1 + \frac{\sigma r_0}{e_0} \right] \dot{u}_y \,, \tag{3.25b}$$

$$\nu_{\zeta L} = -\nu_{\zeta 0} - \frac{\Omega_0 \varepsilon}{e_0 v_m} u_y - \frac{\delta_0}{v_m} \dot{\varphi}_y + \frac{1}{v_m} \dot{\varphi}_z \,, \tag{3.25c}$$

wobei

52   3. Modellierung des Rad/Schiene-Kontaktes

$$\nu_{\xi 0} = \frac{v_0 - \Omega_0 r_0}{v_{\mathrm{m}}},$$

$$\nu_{\zeta 0} = \frac{\Omega_0 \delta_0}{v_{\mathrm{m}}}.$$

3.3 Normalkontaktmechanik

3.3.1 Überblick zur Kontaktspannungsberechnung

Solange man sich nur für die Lage des Kontaktpunktes und die Relativgeschwindigkeiten im Kontaktpunkt interessiert, reicht es zumeist aus, Rad und Schiene als starre, undeformierbare Körper zu betrachten.

Unter der Einwirkung von Normalkräften kommt es in der Umgebung des Kontaktpunktes zur Ausbildung einer Kontaktfläche. Die Bestimmung der Kontaktfläche ist ein Teilaspekt des *Normalkontaktproblems*. Sobald Relativgeschwindigkeiten vorhanden sind, treten zusätzlich Tangentialkräfte auf. Ihre Bestimmung ist ein Aspekt des *Tangentialkontaktproblems*. In vielen Fällen ist es möglich, das *Normalkontaktproblem* (Ermittlung der Kontaktfläche und der in ihr auftretenden Normalspannungen) und das *Tangentialkontaktproblem* getrennt voneinander zu behandeln. Die Lösung des Normalkontaktproblems stammt bereits von Hertz (1882) [83, 84]. Die Ableitung der Lösung für das Normalkontaktproblem ist in einer Reihe von Lehrbüchern dargestellt (vergleiche z.B. [102, 143, 147]). Wir wollen uns hier auf die Diskussion der Voraussetzungen, auf die Wiedergabe des Lösungsweges und auf eine qualitative Beurteilung der Lösung beschränken.

3.3.2 Annahmen zum Normalkontaktproblem

Behandelt man das Normalkontaktproblem von Rad und Schiene im Rahmen der Theorie von Hertz oder mit dem Programm CONTACT [109] von Kalker, so müssen üblicherweise die folgenden Annahmen erfüllt sein:

1. **Kinematische Linearität**: Es gelten die linearen kinematischen Beziehungen.
2. **Materiallinearität, Elastizität**: Es handelt sich um linear-elastisches Material.
3. **Halbraumannahme**: Die beiden sich berührenden Körper (Rad und Schiene) können als Halbräume angesehen werden.
4. **Glattheitsannahme**: Die Oberflächen sind völlig glatt.
5. **Separationsannahme**: Struktur- und Kontaktmechanik können getrennt voneinander behandelt werden.

Speziell bei der Theorie von Hertz gilt noch:

6. **Hertz-Annahme**: Die Oberflächen beider Körper lassen sich durch Flächen zweiten Grades beschreiben.

Für das Material von Rad und Schiene gelten die folgenden Zusatzannahmen:

7. **Materialgleichheit**: Rad und Schiene bestehen aus gleichem Material.
8. **Homogenitätsannahme** und
9. **Isotropieannahme**: Das Material ist homogen und isotrop.

Die Fahrgeschwindigkeit muss die folgende Voraussetzung erfüllen:

10. **Fahrgeschwindigkeit**: Die Fahrgeschwindigkeit ist klein gegenüber der niedrigsten Wellenausbreitungsgeschwindigkeit im Material.

Bei einigen der Annahmen ist unmittelbar plausibel, dass sie beim Kontakt von Rad und Schiene zumindest in guter Näherung erfüllt sind. Bei anderen Annahmen sind grundsätzliche Untersuchungen erforderlich, um festzustellen, wie stark die Realität von den Annahmen abweicht und wie sich diese Abweichungen auswirken. Darauf wollen wir hier verzichten.

In zwei Punkten soll aber auf die Konsequenzen dieser Annahmen explizit hingewiesen werden:

- Aufgrund der Annahme 10 können Massenträgheitskräfte bei bewegten Lasten vernachlässigt werden, vergleiche auch [222]. Das Normalkontaktproblem kann damit stets statisch formuliert werden.
- Aufgrund der Annahme 7 in Zusammenhang mit den Annahmen 3 und 5 kann das Normalkontaktproblem unabhängig vom Tangentialkontaktproblem behandelt werden.

3.3.3 Nichtelliptische Kontaktflächen

Da sich die Krümmungen der Schiene beim UIC 60 Profil im Laufflächenbereich sprunghaft ändern, ist die Hertz-Annahme bei Verwendung dieses Profils verletzt. Es ergeben sich nichtelliptische Kontaktflächen und nichtellipsoidale Spannungsverteilungen. Eine Approximation der nichtelliptischen Kontaktfläche durch eine Kontaktellipse, auf welchem Wege auch immer, kann zu Fehlern führen, wenn man an den Kontaktspannungsmaxima interessiert ist. In diesem Fall müssen Verfahren eingesetzt werden, die es gestatten, nichtelliptische Kontaktflächen zu berechnen. Le The [138] hat vermutlich als Erster derartige nichtelliptische Kontaktflächen für den Rad/Schiene-Kontakt berechnet. Eine einfache Näherungslösung für die Kontaktflächenform geben

54   3. Modellierung des Rad/Schiene-Kontaktes

Kik und Piotrowski in [116] an. Eine genauere Lösung für allgemeine Halbraumkontaktprobleme kann mit dem Programm CONTACT [109] bestimmt werden.

In Bild 3.12 sind für eine Profilkombination S 1002 und UIC 60 die nichtelliptischen Kontaktflächen und die Kontaktellipsen, die sich mit den Krümmungsradien im Berührpunkt ergeben, gegenübergestellt. Die nichtelliptischen Kontaktflächen wurden mit einem speziellen Randelementeverfahren ermittelt. Die Berechnung der Kontaktellipsen erfolgte mit den Beziehungen von Abschnitt 3.3.6.

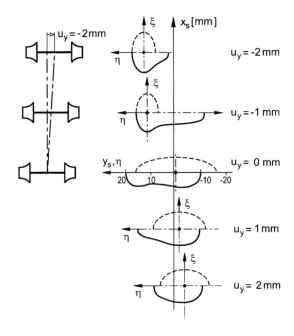

Bild 3.12. Ausbildung nichtelliptischer Kontaktflächen auf der rechten Schiene in Abhängigkeit von der Querverschiebung bei der Kombination eines Schienenprofils UIC 60 und eines Radprofils S 1002 (nach Le The [138])

3.3.4 Behandlung des Normalkontaktproblems nach Hertz

Vorbemerkung. Alle Überlegungen zu den Grundlagen des Normalkontaktproblems wurden im Interesse der Übersichtlichkeit in den Anhang (Abschnitt 16.3) verlagert. Es kommt im Folgenden nur darauf an, die Beziehungen bereit zu stellen, die für die Schienenfahrzeugdynamik erforderlich sind und mit denen gegebenenfalls eine einfache Beanspruchungsrechnung durchgeführt werden kann. Wir beschränken uns auf die Behandlung von Kontaktproblemen mit elliptischen Kontaktflächen. Zusätzlich zu den getroffenen Annahmen gehen wir davon aus, dass die Hauptkrümmungsebenen der beiden Körper mit den durch das Kontaktkoordinatensystem aufgespannten

Ebenen zusammenfallen[3]. Bei der Darstellung folgen wir weitgehend Johnson [102].

Konkrete Aufgabenstellung. Zwischen den beiden Körpern kommt es unter den getroffenen Annahmen bei Einwirkung einer Normalkraft N zur Ausbildung einer Kontaktellipse mit den Kontaktradien a und b und zur Annäherung der beiden Körper um den Wert δ. In der Kontaktfläche stellt sich eine Spannungsverteilung in Form eines Halbellipsoids mit dem Maximalwert p_0 ein.

Bei gegebenen Oberflächen der beiden Körper, d.h. bei gegebenen Krümmungsradien ($R_{1\xi}, R_{2\xi}, R_{1\eta}, R_{2\eta}$), sowie bei gegebenen Materialeigenschaften müssen für eine bekannte Normalkraft N

1. die Kontaktradien a und b,
2. die elastische Deformation δ und
3. die maximale Flächenpressung p_0

berechnet werden.

Bezeichnungen der Krümmungsradien. Die Bezeichnungen der Längs- und Querkrümmungsradien der beiden sich berührenden Körper Rad und Schiene können aus Bild 3.13 entnommen werden. Bei einer konkaven Oberfläche (Krümmungsmittelpunkt außerhalb des Körpers) muss ein negativer Krümmungsradius eingesetzt werden. Das ist bei Radprofilen in der Regel im Laufflächenbereich und in der Hohlkehle der Fall. Neue Schienenprofile sind dagegen durchgehend konvex, die Krümmungsradien sind dann positiv.

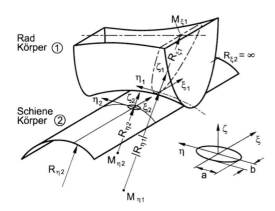

Bild 3.13. Krümmungen im Rad/Schiene Kontakt (Bei Kontakt fallen die beiden Koordinatensysteme (ξ_1, η_1, ζ_1) und (ξ_2, η_2, ζ_2) zusammen. Die Bezeichnung der Radien der Kontaktellipse erfolgt nach Hertz, d.h. $a > b$)

---

[3] Das ist bei der Vorverlagerung des Berührpunktes in engen Kurven nicht unbedingt der Fall.

3. Modellierung des Rad/Schiene-Kontaktes

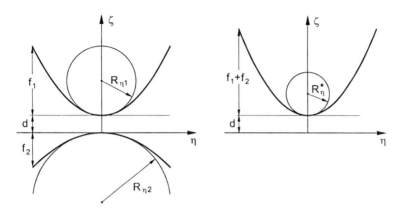

Bild 3.14. Beschreibung der Oberflächen zweier Körper im Kontaktbereich durch Flächen zweiten Grades (f_1, f_2) (links) und Abbildung auf das Ersatzproblem des Kontakts eines parabolischen Stempels mit einer Ebene (rechts). Dargestellt sind die Schnitte mit der η-ζ-Ebene. d ist die Annäherung der beiden Körper.

Äquivalente Krümmungsradien. Die beiden Oberflächen werden nun durch Addition der z-Koordinaten und damit der Krümmungen zu einer äquivalenten Oberfläche (Bild 3.14) zusammengefasst. Dies entspricht der Bildung äquivalenter Krümmungsradien:

$$\frac{1}{R_\xi^*} = \frac{1}{R_{1\xi}} + \frac{1}{R_{2\xi}}$$
$$\frac{1}{R_\eta^*} = \frac{1}{R_{1\eta}} + \frac{1}{R_{2\eta}} \qquad (3.26)$$

Äquivalenter mittlerer Krümmungsradius. Aus diesen beiden Größen lässt sich ein geometrischer Mittelwert R_m^*,

$$R_\mathrm{m}^* = \sqrt{R_\xi^* R_\eta^*}, \qquad (3.27)$$

bilden, der als Radius einer Kugel interpretiert werden kann. Wir bezeichnen ihn als äquivalenten mittleren Krümmungsradius.

Äquivalenter Elastizitätsmodul. Sofern die beiden Körper aus unterschiedlichem Material bestehen, ist es üblich, die Elastizitätsmoduln der Einzelkörper noch zu einem äquivalenten Elastizitätsmodul E^* zusammenzufassen. Für Körper aus unterschiedlichem Material gilt dann

$$E^* = \left(\frac{1-\nu_1^2}{E_1} + \frac{1-\nu_2^2}{E_2}\right)^{-1}. \qquad (3.28)$$

Für den von weiter oben angenommenen Fall identischer Werkstoffkennwerte ($E_1 = E_2 = E$ und $\nu_1 = \nu_2 = \nu$) wird daraus

$$E^* = \frac{E}{2(1-\nu^2)} = \frac{G}{1-\nu}\,. \tag{3.29}$$

3.3.5 Kugelkontakt oder Punktkontakt (point contact)

Wir befassen uns zunächst mit dem Kontakt einer Kugel (Radius R) mit einer Ebene, da hierfür die Rechnung besonders einfach wird und da man die Beziehungen näherungsweise auch für Ellipsoidkontakt einsetzen kann. Man erhält als Kontaktfläche einen Kreis mit dem *Kontaktradius c*:

$$\left| c = \sqrt[3]{\frac{3}{4}\frac{1}{E^*}NR} = \sqrt[3]{\frac{3}{2}\frac{(1-\nu^2)}{E}NR}\,. \right. \tag{3.30}$$

Die Struktur dieser Gleichung ergibt sich bereits aus Dimensionsbetrachtungen. Nur die Vorfaktoren erfordern eine genaue Rechnung.
Für die *elastische Deformation* δ ergibt sich

$$\left| \delta = \frac{c^2}{2R}\,. \right. \tag{3.31}$$

Gesucht ist schließlich noch die *maximale Druckspannung*

$$\left| p_0 = \frac{3}{2\pi c^2}N\,. \right. \tag{3.32}$$

3.3.6 Ellipsoidkontakt

Beim Kontakt zweier Ellipsoide mit unterschiedlichen äquivalenten Krümmungsradien R^*_ξ und R^*_η aber gleichen Hauptkrümmungsebenen stellt sich eine elliptische Kontaktfläche mit den Radien a und b ein. Wir übernehmen bei der Berechnung von a und b die Vorgehensweise von Johnson [102], siehe Bild 3.15.
Zunächst wird aus dem mittleren äquivalenten Krümmungsradius $R^*_\mathrm{m} = \sqrt{R^*_\xi R^*_\eta}$ ein mittlerer Kontaktradius c bestimmt,

$$c = \sqrt{ab}\,. \tag{3.33}$$

Für diesen *mittleren Kontaktradius c* erhält man die Beziehung

$$\left| c = \sqrt[3]{\frac{3}{4}\frac{1}{E^*}NR^*_\mathrm{m}}\,F_1(e) = \sqrt[3]{\frac{3}{2}\frac{(1-\nu^2)}{E}NR^*_\mathrm{m}}\,F_1(e)\,. \right. \tag{3.34}$$

58   3. Modellierung des Rad/Schiene-Kontaktes

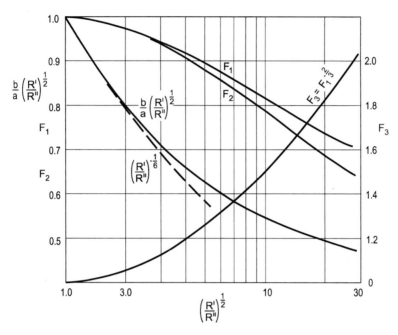

Bild 3.15. Funktionen für die elliptischen Integrale der Normalkontaktberechnung nach Johnson (Bild 4.4 in [102]). Es muss im Bild lauten $F_3 = F_1^{-2}$.

Das ist erwartungsgemäß im wesentlichen die gleiche Beziehung wie beim Kugelkontakt, siehe Gl. (3.30), abgesehen von dem Faktor $F_1(e)$. Der Faktor $F_1(e)$ ist eine Kombination elliptischer Integrale und hängt von der Exzentrizität e der Ellipse ab. In Bild 3.15 ist die Lösung so aufbereitet, dass F_1 vom Verhältnis g der relativen Krümmungsradien abhängt. Dieses Verhältnis wird bei Johnson [102] wie bei Hertz stets so gebildet, dass es größer oder gleich Eins ist:

$$g = \frac{R'}{R''} = \max(R^*_\xi/R^*_\eta, R^*_\eta/R^*_\xi) \,. \tag{3.35}$$

Für den Fall des Kugelkontakts nehmen g und damit auch F_1 genau den Wert 1 an. Selbst bei $R'/R'' = 100$ ist F_1 noch größer als 0,8.

Im Diagramm 3.15 ist weiterhin das Verhältnis $(b/a)\sqrt{R'/R''}$ aufgetragen als Funktion von $\sqrt{R'/R''}$, mit dem sich aus $c = \sqrt{ab}$ die Kontakthalbmesser der Ellipse berechnen lassen:

$$a = c\sqrt{a/b} \quad \text{und} \quad b = c\sqrt{b/a}$$

Für die Bestimmung der *elastischen Deformation* δ, d.h. der Annäherung der beiden Körper, wird zusätzlich der Wert F_2 benötigt:

$$\delta = \sqrt[3]{\left(\frac{3}{4}\frac{NR_{\mathrm{m}}^{*}}{E^{*}}\right)^{2}}\frac{1}{R_{\mathrm{m}}^{*}}F_{2} = \frac{c^{2}}{R_{\mathrm{m}}^{*}}\frac{F_{2}}{F_{1}^{2}}. \tag{3.36}$$

Die *maximale Druckspannung* ist

$$p_{0} = \frac{3}{2\pi c^{2}}N = \sqrt[3]{\frac{6}{\pi^{3}}\frac{NE^{*2}}{R_{\mathrm{m}}^{*2}}\frac{1}{F_{1}^{2}}} = \sqrt[3]{\frac{6}{\pi^{3}}\frac{NE^{*2}}{R_{\mathrm{m}}^{*2}}F_{3}}. \tag{3.37}$$

3.3.7 Walzenkontakt, Linienkontakt

Der Walzenkontakt ist ein Grenzfall, der gesondert behandelt wird. An die Stelle der Einzellast N tritt eine Linienlast N_L (Einheit N/m). Der Kontaktstreifen hat die Breite $2a$. Den mittleren Krümmungsradius bezeichnen wir weiterhin mit

$$\frac{1}{R^{*}} = \left(\frac{1}{R_{1}} + \frac{1}{R_{2}}\right)^{-1}.$$

Wie bisher wird ein äquivalenter Elastizitätsmodul

$$\frac{1}{E^{*}} = \left(\frac{1-\nu_{1}^{2}}{E_{1}} + \frac{1-\nu_{2}^{2}}{E_{2}}\right)^{-1}$$

eingeführt. Auch hier gilt bei gleichen Materialien

$$E^{*} = \frac{E}{2(1-\nu^{2})} = \frac{G}{1-\nu}.$$

Es ergibt sich für die halbe Breite a des Kontaktstreifens

$$a = \sqrt{\frac{4}{\pi}\frac{1}{E^{*}}N_{\mathrm{L}}R^{*}} = \sqrt{\frac{8}{\pi}\frac{(1-\nu^{2})}{E}N_{\mathrm{L}}R^{*}}, \tag{3.38}$$

und für die *maximale Druckspannung* p_0

$$p_{0} = \frac{2}{\pi a}N_{\mathrm{L}} = \sqrt{\frac{N_{\mathrm{L}}E}{2(1-\nu^{2})\pi R^{*}}}. \tag{3.39}$$

Bei der Ableitung stellt sich heraus, dass es im Rahmen der Halbraumtheorie nicht möglich ist, die *elastische Annäherung* δ auf ähnliche einfache Weise zu ermitteln wie beim Ellipsoidkontakt (Punktkontakt).

3.3.8 Linearisiertes Ersatzmodell

Für systemdynamische Untersuchungen auf dem Gebiet der Fahrzeug-Fahrweg-Wechselwirkung ist es vielfach ausreichend (und für Untersuchungen im Frequenzbereich auch notwendig), den nichtlinearen Zusammenhang zwischen der Annäherung δ und der Normalkraft durch eine lineare Ersatzfeder zu erfassen. Die Bildung der Ersatzfedersteifigkeit erfolgt durch Linearisierung um eine statische Referenznormalkraft N_0 (Bild 3.16).

Für den dreidimensionalen Kontakt ergibt sich als *Ersatzsteifigkeit*

$$c_h = \left.\frac{dN}{d\delta}\right|_{\delta_0} = \frac{3}{2}\frac{N_0}{\delta_0}. \tag{3.40}$$

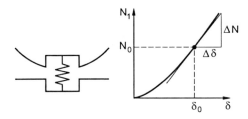

Bild 3.16. Ersatzmodell einer linearen Kontaktfeder für das Normalkontaktproblem und Bildung der linearisierten Hertzschen Kontaktsteifigkeit aus der Tangentensteigung

3.4 Tangentialkontaktmechanik

3.4.1 Einführung in das Tangentialkontaktproblem

Historische Anmerkungen. Die Aufgabe der Tangentialkontaktmechanik für die Schienenfahrzeugdynamik besteht darin, die Tangentialkräfte in der Kontaktfläche, die so genannten *Schlupfkräfte*, in Abhängigkeit von den Relativgeschwindigkeiten im Kontaktpunkt, den so genannten *Schlupfgeschwindigkeiten* (normiert: *Schlüpfen*), zu bestimmen. Bei der ersten korrekten lateraldynamischen Rechnung aus dem Jahr 1916 [20] verwendete Carter einen linearen Zusammenhang zwischen Schlupfkräften und Schlüpfen:

Schlupfkraft = Schlupfkoeffizient × Schlupf.

Überraschenderweise existiert aber schon aus dem 19. Jahrhundert eine Arbeit, die sich mit der tangentialen Rollkontaktmechanik auseinander setzt. Sie stammt von Reynolds [191]. Reynolds stellte bei experimentellen Untersuchungen mit Gummiwalzen fest, dass in der sich ausbildenden Kontaktfläche Haft- und Gleitzonen auftreten. Carters Untersuchungen zur Tangentialkontaktmechanik zwischen 1916 und 1926 waren vermutlich durch die Arbeit von Reynolds beeinflusst [64].

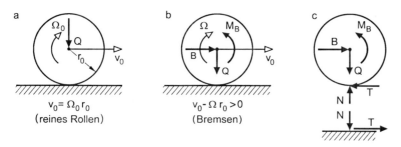

Bild 3.17. Walze auf einer Ebene. Reines Rollen a, Rollen mit Bremsen b und freigeschnittene, gebremste Walze c

Die Lösung des Tangentialkontaktproblems mit Schlupf beim Abrollen des Rades auf der Schiene, lag selbst für den einfachen Fall des Abrollens einer Walze auf einer Ebene erst 1926 mit der Arbeit von Carter [21] vor. Parallel hat Fromm in Berlin das Problem ebenfalls behandelt, wobei er nicht nur den einfachen Fall des Kontakts zweier elastischer Halbräume, sondern auch den Kontakt zweier Zylinder und den Kontakt eines Zylinders in einem Hohlzylinder (konformer Kontakt, Wälzlager) untersuchte. Die Dissertation aus dem Jahr 1926 wurde 1927 in der ZAMM [54] veröffentlicht. Wesentlich später, nämlich im Jahr 1950, hat Poritsky [181] erneut das Tangentialkontaktproblem für das Abrollen von zwei Walzen aus gleichem Material betrachtet. Eine Erweiterung für Walzen aus unterschiedlichem Material stammt von Bufler (1959) [14], die Lösung für rollende Walzen mit Querschlupf von Heinrich und Desoyer (1967) [79]. Eine gute Übersicht gibt das Buch von Johnson [102]. In seiner Dissertation hat Kalker im Jahr 1967 das Problem des rollenden Kontaktes für elliptische Kontaktflächen mit Längs-, Quer- und Bohrschlupf untersucht [106]. Da es sich hierbei um die allgemeinste Form der Lösung handelt, spricht man auch von der Kalkerschen Theorie. Eine ausführliche Darstellung hierzu findet man in dem Buch von Kalker [108]. Für die Berechnung wird heute zumeist Kalkers Programm CONTACT [219] verwendet.

Vorzeichendefinition. Wir wollen ohne Ableitung am Beispiel eines gebremsten Rades die Schlupfkraft-Schlupf-Beziehungen erläutern. Ein gebremstes Rad betrachten wir deswegen, weil der zugehörige Schlupf und die zugehörige Schlupfkraft bei der von uns vereinbarten Vorzeichenregelung positiv sind. In Bild 3.17a rollt das Rad lastfrei ohne Relativgeschwindigkeit zwischen Rad und Unterlage,

$$v_{\text{rel}} \equiv v_0 - \Omega_0 r_0 = 0 \quad \text{(reines Rollen)}.$$

Daneben ist ein gebremstes Rad dargestellt. Zunächst wird ein Rad betrachtet, das vom Drehgestellrahmen und von der Bremsscheibe getrennt ist (Bild 3.17b). Man erkennt die einwirkende Vertikalkraft Q (die auch das

Eigengewicht des Rades beinhalten soll), die aus dem Bremsvorgang resultierende Kraft B und das Bremsmoment M_B. Auf der rechten Seite ist das Rad auch noch vom Untergrund freigeschnitten, zusätzlich erkennbar sind jetzt die Normalkraft N und die Schlupfkraft T (Bild 3.17c).

Anhand dieses Beispiels kann auch die Vorzeichendefinition erläutert werden. *Schlupfkräfte* sind *positiv*, wenn sie *auf die Schiene* im kontaktpunktfesten Koordinatensystem *in positiver Koordinatenrichtung* wirken. Bei der Schlupfkraft T von Bild 3.17 ist das der Fall. Um das Vorzeichen der Schlüpfe zu definieren, benötigt man zunächst die Geschwindigkeiten im radseitigen und im schienenseitigen Kontaktpunkt[4]. Die radseitigen und schienenseitigen *Kontaktpunktgeschwindigkeiten* sind *positiv in Richtung der Koordinaten des kontaktpunktfesten Koordinatensystems*. Die Differenz aus radseitigen und schienenseitigen Geschwindigkeiten sind die *Schlupfgeschwindigkeiten*. Geteilt durch eine Referenzgeschwindigkeit ergibt das die *Schlüpfe*.

Phänomene beim Auftreten von Reibung. Bei der Übertragung von Tangentialkräften in der Kontaktfläche kommt es, wie schon Reynolds beobachtet hat, zu elastischen Deformationen beider Körper und zumindest in Teilen der Kontaktfläche zu *Gleitvorgängen*. Diese Gleitvorgänge sind phänomenologisch außerordentlich kompliziert und einer mathematisch-mechanischen Behandlung bisher noch nicht vollständig zugänglich. Im Folgenden sind die wichtigsten, teilweise miteinander konkurrierenden Einflussfaktoren in den Grenzschichten der Reibpartner aufgezählt, vergleiche auch [52, 177].

Durch *mechanische Einwirkungen* wie Verschleiß, plastische Verformungen und Verfestigungen sowie durch chemische Aktivierung der Laufflächen kommt es zu *veränderten Werkstoffeigenschaften*.

Durch *physikalische Absorption* von Fremdstoffen, z.B. durch Sauerstoffanlagerung, können auf den Laufflächen *Deckschichten* entstehen.

Im Zusammenhang damit bilden sich *chemische Reaktionsschichten* (Reiboxidation).

Die *physikalischen Eigenschaften* dieser Reaktionsschichten können sich durch mechanische Einwirkungen oder durch Anlagerung weiterer Fremdstoffe (Absorption von Wasser) zusätzlich verändern.

Schließlich kann das entstandene Deckschichten-Gemisch wieder in chemische *Reaktion mit dem Grundwerkstoff* treten (z.B. elektrochemische Korrosion).

Für all diese Phänomene existiert noch keine abgeschlossene physikalische Theorie.

Einer mathematisch-mechanischen Beschreibung zugänglich ist die Trockenreibung (englisch: dry friction) von zwei Festkörpern ohne Zwischenstoffe und ohne Deckschichten. Die oben aufgeführten Einflussfaktoren werden hierbei

---

[4] Geschwindigkeiten im schienenseitigen Kontaktpunkt treten beispielsweise bei Rollprüfständen auf, aber auch bei Untersuchungen im mittel- und hochfrequenten Bereich, bei denen das Gleis nicht mehr starr und unverschieblich ist.

nicht berücksichtigt. Man beschränkt sich zumeist auf den Fall rein elastischer Deformationen, berücksichtigt also auch keine Plastizierungsvorgänge. Die übliche Argumentation ist hierbei, dass nach Abschluss von Einlaufvorgängen plastische Deformationen von Rad- und Schienenlaufflächen im Wesentlichen abgeschlossen sind. Die Profile haben sich durch die Ausbildung von Eigenspannungszuständen, durch Kaltverfestigung und durch plastische Umlagerungen so eingespielt, dass die Spannungen bei nachfolgenden Überrollungen elastisch aufgenommen werden (Melanscher Einspielsatz [156]).

Zusatzannahmen. Es sei nochmals daran erinnert, dass beim Normalkontaktproblem angenommen wurde, dass beide Körper aus gleichem Material bestehen (Annahme 7) und dass die Fahrgeschwindigkeit hinreichend klein ist (Annahme 10). Aufgrunddessen können das Normal- und das Tangentialkontaktproblem unabhängig voneinander betrachtet werden. Beim Tangentialkontaktproblem brauchen keine Massenträgheitskräfte berücksichtigt zu werden (vergleiche hierzu [222]).

Trotzdem sind noch eine Reihe von Zusatzannahmen erforderlich, die wir nachfolgend zusammenstellen wollen:

11. **Trockenreibung**: Es wird, wie weiter oben erläutert, davon ausgegangen, dass bei Reibvorgängen Trockenreibung vorliegt.
12. **Coulombannahme**: Es wird angenommen, dass das global gültige Coulombsche Gesetz auch auf lokale Vorgänge in der Kontaktfläche übertragen werden kann. Haftreibungszahl und Gleitreibungszahl sind gleich groß. Die Gleitreibungszahl ist weder von Zustandsgrößen noch von der Gleitrichtung abhängig.
13. **Stationaritätsannahme**: Der Kontaktdurchmesser in Rollrichtung ist sehr viel kleiner als charakteristische Wellenlängen, die beim Bewegungsvorgang eine Rolle spielen, so dass der Rollkontakt stationär behandelt werden kann.

Zu den Annahmen 12 und 13 sind noch Erläuterungen erforderlich: Die Übertragbarkeit des *Coulombschen Gesetzes* auf lokale Vorgänge in der Kontaktfläche ist, solange man nicht mehr über diese Vorgänge weiß, ein plausibler Notbehelf. Es ist aber denkbar, dass die Gleitreibungszahl in der Kontaktfläche von anderen Zustandsgrößen (Normalspannung, Temperatur) und von der Gleitrichtung (längs oder quer) abhängt. – Die *Stationaritätsannahme* ist in der niederfrequenten Schienenfahrzeugdynamik (typischer Fall: Sinuslauf) erfüllt. Sie gilt nicht mehr bei Riffelüberrollvorgängen, da dann der Kontaktdurchmesser (etwa 1 cm) in die Größenordnung der Wellenlänge (2 bis 8 cm) kommt [67, 82, 163].

In dem von Kalker entwickelten Programm CONTACT [219] können eine Reihe dieser Annahmen fallen gelassen werden. Der Rechenaufwand steigt dann aber erheblich an.

3.4.2 Analytische Lösung für Walzenkontakt (Linienkontakt)

Das stationäre Tangentialkontaktproblem für das Abrollen einer Walze unter Längsschlupf auf einer Ebene (elliptisch verteilte Flächenpressung) wurde 1926 von Carter [21] und Fromm [54] gelöst. Wir beziehen uns im folgenden auf Carter, da die Darstellung der Lösung bei Fromm, der weniger Voraussetzungen einführt, komplizierter wird. Die Walze ist ein Modell des Rades, die Ebene ist ein Modell der Schiene. Ergebnis der Rechnung von Carter war, dass die Tangentialspannungsverteilung sich als Differenz zweier Kreise (oder Ellipsen) darstellen lässt, siehe Bild 3.18. Einzelheiten zur Carterschen Lösung kann man dem Anhang (Abschnitt 16.3.3) entnehmen.

Aus Gründen der Schreibvereinfachung wird zusätzlich ein neues Koordinatensystem eingeführt:

$$\xi^* = \xi + a_0 - a_0^* \,. \tag{3.41}$$

Der Mittelpunkt des einen Kreises liegt in O, der des anderen in O^*, siehe Bild 3.18.

Wir wollen den Fall des Bremsens betrachten. Die Tangentialspannungsverteilung in der Kontaktfläche ist in Bild 3.18 grafisch dargestellt. Das Rad fährt von rechts nach links. $q_1(\xi)$ ist die maximal mögliche Tangentialspannung, d.h., die Normalspannung $p(\xi)$ multipliziert mit der Reibungszahl μ. Für die Zeichnung wurde $q_1(\xi)$ so normiert, dass sich ein Halbkreis ergibt. Ein Partikel tritt am Einlaufrand in die Kontaktfläche ein und haftet zunächst, wenn der Schlupf nicht allzu groß ist. Im *Haftbereich* nimmt die Tangentialspannung kontinuierlich zu, da ständig ein Starrkörperschlupf ν_ξ vorhanden ist. Wenn die maximal mögliche Tangentialspannung erreicht ist, beginnt das Partikel zu gleiten und behält diesen Zustand im *Gleitbereich* bei, bis es am Auslaufrand die Kontaktfläche verlässt. Dieser Sachverhalt war schon Reynolds qualitativ bekannt. Carter hat gezeigt (siehe Anhang, Abschnitt 16.3.3), dass man die Tangentialspannungsverteilung $q(\xi)$ erhält, wenn man im Haftbereich von $q_1(\xi)$ einen zweiten Halbkreis $q_2(\xi)$ abzieht. Die gesuchte Tangentialspannung $q(\xi)$ lässt sich dann folgendermaßen schreiben:

$$q(\xi) = q_1(\xi) + q_2(\xi^*) \,, \tag{3.42a}$$

$$q_1(\xi) = \begin{cases} \frac{\mu p_0}{a}\sqrt{a^2 - \xi^2} & \text{für } -a < \xi < a \,, \\ 0 & \text{in allen anderen Fällen;} \end{cases} \tag{3.42b}$$

$$q_2(\xi^*) = \begin{cases} -\frac{\mu p_0}{a}\sqrt{a^{*2} - \xi^{*2}} & \text{für } -a^* < \xi^* < a^* \,, \\ 0 & \text{in allen anderen Fällen.} \end{cases} \tag{3.42c}$$

Die Beziehung für den so genannten *lokalen Schlupf* entnehmen wir ebenfalls aus dem Anhang (Abschnitt 16.3.3, Gl. (16.18)). Da wir stationäre Vorgänge betrachten, darf der Term $\partial u_\xi(\xi,t)/\partial t$ zu Null gesetzt werden. Es verbleibt für den *lokalen Schlupf im stationären Fall*

$$s_\xi(\xi) = \nu_\xi + \frac{\mathrm{d}u_\xi(\xi)}{\mathrm{d}\xi} \,. \tag{3.43}$$

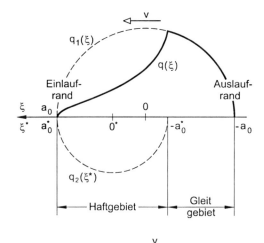

Bild 3.18. Die Tangentialspannungsverteilung nach Carter [21] für das zweidimensionale Kontaktproblem

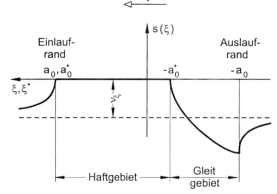

Bild 3.19. Verlauf des lokalen Schlupfes $s_\xi(x)$ für die Cartersche Lösung [21]

Der lokale Schlupf setzt sich also zusammen aus dem Starrkörperschlupf ν_ξ und der oberflächenparallelen Verzerrung $du_\xi(\xi)/d\xi$ in Rollrichtung, wobei u_ξ die Differenzverschiebung aus Radverschiebung und Schienenverschiebung ist. Der lokale Schlupf $s_\xi(\xi)$ ist in Bild 3.19 wiedergegeben. Im Haftgebiet wird $s_\xi(\xi)$ zu Null. Im Gleitgebiet steigt der lokale Schlupf betragsmäßig an mit dem Maximum am Auslaufrand. Außerhalb der Kontaktfläche nähert sich der lokale Schlupf asymptotisch dem Starrkörperschlupf ν_ξ. Für den Starrkörperschlupf ergibt sich die Beziehung

$$\nu_\xi = 4(1-\nu^2)\frac{\mu p_0}{E}\left(1 - \frac{a^*}{a}\right). \tag{3.44}$$

Wenn der Starrkörperschlupf ν_ξ bekannt ist, lässt sich mit Gl. (3.44) ausrechnen, wie groß das Haftgebiet ($2a^*$) im Verhältnis zur gesamten Kontaktfläche ($2a$) ist. a^* kann nicht größer werden kann als a. Der Maximalwert des Schlupfes, bis zu dem ein Ansteigen der Tangentialkraft zu verzeichnen ist oder bei dem, wie man auch sagt, Sättigung (englisch: saturation) und das heißt volles

Gleiten erreicht ist, nimmt folgenden Wert an:

$$\nu_{\xi,\text{sat}} = 4(1-\nu^2)\frac{\mu p_0}{E} = \frac{\mu a}{r_0}. \tag{3.45}$$

Da bei zentrischer Stellung des Radsatzes im Gleis a etwa 5 mm beträgt und $r_0 \simeq 500$ mm, so ist $\nu_{\xi,\text{sat}} \simeq \mu/100$. Der Sättigungsschlupf liegt also in der Regel weit unter 1 %. Er hängt, wie man an Gl. (3.45) sieht, von der Reibungszahl μ, von der auf die Länge bezogenen Normalkraft N_L und vom Elastizitätsmodul E ab.

Die Tangentialspannungen lassen sich zur *tangentialen Linienlast* $T_{\text{L}\xi}$ (Längsschlupfkraft mit der Einheit N/m) aufintegrieren:

$$T_{\text{L}\xi}(t) = \int_\Omega q_\xi(\xi,t)\,\text{d}x. \tag{3.46}$$

Nach einigen Umformungen ergibt sich

$$\begin{aligned}\frac{T_{\text{L}\xi}}{N_\text{L}} &= \mu\left[1-\left(1-\frac{\nu_\xi}{\nu_{\xi,\text{sat}}}\right)^2\right] & \forall\ 0 \leq \nu_\xi \leq \nu_{\xi,\text{sat}}, \\ \frac{T_{\text{L}\xi}}{N_\text{L}} &= \mu & \forall\ \nu_\xi \geq \nu_{\xi,\text{sat}}.\end{aligned} \tag{3.47}$$

Die Anfangssteigung der Carterschen Kurve liefert den so genannten *Kraftschlusskoeffizienten*:

$$\left.\frac{\partial T_{\text{L}\xi}}{\partial \nu_\xi}\right|_{\nu_\xi=0} = \mu\,N_\text{L}\frac{2}{\nu_{\xi,\text{sat}}} = \frac{2NR}{a} = \frac{\pi E a}{4(1-\nu^2)} = \frac{\pi a}{2}\frac{G}{1-\nu}. \tag{3.48}$$

Diese Anfangssteigung hängt nicht von der Reibungszahl ab, sondern ausschließlich von der Belastung und den Elastizitätseigenschaften der Materialien.

In Bild 3.20 sind außer der Kraftschlusskurve für ausgewählte Schlüpfe die Tangentialspannungen in der Kontaktfläche angegeben. Mit steigendem Starrkörperschlupf ν_ξ wird das Gleitgebiet immer größer.

3.4.3 Kalkers Theorie des Rollkontakts für Ellipsoidkontakt

Eine geschlossene, analytische Lösung ist selbst beim Kontakt Walze/Ebene dann nicht mehr möglich, wenn neben *Längsschlupf* ν_ξ auch noch *Querschlupf* ν_η auftritt [79]. In der Schienenfahrzeugdynamik muss zusätzlich noch *Bohrschlupf* (Englisch: *spin*) ν_ζ berücksichtigt werden, außerdem handelt es sich stets um das dreidimensionale Kontaktproblem mit elliptischen (oder sogar nichtelliptischen) Kontaktflächen.

3.4 Tangentialkontaktmechanik 67

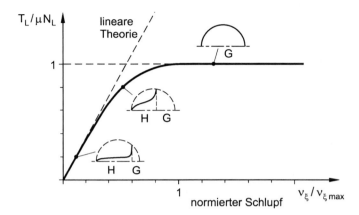

Bild 3.20. Kraftschluss-Schlupf-Kurven für die Cartersche Lösung

Im allgemeinen Fall müssen die nichtlinearen Kraftschluss-Schlupf-Beziehungen

$$T_\xi = T_\xi(\nu_\xi, \nu_\eta, \nu_\zeta), \qquad (3.49a)$$
$$T_\eta = T_\eta(\nu_\xi, \nu_\eta, \nu_\zeta) \text{ und} \qquad (3.49b)$$
$$M_\zeta = M_\zeta(\nu_\xi, \nu_\eta, \nu_\zeta) \qquad (3.49c)$$

ermittelt werden. Für Teilprobleme hat Johnson im Jahr 1958 Näherungslösungen angegeben [100, 101]. Die erste vollständige nummerische Lösung wurde von Kalker in seiner Dissertation vorgelegt [106]. Lösungsansätze aus späterer Zeit werden ausführlich in Kalkers Monographie [108] diskutiert. Im Hinblick auf das Aufstellen der *linearisierten Bewegungsdifferentialgleichungen* interessieren zunächst die um den schlupffreien Bezugszustand $(\nu_\xi, \nu_\eta, \nu_\zeta) = (0,0,0)$ linearisierten Beziehungen

$$\left\{\begin{array}{c} T_\xi \\ T_\eta \\ M_\zeta \end{array}\right\}_{\text{lin}} = \left[\begin{array}{ccc} T_{\xi,\xi} & T_{\xi,\eta} & T_{\xi,\zeta} \\ T_{\eta,\xi} & T_{\eta,\eta} & T_{\eta,\zeta} \\ T_{\zeta,\xi} & T_{\zeta,\eta} & T_{\zeta,\zeta} \end{array}\right]_{\nu=0} \left\{\begin{array}{c} \nu_\xi \\ \nu_\eta \\ \nu_\zeta \end{array}\right\}, \qquad (3.50)$$

mit $T_{i,j} = \partial T_i/\partial \nu_j$.

Auch diese noch recht aufwendigen Rechnungen wurden zuerst von Kalker [106] durchgeführt. Das Ergebnis lässt sich in der folgenden Form angeben:

$$\left|\left\{\begin{array}{c} T_\xi \\ T_\eta \\ M_\zeta \end{array}\right\}_{\text{lin}} = Gab \left[\begin{array}{ccc} C_{11} & 0 & 0 \\ 0 & C_{22} & \sqrt{ab}\, C_{23} \\ 0 & -\sqrt{ab}\, C_{23} & ab\, C_{33} \end{array}\right] \left\{\begin{array}{c} \nu_\xi \\ \nu_\eta \\ \nu_\zeta \end{array}\right\}.\right| \qquad (3.51)$$

Das Ergebnis ist eine Erweiterung der Gl. (3.48) für den Walzenkontakt. Die Koeffizienten C_{ik} werden als *Schlupf-Koeffizienten* oder auch als *Kalker-Koeffizienten* bezeichnet. Sie sind in Tab. 3.4.3 in Abhängigkeit vom Halbachsenverhältnis g und von der Querdehnungszahl ν angegeben. Wir weisen ausdrücklich darauf hin, dass in der Kalkerschen Theorie die ξ-Achse stets in Rollrichtung zeigt, so dass die Halbachse a ebenfalls in Rollrichtung liegt, auch wenn sie die kleinere Ellipsenhalbachse ist.

Die Linearisierung um den schlupffreien Zustand kann in Einzelfällen zu beachtlichen Fehlern führen, beispielsweise bei der Untersuchung von laufdynamischen Vorgängen, die Antriebs- und Bremszuständen oder einem stationären Bogenlaufzustand überlagert sind. Selbst die Tatsache, dass aufgrund des Kontaktwinkels stets ein stationärer Bohrschlupf vorhanden ist, erfordert eigentlich eine Linearisierung um diesen konstanten Bohrschlupf. In der Regel wird darauf jedoch verzichtet.

Bei Gl. (3.51) überrascht zunächst, dass ein Bohrschlupf eine Querschlupfkraft zur Folge hat und ein Querschlupf ein Bohrmoment. Dies soll im Zusammenhang mit der Erörterung der vereinfachten Theorie des rollenden Kontaktes, Abschnitt 3.4.5, nochmals angesprochen werden.

3.4.4 Näherungslösung nach Vermeulen-Johnson und Shen-Hedrick-Elkins

Die Näherungslösungen von Johnson [100] und von Vermeulen und Johnson [218]. Der Grundgedanke der Carterschen Lösung ist, dass sich die zunächst unbekannte Tangentialspannungsverteilung in der Kontaktfläche als Differenz zweier Halbkreise (genauer gesagt, zweier Halbellipsen) darstellen lässt. Man gelangt dann zu *exakten analytischen Lösungen* für alle interessierenden Zustandsgrößen. Johnson hat sich die Frage gestellt [100], ob man im dreidimensionalen Fall ebenfalls zu einer analytischen Lösung gelangen kann. Er betrachtet eine Kugel, die mit Längsschlupf (oder Querschlupf) auf einer Ebene abrollt.

Die Kontaktfläche für eine Kugel auf einer Ebene ist ein Kreis. Johnson nimmt an, dass die Haftfläche ebenfalls ein Kreis ist, der am Einlaufrand angeordnet ist, und dass man die Tangentialspannungsverteilung in weitgehender Analogie zur Carterschen Betrachtung als Differenz zweier Halbkugeln darstellen kann, siehe Bild 3.21. Der Vorteil ist, dass man das entstehende Integral wiederum analytisch lösen kann. Der Nachteil ist, dass die Lösung jetzt nicht mehr exakt ist, sondern nur noch eine Näherungslösung. Man erhält auf diesem Wege eine *analytische Näherungslösung* für reinen Längs- und Querschlupf. Die Näherungslösung für reinen Längschlupf lautet beispielsweise

$$\left| \nu_{\xi,\text{sat}} = \frac{3\mu N (4 - 3\nu)}{16 G a^2} = \mu \frac{\left(1 - \frac{3}{4}\nu\right)}{(1 - \nu)} \frac{a}{R}, \right| \qquad (3.52)$$

$$\left| T_\xi = \mu N \left[1 - \left(1 - \frac{\nu_\xi}{\nu_{\xi,\text{sat}}}\right)^3 \right], \right| \qquad (3.53)$$

3.4 Tangentialkontaktmechanik   69

	ν	C_{11}			C_{22}			C_{23}			C_{33}	
		0.00	0.25	0.50	0.00	0.25	0.50	0.00	0.25	0.50	0.25	0.50
$g =$	0.0	$\frac{2\pi}{(\Lambda-2\nu)g}$	$\frac{4\pi^2}{1-\nu}$			$\frac{\pi^2}{4}$		$\frac{\pi\sqrt{g}}{3(1-\nu)}$	$(1+\nu(\frac{1}{2}\Lambda+\ln 4 - 5))$		$\frac{4\pi^2}{16(1-\nu)}g$	
			$\left(1+\frac{3-\ln 4}{\Lambda-2\nu}\right)$		$\frac{2\pi}{g}\left(1+\frac{(1-\nu)(3-\ln 4)}{(1-\nu)\Lambda-2\nu}\right)$							
$a/b = \theta$	0.1	2.51	3.31	4.85	2.51	2.52	2.53	0.33	0.47	0.73	8.28	11.70
	0.2	2.59	3.37	4.81	2.59	2.63	2.66	0.48	0.60	0.81	4.27	5.66
	0.3	2.68	3.44	4.80	2.68	2.75	2.81	0.61	0.72	0.89	2.96	3.72
	0.4	2.78	3.53	4.82	2.78	2.88	2.98	0.72	0.82	0.98	2.32	2.77
	0.5	2.88	3.62	4.83	2.88	3.01	3.14	0.83	0.93	1.07	1.93	2.22
	0.6	2.98	3.72	4.91	2.98	3.14	3.31	0.93	1.03	1.18	1.68	1.86
	0.7	3.09	3.81	4.97	3.09	3.28	3.48	1.03	1.14	1.29	1.50	1.60
	0.8	3.19	3.91	5.05	3.19	3.41	3.65	1.13	1.25	1.40	1.37	1.42
	0.9	3.29	4.01	5.12	3.29	3.54	3.82	1.23	1.36	1.51	1.27	1.27
	1.0	3.40	4.12	5.20	3.40	3.67	3.98	1.33	1.47	1.63	1.19	1.16
$b/a = \theta$	0.9	3.51	4.22	5.30	3.51	3.81	4.16	1.44	1.59	1.77	1.11	1.06
	0.8	3.65	4.36	5.42	3.65	3.99	4.39	1.58	1.75	1.94	1.04	0.95
	0.7	3.82	4.54	5.58	3.82	4.21	4.67	1.76	1.95	2.18	0.97	0.85
	0.6	4.06	4.78	5.80	4.06	4.50	5.04	2.01	2.23	2.50	0.89	0.75
	0.5	4.37	5.10	6.11	4.37	4.90	5.56	2.35	2.62	2.96	0.82	0.65
	0.4	4.84	5.57	6.57	4.84	5.48	6.31	2.88	3.24	3.70	0.75	0.55
	0.3	5.57	6.34	7.34	5.57	6.40	7.51	3.79	4.32	5.01	0.67	0.45
	0.2	6.96	7.78	8.82	6.96	8.14	9.79	5.72	6.63	7.89	0.60	0.34
	0.1	10.70	11.70	12.90	10.70	12.80	16.00	12.20	14.60	18.00	0.53	0.23
$g =$	0.0				$\frac{2\pi}{g}\left(1+\frac{(1-\nu)(3-\ln 4)}{(1-\nu)\Lambda+2\nu}\right)$			$\frac{1}{2g\sqrt{g}(1-\nu)\Lambda-2+4\nu}$			$\frac{\pi}{4}\left(1-\frac{\Lambda(\nu-2)}{(1-\nu)\Lambda-2+4\nu}\right)$	

Tabelle 3.1. Kalkerkoeffizienten nach [108] (mit $\Lambda = \ln\frac{16}{g^2}$ und $g = \min(a/b, b/a)$). Achtung: Radius a liegt in Rollrichtung.

3. Modellierung des Rad/Schiene-Kontaktes

$$\left.\frac{\partial T_\xi}{\partial \nu_\xi}\right|_{\nu_\xi=0} = \frac{16\,G\,a^2}{4-3\nu}.\qquad(3.54)$$

Vermeulen und Johnson [218] haben diese Lösung für den Fall elliptischer

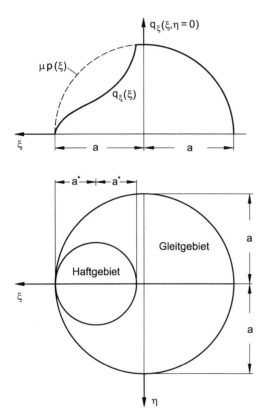

Bild 3.21. Haft- und Gleitgebiet beim Abrollen einer Kugel auf einer Ebene nach der Näherung von Johnson [100]

Kontaktflächen verallgemeinert. Das Haftgebiet ist hierbei eine Ellipse am Einlaufrand der Kontaktfläche. Der einzige Unterschied zu den Lösungen von Johnson ist, dass die Sättigungsschlüpfe $\nu_{\xi,\mathrm{sat}}$ und $\nu_{\eta,\mathrm{sat}}$ vollständige elliptische Integrale enthalten, die vom Halbachsenverhältnis der Ellipse abhängen. Man erhält beispielsweise für den Sättigungsschlupf $\nu_{\xi,\mathrm{sat}}$

$$\nu_{\xi,\mathrm{sat}} = \frac{3\,\mu\,N\,\varPhi}{G\,a\,b\,\pi}.\qquad(3.55)$$

Die Funktion $\varPhi$, bei der es sich um eine Kombination aus vollständigen elliptischen Integralen handelt, findet man im Anhang, Abschnitt 16.4. Während die Cartersche Lösung eine quadratische Parabel ergibt, liefert die Vermeulen-Johnsonsche Lösung eine kubische Parabel. Hinsichtlich weiterer Einzelheiten wird auf die Originalarbeit von Vermeulen und Johnson und auf den Anhang (Abschnitt 16.4) verwiesen.

Die Näherungslösung von Vermeulen und Johnson hat den unbestreitbaren Vorzug, dass es eine analytische Lösung ist. Sie hat allerdings die Nachteile, dass sich bereits bei der Anfangsneigung quantitative Abweichungen gegenüber genaueren nummerische Lösungen ergeben und dass der Bohrschlupf nicht berücksichtigt wird.

Näherungslösung von Shen-Hedrick-Elkins. Bereits 1967 hatte Hobbs vorgeschlagen [89], als Anfangssteigung der Kraftschlusskurven für die Näherung von Vermeulen und Johnson die C_{ik}-Werte der Theorie von Kalker [106] zu verwenden. Shen, Hedrick und Elkins haben diesen Vorschlag aufgegriffen [204] und die Beziehungen für kombinierten Längs- und Querschlupf angegeben, wobei außerdem ein kleiner Bohrschlupf berücksichtigt wird.

1. Schritt: Zunächst werden die linearisierten Tangentialkräfte mit den Schlupfkoeffizienten von Kalker berechnet:

$$\begin{Bmatrix} T_\xi^{\text{lin}} \\ T_\eta^{\text{lin}} \end{Bmatrix} = G\,a\,b \begin{bmatrix} C_{11} & 0 & 0 \\ 0 & C_{22} & \sqrt{ab}\,C_{23} \end{bmatrix} \begin{Bmatrix} \nu_\xi \\ \nu_\eta \\ \nu_\zeta \end{Bmatrix} \quad (3.56)$$

2. Schritt: Zu diesen linearisierten Tangentialkräften wird eine resultierende, linearisierte Tangentialkraft ermittelt:

$$T^{\text{lin}} = \sqrt{\left(T_\xi^{\text{lin}}\right)^2 + \left(T_\eta^{\text{lin}}\right)^2}. \quad (3.57)$$

3. Schritt: Die resultierende, linearisierte Tangentialkraft ist zu hoch. Sie muss abgemindert werden. Der Abminderungsfaktor α wird so gewählt, dass die resultierende Tangentialkraft sich qualitativ wie bei Johnson bzw. Vermeulen-Johnson verhält:

$$\alpha = \begin{cases} 1 - \dfrac{1}{3}\left(\dfrac{T^{\text{lin}}}{\mu N}\right) + \dfrac{1}{27}\left(\dfrac{T^{\text{lin}}}{\mu N}\right)^2 & \text{für} \quad T^{\text{lin}} \leq 3\mu N, \\ \dfrac{\mu N}{T^{\text{lin}}} & \text{für} \quad T^{\text{lin}} \geq 3\mu N. \end{cases} \quad (3.58)$$

4. Schritt: Mit Hilfe dieses Abminderungsfaktors errechnet man

$$\begin{Bmatrix} T_\xi \\ T_\eta \end{Bmatrix} = \alpha \begin{Bmatrix} T_\xi^{\text{lin}} \\ T_\eta^{\text{lin}} \end{Bmatrix}. \quad (3.59)$$

- Die Richtung der Tangentialkräfte ergibt sich nach der Beziehung von Shen, Hedrick und Elkins aus der linearen Theorie von Kalker.
- Der Abminderungsfaktor α sorgt dafür, dass die resultierende Schlupfkraft sich entsprechend der Theorie von Johnson und Vermeulen verhält und nie größer wird als μN.

72   3. Modellierung des Rad/Schiene-Kontaktes

- Der Einfluss des Bohrschlupfes auf die Querkraft wird über die lineare Theorie erfasst. Der Einfluss des Bohrmoments wird nicht berücksichtigt.

Vergleicht man im Fall reinen Kugelkontakts die Lösungen von Johnson und von Shen, Hedrick und Elkins, zum Beispiel bezüglich des Sättigungsschlüpfe, so ergibt sich:

$$\nu_{\xi,\text{sat}}^{\text{SHE}} = \frac{3\mu N}{G a^2} \cdot \frac{1}{C_{11}}, \tag{3.60}$$

$$\nu_{\xi,\text{sat}}^{\text{Johnson}} = \frac{3\mu N}{G a^2} \cdot \frac{4-3\nu}{16}. \tag{3.61}$$

Daraus lässt sich ablesen, welches der C_{11}-Wert der Johnson-Lösung ist:

$$C_{11}^{\text{Johnson}} = \frac{16}{4-3\nu}. \tag{3.62}$$

Auch die Lösung von Shen, Hedrick und Elkins hat noch zwei Nachteile:

1. Im Fall vollen Gleitens und bei sehr großen Längs- und Querschlüpfen sollte bei isotropen Reibungsverhältnissen die resultierende Schlupfkraft in Richtung der resultierenden Schlupfgeschwindigkeit liegen. Das ist nicht der Fall.
2. Bei sehr großem Bohrschlupf wird allein das Bohrmoment für eine Sättigung sorgen. Dieser Effekt wird nicht erfasst.

3.4.5 Vereinfachte Theorie des rollenden Kontaktes [107]

Vorbemerkung. Kalkers vollständige Theorie des rollenden Kontaktes, deren Ergebnisse in Abschnitt 3.4.3 kurz dargestellt wurden, erfordert recht hohe Rechenzeiten. Es ist daher verständlich, dass man sich um eine vereinfachte, dafür aber schnelle Theorie des Rollkontaktes bemühte. Die Überlegungen hierzu stammen, zumindest für den Rad/Schiene–Kontakt, wiederum von Kalker [107]. Eine entsprechende Theorie wird auch zur Beschreibung der Rollkontaktvorgänge in der Kraftfahrzeugdynamik verwendet. Rad und Unterlage bestehen bei dieser vereinfachten Theorie aus einem starren Grundkörper, auf dem kontinuierlich Borsten oder Noppen aufgebracht sind (Modell der Kraftfahrzeugdynamik) oder die mit einer elastischen Haut überzogen sind (Kalkers Modellvorstellung). Beide Modelle sind mathematisch gleichwertig.

Vereinfachte Theorie bei reinem Längsschlupf. Für den Fall des reinen Längsschlupfes ist ein derartiges Modell in Bild 3.22 dargestellt. Der Einfachheit halber sehen wir die Radborsten (0' – 10') als starr an, während die auf der Unterlage aufgebrachten Borsten (0 – 10) elastisch sein mögen. Mit einem derartigen Modell lassen sich alle wesentlichen Effekte erfassen. Aus mechanischer Sicht handelt es sich bei diesem Modell um eine *Winklersche Bettung*.

3.4 Tangentialkontaktmechanik 73

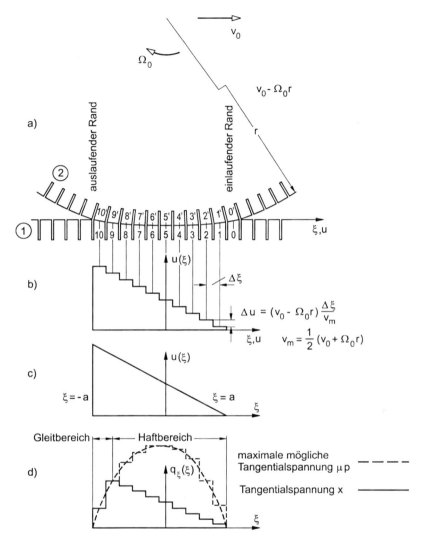

Bild 3.22. Ausbildung von Tangentialspannungen in der vereinfachten Theorie bei reinem Längsschlupf (Bremsen). Borstenmodell (**a**), zugehörige diskrete Verschiebungen der schienenseitigen Borsten (**b**), kontinuierliche Verschiebung einer elastischen Bettung (**c**), Tangentialspannung (**d**)

Die konstitutiven Gleichungen dieser Winklerschen Bettung treten an die Stelle der konstitutiven Gleichungen des *elastischen Halbraumes*. Für dieses vereinfachte Modell ergibt sich eine andere Normalspannungsverteilung als für das Halbraummodell. Die Normalspannungsverteilung ist parabolisch, so dass sich schreiben lässt

$$p(\xi) = p_0\left(1 - \frac{\xi^2}{a^2}\right) \quad \text{mit} \quad p_0 = \frac{2N}{ab\pi}. \tag{3.63}$$

Der Wert für den Ellipsenhalbmesser a wird hierbei aus der Halbraumtheorie übernommen, was gleichbedeutend damit ist, dass die vertikale Nachgiebigkeit der Noppen geeignet festgelegt wird.

Das Tangentialkontaktproblem lässt sich in der vereinfachten Theorie durch die auf der folgenden Seite wiedergegebenen Gleichungen beschreiben. Wie bei der Carterschen Theorie werden hierbei die folgenden Abkürzungen verwendet:

$$u(\xi) = u_{\xi 1}(\xi) - u_{\xi 2}(\xi), \quad \nu_\xi = \frac{v_1 - v_2}{v_\mathrm{m}}.$$

Haftbereich   **Gleitbereich**

$$|q_\xi| \leq \mu p \tag{3.64a}$$

$$|q_\xi| = \mu p \tag{3.64b}$$

kinematische Beziehungen

$$\nu_\xi + u'(\xi) = 0 \tag{3.65a}$$

$$\begin{aligned} s_\xi = \nu_\xi + u'(\xi) < 0 \; \forall \; \nu_\xi < 0 \\ s_\xi = \nu_\xi + u'(\xi) > 0 \; \forall \; \nu_\xi > 0 \end{aligned} \tag{3.65b}$$

konstitutive Gleichung

$$q_\xi(\xi) = \frac{u(\xi)}{L_\xi} \tag{3.66a}$$

Die tangentiale Borstennachgiebigkeit L_ξ ist hierbei zunächst unbekannt.[5] Durch Integration der kinematischen Beziehungen im Haftbereich und Einsetzen in die konstitutive Gleichung ergibt sich als Tangentialspannungsverteilung im Haftbereich

$$q_\xi(\xi) = \frac{a(1 - \frac{\xi}{a})\nu_\xi}{L_\xi} \tag{3.67a}$$

und im Gleitbereich

$$q_\xi(\xi) = p_0(1 - \frac{\xi^2}{a^2})\frac{\nu_\xi}{|\nu_\xi|}. \tag{3.67b}$$

Dies soll noch einmal anhand von Bild 3.22 erläutert werden. Wir gehen davon aus, dass das Rad abgebremst wird, die Fahrgeschwindigkeit v_0 ist also größer als das Produkt $r_0 \Omega_0$.

Eine in die Kontaktfläche einlaufende Borste der Schiene ist zum Zeitpunkt des Einlaufens unbelastet und damit auch unverschoben. Wenn das Rad um den Abstand zweier Borsten ($\Delta \xi$) weiterbewegt wird, dann erfährt

---

[5] Die Borstennachgiebigkeit wird aus der Forderung bestimmt, dass die Schlupf-Koeffizienten der Bettungstheorie und der Halbraumtheorie übereinstimmen [107]

jede Borste eine kleine Relativverschiebung, die sich aus der kinematischen Beziehung

$$\frac{\Delta u}{\Delta \xi} = -\frac{(v_1 - v_2)}{v_\mathrm{m}}$$

ermitteln lässt. In unserem speziellen Fall ist

$$v_1 = v_0 - \Omega_0 r, \quad v_2 = 0, \quad v_\mathrm{m} = \frac{1}{2}(v_0 + \Omega_0 r),$$

so dass man als Relativverschiebung den Ausdruck

$$\Delta u = -2\Delta \xi \, \frac{v_0 - \Omega_0 r}{v_0 + \Omega_0 r}$$

erhält. Diese Verschiebungsdifferenzen müssen in jedem Schritt aufsummiert werden. Da wir angenommen haben, dass nur die schienenseitigen Borsten deformierbar sein sollen, werden bei unserem Beispiel alle Schienenborsten bei einer Vorwärtsbewegung des Rades um $\Delta \xi$ um den Betrag Δu weiter in positive ξ-Richtung verschoben. Bei einem stationären Bewegungsvorgang ist die bei kleinen ξ-Werten liegende Borste 2 gegenüber der Borste 1 stets um Δu, die Borste 3 gegenüber der Borste 1 aber bereits um $2\Delta u$ verschoben. Der Verschiebungszustand, der sich auf diese Weise in den Borsten 1–10 einstellt, ist im Bild 3.22b wiedergegeben.

Man kann nun infinitesimal dicht sitzende Borsten oder eine äquivalente dünne, elastische Schicht auf dem starren Schienengrundkörper betrachten. Hierbei ist es wiederum gleichgültig, ob nur einer der beiden Körper oder ob beide Körper mit einer derartigen dünnen, elastischen Haut überzogen sind. In Bild 3.22c ist wiedergegeben, wie die infinitesimal dicht sitzenden Borsten verschoben werden.

Die Tangentialspannungen in den Borsten sind proportional zur Relativverschiebung $u_\xi(\xi)$, bei starren Radborsten also

$$q_\xi(\xi) = \frac{u_{\xi 2}(\xi)}{L_\xi}. \tag{3.68}$$

Es ergeben sich im Haftbereich vom einlaufenden Rand aus linear ansteigende Tangentialspannungen, die in positiver ξ-Richtung auf die Schiene und in negativer ξ-Richtung auf das Rad einwirken. Der lineare Anstieg kann nur solange andauern, bis die Tangentialspannung das Produkt aus Reibbeiwert und Normalkraft ($\mu p(\xi)$) erreicht hat. Anschließend fällt die Tangentialspannung mit der $\mu p(\xi)$-Kurve zusammen und erreicht somit am auslaufenden Rand den Wert 0. Es gibt also immer einen schmalen Streifen am auslaufenden Rand, in dem es zum Gleiten kommt. Im Rahmen der linearen Theorie nimmt man an, dass die Schlüpfe so klein bleiben, dass dieser schmale Gleitbereich vernachlässigt werden kann.

Man erkennt anschaulich, dass die Relativgeschwindigkeiten zwischen dem starren Grundkörper des Rades und dem starren Grundkörper der Unterlage auf doppelte Weise umgesetzt werden können. Zum einen erfolgt diese Umsetzung dadurch, dass zwei sich berührende Partikel von Rad und Unterlage tatsächlich aufeinander gleiten; im Fall des Haftens werden die Relativgeschwindigkeiten durch elastische Deformationen aufgenommen. Diese spezielle Form des Schlupfes wird in der älteren Literatur als *Formänderungsschlupf* oder auch als *Scheingleiten* oder *Pseudogleiten* bezeichnet.

Betrachtung der Vorgänge bei reinem Bohrschlupf im Rahmen der vereinfachten Theorie. Im allgemeinen Fall treten neben *Längsschlupf* auch noch *Querschlupf* und *Bohrschlupf* auf. Querschlupf ergibt sich beispielsweise beim Kontakt zweier aufeinander abrollender Wälzkörper mit verschränkten Achsen (Schräglauf). Bohrschlupf ergibt sich dann, wenn in der Kontaktfläche der beiden Walzen ein Neigungswinkel δ_0 vorliegt. Im Rahmen der *vereinfachten Theorie* lassen sich die Vorgänge in beiden Fällen noch relativ einfach erklären, insbesondere, wenn man vollständiges Haften in der Kontaktfläche annimmt. Alle Formeln zusammen, die für die Behandlung des Problems erforderlich sind, sind im Anhang (Abschnitt 16.5) zusammengestellt. Im Fall vollständigen Haftens erhält man daraus die beiden Beziehungen

$$(\nu_\xi - \nu_\zeta \eta) + \frac{\partial u_\xi}{\partial \xi} = 0 \,, \tag{3.69a}$$

$$(\nu_\eta + \nu_\zeta \xi) + \frac{\partial u_\eta}{\partial \xi} = 0 \,, \tag{3.69b}$$

aus denen sich u_ξ und u_η durch Integration ermitteln lassen. Die Integrationskonstanten legt man aus der Überlegung fest, dass am einlaufenden Rand $\xi = \xi_r$ noch keine Tangentialspannungen vorhanden sind, d.h. $q_\xi(\xi = \xi_r) = 0$ und $q_\eta(\xi = \xi_r) = 0$. Mit den konstitutiven Gleichungen der vereinfachten Theorie gilt dann auch für die Verschiebungen

$$u_\xi(\xi = \xi_r) = 0 \,, \tag{3.70a}$$
$$u_\eta(\xi = \xi_r) = 0 \,. \tag{3.70b}$$

Damit erhält man schließlich für die Relativverschiebungen in der Kontaktfläche

$$u_\xi = -(\nu_\xi - \nu_\zeta \eta)(\xi - \xi_r) \,, \tag{3.71a}$$

$$u_\eta = -\nu_\eta(\xi - \xi_r) + \frac{1}{2}\nu_\zeta(\xi^2 - \xi_r^2) \,. \tag{3.71b}$$

Diese recht formale Darstellung wird nun für den Fall reinen Bohrschlupfes mit Bild 3.23 erläutert. Der Übersichtlichkeit halber nehmen wir wieder an, dass nur die Schiene mit einer Schicht von unendlich dicht liegenden Borsten überzogen ist. Auf dieser Borstenschicht ist ein rechtwinkliges Gitternetz aufgetragen, dessen Deformation untersucht werden soll.

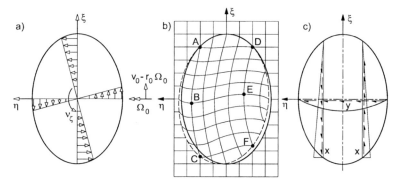

Bild 3.23. Relativgeschwindigkeiten (a), elastische Deformationen (b) und Spannungen (c) in der Kontaktfläche bei reinem Spin (Bohrschlupf)

In Bild 3.23b sind für unterschiedliche Punkte der Kontaktfläche die Relativverschiebungen des starren Rades gegenüber der Unterlage bei reinem Bohrschlupf angegeben. Eine Linie, die in Punkt A in die Kontaktfläche einläuft, wird aufgrund der dort herrschenden Relativgeschwindigkeit in η–Richtung verschoben. Der Punkt B, der bereits früher in die Kontaktfläche eingetreten war, hat seine maximale Querverschiebung erreicht. Für alle Punkte zwischen B und C ist die Relativgeschwindigkeit negativ, so dass die Linie B-C in negative η–Richtung gebogen wird, bis sie bei C die Kontaktfläche verlässt. Eine gleichartige Verschiebung in η–Richtung erfährt die Linie D-E-F. Für die Verschiebungen in ξ–Richtung lassen sich entsprechende Überlegungen anstellen. Alle Punkte die auf der Linie A-B-C liegen, werden aufgrund der in dieser Linie in ξ–Richtung wirkenden negativen Relativgeschwindigkeit in negative ξ–Richtung verschoben. Die Punkte auf der Linie D-E-F werden demgegenüber in positiver ξ–Richtung verschoben.

Der gesamte Verschiebungszustand ist in Bild 3.23b wiedergegeben. Man erkennt, dass am auslaufenden Rand der Kontaktfläche Diskontinuitäten auftreten. Die Borstenschicht wird mit diesen Diskontinuitäten durchaus fertig. Wir müssen uns aber trotzdem darüber im klaren sein, dass die Diskontinuitäten eine Folge der (unrealistischen) Annahme sind, dass in der gesamten Kontaktfläche Haften vorliegt. Da es am auslaufenden Rand infolge des dort auf den Wert 0 abfallenden Normaldrucks immer zum Gleiten kommt, gehen auch die Tangentialverschiebungen der Borsten–Deckschicht am auslaufenden Rand wieder auf den Wert Null zurück, sobald man solche Gleitvorgänge zulässt.

Bild 3.23b lässt deutlich einen Nachteil, den das Borsten-Modell hat, erkennen. Unabhängig davon, ob man Gleiten in der Kontaktfläche zulässt oder nicht, bleiben alle Borsten außerhalb der Kontaktfläche undeformiert. Beim Halbraum-Modell ist das anders: Material, das in die Kontaktfläche eintritt, ist bereits verzerrt und verlässt die Kontaktfläche auch wieder im verzerrten Zustand. Für instationäre Vorgänge kann dies zu beträchtlichen Fehlern führen.

In Bild 3.23c sind für zwei Linien η = const. und für eine Linie ξ = const. die Tangentialspannungen angegeben, und zwar so, wie sie auf die Schiene oder den Wälzkörper 2 wirken. Da eine Schlupfkraft dann als positiv bezeichnet wird, wenn sie auf die Schiene (Wälzkörper 2) in Richtung positiver Koordinatenachse wirkt oder um eine positive Koordinatenachse dreht, gehört zu den Tangentialspannungen von Bild c ein resultierendes, positives Bohrmoment M_ζ und eine resultierende, positive Tangentialkraft T_η. Eine resultierende Tangentialkraft T_ξ tritt aus Symmetriegründen nicht auf. Wir haben somit für die Matrix von Gleichung (3.51) die Besetzung der dritten Spalte zumindest vorzeichenmäßig nachgewiesen.

3.4.6 Anpassung der Theorie an die Praxis

Es wurde lange Zeit bezweifelt, ob die Kalkersche Theorie und damit auch die daraus abgeleiteten Näherungslösungen die Kraftschluss-Schlupf-Vorgänge richtig beschreiben. Insbesondere in England wurden umfangreiche Versuche durchgeführt, um die Kalkersche Theorie zu überprüfen. Die Versuchsergebnisse sind in [89] zusammengestellt. Dort sind auch Versuche von C. Th. Müller aus Minden aufgenommen. Als Fazit lässt sich feststellen: Unter idealen Bedingungen (unverschmutzte und möglichst glatte Laufflächen) lassen sich mit der Theorie von Kalker die Kraftschlussvorgänge qualitativ und quantitativ beschreiben.

Trotzdem ergeben sich in der Realität Abweichungen, da in der Bahnpraxis ideale Bedingungen nie vollständig einzuhalten sind. In jüngster Zeit wurde gezeigt [144, 145] dass es bei Oberflächen mit Mikrorauheiten auch theoretisch zum Absinken der Anfangsneigung (und damit zu einer Verringerung der Kraftschlusskoeffizienten) kommt. Dies rechtfertigt im Nachhinein das Vorgehen bei Britisch Rail. Dort wurden nie die vollen C_{ik}-Koeffizienten sondern nur ein Bruchteil davon (zumeist 60 %) angesetzt.

Empfohlen wird die folgende Vorgehensweise:

- Man übernimmt das Kraftschlussgesetz von Kalker (oder ein daraus durch Vereinfachungen abgeleitetes Gesetz) qualitativ.
- In jedem Fall muss die Reibungszahl μ bekannt sein.
- Einen Vorfaktor, den man als Gleitmodul G interpretieren kann, gewinnt man hingegen, indem man Versuche heranzieht. Aus Versuchen muss man im Zweifelsfall auch den Gleitmodul bestimmen.

4. Vertikaldynamik. Bewegungsgleichungen und freie Schwingungen

Im vorliegenden Kapitel werden ausführlich die Bewegungsdifferentialgleichungen eines zweiachsigen Schienenfahrzeuges zunächst für Längs- und Vertikalbewegungen mit Impuls- und Drallsatz aufgestellt. Wer damit vertraut ist, kann den Abschnitt 4.2 überschlagen. Anschließend wird die Möglichkeit erörtert, die Bewegungsgleichungen mit dem Prinzip der virtuellen Verrückungen aufzustellen (Abschnitte 4.3 und 4.4). Hiermit lassen sich auch elegant die Bewegungsgleichungen unter Berücksichtigung elastischer Wagenkästen aufstellen (Abschnitt 4.5). Schließlich wird in Abschnitt 4.6 die Lösung eines zweiachsigen Wagens (Fall freie Schwingungen) diskutiert.

4.1 Bezeichnungen und Annahmen

Für die Untersuchung wird das mechanische Modell des Schienenfahrzeuges von Bild 4.1 zugrundegelegt. In diesem Modell werden folgende Bezeichnun-

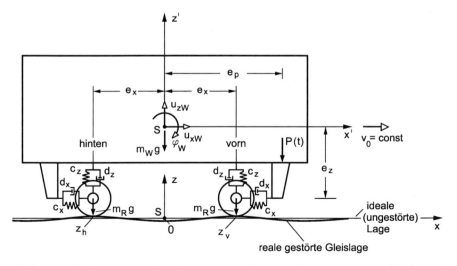

Bild 4.1. Mechanisches Modell eines zweiachsigen Fahrzeugs mit Verbindungselementen bestehend aus Federn und Dämpfern

80   4. Vertikaldynamik. Bewegungsgleichungen und freie Schwingungen

gen verwendet:

m_W Masse des Wagenkastens,
Θ_W Drehträgheit des Wagenkastens für Drehungen um die y-Achse,
m_R Masse des Radsatzes,
Θ_R Drehträgheit des Radsatzes für Drehungen um die y-Achse;
c_x, c_z Federsteifigkeiten zwischen Wagenkasten und Radsatz in longitudinaler und vertikaler Richtung,
d_x, d_z Dämpfungskonstanten der Dämpfer zwischen Wagenkasten und Radsatz;
e_x, e_z Koordinaten der Federanschlusspunkte,
e_p Koordinate des Lastangriffspunktes.

Es werden folgende *Annahmen* getroffen:

1. Das Fahrzeug bewegt sich mit einer *konstanten Geschwindigkeit* v_0 auf einem geraden Gleis. Mit den Bewegungsdifferentialgleichungen werden die Abweichungen von diesen gleichförmigen Bewegungen (Störbewegungen) erfasst.
2. Alle kinematischen Beziehungen und alle Feder- und Dämpferwerte können um einen Bezugszustand *linearisiert* werden können.
3. Wagenkasten und Radsätze sind *starre Körper*. Die Schiene ist starr und unverschieblich.
4. In vertikaler Richtung herrscht stets Kontakt zwischen Rad und Schiene. Dies ist eine *kinematische Zwangsbedingung*.
5. Sowohl bei der ungestörten Bewegung als auch bei der überlagerten Störbewegung handelt es sich um *reines Abrollen der Räder* auf dem Gleis, bei dem zwischen Rad und Gleis keine Relativgeschwindigkeiten (kein Schlupf) auftreten.

4.2 Aufstellen der Bewegungsdifferentialgleichungen mit Impuls und Drallsatz

Das Aufstellen der Bewegungsdifferentialgleichungen erfolgt zunächst mit Impuls- und Drallsatz. Man kann hierbei in folgenden Schritten vorgehen.

1. Schritt: Es ist festzulegen, welche Verschiebungen und Verdrehungen auftreten können und welche dieser Größen die unbekannten Freiheitsgrade sind, in denen die Bewegungsdifferentialgleichungen formuliert werden müssen (Abschnitte 4.2.1 und 4.2.2).

2. Schritt: Es ist zu ermitteln, welche Längenänderungen in den Federn und welche Geschwindigkeitsänderungen in den Dämpfern auftreten, wenn die im 1. Schritt festgelegten Verschiebungen vorgegeben werden. Aufgrund

der Linearitätsannahme (2.) können die Verschiebungen erst einzeln aufgebracht und dann superponiert werden. Als Ergebnis dieser Überlagerung ergeben sich die Federkräfte in Abhängigkeit von den vorgegebenen Verschiebungen und Verdrehungen, Abschnitt 4.2.3. Das Entsprechende erfolgt für die Dämpferkräfte.
3. *Schritt:* Die einzelnen Massen werden freigeschnitten (Abschnitt 4.2.4). Die im 2. Schritt ermittelten Feder- und Dämpferkräfte werden als Reaktionskräfte auf die freigeschnittenen Massen aufgebracht. Im Radaufstandspunkt werden zusätzlich noch Zwangskräfte eingeführt werden.
4. *Schritt:* Für die freigeschnittenen, schwingenden Massen lassen sich Impuls- und Drallsatz formulieren, Abschnitt 4.2.5.
5. *Schritt:* Bei Berücksichtigung der kinematischen Zwangsbedingungen lassen sich die Zwangskräfte eliminieren, Abschnitt 4.2.6. Als Ergebnis erhält man die gesuchten Bewegungsdifferentialgleichungen.

4.2.1 Verschiebungsfreiheitsgrade beim Zweiachser

Die Bewegungen eines starren Körpers in der Ebene werden durch zwei Verschiebungen und eine Drehung um den Schwerpunkt vollständig beschrieben. Das hier betrachtete System besteht aus drei starren Körpern, dem Wagenkasten und zwei Radsätzen. Infolgedessen braucht man in der Vertikal-Longitudinaldynamik zur Beschreibung des Systems neun Verschiebungsgrößen (Verschiebungen oder Verdrehungen).

Die Verschiebungen des Wagenkastens werden nicht im raumfesten Koordinatensystem ($O; x, y, z$) sondern in einem mit der Geschwindigkeit v_0 mitgeführten Koordinatensystem ($S; x', y', z'$) eingeführt (siehe Bild 4.1):

u_{xW} Längsverschiebung des Wagenkastenschwerpunktes (x'-Richtung),
u_{zW} Vertikalverschiebung des Wagenkastenschwerpunktes (z'-Richtung),
φ_W Drehung des Wagenkastenschwerpunktes um die y'-Achse.

Die Verschiebungen der beiden Radsätze werden ebenfalls nicht im raumfesten System formuliert sondern in einem Koordinatensystem, das mit der konstanten Geschwindigkeit v_0 mit dem Radsatzschwerpunkt mitbewegt wird und das außerdem noch mit einer konstanten Winkelgeschwindigkeit $\varphi_0 = v_0/r_0$ mitrotiert. Längsverschiebung und Drehung des Radsatzes sind damit Relativverschiebungen gegenüber der gleichförmigen Abrollbewegung. Für den vorderen Radsatz (Index v) gelten die Bezeichnungen

u_{xv} Längsverschiebung des Schwerpunktes des vorderen Radsatzes,
u_{zv} Vertikalverschiebung des Schwerpunktes des vorderen Radsatzes,
$u_{\varphi v}$ Relativdrehung des vorderen Radsatzes um seine Achse.

Drei entsprechende Verschiebungen werden für den hinteren Radsatz definiert (Index h).

4.2.2 Zwangsbedingungen

Nicht alle dieser Verschiebungen sind unabhängige (freie) Verschiebungen. Aufgrund von Annahme 4 ergeben sich die Vertikalverschiebungen des Radsatzes aus der vertikalen Gleislage. Die Vertikalverschiebungen sind gleich den Höhenfehlern. Die vorgegebenen Gleislagefehler kennzeichnen wir durch Überstreichung, also $\bar{z}_v$ und $\bar{z}_h$. Es gilt damit

$$u_{zv} = \bar{z}_v, \tag{4.1}$$

$$u_{zh} = \bar{z}_h. \tag{4.2}$$

Die vorgegebenen Gleislagefehler (Störgrößen) $\bar{z}_v$ und $\bar{z}_h$ sind zunächst ortsabhängig, können wegen $x = v\,t$ aber auch zeitabhängig formuliert werden. $\bar{z}_v$ und $\bar{z}_h$ sind, anders als es die Schreibweise suggeriert, nicht unabhängig voneinander sondern nur phasenverschoben. Wenn man annimmt, dass zum Zeitpunkt $t = 0$ die z-Achse des ortsfesten und die z'-Achse des fahrzeugfesten Koordinatensystems zusammenfallen, dann gilt

$$u_{zv} = \bar{z}\left(t + \frac{e_x}{v_0}\right), \tag{4.3a}$$

$$u_{zh} = \bar{z}\left(t - \frac{e_x}{v_0}\right). \tag{4.3b}$$

Bei der ungestörten Abrollbewegung und bei einer überlagerten Störbewegung werden die Drehung des Radsatzes um seine Achse und die Radsatzverschiebung in Längsrichtung (x-Richtung) mit der Forderung verknüpft, dass der Radsatz auf dem Gleis schlupffrei abrollen soll (Annahme 5). Es gilt also für die Störbewegungen:

$$\varphi_v = \frac{u_{xv}}{r_0}, \tag{4.4}$$

$$\varphi_h = \frac{u_{xh}}{r_0}. \tag{4.5}$$

Als unabhängige Verschiebungen, in denen die Bewegungsdifferentialgleichungen formuliert werden, werden die Radsatzlängsverschiebungen eingeführt. Die Radsatzdrehungen können dann auf Grund der Gln. (4.4) und (4.5) durch die Radsatzlängsverschiebungen ausgedrückt werden. Von den neun Verschiebungen sind also nur fünf unabhängige Verschiebungen. Es handelt sich um ein System mit fünf mechanischen Freiheitsgraden.

In Bild 4.2 ist der unverschobene Zustand des Wagenkastens durch ausgezogene Linien, der verschobene Zustand, getrennt für die jeweiligen Verschiebungen, durch strichlierte Linien dargestellt. In entsprechender Weise lassen sich die Verschiebungszustände des Radsatzes darstellen (Bild 4.3).

4.2.3 Kräfte in den Feder- und Dämpferelementen

Im folgenden werden die Kräfte in den Federelementen bestimmt. Die Angabe der Kräfte in den Dämpferelementen bereitet später keine zusätzlichen Komplikationen, da jeweils eine Feder und ein Dämpfer parallel geschaltet sind.

4.2 Bewegungsdifferentialgleichungen mit Impuls und Drallsatz 83

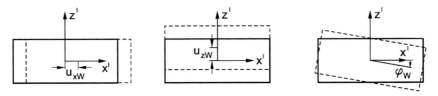

Bild 4.2. Darstellung der Verschiebungszustände des Wagenkastens

Die Federkräfte werden mit F_c bezeichnet. Der Index c bezeichnet die Federkraft, zusätzliche Indizes kennzeichnen die Lage der Federn (vgl. Bild 4.4). Eine Federkraft ist positiv, wenn in der Feder Zug herrscht. Die Änderung der Federlänge wird mit v bezeichnet. Mit der Federsteifigkeit c gilt

$$F_c = c\,v\,. \tag{4.6}$$

Möchte man neben den Federkräften auch die Dämpferkräfte, die mit F_d bezeichnet werden, erfassen, so muss man von dem nachfolgenden Gesetz für die Kraft in einem Dämpfer ausgehen:

$$F_d = d\frac{\mathrm{d}v}{\mathrm{d}t} = d\,\dot{v}_i\,. \tag{4.7}$$

Ermittlung der Federverlängerungen. Es kommt zunächst darauf an, die Federverlängerungen v in den vier Federn ($v_{xv}, v_{zv}, v_{xh}, v_{zh}$) infolge der neun Verschiebungsgrößen $u_{xW}, u_{zW}, \varphi_W; u_{xv}, u_{zv}, \varphi_v; u_{xh}, u_{zh}, \varphi_h$ zu bestimmen. Aufgrund von Annahme 2 kann man das *Superpositionsprinzip* anwenden. Man gibt jede der neun Verschiebungsgrößen für sich vor, ermittelt die zugehörigen Federverlängerungen und superponiert anschließend die Anteile aus allen Verschiebungsgrößen.

In Bild 4.4 wird eine Drehung φ_W um den Wagenkastenschwerpunkt aufgebracht. Alle anderen Verschiebungszustände werden zu Null gesetzt. Dargestellt ist der unverschobene Zustand (ausgezogen) und der verschobene Zustand (gestrichelt). Die Federn sind im verschobenen Zustand, d.h. zwischen dem unverschobenen Radsatzschwerpunkt und dem verschobenen Anschlusspunkt am Wagenkasten eingetragen. Unter Verwendung der in Bild 4.4 eingetragenen Bezeichnungen erhält man als Federdehnungen

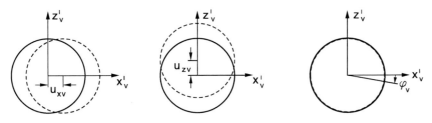

Bild 4.3. Verschiebungszustände des vorderen Radsatzes

4. Vertikaldynamik. Bewegungsgleichungen und freie Schwingungen

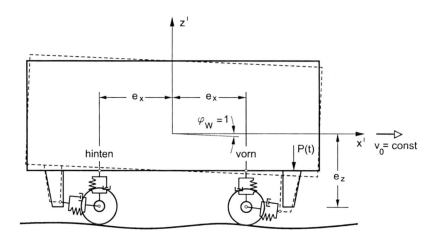

Bild 4.4. Einheitsverschiebungszustand $\varphi_W = 1$

$$v_{xv} = -e_z \varphi_W, \tag{4.8a}$$
$$v_{zv} = -e_x \varphi_W, \tag{4.8b}$$
$$v_{xh} = +e_z \varphi_W, \tag{4.8c}$$
$$v_{zh} = +e_x \varphi_W. \tag{4.8d}$$

Ähnliche Überlegungen lassen sich für alle neun Verschiebungszustände anstellen. Die Federverlängerungen in Abhängigkeit von diesen neun Verschiebungszuständen sind in Tab. 4.1 zusammengestellt.

	u_{xW}	u_{zW}	φ_W	u_{xv}	u_{zv}	φ_v	u_{xh}	u_{zh}	φ_h
v_{xv}	1	0	$-e_z$	-1	0	0	0	0	0
v_{zv}	0	1	$-e_x$	0	-1	0	0	0	0
v_{xh}	-1	0	$+e_z$	0	0	0	1	0	0
v_{zh}	0	1	$+e_x$	0	0	0	0	-1	0

Tabelle 4.1. Längenänderungen in den vier Federn auf Grund von Einheitsverschiebungszuständen

Ermittlung von Feder- und Dämpferkräften. Für die Federsteifigkeiten gilt (Bild 4.1)

$$c_{xv} = c_{xh} = c_x, \tag{4.9a}$$
$$c_{zv} = c_{zh} = c_z. \tag{4.9b}$$

Für die Federkräfte aufgrund des Verschiebungszustandes φ_W erhält man

4.2 Bewegungsdifferentialgleichungen mit Impuls und Drallsatz

$$F_{cxv} = -c_x\, e_z\, \varphi_W, \quad (4.10a)$$
$$F_{czv} = -c_z\, e_x\, \varphi_W, \quad (4.10b)$$
$$F_{cxh} = +c_x\, e_z\, \varphi_W, \quad (4.10c)$$
$$F_{czh} = +c_z\, e_x\, \varphi_W. \quad (4.10d)$$

In Tab. 4.2 sind die vier Federkräfte in Abhängigkeit von den neun möglichen Verschiebungszuständen tabellarisch zusammengefasst.

	u_{xW}	u_{zW}	φ_W	u_{xv}	u_{zv}	φ_v	u_{xh}	u_{zh}	φ_h
F_{cxv}	c_x	0	$-c_x e_z$	$-c_x$	0	0	0	0	0
F_{czv}	0	c_z	$-c_z e_x$	0	$-c_z$	0	0	0	0
F_{cxh}	$-c_x$	0	$+c_x e_z$	0	0	0	c_x	0	0
F_{czh}	0	c_z	$+c_z e_x$	0	0	0	0	$-c_z$	0

Tabelle 4.2. Kräfte in den vier Federn auf Grund von Einheitsverschiebungszuständen (Index c: Federkraft, Indizes x, z: Richtung der Feder, Index v: vorn, Index h: hinten)

Die Kraft F_d in einem Dämpfer ist proportional der Geschwindigkeit $\dot{v}$, der Proportionalitätsfaktor ist die Dämpfungskonstante d. Die Rechnung zur Ermittlung der Dämpferkräfte läuft prinzipiell ebenso ab wie bei der Ermittlung von Federkräften, nur dass anstelle der Verschiebungszustände u_{xW}, u_{zW}, φ_W usw. jetzt die entsprechenden Geschwindigkeiten $\dot{u}_{xW}$, $\dot{u}_{zW}$, $\dot{\varphi}_W$ usw. auftreten. Da bei dem Beispiel jeweils eine Feder und ein Dämpfer parallel geschaltet sind, kann man auch schreiben

$$F = F_c + F_d = c\,v + d\,\dot{v}. \quad (4.11)$$

4.2.4 Freischneiden der Einzelmassen

Die drei Massen, für die im Abschnitt 4.2.5 Impuls- und Drallsatz aufgestellt werden sollen, werden freigeschnitten. An dem freigeschnittenen System greifen an:

- einerseits die Federkräfte,
- andererseits die unbekannten Kräfte, die zwischen Rad und Gleis wirken und
- schließlich die in den Schwerpunkten angreifenden Gewichtskräfte und eine Erregerkraft $P(t)$.

Schwierigkeiten ergeben sich für einen Anfänger zumeist bei der Festlegung der Vorzeichen (d.h. der Richtungen) der Kräfte. Hier gilt:

86   4. Vertikaldynamik. Bewegungsgleichungen und freie Schwingungen

1. Für die Kräfte in den Federn und in den Dämpfern ist eine Vorzeichendefinition bereits erfolgt. Die beim Freischneiden an den Körpern anzubringenden Reaktionskräfte zu einer positiven Feder- oder Dämpferkraft sind dann ebenfalls positiv.
2. Positive Kräfte zwischen Rad und Schiene wurden in Bild 3.1 in ihrer Wirkung auf die Schiene angegeben. Die zugehörigen Reaktionskräfte auf das Rad sind dann ebenfalls positiv.

In Bild 4.5 sind für die freigeschnittenen und etwas auseinandergezogenen Körper die an ihnen angreifenden Kräfte eingetragen worden. Das Gleis wurde mit den darauf wirkenden Kräften zusätzlich dargestellt. Die Normalkräfte sind als Druckkräfte positiv, die Tangentialkräfte T_ξ wirken auf die Schiene in positiver ξ-Richtung. Außer den vier Kräften aus Federn und Dämpfern und

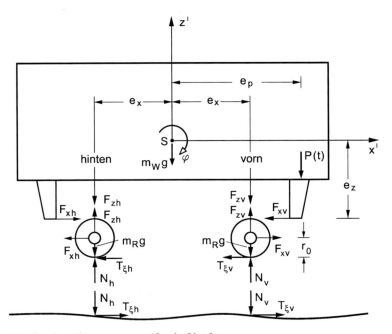

Bild 4.5. An den Körpern angreifende Kräfte

den zwischen Rad und Schiene wirkenden Kräften greifen als äußere Kräfte noch die Gewichte im Schwerpunkt des Wagenkastens sowie in den Schwerpunkten der beiden Radsätze und eine zeitabhängige Erregerkraft $P(t)$ an, die beispielsweise aus einer Unwuchtanregung in einem Messwagen stammen kann.

Die Kräfte zwischen Radsatz und Schiene $N_{xv}, N_{xh}, T_{\xi v}$ und $T_{\xi h}$ sind unbekannt. Das ist nicht weiter schlimm, da außer den neun Bewegungsgleichungen (zwei Impulssätze und ein Drallsatz für jede der drei Massen) noch vier kinematische Zwangsbedingungen zur Verfügung stehen.

4.2.5 Impuls- und Drallsatz zum Aufstellen des Gleichungssystems

Für jede der freigeschnittenen Massen lassen sich mit Impuls- und Drallsatz drei skalare Gleichungen formulieren:

> Die Impulsänderungen ($m\ddot{u}_x$, $m\ddot{u}_z$) sind gleich der Summe der in die jeweiligen Richtungen wirkenden Kräfte; die Dralländerung ($\Theta\ddot{\varphi}$) ist gleich der Summe aller Momente um die durch den Schwerpunkt S verlaufende y-Achse.

Unter Verwendung der in Bild 4.5 eingetragenen Kräfte und der dort ebenfalls angegebenen Abmessungen erhält man für den Wagenkasten

$$m_W \ddot{u}_{xW} = -F_{xv} + F_{xh}, \tag{4.12}$$

$$m_W \ddot{u}_{zW} = -F_{zv} - F_{zh} - P(t) - mg, \tag{4.13}$$

$$\Theta_W \ddot{\varphi}_W = F_{xv} e_z - F_{xh} e_z + F_{zv} e_x - F_{zh} e_x + P(t) e_p \tag{4.14}$$

und für den vorderen Radsatz

$$m_R \ddot{u}_{xv} = F_{xv} - T_{\xi v}, \tag{4.15}$$

$$m_R \ddot{u}_{zv} = F_{zv} - m_R g + N_v, \tag{4.16}$$

$$\Theta_R \ddot{\varphi}_v = T_{\xi v} r_0, \tag{4.17}$$

sowie entsprechende Gleichungen für den hinteren Radsatz.

4.2.6 Elimination der Zwangskräfte. Endgültiges Gleichungssystem

Die Gleichungen (4.15) bis (4.17) sollen durch Einführung der kinematischen Zwangsbedingungen noch umgeformt werden. Zuerst wird berücksichtigt, dass die Verschiebungen u_{zv} und φ_v aufgrund der Gln. (4.4) und (4.1) keine unabhängigen Verschiebungen sind.

Gl. (4.16) ist dann eine Bestimmungsgleichung für die unbekannte Vertikalkraft (Normalkraft) zwischen Rad und Schiene,

$$N_v = m_R \ddot{\bar{z}}_v + m_R g - F_{zv}, \tag{4.18}$$

sowie für den hinteren Radsatz

$$N_h = m_R \ddot{\bar{z}}_h + m_R g - F_{zh}. \tag{4.19}$$

Mit Gl. (4.17) kann $T_{\xi v}$ ermittelt werden:

88   4. Vertikaldynamik. Bewegungsgleichungen und freie Schwingungen

$$T_{\xi v} = \frac{\Theta_R}{r_0^2} \ddot{u}_{xv} . \tag{4.20}$$

Die Gln. (4.20) lässt sich in Gl. (4.15) einführen. Ordnet man dabei noch um, so erhält man

$$(m_R + \frac{\Theta_R}{r_0^2}) \ddot{u}_{xv} = F_{xv} . \tag{4.21}$$

Eine entsprechende Gleichung gilt für den hinteren Radsatz:

$$(m_R + \frac{\Theta_R}{r_0^2}) \ddot{u}_{xh} = -F_{xh} . \tag{4.22}$$

Die Gleichungen (4.12) bis (4.14) sowie (4.21) und (4.22) liefern die gesuchten Bewegungsdifferentialgleichungen. Man muss noch berücksichtigen, dass für die Vertikalverschiebungen des vorderen und hinteren Radsatzes gilt $u_{zv} = \bar{z}_v$ und $u_{zh} = \bar{z}_h$ und dass die verbleibenden Kräfte F unter Verwendung von Tab. 4.2 noch durch Schwerpunktverschiebungen und Verdrehungen um den Schwerpunkt ersetzt werden müssen.

Als Bewegungsdifferentialgleichungen für den Wagenkasten erhält man somit

$$m_W \ddot{u}_{xW} = -2c_x u_{xW} + 2c_x e_z \varphi_W + c_x u_{xv} + c_x u_{xh} , \tag{4.23}$$

$$m_W \ddot{u}_{zW} = -2c_z u_{zW} + c_z \bar{z}_v + c_z \bar{z}_h - P(t) - mg , \tag{4.24}$$

$$\Theta_W \ddot{\varphi} = 2c_x e_z u_{xW} - 2c_x e_z^2 \varphi_W - 2c_z e_x^2 \varphi_W - c_x e_z u_{xv} - c_x e_z u_{xh}$$
$$-c_z e_x \bar{z}_v + c_z e_x \bar{z}_h + P(t) e_p , \tag{4.25}$$

und als Bewegungsdifferentialgleichungen für die beiden Radsätze

$$\left(m_R + \frac{\Theta_W}{r_0^2}\right) \ddot{u}_{xv} = c_x (u_{xW} - u_{xv}) - c_x e_z \varphi_W , \tag{4.26}$$

$$\left(m_R + \frac{\Theta_W}{r_0^2}\right) \ddot{u}_{xh} = c_x (u_{xW} - u_{xh}) - c_x e_z \varphi_W . \tag{4.27}$$

Die Gleichungen (4.23) bis (4.27) sind relativ unübersichtlich. Es ist daher üblich, diese Gleichungen in Matrizenschreibweise anzugeben. Unter Verwendung eines Verschiebungsvektors $\boldsymbol{u}^T = \{u_{xW}, u_{zW}, \varphi_W, u_{xv}, u_{xh}\}$ ergibt sich

$$\underbrace{\begin{bmatrix} m_W & 0 & 0 & 0 & 0 \\ 0 & m_W & 0 & 0 & 0 \\ 0 & 0 & \Theta_W & 0 & 0 \\ 0 & 0 & 0 & m_R + \frac{\Theta_R}{r_0^2} & 0 \\ 0 & 0 & 0 & 0 & m_R + \frac{\Theta_R}{r_0^2} \end{bmatrix}}_{\text{Massenkraftanteile}} \begin{Bmatrix} \ddot{u}_{xW} \\ \ddot{u}_{zW} \\ \ddot{\varphi}_W \\ \ddot{u}_{xv} \\ \ddot{u}_{xh} \end{Bmatrix} +$$

4.2 Bewegungsdifferentialgleichungen mit Impuls und Drallsatz

$$+ \underbrace{\begin{bmatrix} 2c_x & 0 & -2c_x e_z & -c_x & -c_x \\ 0 & 2c_z & 0 & 0 & 0 \\ -2c_x e_z & 0 & 2c_x e_z^2 + 2c_z e_x^2 & c_x e_z & c_x e_z \\ -c_x & 0 & c_x e_z & c_x & 0 \\ -c_x & 0 & c_x e_z & 0 & c_x \end{bmatrix}}_{\text{Federanteile}} \begin{Bmatrix} u_{xW} \\ u_{zW} \\ \varphi_W \\ u_{xv} \\ u_{xh} \end{Bmatrix}$$

$$= \underbrace{\begin{Bmatrix} 0 \\ -m_W g \\ 0 \\ 0 \\ 0 \end{Bmatrix}}_{\text{Gewichtsanteile}} + \underbrace{\begin{Bmatrix} 0 \\ -P(t) \\ P(t)e_p \\ 0 \\ 0 \end{Bmatrix}}_{\substack{\text{Anteile aus} \\ \text{Krafterregung}}} + \underbrace{\begin{Bmatrix} 0 \\ c_z(z_v + z_h) \\ -c_z(z_v - z_h)e_x \\ 0 \\ 0 \end{Bmatrix}}_{\substack{\text{Anteile aus} \\ \text{Fußpunkterregung}}}. \qquad (4.28)$$

Auf der linken Seite des Gleichheitszeichens stehen die Terme mit unbekannten Beschleunigungen und Verschiebungen. Die bei dem Beschleunigungsvektor $\ddot{u}$ stehende Matrix wird als Massenmatrix M bezeichnet, die bei dem Verschiebungsvektor u stehende als Steifigkeitsmatrix S. Auf der rechten Seite des Gleichheitszeichens stehen bekannte Kräfte, aufgeteilt nach Gewichtsanteilen, Anteilen aus Krafterregung und Anteilen aus Fußpunkterregung. Die Gewichtsanteile ändern sich mit der Zeit nicht, der entsprechende Vektor wird mit p_0 bezeichnet. Die Anteile aus Krafterregung und aus Fußpunkterregung sind zeitabhängig. Die zugehörigen Vektoren werden mit den Indizes I und II gekennzeichnet. Anstelle von Gleichung (4.28) kann man dann formulieren

$$M\ddot{u}(t) + Su(t) = \bar{p}_0 + \bar{p}_I(t) + \bar{p}_{II}(t). \qquad (4.29)$$

Wenn man die Dämpfungskräfte durchgehend mit berücksichtigt erhält man als Gleichung in Matrizenformulierung

$$M\ddot{u}(t) + D\dot{u}(t) + Su(t) = p_0 + \bar{p}_I(t) + \bar{p}_{II}(t). \qquad (4.30)$$

Die Matrix D ist die Dämpfungsmatrix des Systems. Der Vektor $\bar{p}_{II}$ enthält jetzt auch dämpferproportionale Anteile. Die Matrix D sowie die dämpferproportionalen Anteile von $\bar{p}_{II}$ haben folgendes Aussehen:

90   4. Vertikaldynamik. Bewegungsgleichungen und freie Schwingungen

$$D = \begin{bmatrix} 2d_x & 0 & -2d_x e_z & -d_x & -d_x \\ 0 & 2d_z & 0 & 0 & 0 \\ -2d_x e_z & 0 & 2d_x e_z^2 + 2d_z e_x^2 & d_x e_z & d_x e_z \\ -d_x & 0 & d_x e_z & d_x & 0 \\ -d_x & 0 & d_x e_z & 0 & d_x \end{bmatrix} \; ; \; \tilde{p}_d = \left\{ \begin{array}{c} 0 \\ d_z(\dot{z}_v + \dot{z}_h) \\ -d_z(\dot{z}_v - \dot{z}_h)e_x \\ 0 \\ 0 \end{array} \right\}.$$

Es wurde in Gl. (4.30) stets angegeben, welche Größen von der Zeit t abhängen. Wir wollen das bei Vektoren im folgenden durch das Symbol ˜ kennzeichnen, also $\tilde{u} = u(t)$. Dann lautet Gl. (4.30)

$$M\ddot{\tilde{u}} + D\dot{\tilde{u}} + S\tilde{u} = p_0 + \tilde{\tilde{p}}_I + \tilde{\tilde{p}}_{II} \,. \tag{4.31}$$

4.3 Das Prinzip der virtuellen Verrückungen für Starrkörpersysteme

4.3.1 Vorbemerkungen

Zum Aufstellen der Bewegungsdifferentialgleichungen gibt es unterschiedliche Möglichkeiten: Man kann zum einen für jeden Körper *Impulssatz* und *Drallsatz* formulieren, oder man kann die Bewegungsdifferentialgleichungen mit dem so genannten *Prinzip der virtuellen Verrückungen* (oder, wie man auch sagt, mit dem *Prinzip von d'Alembert in der Fassung von Lagrange*) aufstellen.

4.3.2 Formulierung des Prinzips der virtuellen Verrückungen

Das Prinzip der virtuellen Verrückungen tritt an die Stelle der Gleichgewichtsbedingungen (Kräftegleichgewichtsbedingung und Momentengleichgewichtsbedingung). Das Prinzip der virtuellen Verrückungen lässt sich dann für das System von Bild 4.6, das aus starren Körpern und Federn besteht, folgendermaßen formulieren:

> Für einen virtuellen, d.h. geometrisch möglichen Verschiebungszustand ist die virtuelle Formänderungsenergie gleich der virtuellen Arbeiten der äußeren Kräfte (Gewichtskräfte, Belastungen, Reaktionskräfte) und der Massenkräfte.
>
> $$\delta V_{\text{int}} = \delta W_{\text{ext}} + \delta W_{\text{m}} \,. \tag{4.32}$$

Die virtuelle Formänderungsenergie δV_{int} ist hierbei definiert als Produkt aus wirklichen Federkräften F_{cj} und virtuellen Federverlängerungen δv_j, aufsummiert über alle Federn j. Die virtuelle Arbeit der äußeren Kräfte δW_{ext} ist definiert als Produkt aus äußeren Kräften und virtuellen Verschiebungen in Richtung der Kräfte, aufsummiert über alle Kräfte. Das sind in unserem Fall außer den Gewichtskräften die Erregerkraft $P(t)$. Die virtuelle Arbeit der Massenträgheitskräfte schließlich ist definiert als Produkt aus Massenträgheitskräften (bzw. Massenträgheitsmomenten) multipliziert mit den zugehörigen virtuellen Verschiebungen (bzw. Verdrehungen), wiederum aufsummiert über alle Körper.

Der Begriff „virtueller Verschiebungszustand" bedeutet, dass der Zustand kinematisch möglich sein muss. Es handelt sich um einen dem wirklichen Verschiebungszustand überlagerten Zustand, der die kinematischen Zwangsbedingungen einhalten muss. Wenn man das Fahrzeug aus Bild 4.6 aufs Gleis stellt, dann treten als kinematische Zwangsbedingungen die Zwangsbedingungen in Normalenrichtung und die Rollbedingungen auf.

Einen Vorteil bietet die Formulierung der Gleichgewichtsbedingungen oder der dynamischen Grundgleichungen mit Hilfe des Prinzips der virtuellen Verrückungen, wenn es sich um ein System handelt, in dem *kinematische Zwangsbedingungen* in komplizierterer Form auftreten. Da der virtuelle Verschiebungszustand diese kinematischen Zwangsbedingungen einhält, liefern die Kräfte in Richtung dieser kinematischen Zwangsbedingungen (beim Radsatz sind das die Normalkräfte im Radaufstandspunkt und die Längsschlupfkräfte) keinen Beitrag zum Prinzip der virtuellen Verrückungen. Man erspart sich auf diese Weise die teilweise mühselige Elimination der Zwangskräfte. Ein weiterer Vorteil ergibt sich, wenn man den starren Wagenkasten durch einen elastischen Wagenkasten ersetzt.

Das Prinzip der virtuellen Verrückungen soll nun rein formal für ein ebenes Mehrkörpersystem mit I Körpern, J Federn und L an dem System angreifenden Kräften (Gewicht, äußere Lasten) angegeben werden:

$$\sum_{j=1}^{J} \delta v_j F_j = \sum_{l=1}^{L} \left\{ \delta u_{xl} P_{xl} + \delta u_{zl} P_{zl} \right\}$$

$$- \sum_{i=1}^{I} \left\{ \delta u_{xi} m_i \ddot{u}_{xi} + \delta u_{zi} m_i \ddot{u}_{zi} + \delta \varphi_i \Theta_i \ddot{\varphi}_i \right\}. \tag{4.33}$$

Wenn parallel zu den Federn noch Dämpfer angeordnet sind, dann setzt man

$$F_j = F_{cj} + F_{dj}. \tag{4.34}$$

Beispiel: freigeschnittenes Fahrzeug mit zwei Radsätzen. Als Beispiel ist in Bild 4.6 nochmals das freie, vom Gleis losgelöste Fahrzeug dargestellt und es sind alle auf das Fahrzeug und vom Gleis auf die Radsätze einwirkenden Kräfte eingetragen. Es sind dies

92   4. Vertikaldynamik. Bewegungsgleichungen und freie Schwingungen

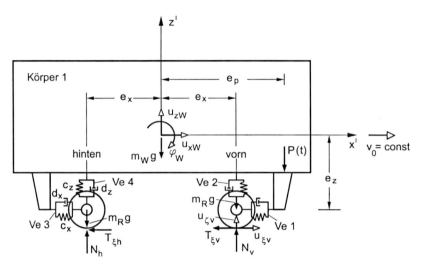

Bild 4.6. Ansicht eines freigeschnittenen zweiachsigen Fahrzeugs mit Parallelschaltung von Federn und Dämpfern als Verbindungselementen (Ve = Verbindungselement)

- die Normalkräfte am vorderen und hinteren Radsatz, N_v und N_h, zusammengefasst für das rechte und linke Rad.
- die Längsschlupfkräfte ($2T_{\xi v}$ und $2T_{\xi h}$), ebenfalls zusammengefasst für beide Räder,
- das Gewicht $m_W g$ des Wagenkastens sowie die Gewichte der beiden Radsätze ($m_R g$),
- die zeitlich veränderliche Kraft $P(t)$ und schließlich
- die d'Alembertschen Trägheitskräfte und das Massenträgheitsmoment für den Wagenkasten ($m\ddot{u}_{xW}, m\ddot{u}_{zW}, \Theta\ddot{\varphi}_{yW}$) und die beiden Radsätze.

Zur Richtung der eingetragenen Kräfte ist zu bemerken:

- Die Normalkräfte sind positiv als Druckkräfte.
- Für die Schlupfkräfte wurde bereits festgelegt, dass sie dann positiv sind, wenn sie auf die Schiene in Richtung der ξ–Koordinatenachse wirken.
- Die d'Alembertschen Trägheitskräfte sind positiv in negativer Verschiebungsrichtung.

Nun wenden wir uns dem Fahrzeug von Bild 4.6 zu. Zunächst betrachten wir das freigeschnittene Fahrzeug ohne kinematische Zwangsbedingungen. Dann müssen die Normalkräfte und die Kräfte T_ξ in den Radaufstandspunkten berücksichtigt werden und man erhält als Prinzip der virtuellen Verrückungen

4.3 Prinzip der virtuellen Verrückungen für Starrkörpersysteme 93

$$\sum_{j=1}^{4} \delta v_j F_j = +\delta u_{zW}\left(-m_W g\right) + \delta u_{zv}\left(-m_R g\right) + \delta u_{zh}\left(-m_R g\right)$$
$$+\delta u_{zP}\left(-P(t)\right)$$
$$+\delta u_{\zeta v} N_v + \delta u_{\zeta h} N_h - \delta u_{\xi v} T_{\xi v} - \delta u_{\xi v} T_{\xi v}$$
$$-\{\delta u_{x1} m_W \ddot{u}_{x1} + \delta u_{z1} m_W \ddot{u}_{z1} + \delta \varphi_W \Theta_W \ddot{\varphi}_W\}$$
$$-\{\delta u_{xv} m_R \ddot{u}_{xv} + \delta u_{zv} m_R \ddot{u}_{zv} + \delta \varphi_v \Theta_R \ddot{\varphi}_v\}$$
$$-\{\delta u_{xh} m_R \ddot{u}_{xh} + \delta u_{zh} m_R \ddot{u}_{zh} + \delta \varphi_h \Theta_R \ddot{\varphi}_h\}. \qquad (4.35)$$

4.3.3 Einbau kinematischer Zwangsbedingungen in das Prinzip der virtuellen Verrückungen am Beispiel des Zweiachsers

Wenn man das Fahrzeug jetzt auf das Gleis stellt und fordert, dass die Kontaktbedingung und die Rollbedingung eingehalten werden, dann gilt für die wirklichen Verschiebungen

$$u_{\zeta v} = u_{zv} = z_v,$$
$$u_{\zeta h} = u_{zh} = z_h; \qquad (4.36)$$
$$u_{\xi v} = u_{xv} - r\,\varphi_v = 0,$$
$$u_{\xi h} = u_{xh} - r\,\varphi_h = 0 \qquad (4.37)$$

und für die virtuellen Verschiebungen

$$\delta u_{\zeta v} = \delta u_{zv} = 0,$$
$$\delta u_{\zeta h} = \delta u_{zh} = 0; \qquad (4.38)$$
$$\delta u_{\xi v} = \delta u_{xv} - r\,\delta\varphi_v = 0,$$
$$\delta u_{\xi h} = \delta u_{xh} - r\,\delta\varphi_h = 0. \qquad (4.39)$$

Damit werden sechs Terme zu Null. Die beiden Normalkräfte, die Kräfte T_ξ und die Radsatzmasse m_R treten nicht mehr im Prinzip der virtuellen Verrückungen auf. Es verbleibt dann die folgende Fassung des Prinzips

$$\sum_{j=1}^{4} \delta v_j F_j = +\delta u_{zW}\left(-m_W g\right) +$$
$$+\delta u_{zP}\left(-P(t)\right)$$
$$-\{\delta u_{xW} m_W \ddot{u}_{xW} + \delta u_{zW} m_W \ddot{u}_{z1} + \delta \varphi_W \Theta_W \ddot{\varphi}_W\}$$
$$-\{\delta u_{xv} m_R \ddot{u}_{xv} + \delta u_{zv} m_R \ddot{u}_{zv} + \delta \varphi_v \Theta_R \ddot{\varphi}_v\}$$
$$-\{\delta u_{xh} m_R \ddot{u}_{xh} + \delta u_{zh} m_R \ddot{u}_{zh} + \delta \varphi_h \Theta_R \ddot{\varphi}_h\}. \qquad (4.40)$$

4.4 Formalisiertes Aufstellen der Bewegungsgleichungen mit dem Prinzip der virtuellen Verrückungen

Eigentlich ist mit Gleichung (4.40) alles getan. Wir wollen aber noch einen Algorithmus angeben und uns dabei der Matrizenschreibweise bedienen. Die Entwicklung eines derartigen Algorithmus zur Formulierung der Bewegungsgleichungen von Mehrkörpersystemen auf der Grundlage des Prinzips der virtuellen Verrückungen, Gln. (4.35) oder (4.40), ist eine Standardaufgabe, die beispielsweise in [59], Seite 275ff, im Einzelnen erläutert ist. Wir wollen im Interesse der Übersichtlichkeit einen etwas spezielleren, dafür aber einfacheren Weg einschlagen. Wie im Fall des Aufstellens mit Hilfe von Impuls- und Drallsatz gehen wir wieder systematisch in einzelnen Schritten vor:

- Angabe des Verschiebungsvektors mit den Freiheitsgraden des freigeschnittenen Systems,
- Angabe des Zusammenhangs zwischen Federdehnungen und Verschiebungen,
- Angabe der Federgesetze und Formulierung der virtuellen Formänderungsenergie,
- Angabe der Massenmatrix und Formulierung der virtuellen Arbeit der Massenträgheitskräfte,
- Formulierung der Bewegungsgleichungen in Vektor-Matrix-Schreibweise für das freie System,
- Angabe der Zwangsbedingungen und Formulierung der Bewegungsgleichungen des gefesselten Systems.

4.4.1 Verschiebungsvektor mit den Freiheitsgraden des freigeschnittenen Systems

Der Verschiebungsvektor des freien Systems lautet

$$\boldsymbol{u}_\mathrm{f}^\mathrm{T} = \{u_\mathrm{xW}, u_\mathrm{zW}, \varphi_\mathrm{W}, u_\mathrm{xv}, u_\mathrm{zv}, \varphi_\mathrm{v}, u_\mathrm{xh}, u_\mathrm{zh}, \varphi_h\}.$$

Das frei geschnittene System besitzt mithin neun Freiheitsgrade.

4.4.2 Zusammenhang zwischen Federdehnungen und Systemverschiebungen

Die Dehnungen der vier Federn werden ebenfalls in einem Vektor erfasst,

$$\boldsymbol{v}^\mathrm{T} = \{v_\mathrm{xv}, v_\mathrm{zv}, v_\mathrm{xh}, v_\mathrm{zh}\}.$$

Den Zusammenhang zwischen Federdehnungen und Verschiebungen schreiben wir in der Form

$$\boldsymbol{v} = \boldsymbol{T}_\mathrm{v}\, \boldsymbol{u}_\mathrm{f}, \tag{4.41}$$

4.4 Aufstellen der Bewegungsgleichungen mit dem Prinzip   95

wobei die Matrix $\boldsymbol{T}_\mathrm{v}$ nicht mehr aufgestellt zu werden braucht, da sie mit Tab. 4.1 bereits vorliegt:

$$\boldsymbol{T}_\mathrm{v} = \begin{bmatrix} 1 & 0 & -e_z & -1 & 0 & 0 & 0 & 0 \\ 0 & 1 & -e_x & 0 & -1 & 0 & 0 & 0 \\ -1 & 0 & +e_z & 0 & 0 & 0 & 1 & 0 & 0 \\ 0 & 1 & +e_x & 0 & 0 & 0 & 0 & -1 & 0 \end{bmatrix}. \tag{4.42}$$

Für die Relativgeschwindigkeiten in den parallel zu den Federn angeordneten Dämpfern gilt

$$\dot{\boldsymbol{v}} = \boldsymbol{T}_\mathrm{v}\,\dot{\boldsymbol{u}}_\mathrm{f}\,. \tag{4.43}$$

4.4.3 Angabe der Federgesetze und Formulierung der virtuellen Formänderungsenergie

Zwischen den Federkräften und den Federverlängerungen besteht ein linearer Zusammenhang,

$$\begin{Bmatrix} F_\mathrm{cxv} \\ F_\mathrm{czv} \\ F_\mathrm{cxh} \\ F_\mathrm{czh} \end{Bmatrix} = \begin{bmatrix} c_x & 0 & 0 & 0 \\ 0 & c_z & 0 & 0 \\ 0 & 0 & c_x & 0 \\ 0 & 0 & 0 & c_z \end{bmatrix} \begin{Bmatrix} v_\mathrm{xv} \\ v_\mathrm{zv} \\ v_\mathrm{xh} \\ v_\mathrm{zh} \end{Bmatrix}$$

oder abgekürzt in Vektor-Matrix-Schreibweise

$$\boldsymbol{F}_\mathrm{c} = \boldsymbol{C}\,\boldsymbol{v}\,. \tag{4.44}$$

In entsprechender Weise lassen sich die Kräfte in den zu den Federn parallelen Dämpfern zusammenfassen

$$\boldsymbol{F}_\mathrm{d} = \boldsymbol{D}\,\dot{\boldsymbol{v}}\,. \tag{4.45}$$

Für die Kräfte in dem Feder-Dämpfer-Verbindungselement ergibt sich damit

$$\boldsymbol{F} = \boldsymbol{F}_\mathrm{c} + \boldsymbol{F}_\mathrm{d} = \boldsymbol{C}\,\boldsymbol{v} + \boldsymbol{D}\,\dot{\boldsymbol{v}}\,. \tag{4.46}$$

Benötigt werden nun noch die virtuellen Federverlängerungen. Dafür gilt analog zu Gl. (4.41)

$$\delta\boldsymbol{v} = \boldsymbol{T}_\mathrm{v}\,\delta\boldsymbol{u}_\mathrm{f}\,. \tag{4.47}$$

Damit lässt sich die virtuelle Formänderungsenergie des frei geschnittenen Systems sehr kurz durch die Systemverschiebungen ausdrücken:

$$\delta V_\mathrm{int,f} = \delta\boldsymbol{u}_\mathrm{f}^\mathrm{T}\,\underbrace{\boldsymbol{T}_\mathrm{v}^\mathrm{T}\,\boldsymbol{C}\,\boldsymbol{T}_\mathrm{v}}_{\text{Steifigkeitsmatrix }\boldsymbol{S}_\mathrm{f}\text{ des freien Systems}}\,\boldsymbol{u}_\mathrm{f}\,. \tag{4.48}$$

Die Erfassung der Dämpfer erfolgt entsprechend.

4.4.4 Angabe der Massenmatrix und Formulierung der virtuellen Arbeit der Massenträgheitskräfte

Die virtuelle Arbeit der Massenträgheitskräfte lässt sich ebenfalls in sehr kompakter Form schreiben, wenn man Massen und Massenträgheitsmomente in einer Massenmatrix zusammenfasst:

$$\boldsymbol{M}_\mathrm{f} = \begin{bmatrix} m_\mathrm{W} & 0 & 0 & 0 & 0 & 0 & 0 & 0 & 0 \\ 0 & m_\mathrm{W} & 0 & 0 & 0 & 0 & 0 & 0 & 0 \\ 0 & 0 & \Theta_\mathrm{W} & 0 & 0 & 0 & 0 & 0 & 0 \\ 0 & 0 & 0 & m_\mathrm{Rv} & 0 & 0 & 0 & 0 & 0 \\ 0 & 0 & 0 & 0 & m_\mathrm{Rv} & 0 & 0 & 0 & 0 \\ 0 & 0 & 0 & 0 & 0 & \Theta_\mathrm{Rv} & 0 & 0 & 0 \\ 0 & 0 & 0 & 0 & 0 & 0 & m_\mathrm{Rh} & 0 & 0 \\ 0 & 0 & 0 & 0 & 0 & 0 & 0 & m_\mathrm{Rh} & 0 \\ 0 & 0 & 0 & 0 & 0 & 0 & 0 & 0 & \Theta_\mathrm{Rh} \end{bmatrix}. \qquad (4.49)$$

Die virtuelle Arbeit der Massenträgheitskräfte des frei geschnittenen Systems lautet dann

$$\delta W_\mathrm{m,f} = -\delta \boldsymbol{u}_\mathrm{f}^\mathrm{T} \boldsymbol{M}_\mathrm{f} \ddot{\boldsymbol{u}}_\mathrm{f}. \qquad (4.50)$$

4.4.5 Äußere Belastungen und Zwangskräfte

Auch die virtuelle Arbeit der äußeren Kräfte lässt sich vektoriell schreiben. Wenn man einen Belastungsvektor des freien Systems,

$$\bar{\boldsymbol{p}}_{0f}^\mathrm{T}(t) + \bar{\boldsymbol{p}}_{1f}^\mathrm{T}(t) = \{0, -m_\mathrm{W}g - P(t), e_\mathrm{p}P(t); 0, -m_\mathrm{R}g, 0; 0, -m_\mathrm{R}g, 0\}, \qquad (4.51)$$

und einen Vektor $\boldsymbol{c}(t)$ der Zwangskräfte (Englisch: *constraint forces*) des freien Systems,

$$\boldsymbol{c}^\mathrm{T}(t) = \{0, 0, 0; -T_{\xi\mathrm{v}}, N_\mathrm{v}, 0; -T_{\xi\mathrm{v}}, N_\mathrm{v}, 0\}, \qquad (4.52)$$

einführt, dann ergibt sich

$$\delta W_\mathrm{e,f} = \delta \boldsymbol{u}_\mathrm{f}^\mathrm{T} \{\bar{\boldsymbol{p}}_{0f}(t) + \bar{\boldsymbol{p}}_{1f}(t) + \boldsymbol{c}(t)\}. \qquad (4.53)$$

4.4.6 System von Bewegungsdifferentialgleichungen des freien Systems. Einführung von Zwangsbedingungen

In der Vektor-Matrix-Schreibweise lautet das Prinzip der virtuellen Verrückungen für das freigeschnittene System

$$\delta \boldsymbol{u}_f^T \boldsymbol{S}_f \boldsymbol{u}_f(t) = \delta \boldsymbol{u}_f^T \{\bar{\boldsymbol{p}}_{0f}(t) + \bar{\boldsymbol{p}}_{If}(t) + \boldsymbol{c}(t)\} - \delta \boldsymbol{u}_f^T \boldsymbol{M}_f \ddot{\boldsymbol{u}}_f(t). \quad (4.54)$$

Die Verschiebungen des freien Systems lassen sich mit Hilfe der Zwangsbedingungen noch durch die dann verbleibenden Verschiebungen ausdrücken. Zusammengefasst in Matrizenschreibweise lauten die Zwangsbedingungen

$$\begin{Bmatrix} u_{xW} \\ u_{zW} \\ \varphi_W, \\ u_{xv} \\ u_{zv} \\ \varphi_v \\ u_{xh} \\ u_{zh} \\ \varphi_h \end{Bmatrix} = \begin{bmatrix} 1 & 0 & 0 & 0 & 0 \\ 0 & 1 & 0 & 0 & 0 \\ 0 & 0 & 1 & 0 & 0 \\ 0 & 0 & 0 & 1 & 0 \\ 0 & 0 & 0 & 0 & 0 \\ 0 & 0 & 0 & \frac{1}{r_0} & 0 \\ 0 & 0 & 0 & 0 & 1 \\ 0 & 0 & 0 & 0 & 0 \\ 0 & 0 & 0 & 0 & \frac{1}{r_0} \end{bmatrix} \begin{Bmatrix} u_{xW} \\ u_{zW} \\ \varphi_W, \\ u_{xv} \\ u_{xh} \end{Bmatrix} + \begin{bmatrix} 0 & 0 \\ 0 & 0 \\ 0 & 0 \\ 0 & 0 \\ 1 & 0 \\ 0 & 0 \\ 0 & 0 \\ 0 & 1 \\ 0 & 0 \end{bmatrix} \begin{Bmatrix} \bar{z}_v \\ \bar{z}_h \end{Bmatrix},$$

(4.55)

wofür man abgekürzt auch schreiben kann

$$\boldsymbol{u}_f(t) = \boldsymbol{T}_{\text{kin}} \boldsymbol{u}(t) + \boldsymbol{T}_z \bar{\boldsymbol{z}}(t)$$
$$\delta \boldsymbol{u}_f(t) = \delta \boldsymbol{T}_{\text{kin}} \boldsymbol{u}(t). \quad (4.56)$$

Wenn man diese Beziehungen in Gl. (4.54) einführt, dann fallen die Zwangskräfte heraus (Nachrechnen!). Es ergibt sich, zunächst in Matrizenschreibweise, das Prinzip der virtuellen Verrückungen für das auf der Schiene abrollende Fahrzeug

$$\delta \boldsymbol{u}^T \boldsymbol{T}_{\text{kin}}^T \boldsymbol{S}_f \boldsymbol{T}_{\text{kin}} \boldsymbol{u}(t) + \delta \boldsymbol{u}^T \boldsymbol{T}_{\text{kin}}^T \boldsymbol{S}_f \boldsymbol{T}_z \bar{\boldsymbol{z}}(t)$$
$$= \delta \boldsymbol{u}^T \boldsymbol{T}_{\text{kin}}^T \{\bar{\boldsymbol{p}}_{0f}(t) + \bar{\boldsymbol{p}}_{If}(t) + \boldsymbol{c}(t)\}, -\delta \boldsymbol{u}^T \boldsymbol{T}_{\text{kin}}^T \boldsymbol{M}_f \boldsymbol{T}_{\text{kin}} \ddot{\boldsymbol{u}}, \quad (4.57)$$

für die sich mit zusätzlichen Abkürzungen schreiben lässt:

$$\delta \boldsymbol{u}^T \boldsymbol{S} \boldsymbol{u}(t) - \delta \boldsymbol{u}^T \bar{\boldsymbol{p}}_{II} = \delta \boldsymbol{u}^T (\bar{\boldsymbol{p}}_0 - \bar{\boldsymbol{p}}_I(t)) - \delta \boldsymbol{u}^T \boldsymbol{M} \ddot{\boldsymbol{u}}(t). \quad (4.58)$$

Da die virtuellen Verschiebungen beliebig sind, folgt daraus das System von Bewegungsdifferentialgleichungen für das auf der Schiene abrollende System:

$$\boldsymbol{S} \tilde{\boldsymbol{u}} + \boldsymbol{M} \ddot{\tilde{\boldsymbol{u}}} = \tilde{\bar{\boldsymbol{p}}}_0 + \tilde{\bar{\boldsymbol{p}}}_I + \tilde{\bar{\boldsymbol{p}}}_{II}, \quad (4.59)$$

wobei wieder die Tilde zur Kennzeichnung der Zeitabhängigkeit verwendet wurde. Führt man die angegebenen Matrizenoperationen aus, so erhält man natürlich wieder das System von Differentialgleichungen (4.28).

4.5 Bewegungsgleichungen für elastische Wagenkästen

Die Bewegungsgleichungen für Fahrzeuge mit elastischen Wagenkästen sollen unter der Annahme aufgestellt werden, dass zusätzlich zu den Starrkörperfreiheitsgraden noch Freiheitsgrade für die elastischen Wagenkästen berücksichtigt werden, bei denen es sich um die Amplituden von Wagenkasteneigenformen handelt. Wir beschränken uns auf reines Vertikalverhalten und berücksichtigen drei vertikale Eigenformen des freien Wagenkastens. Der Verschiebungsvektor des freien Systems lautet dann

$$\tilde{\boldsymbol{u}}_\mathrm{f}^\mathrm{T} = \left\{ u_\mathrm{xW}, u_\mathrm{zW}, \varphi_\mathrm{W}, q_1, q_2, q_3, u_\mathrm{xv}, u_\mathrm{zv}, \varphi_\mathrm{v}, u_\mathrm{xh}, u_\mathrm{zh}, \varphi_h \right\}.$$

Anstelle von neun Freiheitsgraden treten jetzt also zwölf Freiheitsgrade auf. Eigentlich wäre es an dieser Stelle erforderlich, das Prinzip der virtuellen Verrückungen für ein System aufzustellen, in dem außer Starrkörperelementen auch elastische Körper auftreten. Die Berechnung der elastischen Körper erfolgt mit einem Finite-Elemente-Programm. Wir gehen darauf nicht im einzelnen ein und verweisen auf einschlägige Literatur [130, 60]. Eine solche Berechnung kann beispielsweise für eine völlig freie Struktur durchgeführt werden.

Aufgrund dieser Erweiterung treten mehrere Veränderungen auf:

1. Massenmatrix $\boldsymbol{M}_\mathrm{W,f}$ des freien Wagenkastens enthält jetzt Zusatzterme, so genannte *generalisierte Massen*. Auch die Steifigkeitsmatrix $\boldsymbol{S}_\mathrm{W,f}$ ist auf der Diagonalen an den Stellen besetzt, an denen eine Multiplikation mit q_1, q_2 und q_3 oder den entsprechenden virtuellen Verschiebungen erfolgt. Diese Größen sind so genannte *generalisierte Steifigkeiten*.
2. Bei den Federverlängerungen müssen Einflüsse aus den elastischen Freiheitsgraden q_1, q_2 und q_3 berücksichtigt werden. Als Folge davon treten in der Steifigkeitsmatrix weitere Terme auf, die mit q_1, q_2 und q_3 und den entsprechenden virtuellen Verschiebungen multipliziert werden.

Für die Massenmatrix des freien Wagenkastens erhält man

$$\boldsymbol{M}_\mathrm{W,f} = \begin{bmatrix} m_\mathrm{W} & 0 & 0 & 0 & 0 & 0 \\ 0 & m_\mathrm{W} & 0 & 0 & 0 & 0 \\ 0 & 0 & \Theta_\mathrm{W} & 0 & 0 & 0 \\ 0 & 0 & 0 & m_\mathrm{gen,1} & 0 & 0 \\ 0 & 0 & 0 & 0 & m_\mathrm{gen,2} & 0 \\ 0 & 0 & 0 & 0 & 0 & m_\mathrm{gen,3} \end{bmatrix}. \qquad (4.60)$$

Als Steifigkeitsmatrix $\boldsymbol{S}_\mathrm{W,f}$ des freien Wagenkastens ergibt sich

4.5 Bewegungsgleichungen für elastische Wagenkästen

$$S_{\text{W,f}} = \begin{bmatrix} 0 & 0 & 0 & 0 & 0 & 0 \\ 0 & 0 & 0 & 0 & 0 & 0 \\ 0 & 0 & 0 & 0 & 0 & 0 \\ 0 & 0 & 0 & s_{\text{gen},1} & 0 & 0 \\ 0 & 0 & 0 & 0 & s_{\text{gen},2} & 0 \\ 0 & 0 & 0 & 0 & 0 & s_{\text{gen},3} \end{bmatrix}. \tag{4.61}$$

Auf den ersten drei Diagonalgliedern steht hierbei eine Null, da beim freien Wagenkasten Tauchen, Längsbewegung und Nicken nicht gefesselt sind. Generalisierte Massen und Steifigkeiten müssen beispielsweise mit einem Finite-Elemente-Programm ermittelt werden.

Es fehlen nun noch die Einflüsse aus den elastischen Freiheitsgraden auf Federverlängerungen und Dämpfer-Relativgeschwindigkeiten. Man braucht hierzu nur die Matrix T_v von Gl. (4.42) umzuformulieren:

$$T_\text{v} = \begin{bmatrix} 1 & 0 & -e_z & \varphi_{\text{xv},1} & \varphi_{\text{xv},2} & \varphi_{\text{xv},3} & -1 & 0 & 0 & 0 & 0 & 0 \\ 0 & 1 & -e_x & \varphi_{\text{zv},1} & \varphi_{\text{zv},2} & \varphi_{\text{zv},3} & 0 & -1 & 0 & 0 & 0 & 0 \\ -1 & 0 & +e_z & \varphi_{\text{xh},1} & \varphi_{\text{xh},2} & \varphi_{\text{xh},3} & 0 & 0 & 0 & 1 & 0 & 0 \\ 0 & 1 & +e_x & \varphi_{\text{zh},1} & \varphi_{\text{zh},2} & \varphi_{\text{zh},3} & 0 & 0 & 0 & 0 & -1 & 0 \end{bmatrix}. \tag{4.62}$$

Die zusätzlich verwendeten Bezeichnungen $\varphi_{\text{xv},1}$ bis $\varphi_{\text{zh},3}$ erfassen die Federverlängerungen aufgrund der elastischen Eigenformen, also beispielsweise $\varphi_{\text{xv},1}$ die Verlängerung der Feder zwischen vorderem Radsatz und Fahrzeug in x-Richtung aufgrund der ersten elastischen Eigenform (q_1). Alles weitere läuft genauso ab wie beim starren Wagenkasten, vergleiche Abschnitt 4.4.3, nur dass man die Transformationsmatrix T_v aus Gl. (4.62) übernehmen muss. Man erhält dann die Steifigkeitsmatrix aus Federn, die man mit der Steifigkeitsmatrix für den freien Wagenkasten, Gl. (4.61), überlagern muss.

Bei der Umsetzung dieses Konzeptes in ein Programmsystem zeigt sich, dass eine große Zahl von elastischen Eigenformen erforderlich ist, um Konvergenz zu erreichen. Die Ursache hierfür kann man sich anschaulich klar machen. Der Einfachheit halber wird hierzu der Wagenkasten als Balken approximiert. Aus den Vertikalfedern greifen an diesem Balken Einzelkräfte an. Der Momentenverlauf besitzt dann im Balken am Federangriffspunkt einen Knick. Dieser Knick muss durch die elastischen Eigenformen, die aber stetig verlaufen, approximiert werden. Das gelingt nie vollkommen. Um eine akzeptable Approximation zu erreichen sind eine große Zahl von Eigenformen erforderlich. Abhilfen aus diesem Dilemma sind in [60] erörtert. Für Schienenfahrzeuge hat Dietz [39] ein sehr erfolgreiches Konzept programmtechnisch umgesetzt.

4.6 Lösung für freie Schwingungen

Die Lösung des homogenen Gleichungssystems (4.30)

$$M\ddot{\tilde{u}} + D\dot{\tilde{u}} + S\tilde{u} = 0 \qquad (4.63)$$

beschreibt die *freien Schwingungen* bei Vorgabe von Anfangsbedingungen

$$\tilde{u}(t=0) = u_0 \qquad \dot{\tilde{u}}(t=0) = \dot{u}_0 . \qquad (4.64)$$

Für die homogene Lösung wird wie üblich ein Ansatz der Form

$$\tilde{u} = u\,e^{\lambda t} \qquad (4.65)$$

eingeführt, der das gewöhnliche Differentialgleichungssystem in das (algebraische) Eigenwertproblem

$$[\lambda^2 M + \lambda D + S]u = 0 \qquad (4.66)$$

überführt. Mit einem Eigenwertprogramm erhält man die Lösung der Eigenwertaufgabe. Entsprechend der Zahl j der Freiheitsgrade ergeben sich, von entarteten Fällen abgesehen, gerade j *Eigenwertpaare*

$$\lambda_j = -\delta_j \mathrm{i}\omega_j , \qquad (4.67)$$

die zumeist konjugiert komplex sind[1]. Die zugehörigen *Eigenvektorpaare* sind dann ebenfalls konjugiert komplex.

Die Gesamtlösung wird aus den konjugiert komplexen Einzelanteilen zusammengesetzt. Bei dieser *Superposition* treten freie Koeffizienten auf. Diese müssen, damit die Gesamtlösung reell ist, selbst wieder konjugiert komplex sein (A_i und $\bar{A}_i$). Man erhält also:

$$\tilde{u}_\mathrm{h} = \sum_{j=1}^{N} \left(A_j u_j e^{\lambda_j t} + \bar{A}_j \bar{u}_j e^{\bar{\lambda}_j t} \right) . \qquad (4.68)$$

Mit den Eigenwerten aus Gl. (4.67) kann man auch schreiben

$$\tilde{u}_\mathrm{h} = \sum_{j=1}^{N} e^{-\delta_j t} \left(A_j u_j e^{\mathrm{i}\omega_j t} + \bar{A}_j \bar{u}_j e^{-\mathrm{i}\omega_j t} \right) , \qquad (4.69)$$

mit δ_j als Abklingfaktor,
        ω_j als Eigenkreisfrequenz,
        u_j als Eigenvektor,
        $\bar{u}_j$ als konjugiert komplexer Eigenvektor zu u_j.

---
[1] In einzelnen Fällen treten auch rein reelle Eigenwerte auf.

4.6 Lösung für freie Schwingungen

Beim *ungedämpften System* sind die Eigenwerte rein imaginär

$$\lambda_j = \mathrm{i}\omega_j\,,$$

und die Eigenvektoren $\boldsymbol{u}_j = \bar{\boldsymbol{u}}_j$ sind rein reell. Die Koeffizienten sind aber weiterhin konjugiert komplex. Die *vollständige homogene Lösung* lautet beim ungedämpften System

$$\left| \tilde{\boldsymbol{u}}_\mathrm{h} = \sum_{j=1}^N \boldsymbol{u}_j \left(A_j \mathrm{e}^{\mathrm{i}\omega_j t} + \bar{A}_j \mathrm{e}^{-\mathrm{i}\omega_j t}\right), \right| \qquad (4.70)$$

da $\bar{\boldsymbol{u}}_j = \boldsymbol{u}_j$. Hierfür lässt sich auch eine rein reell geschriebene Lösung angeben

$$\left| \tilde{\boldsymbol{u}}_\mathrm{h} = \sum_{j=1}^N \boldsymbol{u}_j (E_j \cos \omega_j t + F_j \sin \omega_j t), \right| \qquad (4.71)$$

wobei $E_j = 2\,\mathrm{Re}(A_j)$ und $F_j = 2\,\mathrm{Im}(A_j)$ ist. Die unbekannten Koeffizienten E_j und F_j errechnet man aus der Anfangsbedingung (4.64) bei $t=0$.

Für das ungedämpfte System von fünf Freiheitsgraden ergeben sich rein imaginäre Eigenwerte (nur Eigenkreisfrequenzen). In Tab. 4.3 sind die zugehörigen Eigenvektoren $\boldsymbol{u}_i$ zusammengefasst, grafisch dargestellt und interpretiert:

Das Aussehen der 1. Eigenschwingung (*Abrollen*) kann man sich ohne große Rechnung überlegen. Auch bei der 2. Eigenschwingung (*Tauchen*) ist die Angabe der analytischen Lösung ohne nummerische Rechnung möglich, da die reine Vertikalschwingung des Wagenkastens von allen anderen Freiheitsgraden entkoppelt ist. Das liegt daran, dass das Modell völlig symmetrisch zur z'-Achse ist. Eine analytische Lösung lässt sich auch für das *Zuckeln*, das heißt für die gegenphasige Schwingung der beiden Radsätze (5. Eigenschwingungsform), angeben, wiederum aus Symmetriegründen.

Als 3. Eigenschwingung ergibt sich eine Form, bei der das *Nicken* des Wagenkastens dominiert, gekoppelt mit schwachen Längsbewegungen. Bei der 4. Eigenschwingung tritt eine gleichphasige *Längsschwingung* der beiden Radsätze in positive x'-Richtung auf, der Wagenkasten bewegt sich in negativer x'-Richtung, also gegenphasig zu den Radsätzen. Die angegebenen Eigenfrequenzen sind in diesem Fall Näherungswerte, die von der Annahme ausgehen, dass die Radsatzmassen deutlich kleiner sind als die Wagenkastenmasse. Zu einer völligen Entkopplung der Nickbewegung von der Längsschwingung würde es kommen, wenn die Radsatzschwerpunkte und der Wagenkastenschwerpunkt auf gleicher Höhe liegen.

Tauch- und *Nickschwingungen* sind für Komfortrechnungen von Bedeutung. *Abrollvorgang* und *Längsschwingung* kommen dann ins Spiel, wenn das Fahrzeug auf ein Hindernis (Prellbock) auffährt oder wenn das Verhalten eines Fahrzeugverbandes bei einem heftigen Bremsvorgang untersucht werden

4. Vertikaldynamik. Bewegungsgleichungen und freie Schwingungen

Eigen-wert λ_i	Eigenvektor $\mathbf{u}_i$	grafische Darstellung	Interpretation
$\lambda_1 = 0 \pm i0$	$\begin{Bmatrix} u_{x1} \\ u_{z1} \\ \varphi_1 \\ u_{xv} \\ u_{xh} \end{Bmatrix} = \begin{Bmatrix} 2.5 \\ 0 \\ 0 \\ 2.5 \\ 2.5 \end{Bmatrix} = \mathbf{u}_1$		*Abrollen* d.h. „Schwingen" mit Frequenz $\omega_1 = 0$
$\lambda_2 = 0 \pm i\omega_2$	$\begin{Bmatrix} u_{x1} \\ u_{z1} \\ \varphi_1 \\ u_{xv} \\ u_{xh} \end{Bmatrix} = \begin{Bmatrix} 0 \\ 2.7 \\ 0 \\ 0 \\ 0 \end{Bmatrix} = \mathbf{u}_2$		*Tauchen* (Hubschwingung) $\omega_2 = \sqrt{\dfrac{2c_z}{m}}$
$\lambda_3 = 0 \pm i\omega_3$	$\begin{Bmatrix} u_{x1} \\ u_{z1} \\ \varphi_1 \\ u_{xv} \\ u_{xh} \end{Bmatrix} = \begin{Bmatrix} -0.02 \\ 0 \\ 5.7 \\ 0.15 \\ 0.15 \end{Bmatrix} = \mathbf{u}_3$		*Nicken* mit schwachen Längsbewegungen $\omega_3 \simeq \sqrt{\dfrac{2c_x e_z^2 + 2c_z e_x^2}{\Theta_1}}$
$\lambda_4 = 0 \pm i\omega_4$	$\begin{Bmatrix} u_{x1} \\ u_{z1} \\ \varphi_1 \\ u_{xv} \\ u_{xh} \end{Bmatrix} = \begin{Bmatrix} -0.25 \\ 0 \\ \sim 0 \\ 2.3 \\ 2.3 \end{Bmatrix} = \mathbf{u}_4$		*Längseigenform* mit schwachem Nicken $\omega_4 \simeq \sqrt{\dfrac{c_x}{m_r + \Theta_r/r_0^2}}$
$\lambda_5 = 0 \pm i\omega_5$	$\begin{Bmatrix} u_{x1} \\ u_{z1} \\ \varphi_1 \\ u_{xv} \\ u_{xh} \end{Bmatrix} = \begin{Bmatrix} 0 \\ 0 \\ 0 \\ -1.3 \\ 1.3 \end{Bmatrix} = \mathbf{u}_5$		*Zuckeln* der Radsätze $\omega_5 = \sqrt{\dfrac{c_x}{m_r + \Theta_r/r_0^2}}$

Tabelle 4.3. Eigenwerte und Eigenformen (Eigenwerte und Eigenvektoren sind exemplarisch zu verstehen)

soll. Das *Zuckeln* erlangt nur bei Antriebsvorgängen eine gewissen Bedeutung. Hierfür muss aber ein Gleichungssystem unter Berücksichtigung der Motorfreiheitsgrade behandelt werden.

4.7 Übungsaufgaben zu Kapitel 4

4.7.1 Zwangskräfte bei Erfüllung der Zwangsbedingungen

Zeige, dass die Zwangskräfte aus den Bewegungsgleichungen (4.54) herausfallen, wenn man die Zwangsbedingungen einhält.

4.7.2 Gültigkeit der Rollbedingung

Die Rollbedingung ist nur beim reinen Abrollvorgang (1. Eigenform von Bild 4.3) ohne Einschränkung gültig ist. Bei der 3., 4. und 5. Eigenform treten stets Kräfte auf, darunter auch Schlupfkräfte $T_{\xi v}$ und $T_{\xi h}$. Da Schlupfkräfte (siehe Abschnitt 3.4) stets mit Schlüpfen verbunden sind, ist die Abrollbedingung verletzt sein. Für einen freien Einzelradsatz soll für diesen Fall das System von Bewegungsdifferentialgleichungen aufgestellt und gelöst werden. Die Rollbedingung gilt jetzt nicht mehr, u_x und φ_y sind unabhängig voneinander.

Die Schlupfkraft-Schlupf-Beziehung wird formuliert als

$$T_\xi = f_\xi \, \nu_\xi \, .$$

- Wie lautet die Beziehung zur Ermittlung des Längsschlupfes ν_ξ?
- Geben Sie das System von Bewegungsgleichungen an.
- Welche Eigenwerte erhält man im Grenzübergang $v_0 \to 0$?
- Interpretieren Sie das Ergebnis.

5. Erzwungene Vertikalschwingungen bei Anregung durch harmonische und periodische Gleislagefehler (Frequenzbereichslösung)

Anhand der Bewegungsgleichungen des 2-achsigen Fahrzeuges mit seinen 5 Freiheitsgraden, Gl. (4.28), konnten wir feststellen, dass der Tauchfreiheitsgrad des Wagenkastens nicht mit den restlichen 4 Freiheitsgraden (Nicken und Zucken des Wagenkastens, Radsatzschwingungen in Längsrichtung) gekoppelt ist. Die Grundzüge der Berechnung erzwungener Schwingungen lassen sich daher bereits an einem System von einem Freiheitsgrad darstellen, das, angeregt durch Gleislagefehler, Tauchschwingungen ausführt, Bild 5.1.

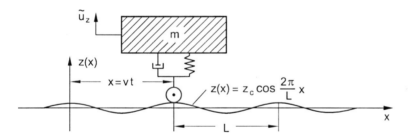

Bild 5.1. Bezeichnungen beim System von einem Freiheitsgrad

Die Bewegungsgleichung für die Tauchbewegung bei Berücksichtigung von Federn und Dämpfern lautet:

$$m\ddot{\tilde{u}}_z + d\dot{\tilde{u}}_z + c\tilde{u}_z = c\tilde{z} + d\dot{\tilde{z}}. \tag{5.1}$$

Selbst wenn für die Gleisanregung $\tilde{z}$ eine reine Cosinusbewegung angesetzt wird, Bild 5.1, enthält die Lösung $\tilde{u}_z$ von Gl. (5.1) sowohl Cosinus- als auch Sinusterme,

$$\tilde{u}_z = u_{zc} \cos \Omega t + u_{zs} \sin \Omega t. \tag{5.2}$$

Man erhält damit zwei gekoppelte Gleichungen zur Ermittlung der beiden unbekannten Amplituden u_{zc} und u_{zs}. Die Ermittlung der Lösung wird, vor allem bei Systemen von mehreren Freiheitsgraden, erheblich übersichtlicher, wenn man komplex rechnet.

Es sollen zunächst die wesentlichen Regeln für die komplexe Rechnung zusammengestellt werden (Abschnitt 5.1). Anschließend ermitteln wir die Lösung für die Vertikalschwingung bei einem Gleis mit cosinusförmigem Gleislagefehler und interpretieren das Ergebnis (Abschnitt 5.2). Schließlich gehen wir zur allgemeinen periodischen Lösung über (Abschnitt 5.3).

5.1 Komplexe Schreibweise

Um die Lösung von Gl. (5.1) im Komplexen ausführen zu können, benötigt man einige wenige Rechenregeln, die man jedem Mathematiklehrbuch (z.B. [157]) entnehmen kann:

Regel 1

Jede komplexe Zahl lässt sich entweder als

$$\boxed{z = x + \mathrm{i}y\,,} \tag{5.3}$$

oder in Polarform mit dem Betrag $|z| = r$ und einem Drehwinkel φ

$$\boxed{z = r(\cos\varphi + \mathrm{i}\sin\varphi)\,,} \tag{5.4}$$

darstellen, siehe Bild 5.2.

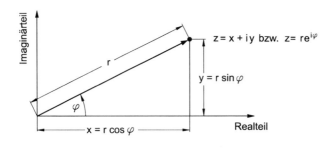

Bild 5.2. Polardarstellung einer komplexen Zahl

Für die Umrechnung von r und φ in x und y gilt

$$\boxed{x = r\cos\varphi,\qquad y = r\sin\varphi\,.} \tag{5.5}$$

Umgekehrt erhält man für den Betrag

$$\boxed{r = \sqrt{x^2 + y^2}\,.} \tag{5.6}$$

Der Winkel φ wird auch als Argument von z bezeichnet

$$\varphi = \arg z, \tag{5.7}$$

wobei φ nur für $-\pi < \varphi \leq \pi$ eindeutig bestimmt ist. Man spricht dann vom Hauptwert des Arguments. Es ist

$$\boxed{\varphi = \begin{cases} \arccos \frac{x}{\sqrt{x^2+y^2}} & \text{falls } y \geq 0 \\ -\arccos \frac{x}{\sqrt{x^2+y^2}} & \text{falls } y < 0 \,. \end{cases}} \tag{5.8}$$

Dafür lässt sich schreiben

$$\varphi = \arccos \frac{x}{\sqrt{x^2+y^2}} \cdot \operatorname{sgn} y,$$

wobei $\operatorname{sgn} y$ die so genannte Signumfunktion ist. Prinzipiell ist eine Berechnung auch über arctan möglich, die Fallunterscheidung wird nur etwas komplizierter.

Regel 2

Abgekürzt schreibt man mit der so genannten Eulerformel

$$e^{i\varphi} = \cos \varphi + i \sin \varphi, \tag{5.9}$$

wobei stets gilt:

$$|e^{i\varphi}| = 1. \tag{5.10}$$

Regel 3

Komplexe Zahlen in Polardarstellung werden multipliziert, indem die Beträge multipliziert und die Argumente addiert werden. Für

$$z = |z|e^{i\varphi}, \tag{5.11}$$
$$w = |w|e^{i\psi} \tag{5.12}$$

gilt

$$\boxed{z \cdot w = |z||w|e^{i(\varphi+\psi)}} \tag{5.13}$$

und

$$\boxed{\frac{z}{w} = \frac{|z|}{|w|}e^{i(\varphi-\psi)}\,.} \tag{5.14}$$

Regel 4

Die Funktion $\cos \Omega t$ kann nun gedeutet werden als Realteil eines in der komplexen Zahlenebene umlaufenden Zeigers $e^{i\Omega t}$, siehe Bild 5.3a. Man kann schreiben:

$$\boxed{\cos \Omega t = \operatorname{Re}\{e^{i\Omega t}\}.} \tag{5.15}$$

Eine Schwingung $\tilde{u}_z = \hat{u}_z \cos(\Omega t - \gamma)$ mit $\hat{u}_z \in R$ kann dementsprechend als Realteil eines komplexen, umlaufenden Zeigers $\hat{u}_z e^{i(\Omega t - \gamma)}$ aufgefasst werden, siehe Bild 5.3b:

$$\tilde{u}_z = \hat{u}_z \operatorname{Re}\{e^{i(\Omega t - \gamma)}\}. \tag{5.16}$$

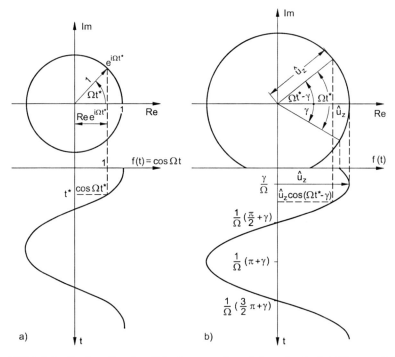

Bild 5.3. Cosinusförmige Schwingung ohne (a) und mit (b) Phasenwinkel als Realteil eines in der komplexen Zahlenebene umlaufenden Zeigers

Regel 5

Eine vollständig im Komplexen ablaufende Rechnung wird möglich, indem man eine rein reelle Schwingung

$$\tilde{u}_{z,\mathrm{re}} = \hat{u}_z \cos\left(\Omega t - \gamma\right)$$

durch eine rein imaginäre Schwingung

$$\tilde{u}_{z,\mathrm{im}} = \mathrm{i}\,\hat{u}_z \sin\left(\Omega t - \gamma\right)$$

zu einer komplexen Schwingung

$$\tilde{u}_z = \hat{u}_z \mathrm{e}^{\mathrm{i}(\Omega t - \gamma)}$$

ergänzt. Nach Abschluss der komplexen Rechnung kehrt man durch Bilden des Realteils zurück ins Reelle.

5.2 Vertikalschwingungsverhalten beim Abrollen über ein Gleis mit cosinusförmigem Gleislagefehler (Cosinusgleis)

5.2.1 Gleislagefehler und Fußpunktanregung

Der Gleislagefehler $z(x)$ ist zunächst von der Gleislängskoordinate x abhängig. Beim Cosinusgleis schreiben wir für den Gleislagefehler

$$z(x) = z_\mathrm{c} \cos\left(\frac{2\pi}{L}\right)x\,. \tag{5.17}$$

Die Fußpunktanregung $\tilde{z}$, die in der Gl. (5.1) auftritt, ist zeitlich veränderlich. Die zeitlich veränderliche Fußpunktanregung erhält man aus dem Gleislagefehler, indem man die Wegkoordinate x durch die Zeit t ersetzt, d.h. $x = vt$:

$$\tilde{z} = z_\mathrm{c} \cos \Omega t\,, \tag{5.18}$$

wobei sich die Erregerkreisfrequenz Ω oder die Erregerfrequenz f wie folgt ergeben:

$$\Omega = \frac{2\pi v}{L}\,,\qquad f = \frac{v}{L}\,. \tag{5.19}$$

Für die ebenfalls benötigte Geschwindigkeit und Beschleunigung gilt

$$\dot{\tilde{z}} = -z_\mathrm{c} \Omega \sin \Omega t\,, \tag{5.20}$$
$$\ddot{\tilde{z}} = -z_\mathrm{c} \Omega^2 \cos \Omega t\,. \tag{5.21}$$

Es ist sinnvoll, sich einen Überblick über Frequenzen und Wellenlängen zu verschaffen, die in der Fahrzeugdynamik wichtig sind. Besonders empfindlich reagiert der Mensch auf Frequenzen im Bereich zwischen 4 und 8 Hz, da in diesem Frequenzbereich die Eigenfrequenz des menschlichen Magens liegt.

110   5. Erzwungene Vertikalschwingungen, Frequenzbereichslösung

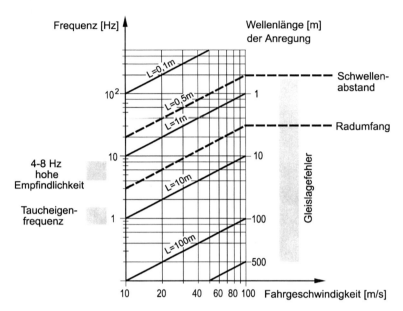

Bild 5.4. Zusammenhang zwischen Frequenz, Wellenlänge und Geschwindigkeit

Die Gleichgewichtsorgane des Menschen reagieren auch noch auf Frequenzen unter 0,5 Hz. Als Untergrenze wollen wir daher eine Frequenz von 0,2 Hz ansehen. Nach oben hin geht man in der Fahrzeugdynamik selten über 25 Hz. Man ist also an Frequenzen im Bereich von 0,2 bis 25 Hz interessiert.
In dem Diagramm von Bild 5.4 sind auf der vertikalen Achse die Frequenzen angegeben, auf der horizontalen Achse ist die Fahrgeschwindigkeit aufgetragen. Konstante Wellenlängen laufen als schräge Linien durch das Diagramm und sind rechts neben dem Diagramm ergänzend angegeben, so dass man entnehmen kann, welche Frequenzen von einem Gleislagefehler einer bestimmten Wellenlänge bei unterschiedlichen Fahrgeschwindigkeiten v angeregt werden. Ist man an Frequenzen von 0,2 bis 25 Hz interessiert, so kommen bei Geschwindigkeiten zwischen 10 und 100 m/s für die Anregung Wellenlängen von 40 cm (ungefähr der Schwellenabstand) bis zu 500 m zum Tragen. Man kann sich vorstellen, dass die Messung von Gleislagefehlern in einem derart großen Wellenlängenbereich keine ganz einfache Aufgabe ist.

5.2.2 Lösung für die Tauchbewegung

Die Tauchbewegung des Zweiachsers wurde beschrieben durch die Differentialgleichung (5.1). Wir wollen diese Gleichung nochmals angeben:

$$m\ddot{\tilde{u}}_z + d\dot{\tilde{u}}_z + c\tilde{u}_z = c\tilde{z} + d\dot{\tilde{z}}\,. \tag{5.22}$$

5.2 Vertikalschwingungen beim Abrollen über ein Cosinusgleis

Wir sind ausschließlich an der Lösung im eingeschwungenen Zustand interessiert. Die Berücksichtigung von Anfangsbedingungen ist daher nicht erforderlich.

1. Schritt

Die Fußpunktanregung $\tilde{z}$ kann selbst aus einem Cosinusanteil und einem Sinusanteil bestehen,

$$\tilde{z} = z_c \cos \Omega t + z_s \sin \Omega t. \tag{5.23}$$

Die Fußpunktanregung wird nun als phasenverschobene Cosinusschwingung formuliert:

$$\tilde{z} = \hat{z} \cos(\Omega t - \beta). \tag{5.24}$$

Weiter ist $\hat{z}$ der Betrag (die Amplitude) und β die Phase der Fußpunktanregung $\tilde{z}$:

$$\hat{z} = \sqrt{z_c^2 + z_s^2} \quad , \qquad \beta = \arccos \frac{z_c}{\sqrt{z_c^2 + z_s^2}} \cdot \operatorname{sgn} z_s. \tag{5.25}$$

2. Schritt

Die Fußpunktanregung $\tilde{z}$ wird nach Regel 4 als Realteil einer komplexen Zahl aufgefasst

$$\tilde{z} = \operatorname{Re}\{\hat{z} e^{i(\Omega t - \beta)}\}. \tag{5.26}$$

und nach Regel 5 zu einer komplexen Schwingung ergänzt, die auf der rechten Seite der Gln. (5.1) bzw. (5.22) eingesetzt wird:

$$\tilde{z} = \hat{z} e^{i(\Omega t - \beta)}. \tag{5.27}$$

3. Schritt

Zur Lösung der Gl. (5.22) wird ein Gleichtaktansatz der Form $\tilde{u}_z = \hat{u}_z e^{i\Omega t}$ eingeführt, wobei $\hat{u}_z$ sich als komplex erweisen wird. Wir verzichten daher auf das Symbol ˆ. Damit erhält man die Beziehung

$$(-m\Omega^2 + id\Omega + c)u_z e^{i\Omega t} = (id\Omega + c)\hat{z} e^{i(\Omega t - \beta)}. \tag{5.28}$$

4. Schritt

Die in runden Klammern stehenden komplexen Ausdrücke können nun durch Betrag und Phase ausgedrückt werden. Das Ergebnis für die linke Seite liest man aus dem Vektordiagramm (Bild 5.5) ab:

112 5. Erzwungene Vertikalschwingungen, Frequenzbereichslösung

$$\sqrt{(c - m\Omega^2)^2 + (d\Omega)^2}\,\mathrm{e}^{\mathrm{i}\gamma} u_z \mathrm{e}^{\mathrm{i}\Omega t} = \sqrt{c^2 + (d\Omega)^2}\,\mathrm{e}^{-\mathrm{i}\alpha} \hat{z}\mathrm{e}^{\mathrm{i}(\Omega t - \beta)}, \quad (5.29)$$

wobei die Phasenwinkel γ und α nach Regel 1 ermittelt werden können. Für γ gilt:

$$\gamma = \arccos \frac{c - m\Omega^2}{\sqrt{(c - m\Omega^2)^2 + (\Omega d)^2}} \cdot \mathrm{sgn}\,\Omega d\,. \quad (5.30)$$

Die Vorzeichen der Phasenwinkel werden im Hinblick auf einheitliche Vorzeichen in Gl. (5.31) gewählt.

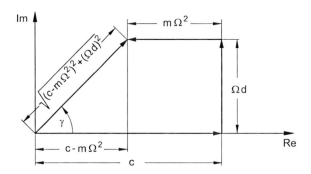

Bild 5.5. Vektordiagramm für die an der Masse m infolge einer Einheitsverschiebung einwirkenden Kräfte

Der Ausdruck $\mathrm{sgn}\,\Omega d$ könnte entfallen, wenn man annimmt, dass d stets positiv ist. Das Vektordiagramm kann interpretiert werden als Gleichgewichtsbedingung zwischen allen an der Masse m angreifenden Kräften bei Vorgabe einer harmonisch schwankenden Verschiebung $\tilde{z}$ der Amplitude 1. Eine entsprechende Umformung erfolgt auf der rechten Seite. Das Ergebnis ist eine algebraische Gleichung zur Bestimmung der komplexen Amplitude u_z.

5. Schritt

Die Lösung für die komplexe Amplitude u_z lässt sich nun mit Regel 3 ohne Schwierigkeiten angeben:

$$\tilde{u}_z = \frac{\sqrt{1 + (2D\eta)^2}}{\sqrt{[1 - \eta^2]^2 + (2D\eta)^2}}\,\hat{z}\mathrm{e}^{\mathrm{i}(\Omega t - \alpha - \beta - \gamma)}, \quad (5.31)$$

wobei die folgenden Abkürzungen eingeführt sind:

$$\omega = \sqrt{\frac{c}{m}}$$

ist die Eigenfrequenz des ungedämpften Systems,

$$\eta = \frac{\Omega}{\omega}$$

ist die dimensionslose Erregerfrequenz und

$$D = \frac{d}{2\sqrt{cm}}$$

ist der Dämpfungsgrad. Es bleibt nur noch übrig, die komplexe Lösung ins Reelle zurück zu transformieren. Dazu muss man nur den Realteil der komplexen Lösung betrachten. Die reelle Lösung ergibt sich dann gerade als eine phasenverschobene, cosinusförmige Schwingung:

$$\tilde{u}_z = \underbrace{\frac{\sqrt{1+(2D\eta)^2}}{\sqrt{[1-\eta^2]^2+(2D\eta)^2}}\hat{z}}_{\text{Amplitude (Betrag) der Verschiebungsantwort}} \underbrace{\cos(\Omega t - \alpha - \beta - \gamma)}_{\text{Phase}},$$

(5.32)

wobei in der Fußpunkterregung ein Phasenwinkel β auftritt,

$$\tilde{z} = \hat{z}\cos(\Omega t - \beta) \tag{5.33}$$

und bei der Umrechnung der Fußpunkterregung in eine Kraft sich der Phasenwinkel α ergibt:

$$\alpha = -\arccos\frac{1}{\sqrt{1+(2D\eta)^2}} \cdot \text{sgn}2D\eta. \tag{5.34}$$

Die durch das System hervorgerufene Phasendrehung wird schließlich durch den Phasenwinkel γ erfasst:

$$\gamma = \arccos\frac{1-\eta^2}{\sqrt{(1-\eta^2)^2+(2D\eta)^2}} \cdot \text{sgn}2D\eta. \tag{5.35}$$

Aus der Lösung für die Verschiebungsantwort, Gl. (5.32),

$$\tilde{u}_z = \frac{\sqrt{1+(2D\eta)^2}}{\sqrt{[1-\eta^2]^2+(2D\eta)^2}}\hat{z}\cos(\Omega t - \alpha - \beta - \gamma),$$

folgt unmittelbar

$$\ddot{\tilde{u}}_z = \underbrace{-\Omega^2\frac{\sqrt{1+(2D\eta)^2}}{\sqrt{[1-\eta^2]^2+(2D\eta)^2}}\hat{z}}_{\text{Amplitude (Betrag) der Beschleunigungsantwort}} \underbrace{\cos(\Omega t - \alpha - \beta - \gamma)}_{\text{Phase}},$$

(5.36)

5.2.3 Interpretation der Lösung bei unterschiedlichen Verbindungselementen zwischen Radsatz und Wagenkasten

Die Lösungen für 3 Fälle werden in Bild 5.6 formelmäßig und in Bild 5.7 grafisch miteinander verglichen.

5. Erzwungene Vertikalschwingungen, Frequenzbereichslösung

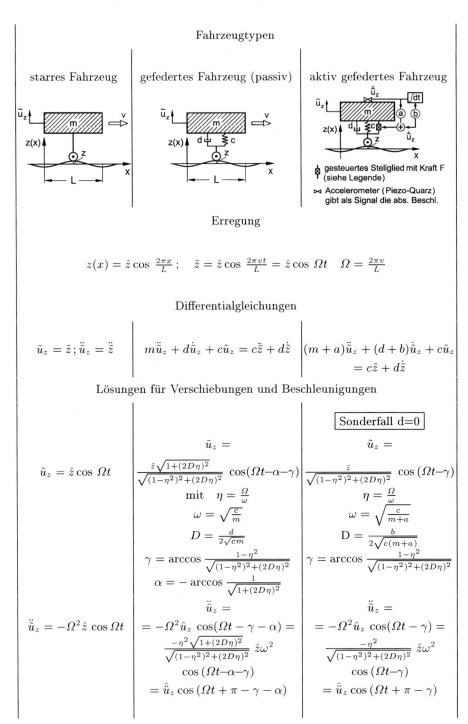

Bild 5.6. Zusammenstellungen der Lösungen (Verschiebungs- und Beschleunigungsantworten) für ein starres, ein passiv gefedertes und ein aktiv gefedertes Fahrzeug

5.2 Vertikalschwingungen beim Abrollen über ein Cosinusgleis

Es handelt sich um:

- die Lösung für ein ungefedertes Fahrzeug, bei dem Radlager und Wagenkastenmasse starr miteinander verbunden sind,
- die Lösung für ein Fahrzeug mit Feder und Dämpfer zwischen Rad und Wagenkastenmasse (passives System) sowie
- die Lösung für ein Fahrzeug, das zusätzlich zu Feder und Dämpfer noch eine Regelung besitzt, mit der sich das Schwingungsverhalten und damit der Komfort beeinflussen lassen (aktives System).

Das aktiv gefederte Fahrzeug soll im folgenden noch etwas erläutert werden: Die absoluten Beschleunigungen $\ddot{\tilde{u}}_z$ im Wagenkasten werden durch einen Sensor (Beschleunigungsmesser) erfasst. Das Signal wird zum einen unmittelbar ausgewertet, zum zweiten zur Schwinggeschwindigkeit $\dot{\tilde{u}}_z$ aufintegriert. Beide Signale werden mit geeigneten Faktoren a und b multipliziert und superponiert und in dieser verarbeiteten Form zur Steuerung eines Stellgliedes eingesetzt. Durch das Stellglied wird eine Kraft

$$F = -a\ddot{\tilde{u}}_z - b\dot{\tilde{u}}_z \tag{5.37}$$

zwischen Wagenkasten und Rad ausgeübt.

Alle drei Fahrzeuge rollen über ein Gleis mit cosinusförmigem Gleislagefehler. Schwingwege und Schwingbeschleunigungen im Wagenkasten werden miteinander verglichen. $\tilde{u}_z$ ist der vertikale Wagenkastenfreiheitsgrad, $\tilde{z}$ die Fußpunktanregung. Die Lösung für das Fahrzeug mit zusätzlicher Regelung lässt sich völlig analog zur Lösung für die Vertikalschwingungen des Fahrzeugs mit Feder und Dämpfer angeben.

In Bild 5.7 sind in der zweiten Zeile die Weg-Vergrößerungsfunktionen gezeigt, wobei die Verschiebungsamplitude $\hat{u}_z$ des Fahrzeuges bezogen ist auf die Wegamplitude $\hat{z}$. Bei der Angabe der Beschleunigungsvergrößerungsfunktion $\hat{\ddot{u}}_z$ hat man unterschiedliche Möglichkeiten. Wählt man als Bezugsgröße die Beschleunigungsamplitude $\hat{z}\Omega^2$ des Fahrwegs (letzte Zeile), so erhält man die gleichen Kurven wie bei der Weg-Vergrößerungsfunktion. Anschaulicher ist der Bezug auf eine konstante Beschleunigung, wobei man beim starren Fahrzeug die Erdbeschleunigung, in den beiden anderen Fällen $\hat{z}\omega^2$ wählt (2. Zeile), wobei ω die Eigenfrequenz ist.

Einige Schlussfolgerungen

- Um die extremen Beschleunigungsamplituden, die beim ungefederten Fahrzeug auftreten können (bei $v > \frac{L}{2\pi}\sqrt{\frac{g}{\hat{z}}}$ kommt es zum Abheben), zu vermeiden, müssen Federn und Dämpfer verwendet werden.
- Es zeigt sich, dass – verglichen mit einem ungefederten Fahrzeug – die passive Federung erst bei schnellerem Fahren wirksam wird, d.h., wenn $2\pi v/L \geq \sqrt{2}\sqrt{c/m}$ ist. Deshalb sollte die Fahrzeugeigenfrequenz $\omega = \sqrt{c/m}$ möglichst niedrig gelegt werden (Ziel: f < 1 Hz).
- Die Begrenzung für die Abminderung von ω ergibt sich dadurch, dass die statische Durchsenkung unter Eigengewicht

5. Erzwungene Vertikalschwingungen, Frequenzbereichslösung

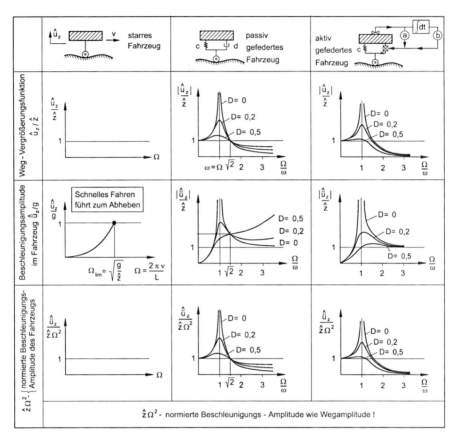

Bild 5.7. Graphische Darstellung der Vergrößerungsfunktionen für ein starres Fahrzeug, ein passiv gefedertes und ein aktiv gefedertes Fahrzeug (In Zeile 2, Spalte 2 und 3 muss die Bezugsgröße $\hat{z}\omega^2$ sein statt nur $\hat{z}$.)

$$u_{\text{stat}} = \frac{mg}{c}$$

nicht beliebig groß werden darf. Bei einer linearen Feder lässt sich abschätzen

$$f_{\min} \simeq \frac{1}{2\pi}\sqrt{\frac{g}{u_{\text{stat,max}}}}. \tag{5.38}$$

Um $f_{\min} = 1$ Hz zu erreichen, muss daher gelten: $u_{\text{stat,max}} = 0{,}25$ m!
- Je tiefer ω liegt, umso eher sinken die Wagenkastenamplituden unter $\left|\frac{u_z}{\hat{z}}\right| = 1$ und umso kleiner werden die Wagenkastenbeschleunigungen.
- Die Dämpfung eines Fahrzeuges mit passiver Dämpfung ist unterhalb von $\eta = \sqrt{2}$, insbesondere also in der Resonanz ($\eta = 1$) nützlich, oberhalb von $\eta = \sqrt{2}$ ist passive Dämpfung schädlich. Als Kompromiss wählt man

$$0{,}1 \leq D \leq 0{,}3.$$

- Beim aktiven System ist die (aktive) Dämpfung im gesamten Geschwindigkeitsbereich v > 0 nützlich. Je höher sie ist, umso besser. Der Parameter a wirkt wie eine Masse. Mit ihm ist die Resonanzlage beeinflussbar. Der Parameter b wirkt wie eine Dämpfung gegenüber einem mitgeführten Festpunkt. Mit ihm lässt sich der Komfort verbessern. Es sollte allerdings erwähnt werden, dass hier ein vereinfachtes (ideales) aktives System betrachtet wurde. In der Realität werden z. B. durch eine Zeitverzögerung zwischen gemessener Beschleunigung und einwirkender Kraft die Verbesserungsmöglichkeiten durch das aktive System etwas vermindert.

5.3 Fahrzeug auf allgemein periodischem Gleis

Ein allgemeiner, periodischer Gleislagefehler, wie er beispielsweise in Bild 5.8 dargestellt ist, lässt sich durch eine Fourier-Reihe beschreiben. Eine erste Art der Fourier-Reihendarstellung von $z(x)$ lautet

$$z(x) = \frac{z_0}{2} + \sum_{n=1}^{\infty} [z_n^c \cos n(\frac{2\pi}{L})x + z_n^s \sin n(\frac{2\pi}{L})x] \tag{5.39}$$

mit $z_0 = 0$ und

$$z_n^c = \frac{2}{L}\int_0^L z(x)\cos n\bar{\Omega}_1 x\, dx \quad z_n^s = \frac{2}{L}\int_0^L z(x)\sin n\bar{\Omega}_1 x\, dx, \quad n = 1, 2, \ldots \tag{5.40}$$

und

$$(\frac{2\pi}{L}) = \bar{\Omega} \quad \text{als Grundkreisfrequenz des Weges (Wegkreisfrequenz).}$$

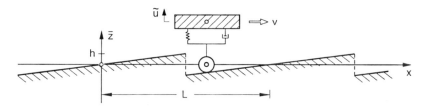

Bild 5.8. Fahrzeug auf allgemeinem, periodischem Gleislagefehler

Für den in Bild (5.8) dargestellten Gleislagefehler gilt im Bereich $-L/2 < x < L/2$

$$z(x) = \frac{2hx}{L}. \tag{5.41}$$

5. Erzwungene Vertikalschwingungen, Frequenzbereichslösung

Das führt auf folgende Fourierreihe

$$z(x) = \frac{2h}{\pi}[\sin 1\bar{\Omega}_1 x - \frac{1}{2}\sin 2\bar{\Omega}_1 x + \frac{1}{3}\sin 3\bar{\Omega}_1 x - \ldots]. \tag{5.42}$$

Typische periodische Gleislagefehler erhält man z.B. für nicht verschweißte Schienen aus den Schienenstößen. Bei Überfahrt des Radsatzes senkt sich die Schiene im Bereich des Schienenstoßes stärker ein. Dies lässt sich näherungsweise durch den in Bild (5.9) dargestellten Gleislagefehler erfassen.

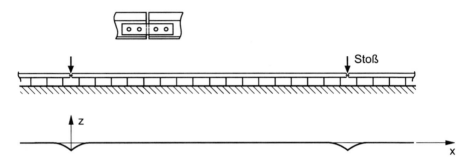

Bild 5.9. Gleislagefehler aufgrund von Schienenstößen

Für die Komfortberechnung ist eine zweite Art der Fourier-Reihendarstellung zweckmäßiger, bei der alle Reihenterme als phasenverschobene Cosinusfunktionen angegeben werden. Allgemein gilt:

$$z(x) = \frac{z_0}{2} + \sum_{n=1}^{\infty} \hat{z}_n \cos(n\bar{\Omega}_1 x - \beta_n), \tag{5.43}$$

mit

$$\hat{z}_n = \sqrt{(z_n^c)^2 + (z_n^s)^2}, \qquad \beta_n = \arccos \frac{z_n^c}{\sqrt{(z_n^c)^2 + (z_n^s)^2}} \cdot \operatorname{sgn} z_n^s. \tag{5.44}$$

Bei dem konkreten Beispiel von Bild (5.8) gilt

$$z(x) = \sum_{n=1}^{\infty} \frac{2h}{\pi n} \cos\left(n(\frac{2\pi}{L})x - \beta_n\right) \quad, \quad \beta_n = \frac{\pi}{2}(-1)^{n-1} \tag{5.45}$$

Diese zweite Art der Darstellung liefert also ein Amplitudenspektrum und ein Phasenspektrum des Fahrwegs, das für das Beispiel aus Bild 5.8 in Bild 5.10 wiedergegeben ist.
Mit $x = vt$ ergibt sich daraus das zeitabhängige Spektrum und der zeitliche Fußpunktsbewegungsverlauf

$$\tilde{z} = \sum_{n=1}^{\infty} \hat{z}_n \cos\left(n(\frac{2\pi}{L})vt - \beta_n\right). \tag{5.46}$$

5.3 Fahrzeug auf allgemein periodischem Gleis   119

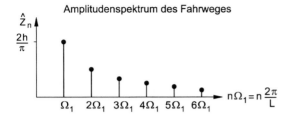

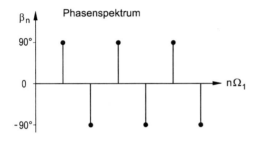

Bild 5.10. Amplituden- und Phasenspektrum des Fahrweges (Anstatt Ω muss es durchgängig $\bar{\Omega}$ heißen.)

Die $\hat{z}_n$ stellen das diskrete Spektrum der Amplituden dar. Zwischen der Kreisfrequenz Ω und der Wegkreisfrequenz $\bar{\Omega}$ besteht die Beziehung

$$\bar{\Omega}_1 v = \Omega_1. \tag{5.47}$$

Bei einharmonischer Anregung durch das Cosinusgleis galt nach Gl. (5.32)

$$u_z(t) = \tilde{u}_z = \frac{\sqrt{1+(2D\eta)^2}}{\sqrt{(1-\eta^2)^2+(2D\eta)^2}} \hat{z} \cos\left(\Omega t - \alpha - \beta - \gamma\right). \tag{5.48}$$

Durch Verallgemeinerung ergibt sich ohne weiteres die Fahrzeugantwort, wenn gleichzeitig mehrere Erregungskreisfrequenzen $n\Omega_1$ ($n = 1, 2, 3, \ldots$) auf das Fahrzeug einwirken. Mit $\eta_1 = \Omega_1/\omega$ erhält man

$$\tilde{u}_z = \sum_{n=0}^{\infty} \frac{\sqrt{1+(2D n\eta_1)^2}}{\sqrt{[1-(n\eta_1)^2]^2+(2D n\eta_1)^2}} \hat{z}_n \cos\left(n\Omega_1 t - \beta_n - \alpha_n - \gamma_n\right), \tag{5.49}$$

$$\gamma_n = \arccos \frac{1-(n\eta_1)^2}{\sqrt{(1-(n\eta_1)^2)^2+(2D n\eta_1)^2}} \cdot \text{sgn} 2D n\eta_1 \tag{5.50}$$

$$\alpha_n = -\arccos \frac{1}{\sqrt{1+(2D n\eta_1)^2}} \cdot \text{sgn} 2D n\eta_1. \tag{5.51}$$

Kompakt geschrieben gilt also

$$\left| \tilde{u}_z = \sum_{n=0}^{\infty} V(\Omega = n\Omega_1)\hat{z}_n \cos\left(n\Omega_1 t - \beta_n - \alpha_n - \gamma_n\right) \right| \tag{5.52}$$

5. Erzwungene Vertikalschwingungen, Frequenzbereichslösung

oder

$$\tilde{u}_z(t) = \sum_{n=0}^{\infty} \hat{u}_{zn} \cos\left(n\Omega_1 t - \beta_n - \alpha_n - \gamma_n\right). \tag{5.53}$$

Das Eingangsamplitudenspektrum $\hat{z}_n$ wird mit der Vergrößerungsfunktion $V(\Omega = n\Omega_1)$ multipliziert und liefert dann das Spektrum $\hat{u}_{zn}$ der Fahrzeugantwort-Amplituden, siehe Bild 5.11.

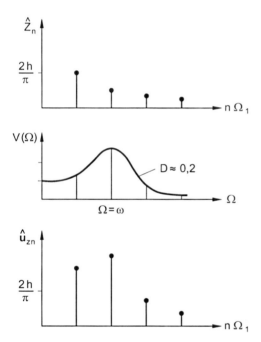

Bild 5.11. Prinzipielles Vorgehen zur Ermittlung des Antwortspektrums

Das Phasenspektrum der Antwort entsteht durch Überlagerung der Phasenwinkel von Verschiebungseingang (β_n), Lastumrechnung (α_n) und System (γ_n). Alle Phasenwinkel sind hierbei als „Nacheilwinkel" gegenüber einer cosinusförmigen Schwingung definiert.

Hinsichtlich weiterer Einzelheiten, insbesondere hinsichtlich der Ableitung der Formeln, wird auf [59] verwiesen.

Der Aufwand zur Berechnung der Schwingungsantwort mit Gl. (5.52) kann erheblich werden. Wenn man von einer Störgröße ausgeht, die sich nach 200 m wiederholt und Störungen bis zu einer Wellenlänge, die dem Schwellenabstand entspricht, korrekt erfassen will, so benötigt man 333 Fourierterme. Die Alternative besteht darin, eine Zeitschrittintegration durchzuführen. So lange man es mit linearen Bewegungsdifferentialgleichungen der Form

$$M\ddot{\tilde{u}} + D\dot{\tilde{u}} + S\tilde{u} = \tilde{p} \tag{5.54}$$

zu tun hat, gibt es ein sehr elegantes und unbedingt stabiles Integrationsverfahren. Man führt eine modale Zerlegung durch, aufgrund derer das schwingungsfähige System von N Freiheitsgraden in N Schwinger von einem Freiheitsgrad überführt wird, und integriert mit dem in [59] (Seiten 183ff und 219ff) dargestellten Übertragungsverfahren. Bei Nichtlinearitäten wird man in der Regel auf klassische Zeitschrittintegrationsverfahren zurückgreifen.

5.4 Lösung für ein Gesamtfahrzeug bei Berücksichtigung von elastischen Wagenkastenformen

Ohne auf Einzelheiten einzugehen, wollen wir als Beispiel noch die vertikalen Vergrößerungsfunktionen für ein ganzes Fahrzeug (Bild 5.12) betrachten. Untersucht wird ein vierachsige Fahrzeug[1], bei dem der Wagenkasten als Balken dargestellt wird, dessen elastisches Verhalten durch die erste und zweite vertikale Biegeeigenform modelliert wird [58]. Die Art des Vorgehens ist in Abschnitt 4.5 beschrieben. Das Fahrzeug wird durch vertikale Profilstörungen des Gleises mit einer Wellenlänge von 3,63 m angeregt. Das Fahrzeug fährt mit unterschiedlicher Geschwindigkeit so dass unterschiedliche Frequenzen angeregt werden, siehe Bild 5.13. Die Rechnung wurde zum einen für ein nur mit Starrkörpern modelliertes Fahrzeug und zum anderen zusätzlich mit den beiden Biegeeigenformen durchgeführt.

Bei der Modellierung des Wagenkastens mit zusätzlichen elastischen Freiheitsgraden (Bild 5.13, oben) treten Maxima in den Vertikalbeschleunigungen sowohl in Wagenkastenmitte (Punkt) als auch über den Drehgestellen (Kreuz) auf. Die Ursache hierfür ist, dass an dieser Stelle eine Eigenfrequenz des Wagenkastens für die erste vertikale Biegeeigenform liegt. Bei einer

---

[1] In Bild 5.12 ist aus Gründen der Darstellung nur ein Zweiachser gezeichnet.

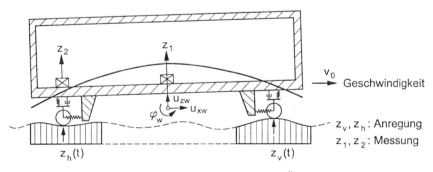

Bild 5.12. Skizze eines zweiachsigen Fahrzeugs bei Überfahrt über vertikale Gleislagefehler

122　5. Erzwungene Vertikalschwingungen, Frequenzbereichslösung

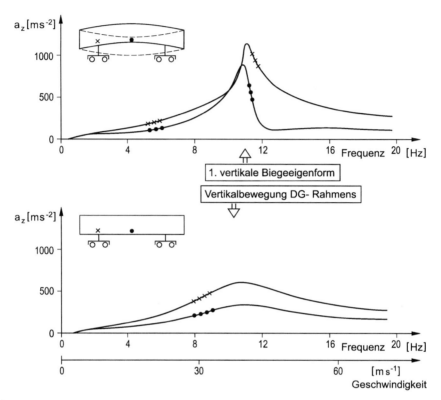

Bild 5.13. Vertikale Frequenzgänge für ein vierachsiges Fahrzeug entsprechend Bild 5.12 bei Anregung durch vertikale Gleislagefehler mit der Wellenlänge 3,63 m. Messung der Vertikalbeschleunigung in Wagenkastenmitte (•) und über den Drehgestellen (×). Oberes Bild: Berücksichtigung elastischer Wagenkasteneigenformen; unteres Bild: Modellierung des Wagenkastens als starrer Körper

Starrkörpermodellierung sind diese ausgeprägten Maxima verschwunden. Allerdings treten schwächer ausgebildete Maxima bei einer etwas niedrigeren Frequenz auf. Maßgebend hierfür sind Tauchschwingungen des Drehgestells, bei denen zwischen 10 und 11 Hz eine Resonanzstelle auftritt.

5.5 Aufgaben zu Kapitel 5

5.5.1 Zweiachsiges Fahrzeug auf Cosinusgleis

Es sollen das Resonanzverhalten eines zweiachsigen Fahrzeuges, die Überlagerung der Tauch- und Nickschwingungen und der Einfluss der Wellenlänge und der Fahrgeschwindigkeit untersucht werden.

Für die Rechnung soll der Zweiachser von Bild 4.4 zugrunde gelegt werden, wobei der Wagenkasten als starr angenommen wird. Damit eine Handrechnung möglich ist, darf zusätzlich angenommen werden, dass der Wagenkastenschwerpunkt des Zweiachsers aus Bild 4.4 in Achshöhe liegt (Tieflader), d.h. $e_z = 0$. Durch diese Annahme sind die Nick- und die Tauchschwingungen entkoppelt.

Ermitteln Sie die stationäre Schwingungsantwort der Tauchbewegung. Wie groß muss die Anregungswellenlänge sein, damit die Tauchantwort maximal bzw. minimal wird.

Wählen sie als typische Parameter für einen zweiachsigen Güterwagen: $m = 13000$ kg, $e_x = 4$ m, $c_z = 3 \cdot 10^6$ N/m, $d_z = 4 \cdot 10^4$ Nm/s, v = 100 km/h. Zeichnen sie die Vergrößerungsfunktion für die Tauchantwort als Funktion der Fahrgeschwindigkeit bei $L = 8$ m bzw. der Wellenlänge bei $v = 100$ km/h auf. Interpretieren sie die beiden Darstellungen.

5.5.2 Zweiachser auf allgemein periodischem Gleis

Der Zweiachser aus der Übungsaufgabe 5.5.1 fahre nun über ein Gleis mit Schienenstößen. Wenn ein Fahrzeug über ein solches Gleis fährt, so ergeben sich maximale Einsenkungen, wenn das Rad genau über einem Stoß steht und minimale, wenn das Rad zwischen zwei Stößen steht. Die Einsenkung, die vom Fahrzeug als Störung erfahren wird, kann in grober Näherung durch eine parabolische Anregung[2] mit der Amplitude ±0.5 mm und der Wellenlänge $L = 50$ m modelliert werden, $z(x) = z_{\max}\left(1 - \left(\dfrac{2x}{l}\right)^2\right)$. Wählen sie die gleichen Parameter wie oben und ermitteln Sie das Amplituden- und das Phasenspektrum der Tauchantwort.

---

[2] Bei genauerer Betrachtung müssen zusätzlich zu den fahrzeugdynamischen auch gleisdynamische Beziehungen berücksichtigt werden, siehe [124].

6. Regellose Schwingungen des Fahrzeuges infolge stochastischer Gleislagefehler

Zur Charakterisierung von stochastischen Gleislagefehlern und zur Charakterisierung der daraus resultierenden regellosen Schwingungen sind andere Methoden erforderlich als wir sie bisher für harmonische oder periodische Schwingungen eingesetzt haben.

6.1 Charakterisierung einer unregelmäßigen Fahrbahn durch quadratischen Mittelwert und Leistungsspektrum

Arithmetischer (linearer) Mittelwert $\bar{z}$ und quadratischer Mittelwert $\bar{z}_q$ (bzw. der daraus gebildete Effektivwert $z_{\text{eff}} = \sqrt{\bar{z}_q}$, der auch als Standardabweichung σ bezeichnet wird) charakterisieren in grober Weise den Gleislagefehler einer Fahrbahn:

$$\text{arithmetischer (linearer) Mittelwert} \quad \bar{z} = \frac{1}{L} \int_0^L z(x)\, dx, \qquad (6.1)$$

$$\text{quadratischer Mittelwert} \quad \bar{z}_q = \frac{1}{L} \int_0^L \left(z(x) - \bar{z}\right)^2 dx, \qquad (6.2)$$

$$\text{Effektivwert}[1] \quad z_{\text{eff}} = \sqrt{\bar{z}_q}. \qquad (6.3)$$

Bei periodischen Vorgängen genügt es $z(x)$ über eine Periode zu integrieren.

Bei *harmonischer Fahrbahn* (Bild 6.1, links) ist der quadratische Mittelwert $\bar{z}_q$ bzw. die Wurzel daraus, der Effektivwert, direkt ein Maß für die Schwingungsamplitude $\hat{z}_1$.

$$\bar{z}_q = \frac{1}{L} \int_0^L (\hat{z}_1 \cos(\bar{\Omega}_1 x - \beta))^2 dx = \frac{1}{2}\hat{z}_1^2$$

$$z_{\text{eff}} = \sqrt{\bar{z}_q} = 0{,}707\, \hat{z}_1 \qquad (6.4)$$

---

[1] Auch als Standardabweichung σ bezeichnet. Englisch: **root mean square** oder **RMS-value**.

126   6. Regellose Schwingungen

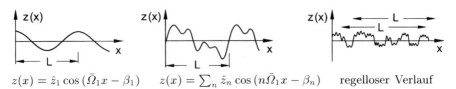

$z(x) = \hat{z}_1 \cos(\bar{\Omega}_1 x - \beta_1)$ $z(x) = \sum_n \hat{z}_n \cos(n\bar{\Omega}_1 x - \beta_n)$ regelloser Verlauf

Bild 6.1. Harmonische, periodische und regellose Fahrbahnen; „Musterfunktionen" der Länge L.

Bei *allgemein periodischer Erregung* (Bild 6.1, Mitte) gehen in den quadratischen Mittelwert nur die Quadrate der Einzelamplituden ein. Der daraus gebildete Effektivwert ist ein grobes Maß für das Schwingungsniveau

$$\overline{z_q} = \frac{1}{2}[\hat{z}_1^2 + \hat{z}_2^2 + \hat{z}_3^2 + \ldots] = \frac{1}{2}\sum_{n=1}^{\infty} \hat{z}_n^2 \, ,$$

$$z_{\text{eff}} = \sqrt{\overline{z_q}} = 0{,}707\sqrt{\hat{z}_1^2 + \hat{z}_2^2 + \hat{z}_3^2 + \ldots} = 0{,}707\sqrt{\sum_{n=1}^{\infty} \hat{z}_n^2} \, . \quad (6.5)$$

Da die Phasenlage im quadratischen Mittelwert völlig verloren geht, führen total verschieden verlaufende Vorgänge $z(x)$ auf gleiche quadratische Mittelwerte, wenn nur die Amplituden $\hat{z}_k$ der einzelnen Harmonischen gleich sind.

Gleichmäßig regellose Vorgänge (Bild 6.1, rechts) sind gleichmäßig in den Amplituden aber regellos (d.h. beliebig) in den Phasenlagen. Für die Auswertung wird die Periode sehr lang gewählt, $L \to \infty$. Führen verschiedene

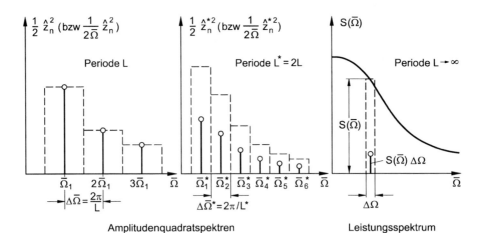

Bild 6.2. Amplitudenspektrum bei unterschiedlicher Periode (links, Mitte) und Übergang zum kontinuierlichen Leistungsspektrum (rechts). Im rechten Bild muss es $\Delta\bar{\Omega}$ statt $\Delta\Omega$ heißen.

Musterfunktionen der Länge L aus einem Schrieb auf die gleichen Amplituden $\hat{z}_k$ – obwohl die Phasen verschieden sind – dann ist der Vorgang gleichmäßig regellos und statistisch stationär. Aus Gleisamplitudenspektren können dann die Antwortspektren des Fahrzeuges rechnerisch ermittelt werden.

Je größer die Periode L gewählt wird, um so kleiner wird die Grundfrequenz $\bar{\Omega}_1 = \frac{2\pi}{L}$, das Amplitudenspektrum wird immer „dichter", die einzelnen Amplitudenwerte werden allerdings immer kleiner. Es liegt dann nahe, die Amplitudenquadrate $\hat{z}_n^2/2$ kontinuierlich auf den Wegfrequenzabstand $\Delta\bar{\Omega} \hat{=} \bar{\Omega}_1$ zu verteilen, (Bild 6.2).

Man definiert dann

$$\lim_{\Delta\bar{\Omega} \to 0, n\Delta\bar{\Omega} \to \bar{\Omega}} \left[\frac{1}{2\Delta\bar{\Omega}} \hat{z}^2(n\Delta\bar{\Omega}) \right] = S(\bar{\Omega}). \tag{6.6}$$

Die nummerische Auswertung erfolgt natürlich zumeist in der diskreten Form, allerdings mit einem hinreichend großen L, d.h. kleinem $\Delta\bar{\Omega}$.

| Das Leistungsspektrum (= Amplitudenquadratspektrum) gibt den Beitrag der verschiedenen Frequenzen zum quadratischen Mittelwert an. |

In entsprechender Weise wie bei harmonischen und periodischen Schwingungen lassen sich aus dem Leistungsspektrum quadratischer Mittelwert und Effektivwert (Standardabweichung) bestimmen (siehe Bild 6.3). Beispiele für Leistungsspektren von Gleislagefehlern sind in den Bildern 6.8 und 6.10 gezeigt.

6.2 Ermittlung der Fahrzeugantwort bei regelloser Gleisanregung

Wir betrachten noch einmal die Ermittlung der Fahrzeugantwort und daraus des Amplitudenquadratspektrums (Leistungsspektrums) oder des quadratischen Mittelwertes bei *allgemein periodischer Erregung* (Bild 5.8).

Dort galt für die Fahrzeugantwort (vergleiche Abschnitt 5.3)

$$u_z(t) \equiv \tilde{u}_z = \sum_{n=0}^{\infty} \hat{u}_{zn} \cos(n\Omega_1 t - \beta_n - \alpha_n - \gamma_n), \tag{6.7}$$

mit

$$\hat{u}_{zn} = V(n\Omega_1)\hat{z}_n \tag{6.8}$$

und somit für den quadratischen Mittelwert

6. Regellose Schwingungen

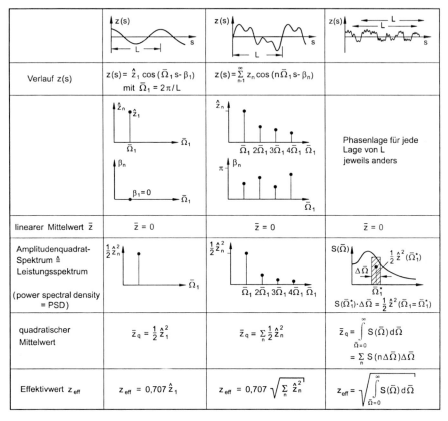

Bild 6.3. Ermittlung des Effektivwertes bei harmonischer, allgemein periodischer und stochastischer („regelloser") Gleisunebenheit

$$\bar{u}_\mathrm{q} = \frac{1}{T}\int_0^T \tilde{u}_z^2\, dt = \frac{1}{T}\int_0^T [\sum_{n=0}^{\infty} \hat{u}_{zn} \cos{(n\Omega_1 t - \beta_n - \alpha_n - \gamma_n)}]^2\, dt, \quad (6.9)$$

woraus sich nach Ausführung der Integration ergibt:

$$\bar{u}_\mathrm{q} = \frac{1}{2}[\hat{u}_{z1}^2 + \hat{u}_{z2}^2 + \hat{u}_{z3}^2 + \ldots] = \frac{1}{2}\sum_{n=0}^{\infty} V^2(\Omega = n\Omega_1)\hat{z}_n^2. \quad (6.10)$$

In Worten:

> Das Antwortleistungsspektrum (das den quadratischen Mittelwert aus seinen Frequenzanteilen aufbaut) entsteht durch Multiplikation des (diskreten) Eingangsleistungsspektrums $\frac{1}{2}\hat{z}_n^2$ mit der quadrierten Vergrößerungsfunktion $V^2(n\Omega_1)$.

6.2 Ermittlung der Fahrzeugantwort bei regelloser Gleisanregung

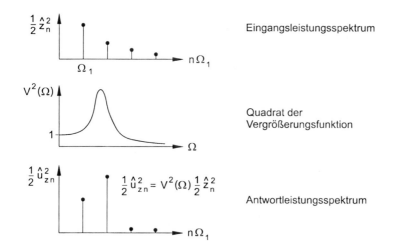

Bild 6.4. Ablauf der Ermittlung des Antwortleistungsspektrums bei allgemein periodischer Erregung

Im Bild 6.4 ist das grafisch erläutert. Für den Effektivwert gilt

$$u_{z,\text{eff}} = \sqrt{\bar{u}_q} = \sqrt{\frac{1}{2}\sum_{n=0}^{\infty} V^2(\Omega = n\Omega_1)\hat{z}_n^2} \qquad (6.11)$$

Bei regelloser statistisch stationärer Erregung liegt das Eingangsleistungsspektrum kontinuierlich vor. Das hat formal zur Folge, dass aus den Summenausdrücken Integrale werden

$$\left| \bar{u}_q = \lim_{\Delta\Omega \to 0}\sum_{n=0}^{\infty} V^2(\Omega_n)S(\Omega_n)\Delta\Omega = \int_0^{\Omega=\infty} V^2(\Omega)S(\Omega)\,d\Omega \,. \right| \qquad (6.12)$$

Das Eingangsleistungsspektrum $S(\Omega)$ und das Antwortleistungsspektrum $S_u(\Omega)$ des Fahrzeugs sind natürlich wieder über das Quadrat der Vergrößerungsfunktion $V(\Omega)$ verknüpft

$$S_u(\Omega) = V^2(\Omega)S(\Omega)\,. \qquad (6.13)$$

In Bild 6.5 wird das grafisch interpretiert.

Das kontinuierliche Antwortleistungsspektrum gibt wieder die Beiträge der einzelnen Frequenzen zum quadratischen Mittelwert $u_{z,\text{eff}}$ an:

$$u_{z,\text{eff}} = \sqrt{\int_{\Omega=0}^{\infty} V^2(\Omega)S(\Omega)\,d\Omega}\,. \qquad (6.14)$$

130   6. Regellose Schwingungen

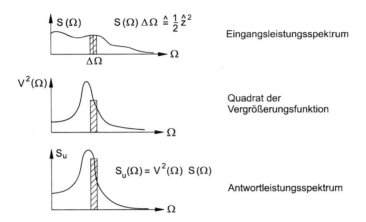

Bild 6.5. Ablauf der Ermittlung des Antwortleistungsspektrums bei stochastischer Erregung

Bei gaußverteilter Gleisunregelmäßigkeit ist (was mathematisch für lineare Systeme, mit denen wir es hier zu tun haben, gezeigt werden kann) auch die Fahrzeugantwort gaußverteilt. Da aber eine Gaußverteilung durch linearen Mittelwert (hier Null) und quadratischen Mittelwert vollständig beschrieben ist, liegen damit auch die Verteilungsdichten des augenblicklichen Aufenthalts des Systems vor.

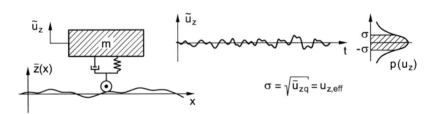

Bild 6.6. Einmassenschwinger auf stochastischem Untergrund

Zwischen $+\sqrt{\overline{u_q}}$ und $-\sqrt{\overline{u_q}}$ hält sich, wenn der Mittelwert 0 ist, die Schwingung zu 63,3% der Zeit auf. In der Richtlinie UIC 518 [167] oder der als Nachfolgerin vorgesehenen Euronorm [25] ist folgendes Vorgehen vorgeschrieben: Zuerst wird die auszuwertende Strecke in mehrere Abschnitte aufgeteilt und es wird für jeden Streckenabschnitt der Mittelwert berechnet. In jedem Abschnitt wird dann für alle auszuwertenden Größen der Wert berechnet, unter dem betragsmäßig 99,85 % aller registrierten Werte liegen. Ein statistischer Maximalwert wird auf folgende Weise ermittelt: aus den 99,85%-Werten aller Abschnitte wird ein Mittelwert gebildet; bei sicherheitsrelevanten Größen (z.B. Entgleisungssicherheit) wird auf diesen Mittelwert die dreifache Standardabweichung $3 \cdot \sigma$ aufaddiert; bei nicht sicherheitsrelevanten Größen kann man sich darauf beschränken, zum Mittelwert $2,2 \cdot \sigma$ aufzuaddieren.

6.3 Spektrale Leistungsdichten von Gleislagefehlern

6.3.1 Einige Anmerkungen zur Ermittlung der spektralen Leistungsdichte der Gleislagefehler

Die Leistungsspektren in diskreter Form ($\frac{1}{2}\hat{z}_k^2$-Linien) oder in kontinuierlicher Form ($S(\Omega)$) können z.B. durch Schmalband-Filtertechnik aus dem Wegschrieb $z(x)$ oder dem Zeitschrieb $z(t)$ ermittelt werden.

Zur Bestimmung der Leistungsdichte über die Korrelationsfunktion. Bevor auf die Bestimmung der spektralen Leistungsdichte näher eingegangen wird, sollen ein paar grundsätzliche Bemerkungen vorangestellt werden. Das Leistungsdichtespektrum ist als die Fouriertransformierte der Korrelationsfunktion definiert (vergleiche hierzu Khintchine [113]). Im Prinzip ist also die Ermittlung der Korrelationsfunktion ein Weg, um anschließend die Leistungsdichte zu bestimmen. Man wird in den meisten Fällen aus Zeit- und Aufwandsgründen jedoch darauf verzichten. Das Eingangssignal $z(t)$ müsste dazu gespeichert und darauf, um eine Zeit t^* verschoben, mit sich selbst multipliziert und anschließend integriert werden. Zusätzlich müsste noch die Zeitverschiebung t^* kontinuierlich verändert werden. Dieser Aufwand ist selbst in der heutigen Zeit nicht sinnvoll. Aus diesem Grund geht man dazu über, die Leistungsdichte direkt zu ermitteln. Auch hierbei muss zwischen älteren (analogen) und modernen (digitalen) Methoden unterschieden werden, wobei prinzipiell das gleiche Verständnis voraus gesetzt

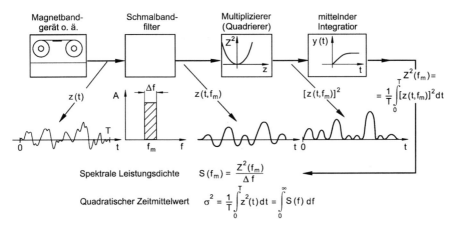

Bild 6.7. Ermitteln eines Leistungsspektrums aus dem Zeitschrieb (nach Buxbaum [18])

werden muss. Allgemein kann an dieser Stelle keine ausführliche Darstellung der Messtechnik erfolgen, siehe z.B. [31, 65], vielmehr wollen wir uns auf ein paar grundsätzliche Überlegungen beschränken.

Analoge Bestimmung des Leistungsdichtespektrums Die Verarbeitung einer Eingangsgröße zur Bestimmung des Leistungsdichtespektrums ist in Bild 6.7 dargestellt. Es wird davon ausgegangen, dass das Eingangssignal $z(t)$ bereits einmal tiefpassgefiltert vorliegt und entsprechend seiner Dynamik an den Eingang angepasst wurde. Durch die Tiefpassfilterung werden Aliasing-Effekte ausgeschlossen, die dazu führen, dass bei der Abtastung niederfrequente Vorgänge durch höherfrequente Anteile verfälscht werden.

1. Das Signal liegt als Datenschrieb (z.B. auf einem Magnetband) vor. Es wird gleichzeitig oder nacheinander auf die Eingänge mehrerer selektiver Filter gegeben.
2. Die selektiven Filter zeigen Bandpassverhalten und lassen entsprechend ihrer Auslegung das Störsignal nur in ihrem Arbeitsbereich mit der Mittenfrequenz f_m und der Bandbreite Δf passieren. Die Güte der Filter selbst wird von der Ordnung ihrer Übertragungsfunktionen bestimmt, wobei hohe Güte im Sinne von Trennschärfe verstanden werden muss. Hier liegt auch der größte Nachteil der analogen Messtechnik, da Filter sehr hoher Güte auch sehr teuer sind.
3. Das jetzt gefilterte Signal wird auf die zwei Eingänge eines Multiplizierers geleitet, wodurch das Quadrat der Eingangsgröße gebildet wird.
4. Dieses neue Signal $z^2(t, f_m)$ wird nun wiederum auf den Eingang eines Integrators gegeben, der das Signal mittelt. Meßtechnisch wird der Integrator durch ein Filter 1. Ordnung gebildet, welches durch folgende Differentialgleichung beschrieben werden kann:

$$\tau \frac{dy}{dt} + y = z^2(t, f_m). \tag{6.15}$$

Hierbei bedeutet z^2 die Eingangsgröße und y die Ausgangsgröße des Filters. Der Parameter τ stellt eine Zeitkonstante dar, die nicht unabhängig von der von dem selektiven Filter festgesetzten Mittenfrequenz f_m gewählt werden sollte. Bevor näher darauf eingegangen wird, soll noch ein anderer Gedanke kurz erläutert werden. Die Lösung der Differentialgleichung (6.15) führt auf folgenden integralen Ausdruck, mit dem ein Punkt des Spektrums vorliegt,

$$\frac{1}{T}\int_0^T y\,dt = \frac{1}{T}\int_0^T z^2\,dt + \frac{\tau}{T}[y(0) - y(T)]. \tag{6.16}$$

Wenn die Zeitdauer T unendlich groß gewählt wird, dann liefern die Mittelung der Ausgangsgröße y und die Mittelung der Eingangsgröße z^2 den gleichen Wert. Die Messdauer T selber muss jedoch begrenzt werden, will man möglichst schnell zu effektiven Aussagen gelangen. Demzufolge wird man für die Zeitkonstante τ zunächst einem kleinen Startwert wählen, um den Einfluss des in den eckigen Klammern stehenden Ausdrucks klein zu halten. Nun ist die Wahl von τ ebenfalls abhängig von der Mittenfrequenz f_m und der Bandbreite Δf des vorgeschalteten Bandpassfilters. Einzelheiten können [31, 65] entnommen werden.

Digitale Bestimmung des Leistungsdichtespektrums Mit dem Einzug der digitalen Signalverarbeitung verloren die analogen Methoden und Vorgehensweisen an Bedeutung. Die Schwierigkeiten die mit ihnen verbunden waren, haben sich jedoch nicht erledigt. Oftmals tauchen sie nur in anderer Form wieder auf. Die heute übliche Methode bei der Erzeugung von Leistungsdichtespektren beruht auf der Anwendung der Fast-Fourier Transformation (FFT) im digitalem Messgerätebau. Fouriertransformatoren quantisieren und digitalisieren die Messwerte und halten diese in so genannten Transientenspeichern vor. Die Transformatoren berechnen anschließend die Fouriertransformierte des Eingangssignals. Durch anschließende Multiplikation der Fouriertransformierten mit dem konjugiert komplexen Wert, wird das Leistungsdichtespektrum erzeugt. Auch wenn diese Vorgehensweise sehr einfach anmutet, darf man nicht vergessen, dass diese Leistungsdichte nur eine Schätzung darstellt. Im Gegensatz zu den analogen Methoden durch analoge Filterung unterdrücken diese Methoden auch nicht a priori den Aliasing-Effekt. Man kommt also nicht umhin auch hier vorab analog zu filtern. Aber auch hier geht der Trend zu den preiswerteren digitalen Lösungen. So wird beispielsweise der Aliasing-Effekt dadurch vermindert, dass die Signale mit einer viel größeren Taktzahl diskretisiert werden als dies das so genannte Shannon-Theorem verlangt.

6.3.2 Spektrale Leistungsdichten für das Netz der DB

Spektrale Leistungsdichten bei der Auslegung des ICE 1. Für das Netz der damaligen Deutschen Bundesbahn finden sich im Bericht der Arbeitsgemeinschaft Rheine-Freren „Definitionsphase Rad-Schiene-Demonstrationsfahrzeug R/S-VD" [196] analytische Ausdrücke für die Leistungsspektraldichten der wichtigsten Gleislagefehler (s. auch Bild 2.11):

- Längshöhenfehler (Vertikalabweichung der Gleislage)

$$S_\mathrm{z}(\bar{\Omega}) = \frac{A_\mathrm{V}\,\Omega_\mathrm{c}^2}{(\bar{\Omega}^2 + \Omega_\mathrm{r}^2)(\bar{\Omega}^2 + \Omega_\mathrm{c}^2)} \qquad (6.17)$$

- Richtungsfehler (Lateralabweichung der Gleislage)

$$S_\mathrm{y}(\bar{\Omega}) = \frac{A_\mathrm{A}\,\Omega_\mathrm{c}^2}{(\bar{\Omega}^2 + \Omega_\mathrm{r}^2)(\bar{\Omega}^2 + \Omega_\mathrm{c}^2)} \qquad (6.18)$$

134   6. Regellose Schwingungen

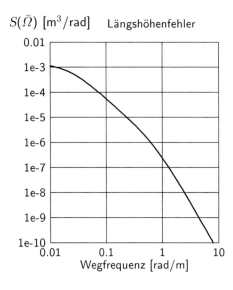

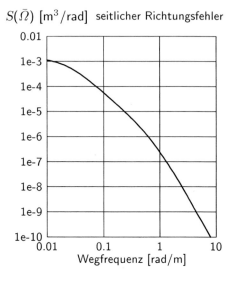

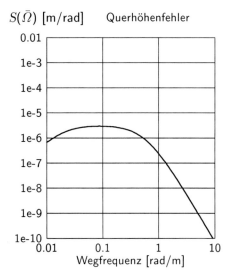

Bild 6.8. Spektrale Leistungsdichten des Längshöhenfehlers, des seitlichen Richtungsfehlers und des Querhöhenfehlers in Abhängigkeit von der Wegfrequenz $\bar{\Omega}$ nach [196]

- Querhöhenabweichung der Schienen in Radiant

$$S_\varphi(\bar{\Omega}) = \frac{A_\mathrm{C}/a^2 \cdot \Omega_\mathrm{c}^2 \bar{\Omega}^2}{(\bar{\Omega}^2 + \Omega_\mathrm{r}^2)(\bar{\Omega}^2 + \Omega_\mathrm{c}^2)(\bar{\Omega}^2 + \Omega_\mathrm{s}^2)} \tag{6.19}$$

Die Einheit der Spektraldichte ist immer Quadrat der Einheit der betrachteten Größe dividiert durch Frequenz. Da der Höhenfehler und der seitliche Richtungsfehler in Metern angegeben werden, ist die Einheit für die entsprechenden Spektraldichten $m^2/(\text{rad/m})$. Der Querhöhenfehler wird als Winkel angegeben, was für die Spektraldichte die Einheit $1/(\text{rad/m})$ ergibt.

Hierbei sind für ein konventionelles Gleis (nicht Neubaustrecke) mit relativ gutem Unterhaltungszustand (kleiner Störpegel) einzusetzen

$$\Omega_s = 0,4380\,\text{rad/m},$$
$$\Omega_c = 0,8246\,\text{rad/m},$$
$$\Omega_r = 0,0206\,\text{rad/m},$$
$$A_V = A_A = A_C = 5,9233E - 7\,\text{m}\cdot\text{rad},$$
$$a = 0,75\,\text{m}.$$

Mit diesen Spektren, die in Bild 6.8 dargestellt sind, wurden in der Anfangsphase die ICE-Fahrzeuge ausgelegt. Es sei der Vollständigkeit noch darauf hingewiesen, dass sich schon 1971 ein ORE-Ausschuss mit spektralen Leistungsdichten befasst hat [173].

Auslegungsrechnungen für den ICE 2.2. Bei den Auslegungsrechnungen des ICE 2.2 wurden nicht die Leistungsspektren verwendet, vielmehr wurden Messergebnisse, so z.B. ein Messschrieb des Vertikalfehlers der Neubaustrecke Göttingen – Hannover [165] vorgegeben, siehe Bild 6.9. Bei den Auslegungsrechnungen wurde dieser Messschrieb zumeist als Eingangsgröße für ein Zeitschritt-Integrationsverfahren verwendet. Von dem Messschrieb wurden von Stichel [209] über eine Strecke von 1 km die Spektraldichten bestimmt (Bild 6.10) und durch ein gebrochen rationales Polynom approximiert. Stichel erhielt im Prinzip das gleiche Ergebnis, unabhängig davon, wohin er seine 1 km-Strecke legte. Einzig zwischen 4,5 und 5,5 km ergaben sich deutlich abweichende Ergebnisse, die auch schon aus dem Zeitschrieb ersichtlich sind. Bei 5 km dominieren Einzelfehler.

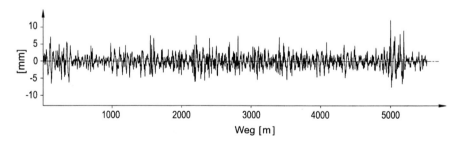

Bild 6.9. Vertikalfehler auf der Neubaustrecke Göttingen–Hannover nach [165]

Da sich auch für andere Abschnitte ähnliche Spektraldichten ergeben, kann man davon ausgehen, dass die Spektraldichte von Bild 6.10 den Gleislagefehler in einem relativ gut unterhaltenen Gleis einer Neubaustrecke der DB AG in etwa richtig erfasst.

6. Regellose Schwingungen

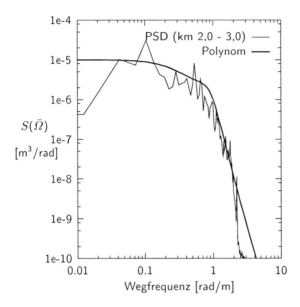

Bild 6.10. Zweiseitige Spektraldichte für den Abschnitt 2 km bis 3 km des Vertikalfehlers (Längshöhenfehlers) aus Bild 6.9 mit Approximation durch ein gebrochen rationales Polynom

Vergleicht man die Spektraldichten aus Bild 6.8 mit denen der Hochgeschwindigkeitsstrecken (Bild 6.10), so erkennt man, dass der Abfall der Kurve in dem tatsächlich durch Messungen erfassten Bereich, d.h. zwischen ungefähr 0,1 rad/m (62,8 m Wellenlänge) und 1 rad/m (6,28 m Wellenlänge), in den Spektraldichten der Neubaustrecken flacher ist als auf konventionellen Strecken. Bei höheren Frequenzen ist der Abfall dagegen steiler. Da die sehr tiefen Frequenzbereiche aber nicht ausreichend durch Messwerte belegt sind, ist bei dieser Aussage Vorsicht geboten. Der Maximalwert der Spektraldichte in Bild 6.8 ist wesentlich höher als der Maximalwert bei der Spektraldichte für die Neubaustrecke (Bild 6.10). Das hat mehrere Gründe. Einerseits sind in Bild 6.8 einseitige Spektraldichten (d.h. es existieren nur Werte für positive Frequenzen) dargestellt, während in Bild 6.10 zweiseitige Spektraldichten dargestellt sind. Um von einseitigen zu zweiseitigen Spektraldichten zu kommen muss man alle Werte durch 2 dividieren. Außerdem weist ein konventionelles Gleis in der Regel größere Störungen auf als ein Neubaustreckengleis. Drittens sind – wie oben schon angedeutet – bei Wellenlängen über etwa 70 m die Amplituden nicht hinreichend abgesichert.

6.4 Ergänzende Bemerkungen zum Zusammenhang zwischen (gemessenen) Spektren der Wegkreisfrequenzen und Spektren der Zeitkreisfrequenzen

Für die Rechnung müssen die aus der Messung vorliegenden Spektren $S(\bar{\Omega})$ umgerechnet werden in Spektren der Zeitkreisfrequenzen $S(\Omega)$. Wegen $\Omega = \frac{2\pi}{L}v = \bar{\Omega}v$ gilt $d\Omega = vd\bar{\Omega}$. Man kann damit umrechnen

$$S(\bar{\Omega})\Delta\bar{\Omega} = \underbrace{S(\bar{\Omega} = \frac{1}{v}\Omega)\frac{1}{v}}_{S(\Omega)}\Delta\Omega, \tag{6.20}$$

also

$$\boxed{S(\Omega) = S(\bar{\Omega})\frac{1}{v}}. \tag{6.21}$$

Für die Komfortbeurteilung benötigt man ferner die Amplitudenquadratspektren (= Leistungsspektren) von Schwinggeschwindigkeit und Schwingbeschleunigung. Bei **periodischer Erregung** (diskrete Spektren) gelten die in Bild 6.11 Beziehungen für das Leistungsspektrum des Schwingwegs, der Schwinggeschwindigkeit und der Schwingbeschleunigung.

Beim kontinuierlichen Spektrum regellos stationärer Vorgänge gilt wegen $\frac{1}{2}\hat{u}_n^2 \hat{=} S(\Omega)\,\Delta\Omega$:

$$\text{Schwing\textbf{weg}leistungsspektrum}\, S_\mathrm{u} = S_\mathrm{u}(\Omega), \tag{6.23}$$
$$\text{Schwing\textbf{geschwindigkeits}leistungsspektrum}\, S_\mathrm{v} = \Omega^2 S_\mathrm{u}(\Omega), \tag{6.24}$$
$$\text{Schwing\textbf{beschleunigungs}leistungsspektrum}\, S_\mathrm{a} = \Omega^4 S_\mathrm{u}(\Omega), \tag{6.25}$$

wobei v für *velocity* und a für *acceleration* steht.

6.5 Bedeutung des Antwortleistungsspektrums

Aus dem Leistungsspektrum der Erregung durch den Fahrweg $S(\Omega)$ ergab sich über das Quadrat der Vergrößerungsfunktion das Leistungsspektrum der Fahrzeugantwort $S_\mathrm{u}(\Omega)$,

$$\boxed{S_\mathrm{u}(\Omega) = V^2(\Omega)S(\Omega).} \tag{6.26}$$

- Es enthält die Beiträge der einzelnen Frequenzen zum quadratischen Mittelwert

$$\bar{u}_\mathrm{q} = \int_0^\infty S_\mathrm{u}(\Omega)\,d\Omega. \tag{6.27}$$

138   6. Regellose Schwingungen

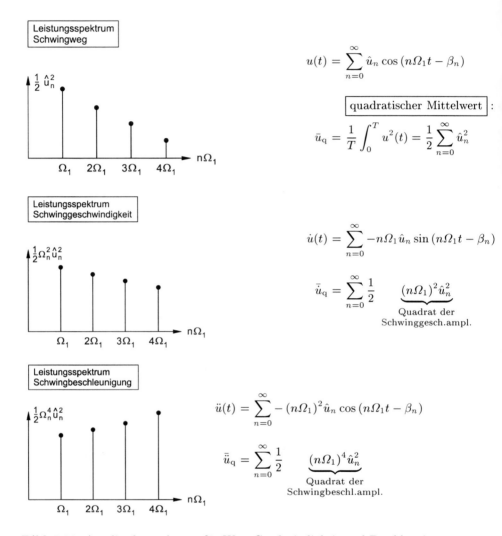

Bild 6.11. Amplitudenspektrum für Weg, Geschwindigkeit und Beschleunigung

- Das Leistungsspektrum der Fahrzeugantwort $S_\mathrm{u}(\Omega)$ bildet die Grundlage der Komfort-Beurteilung.
- Aufbauend auf den Leistungsspektren der Fahrzeugantwort oder den zugehörigen quadratischen Mittelwerten lassen sich auch Verfahren zur Beschreibung der **Beanspruchung** und damit zur **Dimensionierung** entwickeln [209], siehe Kapitel 15.

7. Einwirkung von Schwingungen auf den Menschen - Komfortbeurteilung

Zur Beurteilung des Schwingungskomforts in einem Fahrzeug (gleichgültig ob es sich um ein Schienen- oder ein Straßenfahrzeug handelt) muss man zunächst die Schwingungsantwort des Fahrzeuges messen oder berechnen. Man geht davon aus, dass der empfundene Fahrkomfort von den auftretenden Beschleunigungen bestimmt wird. Entscheidend sind allerdings nicht nur die Beschleunigungsamplituden sondern auch die Frequenzen, da der Mensch als schwingungsfähiges System mit Resonanzen bei bestimmten Frequenzen angesehen werden kann (Bild 7.1).

Die berechnete (*„objektive"*) Beschleunigung muss daher im Frequenzbereich mit einer frequenzabhängigen Bewertungsfunktion multipliziert werden, um eine für die Komfortbewertung relevante (*„subjektive"*) Beschleunigung zu ermitteln. Im Zeitbereich entspricht dem eine Filterung. Die Bewertungsfunktion wird dazu in eine Differentialgleichung überführt. Eingang („rechte Seite") der Differentialgleichung ist die objektive Beschleunigung, Ausgang ist die subjektiv empfundene Beschleunigung. Die Differentialgleichung ist dadurch charakterisiert, dass sich für periodische objektive Beschleunigungen die gleichen periodischen subjektiven Beschleunigungen ergeben wie bei der Multiplikation im Frequenzbereich.

Die Bewertungskurven für das menschliche Empfinden sind schwer zu ermitteln, da sie auch von vielen schwer quantifizierbaren Faktoren (z.B. von der Umgebung oder dem momentanen Befinden) abhängen. Es gibt daher viele verschiedene Bewertungskurven die alle mehr oder weniger häufig Verwendung finden. Weiterhin gibt es unterschiedliche Auffassungen darüber, ob das mittlere Niveau der auftretenden Beschleunigungen oder einzelne, selten auftretende Spitzenwerte einen stärkeren Einfluss auf den Fahrkomfort haben. Moderne Komfortkriterien tendieren dazu, Spitzenwerte härter zu bewerten als ältere Vorschriften.

Einige der uns wichtig erscheinenden Komfortkriterien wollen wir im folgenden beschreiben. Die prinzipielle Vorgehensweise ist bei den meisten ähnlich. Wir behandeln daher das älteste deutsche Konzept (Wertungsziffern) besonders ausführlich. Wer an weiterführender Lektüre zum Thema Schwingungskomfort interessiert ist, sollte auf das Buch von Griffin [66] zurückgreifen.

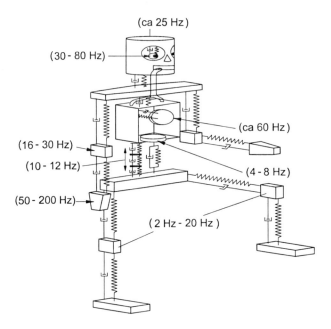

Bild 7.1. Der Mensch als schwingungsfähiges System [8]. Die angegebenen Frequenzen vermitteln einen Eindruck von den Resonanzfrequenzen einzelner Körperteile. Beispielsweise kann man aus dem Bild schließen, die Resonanzfrequenz des Magens zwischen 4 und 8 Hz. [2]

Fragen der Schwingungsmessung in der Nähe von Schienenfahrwegen und der Auswertung derartiger Messungen werden in einer DIN-Norm behandelt [42, 43].

7.1 Wertungsziffer nach Sperling

In einem Artikel aus dem Jahre 1941 [80] beschreibt Sperling Versuche, die im Reichsbahn-Versuchsamt in Berlin-Grunewald durchgeführt worden sind. Das Ziel war es, ein einheitliches Verfahren zur Beurteilung der Laufgüte von Personen- und Güterwagen zu entwickeln. Da zum damaligen Zeitpunkt bereits ein System von Wertungsziffern vorlag, sollte das einheitliche System daran angepasst werden. Aus der Auswertung dieser Versuche ergab sich ein weiterentwickeltes System der so genannten Wertungsziffer (abgekürzt Wz), das teilweise auch heute noch zur Beurteilung des Schwingungskomforts verwendet wird.

Bei den Versuchen wurden Personen auf eine Bank gesetzt, die mit einem Rütteltisch fest verbunden war. Der Rütteltisch wurde entweder senkrecht oder waagerecht bewegt. Die Anregungen bestanden aus annähernd sinusförmigen Schwingungen mit Frequenzen von 1 bis 12 Hz und Schwingweiten von 0.0001 m bis 0.025 m. Zur Kennzeichnung der Empfindlichkeit

---

[2] Dem entspricht die Aussage, dass bei Erregung im Bereich von 6 Hz schnell Übelkeit auftritt.

wurde eine Erschütterungsskala mit den Empfindungswerten E nach Tab. 7.1 verwendet.

Das Urteil war jeweils nach einer Erschütterungsdauer von 2 bis 10 Minuten zu vergeben. Die Ergebnisse für die Empfindungswerte bei waagerechten Schwingungen sind in Bild 7.2 gegeben. In der gewählten doppeltlogarithmischen Skala lagen die Punkte gleicher Empfindungsstärke etwa auf einer Geraden.

Nach einigen Zwischenrechnungen ergibt sich schließlich als Gleichung für die Empfindungswerte $E(\hat{x}, f)$

$$E = 3{,}1 \sqrt[10]{\hat{x}^3 f^5}\,. \tag{7.1}$$

Da die Ergebnisse zwischen lateraler und vertikaler Richtung nur wenig voneinander abwichen, wurde diese Beziehung für Schwingungen in lateraler und vertikaler Richtung verwendet. Bei der Anpassung der gefundenen Gl. (7.1) für die Empfindungsstärke an das schon vorher bestehende System von Wertungsziffern Wz wurde der Vorfaktor etwas reduziert:

$$Wz = 2{,}7 \sqrt[10]{\hat{x}^3 f^5}\,. \tag{7.2}$$

Führt man anstelle der Schwingungsamplitude noch die Beschleunigungsamplitude ein

$$\hat{a} = (2\pi f)^2 \hat{x}\,,$$

so ergibt sich für die Wz-Zahl als Funktion der Beschleunigung die Beziehung

$$Wz = 0.896 \sqrt[10]{\frac{\hat{a}^3}{f}}\,. \tag{7.3}$$

Tabelle 7.1. Überführung von verbal formulierten Empfindlichkeiten in eine Zahlenskala von Empfindungswerten E

E	Beschreibung der Empfindlichkeit in Worten
1,0	gerade spürbar
2,0	gut spürbar
3,0	stärker spürbar jedoch nicht unangenehm, erträglich
3,25	stark spürbar, unruhig, noch erträglich
3,5	außerordentlich unruhig, unangenehm, lästig, bei längerer Dauer nicht erträglich
4,0	außerordentlich unangenehm, unerträglich, bei längerer Dauer schädlich.

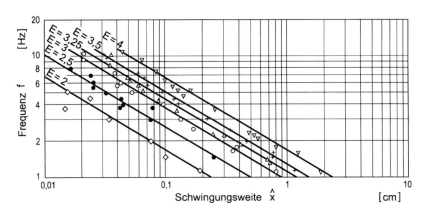

Bild 7.2. Abhängigkeit der Empfindungswerte E von der Schwingungsamplitude $\hat{x}$ und der Frequenz f bei waagerechten Schwingungen nach [80]

In einem Artikel aus dem Jahre 1956 [208] führt Sperling zusätzlich eine Frequenzbewertungsfunktion $F(f)$ ein, mit der sich das menschliche Empfinden noch besser abbilden ließ:

$$Wz = 0.896 \sqrt[10]{\frac{\hat{a}^3}{f} F(f)}\,. \tag{7.4}$$

Zumeist wird die Frequenzbewertungsfunktion $F(f)$ durch eine Bewertungsfunktion $B(f)$ ersetzt, mit der unmittelbar die Beschleunigungsamplituden bewertet werden. Man kann damit auch schreiben:

$$Wz = \sqrt[10]{B(f)^3 \hat{a}^3}\,, \tag{7.5}$$

Für $B(f)$ werden üblicherweise folgende Beziehung für vertikale Schwingungen

$$B_{\text{vert}}(f) = 58.8 \sqrt{\frac{1{,}911 f^2 + (0{,}25 f^2)^2}{(1 - 0.277 f^2)^2 + (1.563 f - 0.0368 f^3)^2}} \tag{7.6}$$

und die folgende für laterale Schwingungen verwendet:

$$B_{\text{lat}}(f) = 1{,}25 \cdot B_{\text{vert}}(f)\,. \tag{7.7}$$

Die Wertungsziffern Wz entsprechen im wesentlichen den Empfindungswerten E, siehe die Gln. (7.1) und (7.2). Die Bedeutung der Empfindungswerte und somit der Wertziffern für den Schwingungskomfort ist in Tab. 7.1 schon in Worten angegeben worden. Eine Wertungsziffer Wz von 3.0 bis 3.5 wird für Personenwagen als gerade noch zulässig angesehen. In Bild 7.3 sind die sich aus Gl. (7.5) ergebenden Kurven gleicher Wahrnehmungsstärke, ausgedrückt durch Wz, für Schwingungen in waagerechter und senkrechter Richtung angegeben. Man sieht, dass Schwingungen mit Frequenzen von 5 bis 6 Hz am härtesten bewertet werden. Außerdem sieht man, dass z.B. bei 1 Hz eine Erhöhung der vertikalen Beschleunigungsamplitude von 0,2 m/s² um ungefähr einen Faktor 4 auf 0,8 m/s² eine Verschlechterung des vertikalen Schwingungskomforts von $Wz = 2$ auf $Wz = 3$ zur Folge hat.

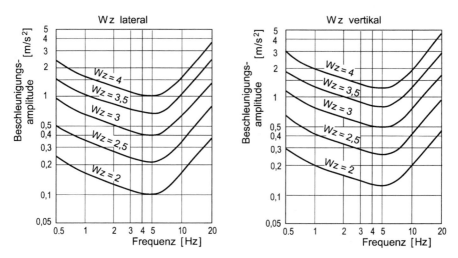

Bild 7.3. Kurven gleicher Wahrnehmungsstärke (gleichen Wz-Wertes) in Abhängigkeit von Frequenz und Schwingbeschleunigung in lateraler Richtung (links) und vertikaler Richtung (rechts)

Die Wertungsziffer wird mit einer etwas anderen Funktion auch als Maß für die allgemeinen Laufeigenschaften von Schienenfahrzeugen - meist Güterwagen - verwendet. Vertikale und laterale Schwingungen haben in diesem Fall die gleiche Bewertungsfunktion:

$$B_{\text{Gv,l}}(f) = 114 \sqrt{\frac{[(1 - 0,056f^2)^2 + (0,645f)^2](3,55f^2)}{[(1 - 0.252f^2)^2 + (1.547f - 0.0044f^3)^2](1 + 3,55f^2)}}. \tag{7.8}$$

Auch die Beschreibung in Worten ist hierbei etwas anders, wie man Tab. 7.2 entnehmen kann. Als Grenzwert für noch zulässige Laufeigenschaften wird in der Regel $WzG = 4{,}25$ angegeben.

7.1.1 Allgemein periodische Schwingungen

Die oben angegebene Gleichung (7.5) gilt natürlich nur für ein Fahrzeug auf einem Cosinus-Gleis. Wir wollen uns jetzt überlegen, wie sich Gl. (7.5)

Tabelle 7.2. Verbale Beschreibung der *WzG*-Werte für die allgemeine Beurteilung der Laufeigenschaften von Güterwagen

WzG Beschreibung der Laufeigenschaften in Worten

1,0 sehr gut
2,0 fast gut
3,0 befriedigend
3,5 noch befriedigend
4,0 betriebsfähig
4,5 nicht betriebsfähig
5,0 betriebsgefährlich

auf allgemeine, periodische Schwingungen übertragen lässt. Dazu formen wir Gl. (7.5) erst noch etwas um

$$Wz = [(B(f)\hat{a})^2]^{0.15}, \tag{7.9}$$

so dass man den Effektivwert der Beschleunigung

$$a_{\text{eff}} = \sqrt{\frac{1}{2}\hat{a}^2}$$

einführen kann. Dann ergibt sich

$$Wz_i = [2(B(f_i)a_{i\text{eff}})^2]^{0.15}. \tag{7.10}$$

Bei allgemein periodischen Schwingungen ergab sich nach Kap. 6 der Effektivwert der Beschleunigung zu

$$a_{\text{eff}} = \sqrt{\frac{1}{2}(\hat{a}_1^2 + \hat{a}_2^2 + \ldots)}$$

oder

$$a_{\text{eff}} = \sqrt{(a_{1,\text{eff}}^2 + a_{2,\text{eff}}^2 + \ldots)}.$$

Zur Ermittlung des Schwingungskomfort bei einer allgemeinen Schwingung werden die Effektivwerte der Beschleunigungen zunächst gewichtet

$$\left[(B(f_1)a_{1,\text{eff}})^2 + \ldots\right],$$

anschließend wird daraus wie in Gl. (7.10) der *Wz*−Wert gebildet:

$$Wz = [2\left((B(f_1)a_{1,\text{eff}})^2 + (B(f_2)a_{2,\text{eff}})^2 + \ldots\right)]^{0.15}. \tag{7.11}$$

In Bild 7.4 ist dies noch einmal graphisch dargestellt.

7.1 Wertungsziffer nach Sperling 145

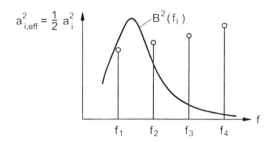

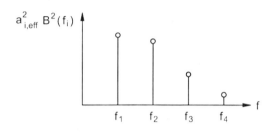

Bild 7.4. Wichtung der Quadrate der Beschleunigungen (Leistungsspektrum) durch die Funktion $B(f)$ (quadriert) bei der Berechnung des Wz-Wertes

7.1.2 Regellose Schwingungen

Bei statistisch stationärer Erregung wird das Leistungsspektrum der Beschleunigung kontinuierlich, da alle Frequenzen vorhanden sind (siehe Bild 7.5).

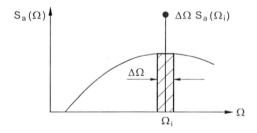

Bild 7.5. Kontinuierliches Leistungsspektrum der Beschleunigung und Umrechnung zu einzelnen Linien im diskreten Beschleunigungsquadratspektrum

Das Beschleunigungsspektrum der Fahrzeugantwort $S_a \Omega_i$ lässt sich für eine Frequenz Ω_i und eine Frequenzbreite $d\Omega$ umrechnen zu einer Linie im diskreten Beschleunigungsquadratspekturm

$$a_{i,\text{eff}}^2 = S_a(\Omega_i) d\Omega \,, \tag{7.12}$$

wobei S_a das Beschleunigungsspektrum der Fahrzeugantwort ist. Da die Bewertungsfunktion als $B(f)$ gegeben ist, muss die Spektraldichte umgerechnet werden. Wegen

$$\Omega = 2\pi f$$

gilt

$$d\Omega = 2\pi df$$

und damit

$$a_{i,\text{eff}}^2 = \underbrace{S_a(2\pi f_i)2\pi}_{S_a(f_i)} df_i = S_a(f_i)df_i\,. \tag{7.13}$$

Der Effektivwert der Beschleunigung ist das Integral über das Beschleunigungsspektrum der Fahrzeugantwort (vgl. Kapitel 6)

$$a_{\text{eff}} = \int_0^\infty S_a\,df\,.$$

Der frequenzbewertete Effektivwert ist dann

$$\int_0^\infty B(f)^2 S_a\,df\,.$$

Für die Wertungsziffer ergibt sich schließlich

$$Wz = \left[\int_0^\infty B(f)^2 S_a\,df\right]^{0.15}\,. \tag{7.14}$$

Der Ablauf zur Ermittlung des Wz-Wertes ist für periodische und regellose Schwingungen in Bild 7.6 nochmals zusammengestellt. Beim Übergang von der Berechnung der Beschleunigungsantwort auf die Komfortbeurteilung ist $\Omega = 2\pi f$ zu setzen.

7.2 ISO 2631

Die ISO 2631 [95] ist eine internationaler Norm, die Methoden zur Beurteilung von Schwingungen im Hinblick auf Komfort, Gesundheit und Seekrankheit (engl. motion sickness) zur Verfügung stellt. Die Norm ist nicht ausschließlich für Schienenfahrzeuge sondern allgemein für Fahrzeuge und Maschinen entwickelt worden. Sie gibt auch keine Grenzwerte vor. Stattdessen wird die Auswertemethodik bereitgestellt, die als Grundlage für die Defintion von Grenzwerten verwendet werden kann. Bei Schienenfahrzeugen werden zum Beispiel nach ISO 2631 bewertete Beschleunigungen in der UIC 513 [164] und der neuen Europanorm ENV 12299 [24] (s. Abschn. 7.3) weiterverwendet.

In den grundlegenden Experimenten zur Entwicklung der Bewertungskurven stellten, setzten oder legten sich Menschen auf einen Rütteltisch.Der frequenzbewertete Effektivwert der Beschleunigungen berechnet sich nach ISO zu

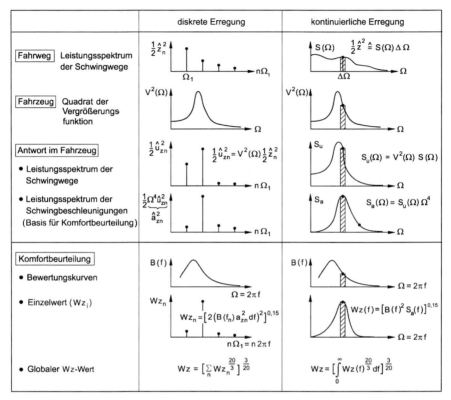

Bild 7.6. Ablauf zur Ermittlung des Wz-Wertes bei regelloser und statistisch stationärer Erregung

$$a_{\text{eff,ISO}} = \sqrt{\frac{1}{T}\int_0^T a_{\text{ISO}}^2(t)\,dt}\,. \tag{7.15}$$

a_{ISO} ist die nach ISO bewertete momentane Beschleunigung. Es gibt drei grundlegende Bewertungsfilter (engl. weighting filter)

w_k – vertikal zwischen 0.5 und 80 Hz,

w_d – lateral und longitudinal zwischen 0.5 und 80 Hz,

w_f – vertikal für Seekrankheit zwischen 0.1 und 0.5 Hz.

Die Bewertungskurven sind in Bild 7.7 wiedergegeben. Die Beschleunigungen sind für die Beurteilung des Komforts für sitzende Personen auf dem Sitz zu ermitteln. Für vertikale Beschleunigungen ist in einer Ergänzung zur ISO 2631 aus dem Jahre 2001 [96] die Bewertungskurve w_b angegeben. Sie soll für Schienenfahrzeuge besser geeignet sein als w_k und wird daher heute weitgehend an deren Stelle benutzt. In Bild 7.8 werden die beiden Bewertungskurven für den Vertikalkomfort miteinander verglichen. Vergleicht

148 7. Schwingungseinwirkungen auf den Menschen - Komfortbeurteilung

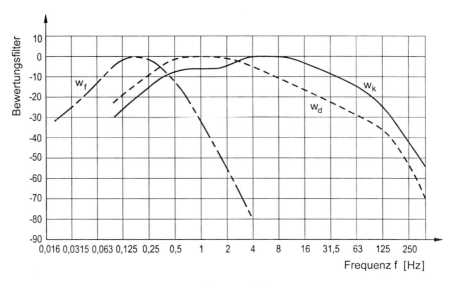

Bild 7.7. Bewertungskurven nach ISO 2631 [96]

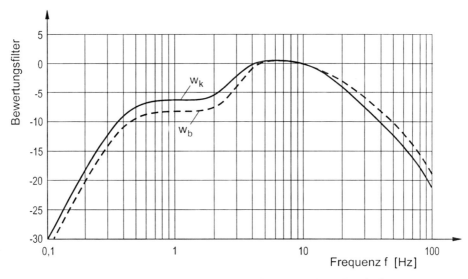

Bild 7.8. Vergleich zweier Bewertungskurven für Vertikalkomfort [96]. Heute wird für Schienenfahrzeuge meist w_b verwendet.

man die Bewertungskurven nach ISO 2631 mit den Kurven gleicher Wahrnehmungsstärke (Wz−Werte), Bild 7.3, so stellt man fest, dass in Bild 7.7 zwischen 4 und 8 Hz maximal gewichtet wird. Das entspricht den Minima in Bild 7.3.

Die Gleichungen für die vertikalen und horizontalen Komfortfilter werden im folgenden angegeben, die Gleichungen für den Filter w_k und w_f können in der Norm nachgeschlagen werden.

Die vertikale Übertragungsfunktion $H_b(i\Omega)$ berechnet sich zu

$$H_b(i\Omega) = H_a(i\Omega) \cdot H_{b0}(i\Omega),$$

mit

$$H_a(i\Omega) = \frac{(i\Omega)^2 4\pi^2 100^2}{[(i\Omega)^2 + \frac{2\pi 0,4}{0,71}i\Omega + 4\pi^2 0,4^2][(i\Omega)^2 + \frac{2\pi 100}{0,71}i\Omega + 4\pi^2 100^2]},$$

und

$$H_{b0}(i\Omega) = \frac{(i\Omega + 2\pi 16)((i\Omega)^2 + \frac{2\pi 2,5}{0,8} \cdot i\Omega + 4\pi^2 2,5^2)}{[(i\Omega)^2 + \frac{2\pi 16}{0,63}i\Omega + 4\pi^2 16^2][(i\Omega)^2 + \frac{2\pi 4}{0,8}i\Omega + 4\pi^2 4^2]} \times$$

$$\times \frac{2\pi \cdot 0,4 \cdot 16^2 \cdot 4^2}{16 \cdot 2,5^2}.$$

Die horizontale Übertragungsfunktion $H_d(i\Omega)$ berechnet sich zu

$$H_d(i\Omega) = H_a(i\Omega) \cdot H_{d0}(i\Omega),$$

mit $H_a(i\Omega)$ wie oben und

$$H_{d0}(i\Omega) = \frac{i\Omega + 2\pi 2}{(i\Omega)^2 + \frac{2\pi 2}{0,63}i\Omega + 4\pi^2 2^2} \cdot \frac{2\pi \, 2^2}{2}.$$

7.3 CEN Norm ENV 12299

Eine Bewertung, die, wie in den beiden vorigen Abschnitten beschrieben, allein von einem längeren Stück Strecke ausgeht, erschien auf die Dauer zu grob, um den empfundenen Fahrkomfort ausreichend zu beschreiben. Wahrgenommen wird nicht nur das mittlere Schwingungsniveau. Relativ selten auftretende einzelne kräftige Störungen können den empfundenen Komfort stark beeinflussen. Daher hat sich das ERRI Komitee B153 [50] mit der Entwicklung besser geeigneter Komfortkriterien beschäftigt. Die Arbeit bildet die Grundlage für die in der europäischen Vornorm ENV 12299 [24] definierten Grenzwerte. Die ENV 12299 ist wiederum ein Nachfolger der UIC 513 [164]. Einige der in der ENV 12299 definierten Komfortkriterien werden im folgenden erläutert.

7.3.1 Vereinfachtes Kriterium für mittleren Komfort – N_{MV}

In der CEN-Norm wird als einziges Kriterium N_{MV} vorgeschrieben. Auch dieses Kriterium dient zur Beurteilung des mittleren Komforts, obwohl, wie wir gleich sehen werden, einzelne höhere Werte härter beurteilt werden als in älteren Vorschriften. Die Anwendung des Kriteriums hat folgende Voraussetzungen:

- Die unausgeglichene Querbeschleunigung in Gleisebene in der Kurve übersteigt nicht 1 m/s².
- Es treten keine starken Beschleunigungen in Längsrichtung auf.

Die Konsequenz dieser Bedingungen ist, dass das N_{MV} nicht für Züge mit Wagenkastenneigung und nicht für Nahverkehrszüge mit vielen Anfahr- und Bremsvorgängen geeignet ist.

Für Nahverkehrszüge sind in der CEN-Norm noch zwei weitere freiwillige Komfortkriterien definiert: N_{VA} für sitzende Fahrgäste und N_{VD} für stehende Passagiere. Ein geeignetes Komfortkriterium für Neigezüge ist noch in der Entwicklung.

Grundlage für N_{MV} ist die Bewertung der Beschleunigungen mit den ISO-Filtern w_{b} für vertikale und w_{d} für longitudinale und laterale Schwingungen, die in Abschn. 7.2 eingeführt wurden. Die Auswertung erfolgt auf dem Wagenboden sowohl über den Drehgestellen als auch in der Mitte des Fahrzeuges. Es sollen nach Gleichung (7.15) Effektivwerte in allen drei Koordinatenrichtungen von mindestens 60 aufeinanderfolgenden 5 Sekunden Intervallen gebildet werden

$$a_{\text{eff,ISO,i}} = \sqrt{\frac{1}{5} \int_{5(i-1)}^{5(i)} a_{\text{ISO,i}}^2(t)\,dt} \qquad i = 1, 60. \tag{7.16}$$

Von diesen 60 Effektivwerten soll dann der 95%-Wert[3] berechnet werden (s. Beispiel in Bild 7.9). Diese 95%-Werte werden für die Ermittlung des Komfortwertes herangezogen

$$N_{\text{MV}} = 6 \cdot \sqrt{(a_{\text{x95,wd}})^2 + (a_{\text{y95,wd}})^2 + (a_{\text{z95,wb}})^2}. \tag{7.17}$$

Neu bei diesem Kriterium ist auch, dass die Schwingungen aller drei Koordinatenrichtungen zur Ermittlung eines gemeinsamen Komfortkriteriums herangezogen werden. Auch für N_{MV} gibt es eine Beschreibung der Werte in Worten, s. Tab. 7.3. Ein typischer Grenzwert in Spezifikationen für Fahrzeuge für den Hochgeschwindigkeitsverkehr ist ein 95%-Wert für laterale bzw. vertikale Beschleunigungen von 0,2 m/s². Beschleunigungen in Längsrichtung werden oft vernachlässigt. Umgerechnet in N_{MV} ergibt dies

$$N_{\text{MV}} = 6 \cdot \sqrt{(0,2)^2 + (0,2)^2} \approx 1,7.$$

---

[3] Der 95%-Wert besagt, dass 95% der ermittelten Effektivwerte niedriger sind.

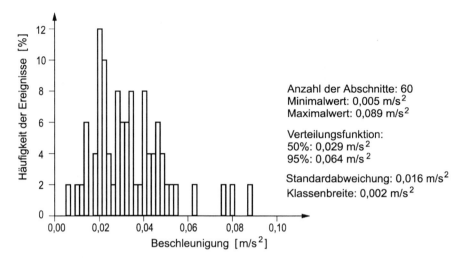

Bild 7.9. Beispiel für die Ermittlung des 95% -Wertes der Effektivwerte der Beschleunigungen

Tabelle 7.3. Beschreibung der N_{MV} -Werte in Worten

N_{MV}	deutsch	englisch
$N_{\mathrm{MV}} < 1$	sehr komfortabel	very comfortable
$1 \leq N_{\mathrm{MV}} < 2$	komfortabel	comfortable
$2 \leq N_{\mathrm{MV}} < 4$	mittel	medium
$4 \leq N_{\mathrm{MV}} < 5$	unkomfortabel	uncomfortable
$N_{\mathrm{MV}} \geq 5$	sehr unkomfortabel	very uncomfortable

7.3.2 Komfortstörungen in Übergangskurven – P_{CT}

Übergangskurven können einen erheblichen Beitrag zu Komfortmängeln bei einem Schienenfahrzeug darstellen. Daher ist mit P_{CT} („Percentage Disturbed from Curve Transitions") im Anhang der ENV 12299 ein weiteres mögliches Komfortkriterium angegeben. Es ist anwendbar für Fahrzeuge mit und ohne Neigetechnik. Es soll *auf dem Wagenboden in Mitte des Fahrzeuges und über dem ersten Drehgestell* ausgewertet werden. Es gilt

$$P_{\mathrm{CT}} = (A\,\ddot{u}_{\mathrm{y,max}} + B\,\dddot{u}_{\mathrm{y,max}} - C) + D\,\dot{\varphi}^{E}_{\mathrm{x,max}} \quad [\%]\,, \tag{7.18}$$

wobei

152   7. Schwingungseinwirkungen auf den Menschen - Komfortbeurteilung

$\ddot{u}_{y,max}$ der Maximalwert der seitlichen Beschleunigung auf dem Wagenboden im Zeitintervall vom Beginn der Übergangskurve bis 1,6 Sekunden nach Ende der Übergangskurve,

$\dddot{u}_{y,max}$ der maximale Ruck im Zeitintervall von 1 Sekunde vor Beginn der Übergangskurve bis zum Ende der Übergangskurve,

$\dot{\varphi}_{x,max}$ der Maximalwert der absoluten Rollgeschwindigkeit in Wagenmitte im Zeitintervall vom Beginn der Übergangskurve bis Ende der Übergangskurve gemessen in Grad pro Sekunde.

Der Term in Klammern wird nur berücksichtigt, wenn er größer Null ist.

Die auszuwertenden Größen werden zuerst mit einem Tiefpassfilter mit der Eckfrequenz 2 Hz multipliziert

$$H(\mathrm{i}\Omega) = \frac{\mathrm{i}\Omega + 2\pi \cdot 2}{(\mathrm{i}\Omega)^2 + \frac{2\pi \cdot 2}{0{,}63}\mathrm{i}\Omega + 4\pi^2 \cdot 2^2} \cdot \frac{2\pi \cdot 2^2}{2}.$$

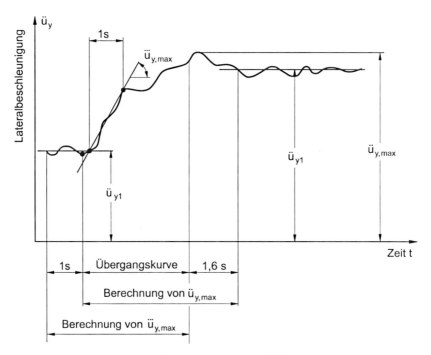

Bild 7.10. Ermittlung der Größen $\ddot{u}_{y,max}$ und $\dddot{u}_{y,max}$ zur Bildung von P_{CT} nach ENV 12299 [24]

Die Ermittlung der notwendigen Größen ist in den Bildern 7.10 und 7.11 veranschaulicht. Die Konstanten, die in Gl. (7.18) einzusetzen sind, sind in Tab. 7.4 angegeben.

7.3 CEN Norm ENV 12299

Tabelle 7.4. Konstanten A bis E zur Berechnung von P_{CT}

	A	B	C	D	E
stehend	28,54	20,69	11,1	0,185	2,283
sitzend	8,97	9,68	5,9	0,120	1,626

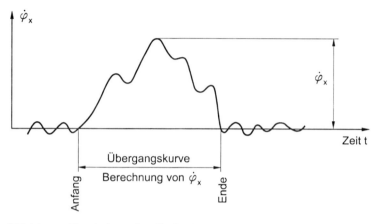

Bild 7.11. Ermittlung der Größe $\dot{\varphi}_{x,\max}$ zur Berechnung von P_{CT} nach ENV 12299 [24]

7.3.3 Diskrete Komfortstörungen – P_{DE}

Ein weiteres in der CEN-Norm vorgeschlagenes Komfortkriterium wird mit P_{DE} („Percentage disturbed from discrete events") bezeichnet. Es kann angewendet werden, wenn erwartet wird, dass diskrete Störungen – z.B. Weichenüberfahrten – den empfundenen Fahrkomfort erheblich beeinflussen. Das oben beschriebene Kriterium N_{MV} würde solche Störungen aufgrund der Mittelwertbildung nicht genügend berücksichtigen. P_{DE} wird folgendermaßen berechnet:

$$P_{DE} = a\,\ddot{u}_{y,p} + b\,\ddot{u}_{y,\text{mean}} - c \quad [\%]. \tag{7.19}$$

Dabei sind

$\ddot{u}_{y,p}$ die Differenz zwischen dem Maximalwert $\ddot{y}_{\max}$ und dem Minimalwert $\ddot{y}_{\min}$ in einem zwei Sekunden Intervall tiefpassgefiltert mit dem in Abschnitt 7.2 angegebenen horizontalen ISO-Filter w_d.

$\ddot{u}_{y,m}$ der auch tiefpassgefilterte Mittelwert $\ddot{y}_{\max}$ im gleichen zwei Sekunden Intervall.

Die Ermittlung von $\ddot{u}_{y,p}$ und $\ddot{u}_{y,m}$ ist in Bild 7.12 veranschaulicht. Die Konstanten, die in Gl. (7.19) einzusetzen sind, sind in Tab. 7.5 gegeben.

154   7. Schwingungseinwirkungen auf den Menschen - Komfortbeurteilung

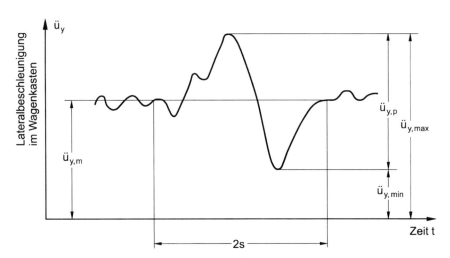

Bild 7.12. Ermittlung der notwendigen Größen zur Berechnung von P_{DE}, nach ENV 12299 [24]

Tabelle 7.5. Konstanten a bis c zur Berechnung von P_{DE}

	a	b	c
stehend	16,62	27,01	37,0
sitzend	8,46	13,05	21,7

7.4 Abschlussbemerkungen

7.4.1 Messen oder Rechnen

Die Normen gehen explizit oder implizit davon aus, dass die Beschleunigungen gemessen werden. Das mag wünschenswert sein, es ist aber nicht zwingend. Genauso gut kann man die Beschleunigungen durch Simulationsrechnungen ermitteln. Das setzt natürlich voraus, dass alle Eingabewerte (Gleislagefehler, Trassierung) bekannt sind.

7.4.2 Komfort als Systemeigenschaft

Ein Komfortwert, gleichgültig ob rechnerisch ermittelt oder gemessen, ist immer eine Systemeigenschaft. Er beinhaltet neben Fahrzeugeigenschaften auch Gleislagefehler, Gleiseigenschaften und Betriebsbedingungen. Die Spezifikation der Laufeigenschaften eines Güterwagens macht erst dann Sinn, wenn Fahrgeschwindigkeit und Gleisqualität, insbesondere Gleislagefehler, mit angegeben werden.

7.4.3 Einwirkungsdauer einer komfortbeeinträchtigenden Schwingung

Es ist offenkundig, dass die Einwirkungsdauer einer Schwingung das Komfortempfinden eines Passagiers beeinflusst. Trotzdem sind wir in diesem Kapitel nicht darauf eingegangen.

In der ISO-Norm 2631 wird in einem Abschnitt auf die Einwirkungsdauer eingegangen. Die ISO-Norm spricht von Expositionszeit. Vielfach wird allerdings das Problem der Einwirkungsdauer dadurch umgangen, dass für Intercity-Fahrzeuge, die in aller Regel länger unterwegs sind, strengere Komfortkennwerte vorgeschrieben werden als für Nahverkehrsfahrzeuge, in denen der Passagier kürzer unterwegs ist.

7.5 Übungsaufgaben zu Kapitel 7

7.5.1 Berechnen der Wertungsziffer nach Sperling

Betrachten Sie den Einmassenschwinger aus Bild 5.1 und ermitteln sie die Vergrößerungsfunktion für die Tauchschwingung des Wagenkastens mit den Werten $m = 40000$ kg, $c = 2 \cdot 10^6$ N/m und $d = 1 \cdot 10^5$ Ns/m. Berechnen sie den Wz-Wert für die Vertikalschwingung des Fahrzeuges mit der in Gl. (6.17) gegebenen Spektraldichte für vertikale Gleislagefehler als Anregung.

Erweitern Sie nun das Modell um einen Drehgestellrahmen mit der Masse $m = 5000$ kg und der Primärfesselung $c_p = 1 \cdot 10^7$ N/m und $d_p = 5 \cdot 10^4$ Ns/m. Es ist schwer, die Vergrößerungsfunktion jetzt noch als geschlossene Lösung anzugeben. Berechnen sie erneut den Wz-Wert und vergleichen sie mit der vorher gewonnenen Lösung. Versuchen sie den Fahrkomfort zu verbessern, indem sie mit den Fahrzeugparametern „spielen".

8. Einführung in die Lateraldynamik von Schienenfahrzeugen

8.1 Vorbemerkung

Das Lateralschwingungsverhalten eines Schienenfahrzeuges wird entscheidend vom Verhalten des Einzelradsatzes und damit von den Vorgängen zwischen Rad und Schiene bestimmt. Die Bewegungen eines freien Radsatzes, d.h. eines Radsatzes, der nicht mit Federn und Dämpfern mit einem Drehgestell oder einem Wagenkasten verbunden ist, sind im Bild 8.1 dargestellt. Setzt man einen mit der Geschwindigkeit v_0 bewegten Radsatz mit konischem Profil (einen so genannten *Doppelkonus*) etwas um die Hochachse verdreht auf die Schiene, so beginnt eine sinusförmige Abrollbewegung. In der Ausgangslage sind beide Rollradien gleich groß. Mit Beginn des Abrollvorgangs bewegt sich der Radsatz etwas in die positive u_y-Richtung, wobei der linke Rollradius größer, der rechte kleiner wird. Dadurch bewegt sich das linke Rad etwas schneller als das rechte und „holt auf". Das setzt sich so lange fort, bis eine Lage erreicht ist, bei der der linke Rollkreisradius einen maximalen und der rechte Rollkreisradius einen minimalen Wert einnehmen. Die Radsatzachse steht jetzt senkrecht zur Gleisachse ($\varphi_z = 0$), der Radsatzschwerpunkt ist um den Maximalwert u_{y0} nach links verschoben. Bei Fortsetzung der Rollbewegung überholt nun das linke Rad das rechte Rad, bis wieder die zentrische Stellung mit der maximalen Verdrehung φ_{z0}, diesmal in die entgegengesetzte Richtung, erreicht ist. Bei kleinen Querbewegungen lässt sich die Bewegung des Schwerpunktes in sehr guter Näherung durch eine Sinusfunktion beschreiben. Man spricht daher vom *Sinuslauf* des Radsatzes.

Diese Abrollbewegung ist im wesentlichen ein kinematischer Vorgang. Die Wellenlänge L der Sinuslaufbewegung (vgl. Bild 8.1) lässt sich alleine aus den geometrischen Größen des Radsatzes, und zwar aus

- dem *Rollradius* (Laufkreisradius) in der unverschobenen Position r_0,
- dem Abstand der Radaufstandspunkte (*Stützweite*) $2e_0$ und
- dem Neigungswinkel δ_0 des Konus (der *Konizität*)

bestimmen. Die Formel hierfür wird im Abschnitt 8.2 abgeleitet.

158   8. Einführung in die Lateraldynamik

Zwischen der *Fahrgeschwindigkeit* v_0, der *Wellenlänge* L der Sinuslaufbewegung und der *Schwingungsdauer* T besteht der Zusammenhang:

$$v_0 = \frac{L}{T}, \tag{8.1}$$

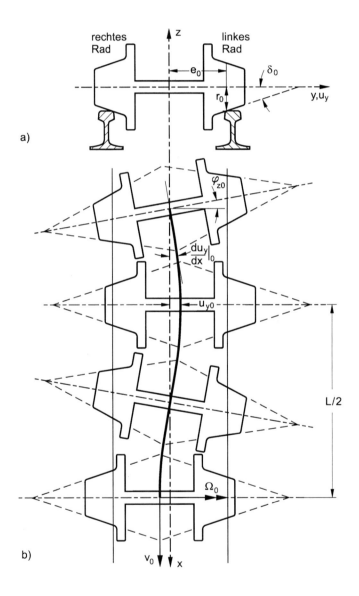

Bild 8.1. Sinuslauf eines Radsatzes

woraus sich die Beziehung für die *Frequenz f* oder die *Kreisfrequenz ω* der Sinuslaufbewegung ergibt,

$$f = \frac{v_0}{L} \quad \text{oder} \quad \omega = \frac{2\pi v_0}{L}. \tag{8.2}$$

Der Radsatz-Sinuslauf wurde bereits 1883 von dem Baurat Johannes Klingel aus Karlsruhe [121] untersucht. Die Motivation für diese Untersuchungen waren *Schlingerbewegungen* von Eisenbahnwagen (im Englischen spricht man von *hunting motion*), die den Komfort erheblich beeinflussten. Bis Anfang der siebziger Jahre des zwanzigsten Jahrhunderts ging man in Deutschland zumeist davon aus, dass die Sinuslaufbewegung des Radsatzes oder des Drehgestells als eine *Fußpunktanregung* mit der Frequenz ω auf das Fahrzeug wirkt. Da die Wellenlänge L für ein konisches Radprofil auf Kreisprofilen für die Schiene (siehe Bild 8.3) oder für eine Schneidenlagerung (Bild 8.4) konstant ist, ist die Frequenz nach Gl. (8.2) von der Fahrgeschwindigkeit abhängig. Die Aufgabe des Konstrukteurs bestand dann darin, die Primär- und Sekundärfesselungen geeignet abzustimmen. Die Eigenfrequenzen der Aufbau-Eigenformen sollten dabei für den hauptsächlich interessierenden Geschwindigkeitsbereich entweder hinreichend weit von der Erregerfrequenz der Sinuslaufbewegung entfernt oder hinreichend stark gedämpft sein. Praktische Vorschläge, wie dies erreicht werden kann, hat bereits Klingel [121] vorgelegt.

Mit dieser Interpretation, nach der die lateralen Schlingerbewegungen des Schienenfahrzeugs erzwungene Schwingungen aufgrund der Sinuslaufbewegungen der Radsätze sind, konnten nicht alle auftretenden Phänomene erklärt werden. Nicht erklären ließ sich die Abhängigkeit der Amplituden der Radsatzquerbewegung von der Fahrgeschwindigkeit: Bei niedrigen Fahrgeschwindigkeiten führen die Radsätze nur geringe Querbewegungen aus, deren Ursache die stets vorhandenen Gleisunregelmäßigkeiten sind. Selbst nach stärkeren Störungen (z.B. beim Bogeneinlauf) treten abklingende Schwingungen auf. Von einer *kritischen Geschwindigkeit* an schaukeln sich die Querbewegungen hingegen zu relativ großen Amplituden auf, es kommt zum Anlaufen des Radkranzes an die Flanke des Schienenkopfes.

In Bild 8.2 sind die Querbewegungen des Radsatzschwerpunktes aufgrund einer Anfangsstörung unter der Voraussetzung, dass es sich um ein ideales, gerades Gleis und um lineare Bewegungsvorgänge handelt, grafisch dargestellt. Bei niedrigen Geschwindigkeiten führt der Radsatz eine gedämpfte Schwingung aus (Bild 8.2a). Bei höheren Geschwindigkeiten können sich die Radsatzquerbewegungen aufgrund einer Anfangsstörung aufschaukeln (Bild 8.2c), es handelt sich dann um eine angefachte Schwingung, bei der die Querbewegungen erst dadurch begrenzt werden, dass es zum Anlaufen des Radkranzes an den Schienenkopf kommt. Dazwischen gibt es eine *kritische Geschwindigkeit*, bei der der Radsatz eine ungedämpfte, periodische Schwingung ausführt (Bild 8.2b). Unterhalb dieser Geschwindigkeit sind die Bewegungsvorgänge *stabil*, über dieser Geschwindigkeit hingegen *instabil*. Die Bewegung

160   8. Einführung in die Lateraldynamik

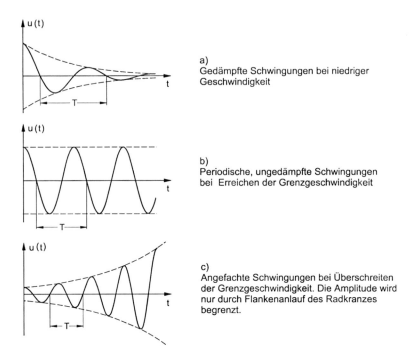

Bild 8.2. Querbewegung eines Radsatzes auf geradem Gleis bei unterschiedlichen Geschwindigkeiten

an der Stabilitätsgrenze wird als *grenzstabil* bezeichnet, die Geschwindigkeit als *kritische Geschwindigkeit* oder *Grenzgeschwindigkeit*.

Bereits 1887 hat Boedecker behauptet [9], dass es bei Radsätzen zu instabilen Bewegungen kommen kann, und er hat versucht, diese zu analysieren (Bild 1.3). Dies gelang nur unzulänglich, da er die Mechanik des Rollkontakts noch nicht richtig beschreiben konnte.[1] 1916 hat Carter vor der Institution of Civil Engineers in London im Rahmen eines Vortrags über elektrische Lokomotiven [20] auch über Untersuchungen zur Stabilität von Lokomotiven berichtet, die auch nach heutiger Erkenntnis korrekt waren.[2] Carter verwendete als kontaktmechanische Beziehung eine linearen Zusammenhang zwischen Schlupfkräften und Schlupf. Es dauerte bis nach 1950, bis im Zusammen-

---

[1] Qualitativ hat er den instabilen Bewegungsvorgang aber erfasst. Wir wissen heute, das vor allem die Kontaktgeometrie für das Auftreten von Instabilitäten verantwortlich ist.

[2] Carter wurde in einem Diskussionsbeitrag verspottet: „The mathematical demonstration which the author had given might be perfectly correct, but not many years ago, before the introduction of the motor-bicycle, it was demonstrated mathematically by an eminent French mathematician that a motor-bicycle would be an absurdity; and there were many other instances in engineering history to show that mathematics might occasionally go astray, and that practice was worth a great deal in matters of that kind."

hang mit steigenden Fahrgeschwindigkeiten langsam die Notwendigkeit von Stabilitätsuntersuchungen erkannt wurde, zunächst in Japan [149], später in Frankreich, in England [225] und dann auch in Deutschland [162]. Die Untersuchung derartiger Eigenschwingungen, insbesondere die Ermittlung der Stabilitätsgrenze, erfolgt im Kapitel 10.

8.2 Sinuslauf und Klingelformel

Bewegungsvorgänge nach Art des in Bild 8.1 dargestellten *Sinuslaufs* wurden 1883 von Klingel [121] untersucht, siehe auch Bild 1.2. Wir geben im Folgenden nicht die Ableitung von Klingel wieder sondern wählen einen etwas anderen Weg, der den Vorteil bietet, dass er sich auf allgemeine Profile übertragen lässt.

Gesucht sei die Differentialgleichung für die Bahnkurve des kinematischen Bewegungsvorganges von Bild 8.1. Wir setzen voraus, dass es sich um eine reine Abrollbewegung handelt, bei der es zu keinen Gleitvorgängen im Kontakt von Rad und Schiene kommt. Ferner werden Massenträgheitskräfte sowie Gewichtskräfte vernachlässigt und der Radsatz bleibt ungefesselt, so dass keine Feder- und Dämpferkräfte auf ihn einwirken. In Bild 8.3 wird der Abrollvorgang verdeutlicht. Im Bild 8.3a ist der Radsatz in zentrischer Stellung mit den dabei gültigen Bezeichnungen dargestellt: r_0 ist der *Rollradius*, $2e_0$ ist der *Radstand* und δ_0 ist der *Kontaktwinkel*. Bild 8.3b zeigt den Radsatz bei der größten Querverschiebung. Die beiden Rollradien r_L und r_R sind kleiner bzw. größer als r_0. Während der Radsatzschwerpunkt weiterhin die Geschwindigkeit

$$v_0 = \Omega_0 r_0 \tag{8.3}$$

besitzt, muss im Fall reinen Rollens für die beiden gekennzeichnet Punkte auf der Radsatzachse gelten (Bild 8.3c)

$$v_L = \Omega_0 r_L, \tag{8.4a}$$
$$v_R = \Omega_0 r_R. \tag{8.4b}$$

In infinitesimaler Nachbarschaft durchfährt der Radsatzschwerpunkt einen Kreisbogen mit dem Radius ρ. Mit dem Strahlensatz lässt sich ρ aus Bild 8.3c bestimmen:

$$\frac{r_0}{\rho(u_y)} = \frac{r_L(u_y) - r_R(u_y)}{e_L + e_R}. \tag{8.5}$$

Die gleiche Beziehung gilt für jede beliebige Stellung des Radsatzes, auch dann noch, wenn ein kleiner Wendewinkel vorliegt. Bei zentrischer Stellung ist $r_L = r_R = r_0$, der Wendewinkel wird maximal und für der Krümmungsradius ergibt sich $\rho \to \infty$. Gl. (8.5) ist bereits die gesuchte Differentialgleichung für

162   8. Einführung in die Lateraldynamik

die Bahnkurve. Man sieht dies deutlicher, wenn man den Krümmungsradius durch

$$\frac{1}{\rho(u_y)} \simeq -\frac{\mathrm{d}^2 u_y}{\mathrm{d}x^2}, \qquad (8.6)$$

ersetzt, was bei kleinen Querverschiebungen u_y ohne weiteres möglich ist. Damit ist die Differentialgleichung des kinematischen Bewegungsvorganges für allgemeine Profile bekannt:

$$\frac{\mathrm{d}^2 u_y}{\mathrm{d}x^2} + \frac{\Delta r(u_y)}{r_0\,(e_\mathrm{L} + e_\mathrm{R})} = 0. \qquad (8.7)$$

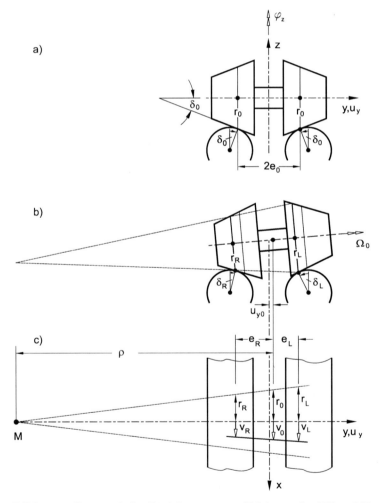

Bild 8.3. Geometrische Beziehungen zur Ableitung der Klingel-Formel

8.2 Sinuslauf und Klingelformel

Was noch fehlt, ist die Beziehung für die Rollradiendifferenz $\Delta r = r_\text{L} - r_\text{R}$ und für $e_\text{L} + e_\text{R}$. Anstatt auf die Beziehungen aus dem Unterabschnitt 3.2.1 zurückzugreifen, soll die Ermittlung der Beziehungen an dem sehr einfachen Beispiel eines Doppelkonus auf Schneidenlagerung (Bild 8.4), erläutert werden. Man liest aus Bild 8.4 ab

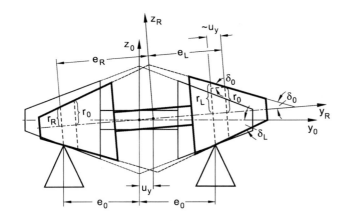

Bild 8.4. Kinematische Beziehungen für r_L, r_R am Beispiel der Schneidenlagerung

$$r_\text{L} - r_0 \simeq +u_\text{y} \tan \delta_0, \tag{8.8a}$$

$$r_\text{R} - r_0 \simeq -u_\text{y} \tan \delta_0, \tag{8.8b}$$

also für die Rollradiendifferenz $r_\text{L} - r_\text{R} = \Delta r$

$$r_\text{L} - r_\text{R} \simeq 2u_\text{y} \tan \delta_0 \simeq 2u_\text{y} \delta_0. \tag{8.9}$$

Aus Bild 8.4 entnimmt man ferner, dass $e_\text{L} + e_\text{R}$ konstant bleibt,

$$e_\text{L} + e_\text{R} \simeq 2e_0. \tag{8.10}$$

Als linearisierte Differentialgleichung des kinematischen Bewegungsvorganges ergibt sich damit

$$\frac{\mathrm{d}^2 u_\text{y}}{\mathrm{d}x^2} + \frac{\delta_0 u_\text{y}}{r_0 e_0} = 0. \tag{8.11}$$

Für die Anfangsbedingungen von Bild 8.1 erhält man als Lösung

$$u_\text{y} = u_\text{y0} \sin \frac{2\pi x}{L} \tag{8.12}$$

mit der *Wellenlänge L des Sinuslaufs*

$$L = 2\pi \sqrt{\frac{e_0 r_0}{\delta_0}}. \tag{8.13}$$

Gl. (8.12) rechtfertigt es, vom *Sinuslauf des Radsatzes* zu reden. Mit Gl. (8.2) ergibt sich als *Frequenz (bzw. Kreisfrequenz) des Sinuslaufs*

$$f = \frac{v_0}{2\pi}\sqrt{\frac{\delta_0}{e_0 r_0}} \qquad \text{bzw.} \qquad \omega = v_0 \sqrt{\frac{\delta_0}{e_0 r_0}}. \tag{8.14}$$

Die Beziehung (8.14) ist als *Klingel-Formel* bekannt, die Kreisfrequenz ω oder die Frequenz f werden manchmal als die *Klingel-Frequenz* bezeichnet. Die Klingel-Frequenz ist proportional zur Fahrgeschwindigkeit. Das Quadrat der Klingel-Frequenz ist proportional zum Kontaktwinkel δ_0 und umgekehrt proportional zum Laufkreisradius r_0 und zur halben Spurweite e_0.

Gl. (8.13) lässt erkennen, wie die Wellenlänge und damit die Frequenz des Sinuslaufs beeinflusst werden können. Der Radabstand $2e_0$ liegt fest. Eine Vergrößerung der Wellenlänge und damit eine Verringerung der Frequenz lässt sich durch eine Erhöhung des Rollradius r_0 oder eine Verringerung des Kontaktwinkels δ_0 erreichen. Bei zylindrischen Profilen wird die Wellenlänge unendlich, es gibt keinen Sinuslauf. Für ausgeprägte Verschleißprofile muss δ_0 durch die wirksame Konizität λ_e ersetzt werden, die Wellenlänge kann dann deutlich absinken.

8.3 Voraussetzungen und Annahmen bei der Ableitung der Klingel-Formel

Bei der Ableitung der Klingel-Formel wurde vorausgesetzt, dass der Radsatz-Sinuslauf sich als rein kinematischer Bewegungsvorgang beschreiben lässt, bei dem beide Räder eine Abrollbewegung ausführen. Zwischen Rad und Schiene werden aufgrund dieser Voraussetzung nur Normalkräfte, hingegen keine Tangentialkräfte übertragen. Es wurde zudem vorausgesetzt, dass Massenträgheitskräfte sowie Gewichtskräfte vernachlässigt werden können und dass der Radsatz ungefesselt ist, so dass keine Feder- und Dämpferkräfte auf ihn einwirken.

Weiterhin wurden bei der Ableitung der Klingelformel Zusatzannahmen getroffen, die nochmals aufgelistet werden sollen:

1. Die Querverschiebungen u_y sind so klein, dass linearisiert werden darf.
2. Die Drehung φ_z um die Hochachse bleibt so klein, dass man sich bei der kinematischen Betrachtung (Bild 8.4) auf die $y - z$-Ebene beschränken kann.
3. Auch der Winkel δ_0 muss sehr klein bleiben.
4. Schließlich wurden ein konisches Radprofil und im Zusammenhang damit eine Schneidenlagerung angenommen. Beides bedeutet, wie wir gleich sehen werden, keine Beschränkung der Allgemeinheit.

8.3 Voraussetzungen und Annahmen bei der Ableitung der Klingel-Formel 165

Zusammenfassung:
Beim kinematischen Sinuslauf des Radsatzes (Bild 8.5) lassen sich die Querverschiebung $u_y(t)$ und die Drehung um die Hochachse $\varphi_z(t)$ durch die folgenden beiden Gleichungen beschreiben:

$$u_y = u_{y0} \sin \omega t$$
$$\varphi_z = u_{y0} \left(\frac{\omega}{v_0}\right) \cos \omega t$$

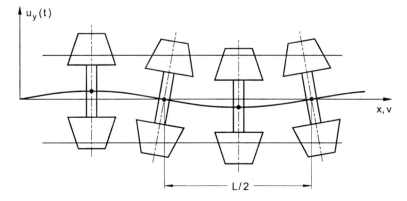

Bild 8.5. Kinematischer Sinuslauf

Die Wellenlänge und die Kreisfrequenz (Klingel-Frequenz) des Sinuslaufs bestimmt man über die Beziehungen

$$L = 2\pi \sqrt{\frac{e_0 r_0}{\lambda_e}}, \quad (8.13) \qquad \text{und} \qquad \omega = v_0 \sqrt{\frac{\lambda_e}{e_0 r_0}}. \quad (8.14)$$

Hierbei ist λ_e die so genannte *wirksame Konizität*. Bei konischen Profilen gilt $\lambda_e = \delta_0$ (Bild 8.6, links), bei Kreisprofilen lässt sich für λ_e eine analytische Formel [122] angeben (Bild 8.6, rechts).

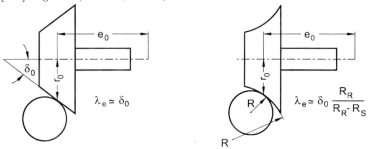

Bild 8.6. Konizität und wirksame Konizität (englisch: equivalent conicity) beim Kreisprofil

166   8. Einführung in die Lateraldynamik

In Abschnitt 3.2.4 wurde gezeigt, wie beliebige Profile in äquivalente Kreisprofile überführt werden können. Der Zusammenhang zwischen Wellenlänge und wirksamer Konizität gilt auch für diesen Fall.

8.4 Bestimmung der wirksamen Konizität mit Gleichung (8.13)

Gl. (8.13) lässt sich auch anders einsetzen, wenn man annimmt, dass die Wellenlänge des Sinuslaufs aus Messungen oder für eine allgemeinen Profilkombination als Ergebnis einer Zeitschrittintegration bekannt ist. In diesem Fall kann man Gl. (8.13) nach λ_e auflösen und erhält

$$\lambda_e = \left(\frac{2\pi}{L}\right)^2 e_0 r_0 \,. \tag{8.15}$$

Die Wellenlänge L eines sinuslaufähnlichen Bewegungsvorganges erhält man beispielsweise, indem man die nichtlineare Differentialgleichung (8.7) integriert. Mit $e_L + e_R = 2e_0$ lautet die Differentialgleichung

$$\frac{\mathrm{d}^2 u_y}{\mathrm{d}x^2} + \frac{\Delta r(u_y)}{2\,r_0\,e_0} = 0\,. \tag{8.16}$$

Die Rollradiendifferenz hängt nichtlinear von u_y ab (Bild 3.9). Auf diesem Weg wird bei der DB AG die äquivalente Konizität bestimmt.[3]

Abschlussbemerkung zu Kap. 8

Wenn man nicht nur an der Wellenlänge L des Sinuslaufs interessiert ist, sondern auch wissen möchte, ob es sich um einen stabilen (abklingenden), einen grenzstabilen (harmonischen) oder einen instabilen (aufklingenden) Bewegungsvorgang handelt, dann muss man die vollständigen Bewegungsdifferentialgleichungen bei Berücksichtigung von Massenträgheitskräften, Dämpfungskräften, Federkräften und Schlupfkräften aufstellen und lösen. Dies erfolgt in den Kapiteln 9 und 10 für den Einzelradsatz, in Kapitel 11 für ein Drehgestell und in Kapitel 12 für ein ganzes Fahrzeug. Kapitel 13 enthält einen Ausblick auf nichtlineare Bewegungsvorgänge.

---

[3] Es ist nicht bekannt, wer die Differentialgleichung (8.16) des kinematischen Sinuslaufs für beliebige Profile erstmals angegeben hat. Man findet sie beispielsweise in [161], allerdings fast als Selbstverständlichkeit und ohne Prioritätsanspruch.

9. Aufstellen der Bewegungsdifferentialgleichungen für laterale Bewegungsvorgänge

9.1 Prinzip der virtuellen Verrückungen für einen gefesselten Radsatz bei allgemeinen Bewegungsmöglichkeiten

Wir haben bereits beim Aufstellen der Bewegungsgleichungen für vertikaldynamische Bewegungsvorgänge gesehen, dass man hierfür entweder Impuls- und Drallsatz (Abschnitt 4.2) oder das *Prinzip der virtuellen Verrückungen* oder, wie man auch sagt, das *Prinzip von d'Alembert in der Fassung von Lagrange* (Abschnitt 4.3) verwenden kann. Bei allgemeinen Problemen mit Zwangsbedingungen und Anfangslasten[1] ist es vielfach angenehmer, mit dem Prinzip der virtuellen Verrückungen zu arbeiten, wenngleich die Auswahl letztlich auch eine Frage der Gewohnheit ist.

9.1.1 Betrachtetes System und einwirkende Kräfte

In Bild 9.1 ist der Radsatz in Ansicht und in Aufsicht freigeschnitten worden. Es wurden alle auf den Radsatz einwirkenden Kräfte eingetragen. Es sind dies

- die Fesselungskräfte (Feder- und Dämpferkräfte), d.h. auf der linken Seite F_{xL}, F_{yL} und F_{zL} ebenso auf der rechten Seite (Index R),
- die Schlupfkräfte $T_{\xi L}$, $T_{\xi R}$, $T_{\eta L}$ und $T_{\eta R}$ sowie die beiden Bohrmomente $M_{\zeta L}$ und $M_{\zeta R}$,
- die Normalkräfte N_R und N_L im Radaufstandspunkt,
- die im Radsatzschwerpunkt angreifende Vertikallast 2Q, in der das Gewicht des Radsatzes und die Auflast zusammengefasst sind und
- Die d'Alembertschen Trägheitskräfte $m\ddot{u}_x$, $m\ddot{u}_y$ und $m\ddot{u}_z$ und die Massenträgheitsmomente [2] $\Theta_z\ddot{\varphi}_x$, $\Theta_y\ddot{\varphi}_y$ und $\Theta_z\ddot{\varphi}_z$.

Hinsichtlich Vorzeichen und Richtung der eingetragenen Kräfte gilt:

- Federkräfte sind positiv, wenn sie in den Federn als Zugkräfte wirken.

---

[1] Anfangslasten sind Lasten, die bereits zu Beginn des Bewegungsvorganges vorhanden sind, typischerweise also das Gewicht.
[2] die Massenträgheitsmomenten Θ_z und Θ_x sind aus Symmetriegründen gleich. Es wird daher stets $\Theta_x = \Theta_z$ gesetzt.

168 9. Bewegungsgleichungen für die Lateraldynamik

- Für die Schlupfkräfte wurde bereits festgelegt, dass sie dann positiv sind, wenn sie auf die Schiene in Richtung der ξ-η-Koordinatenachsen wirken.
- Die Normalkräfte im Radaufstandspunkt sind als Druckkräfte positiv.
- Die d'Alembertschen Trägheitskräfte sind positiv in negativer Verschiebungsrichtung.

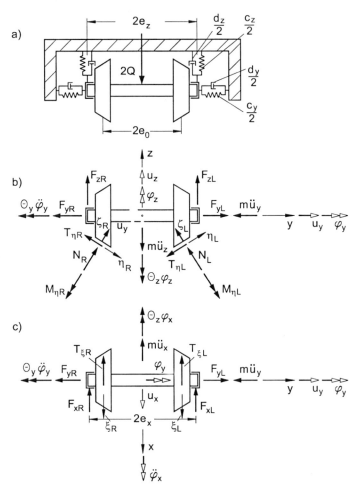

Bild 9.1. System des Radsatzes und Bezeichnungen (a) sowie Freischnitt in Ansicht (b) und Aufsicht (c) (Federn in x-Richtung sind in Fahrtrichtung angeordnet.)

9.1.2 Formulierung des Prinzips der virtuellen Verrückungen

Das Prinzip der virtuellen Verrückungen lautet:

> Für einen virtuellen, d.h. für einen geometrisch möglichen Verschiebungszustand ist die virtuelle Formänderungsenergie gleich der virtuellen Arbeiten der äußeren Kräfte (Gewichtskräfte, Belastungen, nichtkonservative Reaktionskräfte, d. h. Dämpferkräfte und Schlupfkräfte) und der Massenkräfte.
>
> $$\delta V_{\text{int}} = \delta W_{\text{ext}} + \delta W_{\text{m}} \,. \tag{9.1}$$

Einen Vorteil bietet die Formulierung der Gleichgewichtsbedingungen oder der dynamischen Grundgleichungen mit Hilfe des Prinzips der virtuellen Verrückungen, wenn es sich um ein System handelt, in dem *geometrische Zwangsbedingungen* auftreten. Im Fall des Einzelradsatzes sind die beiden Kontaktbedingungen derartige Zwangsbedingungen. Von dem virtuellen Verschiebungszustand wird verlangt, dass er *geometrisch möglich* ist, d.h., dass er die geometrischen Zwangsbedingungen einhält. Als Folge davon treten die Kräfte in Richtung dieser geometrischen Zwangsbedingungen (beim Radsatz sind das die Normalkräfte im Radaufstandspunkt) im Prinzip der virtuellen Verrückungen nicht mehr auf, da in Richtung der geometrischen Zwangsbedingungen keine virtuellen Verschiebungen auftreten. Man erspart sich auf diese Weise die teilweise mühselige Elimination der Zwangskräfte. Nicht umgehen lässt sich natürlich die Formulierung der kinematischen Beziehungen, diese ist aber in jedem Fall erforderlich.

Das Prinzip der virtuellen Verrückungen lässt sich nun für den Radsatz von Bild 9.1 ohne weiteres angeben,

$$\begin{aligned}
&+F_{\text{cxL}}\delta v_{\text{xL}} + F_{\text{cyL}}\delta v_{\text{yL}} + F_{\text{czL}}\delta v_{\text{zL}} \\
&+F_{\text{cxR}}\delta v_{\text{xR}} + F_{\text{cyR}}\delta v_{\text{yR}} + F_{\text{czR}}\delta v_{\text{zR}} \\
=&+(-m\ddot{u}_{\text{x}})\delta u_{\text{x}} + (-m\ddot{u}_{\text{y}})\delta u_{\text{y}} + (-m\ddot{u}_{\text{z}})\delta u_{\text{z}} \\
&+(-\Theta_z\ddot{\varphi}_{\text{x}})\delta\varphi_{\text{x}} + (-\Theta_y\ddot{\varphi}_{\text{y}})\delta\varphi_{\text{y}} + (-\Theta_z\ddot{\varphi}_{\text{z}})\delta\varphi_{\text{z}} \\
&+(-T_{\xi\text{L}})\delta u_{\xi\text{L}} + (-T_{\eta\text{L}})\delta u_{\eta\text{L}} + (-M_{\zeta\text{L}})\delta\varphi_{\zeta\text{L}} + N_{\text{L}}\delta u_{\zeta\text{L}} \\
&+(-T_{\xi\text{R}})\delta u_{\xi\text{R}} + (-T_{\eta\text{R}})\delta u_{\eta\text{R}} + (-M_{\zeta\text{R}})\delta\varphi_{\zeta\text{R}} + N_{\text{R}}\delta u_{\zeta\text{R}} \\
&+(-2Q)\delta u_{\text{z}} \,, \tag{9.2}
\end{aligned}$$

wobei erst einmal die Normalkräfte mit einer virtuellen Verschiebung δu_ζ multipliziert mit aufgenommen werden. Links vom Gleichheitszeichen steht die virtuelle Formänderungsenergie, d.h., das Produkt aus Federkräften und virtuellen Federverlängerungen[3], rechts stehen alle übrigen am Radsatz an-

---
[3] Beispielsweise ist δv_{xL} die virtuelle Federdehnung in der auf der linken Seite in x-Richtung angeordneten Feder.

9. Bewegungsgleichungen für die Lateraldynamik

greifenden Kräfte, die eine virtuelle Arbeit an den zugehörigen virtuellen Verschiebungen leisten. Da der virtuelle Verschiebungszustand die geometrischen Zwangsbedingungen einhalten muss,

$$\delta u_{\zeta L} = 0 \quad \text{und} \tag{9.3a}$$

$$\delta u_{\zeta R} = 0 \tag{9.3b}$$

verschwinden zwei Terme und die unbekannten Normalkräfte N_L und N_R treten im Prinzip der virtuellen Verrückungen nicht mehr auf. Natürlich benötigt man bei der Formulierung der Schlupfkräfte weiterhin die beiden Normalkräfte.

Wir nehmen nun zusätzlich an, dass der Radsatz eine konstante Rollgeschwindigkeit v_0 und eine konstante Winkelgeschwindigkeit Ω_0 besitzt, kleine Zusatzschwingungen u_x und φ_y, die diesen Bewegungen überlagert sein könnten, werden vernachlässigt. Mit dieser vereinfachenden Annahme wird

$$\ddot{u}_x = 0 \quad \text{und} \tag{9.4a}$$

$$\ddot{\varphi}_y = 0 \,, \tag{9.4b}$$

wodurch zwei Trägheitsterme in Gl. (9.2) verschwinden.

9.1.3 Ermittlung der virtuellen Verschiebungen

Obwohl wir die *wirklichen Verschiebungen* u_x und φ_y zu Null gesetzt haben, sollen die virtuellen Verschiebungen δu_x und $\delta \varphi_y$ berücksichtigt werden. Man erhält dann eine Gleichgewichtsbedingung in x-Richtung und eine Momentengleichgewichtsbedingung um die y-Achse.

Es verbleibt nun noch die Aufgabe, alle in Gl. (9.2) auftretenden virtuellen Verschiebungen durch die *unabhängigen virtuellen Verschiebungsgrößen* $\delta u_x, \delta u_y, \delta \varphi_y$ und $\delta \varphi_z$ auszudrücken, wobei die geometrischen Zwangsbedingungen (9.3a) und (9.3b) eingehalten werden müssen. Die sich dabei ergebenden Beziehungen sind in Tab. 9.1 zusammengestellt. Bei der Ableitung dieser Beziehungen wurden die folgenden drei Annahmen verwendet:

- Der Winkel δ_0 ist durchgehend so klein, dass als Näherung $\sin \delta_0 \simeq \delta_0$ und $\cos \delta_0 \simeq 1$ gesetzt werden kann. δ_0 kann üblicherweise gegenüber 1 vernachlässigt werden.
- Wir interessieren uns im folgenden nur für die *linearen Bewegungsdifferentialgleichungen*. Wenn die Kräfte bereits proportional zu einer Verschiebungsgröße sind, dann brauchen in den Beziehungen für die zugehörigen virtuellen Verschiebungen keine Anteile berücksichtigt zu werden, die proportional zu einer wirklichen Verschiebungsgröße sind. Die einzige Kraft, die konstant (und nicht proportional zu einer Verschiebungsgröße) ist, ist das Gewicht $2Q$. Bei der Beziehung für die zugehörige virtuelle Verschiebung δu_z müssen demzufolge auch Terme berücksichtigt werden, die proportional zu den wirklichen Verschiebungen u_y und φ_z sind. Man muss

daher die Beziehung für u_z bis zu quadratischen Termen in u_y und φ_z angeben.
- Es wäre auch denkbar, dass die Schlupfkräfte einen konstanten Anteil enthalten, beispielsweise dann, wenn man bei einem angetriebenen Radsatz um die Antriebsschlupfkraft linearisiert. Auch die Federkräfte können konstante Vorlasten enthalten, die Vertikalfederkräfte beispielsweise aufgrund der Auflasten. Die Berechnung der virtuellen Verschiebungsgrößen ist in diesem Fall ein relativ mühsames Geschäft [154].

Bei der Ermittlung einer virtuellen Verschiebung δu_i kann man entweder von der Gleichung für die wirkliche Verschiebung u_i ausgehen (sofern diese Gleichung explizit bekannt ist) und erhält dann

$$\delta u_i = \frac{\partial u_i}{\partial u_x}\delta u_x + \frac{\partial u_i}{\partial u_y}\delta u_y + \frac{\partial u_i}{\partial \varphi_y}\delta \varphi_y + \frac{\partial u_i}{\partial \varphi_z}\delta \varphi_z \ . \tag{9.5}$$

Eine zweite Möglichkeit besteht darin, dass man kleine virtuelle Verschiebungen δu_x, δu_y etc. vorgibt und sie in Richtung der gesuchten virtuellen Verschiebung δu_i projiziert. Von der ersten Möglichkeit wurde bei der Ermittlung von δu_z Gebrauch gemacht, von der zweiten Möglichkeit bei der Ermittlung von $\delta u_{\eta L}$. Alle virtuellen Verrückungen und die Kräfte, die daran Arbeit leisten, sind in Tab. 9.1 zusammengestellt.

In Tab. 9.1 sind die linearen Beziehungen zur Berechnung der Schlupfkräfte und der Schlüpfe nicht enthalten. Beide werden aus Abschnitt 3.2.6 übernommen. Wir treffen hierbei eine Reihe von *Zusatzvoraussetzungen*:

1. Für die Schlupfkraftberechnung wird angenommen, dass der Referenzzustand schupffrei ist. Wir gehen also von einem Zustand reines Rollens $(v_0 = \Omega_0\, r_0)$ aus und vernachlässigen den an und für sich stets vorhandenen kleinen Bohrschlupf, da wir dann die linearisierten Beziehungen von Kalker (siehe Tabelle 3.4.3) verwenden können,
2. Für die Schlupfberechnung wird ebenfalls ein Zustand reines Rollens angesetzt, zusätzlich werden aber wie bisher schon die kleinen Störungsglieder $\dot{u}_x$ und $\dot{\varphi}_y$ vernachlässigt. Als Geschwindigkeit, auf die alle Schlupfgeschwindigkeiten bezogen werden, erhält man dann $v_m = \frac{v_0 + r_0\Omega_0}{2} = v_0$.

Die um einen schlupffreien Referenzzustand linearisierten Schlupfkräfte ergeben sich dann nach Gl. (3.51) zu

$$\left\{\begin{array}{c} T_\xi \\ T_\eta \\ M_\zeta \end{array}\right\}_{\text{lin}} = Gab \begin{bmatrix} C_{11} & 0 & 0 \\ 0 & C_{22} & \sqrt{ab}\,C_{23} \\ 0 & -\sqrt{ab}\,C_{23} & ab\,C_{33} \end{bmatrix} \left\{\begin{array}{c} \nu_\xi \\ \nu_\eta \\ \nu_\zeta \end{array}\right\} \tag{9.6}$$

Die Schlüpfe lassen sich unter Berücksichtigung der Zusatzvoraussetzungen, wie in Gl. (9.7) angegeben, aus den Verschiebungen und Verschiebungsgeschwindigkeiten berechnen.

9. Bewegungsgleichungen für die Lateraldynamik

Tabelle 9.1. Zusammenstellung der virtuellen Verschiebungen und Verdrehungen sowie der Kraftgrößen, die daran Arbeit leisten

Typ	Kraft	Beziehungen für die zugehörigen virtuellen Verschiebungen oder Verdrehungen
Schlupf- kräfte	$-T_{\xi\mathrm{L(R)}}$	$\delta u_{\xi\mathrm{L(R)}} = \delta u_{\mathrm{x}}{}_{(+)}^{-}e_0\delta\varphi_{\mathrm{z}} - r_0\delta\varphi_{\mathrm{y}}$
	$-T_{\eta\mathrm{L(R)}}$	$\delta u_{\eta\mathrm{L(R)}} = \delta u_{\mathrm{y}} + r_{\mathrm{L(R)}}\delta\varphi_{\mathrm{x}} {}_{(-)}^{+}e_{\mathrm{L(R)}}\delta_{\mathrm{L(R)}}\delta\varphi_{\mathrm{x}}$ $\simeq \delta u_{\mathrm{y}}(1+r_0\sigma)$
	$-M_{\zeta\mathrm{L(R)}}$	$\delta\varphi_{\zeta\mathrm{L(R)}} = \delta\varphi_{\mathrm{z}}{}_{(+)}^{-}\delta_0\delta\varphi_{\mathrm{y}}$
Gewicht	$-2Q$	$\delta u_{\mathrm{z}} = \zeta u_{\mathrm{y}}\delta u_{\mathrm{y}} - \epsilon\varphi_{\mathrm{z}}\delta\varphi_{\mathrm{z}}$
Feder- kräfte	$F_{\mathrm{cxL(R)}} = +\frac{1}{2}c_{\mathrm{x}}v_{\mathrm{L(R)}}$	$\delta v_{\mathrm{xL(R)}} = -\delta u_{\mathrm{x}}{}_{(-)}^{+}e_{\mathrm{x}}\delta\varphi_{\mathrm{z}}$
	$F_{\mathrm{cyL(R)}} = +\frac{1}{2}c_{\mathrm{y}}v_{\mathrm{yL(R)}}$	$\delta v_{\mathrm{yL(R)}} = {}_{(+)}^{-}\delta u_{\mathrm{y}}$
	$F_{\mathrm{czL(R)}} = +\frac{1}{2}c_{\mathrm{z}}v_{\mathrm{zL(R)}}$	$\delta v_{\mathrm{zL(R)}} = -\delta u_{\mathrm{z}}{}_{(+)}^{-}e_{\mathrm{x}}\delta\varphi_{\mathrm{x}}$ $\simeq -\delta u_{\mathrm{z}}{}_{(+)}^{-}e_{\mathrm{x}}\sigma\delta u_{\mathrm{y}}$
		Zur Ermittlung der wirklichen Federdehnungen brauchen nur die Symbole δ weggelassen zu werden.
Dämpfer- kräfte	$F_{\mathrm{dxL(R)}} = +\frac{1}{2}d_{\mathrm{x}}\dot{v}_{\mathrm{xL(R)}}$	analog den virtuellen Feder- verschiebungen
Massen- kräfte	$-m\ddot{u}_{\mathrm{x}} = 0$	
	$-m\ddot{u}_{\mathrm{y}}$	δu_{y}
	$-m\ddot{u}_{\mathrm{z}}$	$\delta u_{\mathrm{z}} = \zeta u_{\mathrm{y}}\delta u_{\mathrm{y}} - \chi\varphi_{\mathrm{z}}\delta\varphi_{\mathrm{z}}$
	$-\Theta_{\mathrm{x}}\ddot{\varphi}_{\mathrm{x}}$	$\delta\varphi_{\mathrm{x}} = \sigma\delta u_{\mathrm{y}}$
	$-\Theta_{\mathrm{y}}\ddot{\varphi}_{\mathrm{y}} = 0$	
	$-\Theta_{\mathrm{x}}\ddot{\varphi}_{\mathrm{z}}$	$\delta\varphi_{\mathrm{z}}$

$$\begin{Bmatrix} \nu_\xi \\ \nu_\eta \\ \nu_\zeta \end{Bmatrix}_{\mathrm{L(R)}} = \begin{Bmatrix} 0 \\ 0 \\ {}_{(+)}^{-}\dfrac{\delta_0}{r_0} \end{Bmatrix} + \begin{bmatrix} {}_{(+)}\dfrac{\lambda}{r_0} & 0 \\ 0 & -1 \\ -\dfrac{\varepsilon}{r_0} & 0 \end{bmatrix} \begin{Bmatrix} u_{\mathrm{y}} \\ \varphi_{\mathrm{z}} \end{Bmatrix}$$

$$+ \frac{1}{v_0}\begin{bmatrix} 0 & {}_{(+)}e_0 \\ 1+\sigma\dfrac{r_0}{e_0} & 0 \\ 0 & 1 \end{bmatrix} \begin{Bmatrix} \dot{u}_{\mathrm{y}} \\ \dot{\varphi}_{\mathrm{z}} \end{Bmatrix} . \tag{9.7}$$

Alles Weitere ist reine Einsetz- und Sortierarbeit. Als Endergebnis erhält man eine Beziehung der folgenden Form

$$\delta u_\mathrm{x}[\cdots] + \delta u_\mathrm{z}[\cdots] + \delta\varphi_\mathrm{y}[\cdots] + \delta\varphi_\mathrm{z}[\cdots] = 0\,. \tag{9.8}$$

Da die virtuellen Verschiebungen willkürlich sind, müssen die eckigen Klammern zu Null werden. Das ergibt dann die gesuchten Bewegungsgleichungen.

9.1.4 Gleichgewichtsbedingungen in x-Richtung und um die y-Achse

Die eckigen Klammern zu δu_x und $\delta\varphi_\mathrm{y}$ liefern das Kräftegleichgewicht in x-Richtung und das Momentengleichgewicht um die y-Achse:

$$-T_{\xi L} - T_{\xi R} + F_{\mathrm{cxL}} + F_{\mathrm{cxR}} = 0\,. \tag{9.9}$$

und

$$(T_{\xi L} + T_{\xi R})r_0 + (M_{\zeta L} - M_{\zeta R})\delta_0 = 0\,. \tag{9.10}$$

Setzt man beide Beziehungen ineinander ein und eliminiert dadurch die Summe der Längsschlupfkräfte, $(T_{\xi L} + T_{\xi R})$, dann erhält man

$$F_{\mathrm{cxL}} + F_{\mathrm{cxR}} = -(M_{\zeta L} - M_{\zeta R})\frac{\delta_0}{r_0}\,,$$

oder, wenn man die beiden Bohrmomente noch mit Hilfe von (9.6) und (9.7) ausdrückt

$$F_{\mathrm{cxL}} + F_{\mathrm{cxR}} = 2G\left(ab\frac{\delta_0}{r_0}\right)^2 C_{33}\,. \tag{9.11}$$

Diese Gleichung lässt sich nun mechanisch interpretieren: Die Summe der beiden Kräfte $F_\mathrm{xL} + F_\mathrm{xR}$ ist diejenige Kraft, die vom Rahmen in x-Richtung auf den Radsatz ausgeübt wird. Sie ist erforderlich, um die konstante Geschwindigkeit v_0 aufrecht zu erhalten. Sie dient zur Überwindung eines - wenn auch verschwindend kleinen - Anteils des Rollwiderstandes, der sich bei einem von Null verschiedenen Kontaktwinkel aus dem dann vorhandenen, konstanten Bohrschlupf ergibt.

9.1.5 Gleichgewichtsbedingungen in y-Richtung und um die z-Achse

Es verbleiben dann von Gleichung (9.8) die beiden zu δu_y und $\delta\varphi_\mathrm{z}$ gehörenden eckigen Klammern. Aus ihnen ergibt sich das gesuchte *System von Bewegungsdifferentialgleichungen für den gefesselten Radsatz*, Gleichung (9.1.5).

9. Bewegungsgleichungen für die Lateraldynamik

Aus Gründen der Übersichtlichkeit werden bei der Dämpfungsmatrix und der Steifigkeitsmatrix unterschiedliche physikalische Effekte auch in unterschiedlichen Matrizen zusammengefasst.

$$\begin{bmatrix} m + \Theta_z \sigma^2 & 0 \\ 0 & \Theta_z \end{bmatrix} \begin{Bmatrix} \ddot{u}_y \\ \ddot{\varphi}_z \end{Bmatrix} + \begin{bmatrix} 2Q\zeta & 0 \\ 0 & -2Q\chi \end{bmatrix} \begin{Bmatrix} u_y \\ \varphi_z \end{Bmatrix} +$$

$$\begin{bmatrix} d_y - d_x e_x^2 \sigma^2 & 0 \\ 0 & e_x^2 d_x \end{bmatrix} \begin{Bmatrix} \dot{u}_y \\ \dot{\varphi}_z \end{Bmatrix} + \begin{bmatrix} c_y + c_x e_x^2 \sigma^2 & 0 \\ 0 & e_x^2 c_x \end{bmatrix} \begin{Bmatrix} u_y \\ \varphi_z \end{Bmatrix} +$$

$$1/v_0 \begin{bmatrix} 2(1+r_0\sigma)^2 & 2(1+r_0\sigma) \\ GabC_{22} & G(ab)^{\frac{3}{2}} C_{23} \\ \\ -2(1+r_0\sigma)^2 & 2e_0^2 Gab \\ G(ab)^{\frac{3}{2}} C_{23} & \left[C_{11} - C_{33}\frac{ab}{e_0^2}\right] \end{bmatrix} \begin{Bmatrix} \dot{u}_y \\ \dot{\varphi}_z \end{Bmatrix} +$$

(9.12)

$$\begin{bmatrix} -2(1+r_0\sigma)\frac{\varepsilon}{r_0} & -2(1+r_0\sigma) \\ G(ab)^{\frac{3}{2}} C_{23} & GabC_{22} \\ \\ +2\frac{e_0\lambda}{r_0}Gab & \\ \left[C_{11} + C_{33}\frac{ab}{e_0^2}\right] & 2G(ab)^{\frac{3}{2}} C_{23} \end{bmatrix} \begin{Bmatrix} u_y \\ \varphi_z \end{Bmatrix} = \begin{Bmatrix} 0 \\ 0 \end{Bmatrix}$$

In der ersten Zeile stehen die Massenanteile und die gewichtsproportionalen Anteile der Steifigkeitsmatrix; in der zweiten Zeile stehen die Anteile aus Primärfesselung (Dämpfung und Federung); in der dritten Zeile stehen die Schlupfkraftterme der Dämpfungsmatrix und in der vierten Zeile die Schlupfkraftterme der Steifigkeitsmatrix.

Die Schlupfkraftterme in Gl. (9.1.5) sind recht unübersichtlich. Man kann aber nun zwei untergeordnete Effekte vernachlässigen:

- Die aus dem Bohrmoment herrührenden C_{33}-proportionalen Terme können vernachlässigt werden, da $ab/e_0^2 \ll 1$.
- Da im Laufflächenbereich nur kleine Kontaktwinkel auftreten, d.h. $\delta_0 \ll 1$, können wegen $\sigma = \delta_0/e_0$ auch die σ-proportionalen Terme gegenüber 1 vernachlässigt werden.

Hiermit lässt sich Gl. (9.1.5) vereinfachen. Man erhält als *vereinfachte Bewegungsdifferentialgleichungen des gefesselten Radsatzes* die Gl. (9.13). Wenn man die C_{23}-Terme auch noch weglässt, dann erhält man die Bewegungsgleichungen in der Form, in der sie Carter [20] und später Wickens [224, 225, 226] verwendet haben, wobei allerdings von beiden Autoren die Schlupfkraftterme vereinfacht angegeben werden.

$$\begin{bmatrix} m & 0 \\ 0 & \Theta_z \end{bmatrix} \begin{Bmatrix} \ddot{u}_y \\ \ddot{\varphi}_z \end{Bmatrix} + \begin{bmatrix} 2Q\zeta & 0 \\ 0 & -2Q\chi \end{bmatrix} \begin{Bmatrix} u_y \\ \varphi_z \end{Bmatrix} +$$

$$\begin{bmatrix} d_y & 0 \\ 0 & e_x^2 d \end{bmatrix} \begin{Bmatrix} \dot{u}_y \\ \dot{\varphi}_z \end{Bmatrix} + \begin{bmatrix} c_y & \\ 0 & e_x^2 c_x \end{bmatrix} \begin{Bmatrix} u_y \\ \varphi_z \end{Bmatrix} +$$

$$\frac{1}{v_0} \begin{bmatrix} 2GabC_{22} & 2G(ab)^{\frac{3}{2}}C_{23} \\ -2G(ab)^{\frac{3}{2}}C_{23} & 2GabC_{11}e_0^2 \end{bmatrix} \begin{Bmatrix} \dot{u}_y \\ \dot{\varphi}_z \end{Bmatrix} +$$

$$\begin{bmatrix} -2G(ab)^{\frac{3}{2}}C_{23} & -2GabC_{22} \\ 2\frac{e_0\lambda}{r_0}GabC_{11} & 2G(ab)^{\frac{3}{2}}C_{23} \end{bmatrix} \begin{Bmatrix} u_y \\ \varphi_z \end{Bmatrix} = \begin{Bmatrix} 0 \\ 0 \end{Bmatrix}$$

(9.13)

9.2 Übungsaufgaben zu Kapitel 9

9.2.1 Interpretation der Schlupfkraftterme in Gl (9.13)

Während die Terme aus Massen, Gewicht, Federn und Dämpfern in Gl. (9.13) unmittelbar einsichtig sind, ist das bei den Schlupfkrafttermen nicht der Fall. Interpretieren Sie die mit dem Vorfaktor Gab behafteten 8 Terme von Gl. (9.13).

9.2.2 Rollwiderstand infolge Bohrschlupf

Wie groß ist bei einem Kontaktwinkel $\delta_0 = 1/25$ und bei $c = \sqrt{ab} = 5mm$ der Rollwiderstand aus Bohrschlupf? Versuchen Sie, aus Literaturangaben, z. B. [198, 48], festzustellen, welcher Wert bei einem Eisenbahnfahrzeug überschlägig für den gesamten Widerstand angesetzt wird. Welchen Anteil macht etwa der Rollwiderstand aus Bohrschlupf aus?

9.2.3 Bewegungsgleichungen für erzwungene Lateralschwingungen

Mit Gl. (9.13) sind die lateralen Bewegungsdifferentialgleichungen für freie Schwingungen angegeben. Welche Bewegungsgleichungen erhält man für

176   9. Bewegungsgleichungen für die Lateraldynamik

erzwungene Schwingungen aufgrund von Gleislagefehlern (Richtungsfehler, Querhöhenfehler)? Welche Beziehung ergibt sich für die rechte Seite, wenn Räder mit zylindrischen Profilen vorliegen und wenn als Gleislagefehler nur ein Richtungsfehler angenommen wird?

9.2.4 Rollwiderstand in der vereinfachten Theorie

Versuchen Sie ohne Rechnung den folgenden Widerspruch zu klären: In der linearen Theorie von Kalker wird angenommen, dass in der gesamten Kontaktfläche Haften vorliegt, und dass alle erforderlichen Verschiebungen durch elastische Deformationen aufgebracht werden. Trotz des rein linear-elastischen Materialverhaltens kommt es, wie aus dem Rollwiderstand von Gleichung (9.11) ersichtlich, offensichtlich zu einem Energieverlust. Wie ist das zu erklären?

9.2.5 Nummerische Besetzung der Bewegungsdifferentialgleichung eines gefesselten Radsatzes

Stellen Sie für den Radsatz, dessen Daten in Tab. (9.2) gegeben sind, die Bewegungsdifferentialgleichungen (9.13) in Matrizenform auf. Die einzelnen Anteile sollen wie in Gleichung (9.13) aufgeteilt werden. Die Einheiten sind anzugeben.

9.2.6 Schlupfkräfte bei Annahme eines nicht schlupfkraftfreien Referenzzustandes

In Gl. (9.6) wurden die Schlupfkräfte unter der Annahme eines schlupfkraftfreien Referenzzustandes ermittelt. Was ändert sich, wenn man berücksichtigt, dass zumindest das Bohrmoment aufgrund eines schwachen Kontaktwinkels δ_0 bei realen Kontaktbedingungen im Referenzzustand praktisch nie zu Null wird?

Tabelle 9.2. Daten für einen gefesselten Radsatz (Bei den in der Tabelle angegebenen Werten handelt es sich um *charakteristische Werte*, die nur für eine Überschlagsrechnung verwendet werden sollten)

Bezeichnung	Dimension	Wert		Bemerkung
m	Masse	kg	1200	
$\Theta_x = \Theta_z$	Drehträgheit	kg m^2	450	
$d_y/2$	Dämpfungswert der Primärfesselung (quer)	N s/m	$3 \cdot 10^2$	
$d_x/2$	Dämpfungswert der Primärfesselung (längs)	N s/m	$3 \cdot 10^2$	
$c_y/2$	Steifigkeit der Primärfesselung (quer)	N/m	$5 \cdot 10^6$	
$c_x/2$	Steifigkeit der Primärfesselung (längs)	N/m	$5 \cdot 10^7$	Lenker Minden-Deutz
P	Achslast	N	$1 \cdot 10^5$	
e_0	halber Abstand der Radaufstandspunkte	m	0.75	
r_0	Rollradius	m	0.46	
e_x	halber Abstand der Federangriffspunkte	m	0.95	
λ	wirksame Konizität	–	0.20	Verschleißprofil:
γ	Koeffizient der Kontaktwinkeldifferenz	1/m	15.0	$R \simeq 0.36$m
ζ	1. Koeffizient der Gravitationssteifigkeit	1/m	15.0	$R' \simeq 0.29$m
χ	2. Koeffizient der Gravitationssteifigkeit	m	0.03	$\delta_0 = 0.04$
$2GabC_{22}$	Kontaktsteifigkeit (quer)	N	$2.43 \cdot 10^7$	E, ν wie bisher
$2GabC_{11}$	Kontaktsteifigkeit (längs)	N	$2.00 \cdot 10^7$	
$2G(ab)^{\frac{3}{2}}C_{23}$		Nm	$0.38 \cdot 10^5$	

10. Laterales Eigenverhalten und Stabilität eines Radsatzes beim Lauf im geraden Gleis

Mit den Gleichungen (9.1.5) bzw. (9.13) liegt ein allgemeines System von Bewegungsdifferentialgleichung der Form

$$\boldsymbol{M\ddot{u}} + \boldsymbol{D\dot{u}} + \boldsymbol{Su} = \boldsymbol{0} \tag{10.1}$$

vor. Dämpfungsmatrix $\boldsymbol{D}$ und Steifigkeitsmatrix $\boldsymbol{S}$ können wir noch in Einzelanteile zerlegen. Die hierbei verwendeten Indizes bedeuten:
F = Anteile aus der Primärfederung,
D = Anteile aus konstruktiven Dämpfern,
C = Anteile aus Schlupftermen (englisch: creep) und
P = Anteile aus Gewicht.

Die Bewegungsdifferentialgleichung lautet dann:

$$\boldsymbol{M\ddot{u}} + [\boldsymbol{D}_\mathrm{D} + \frac{1}{v_0}\boldsymbol{D}_\mathrm{C}]\,\boldsymbol{\dot{u}} + [\boldsymbol{S}_\mathrm{P} + \boldsymbol{S}_\mathrm{F} + \boldsymbol{S}_\mathrm{C}]\,\boldsymbol{u} = \boldsymbol{0}\,. \tag{10.2}$$

Es wird ausdrücklich darauf hingewiesen, dass vor der Matrix $\boldsymbol{D}_\mathrm{C}$ ein Vorfaktor $(1/v_0)$ steht. Der dämpfende Einfluss dieser Matrix geht daher mit steigender Geschwindigkeit zurück.

10.1 Ermittlung von Eigenwerten und Eigenvektoren

Ein freier Radsatz, dessen Bewegungsverhalten durch die Gleichung (10.2) beschrieben wird, führt bei Vorgabe einer kleinen Anfangsstörung anschließend *freie Schwingungen* aus. Da es sich um eine homogene, lineare Bewegungsdifferentialgleichung handelt, wird diese Lösung durch einen Ansatz der Form

$$\begin{Bmatrix} y_\mathrm{y} \\ \varphi_\mathrm{z} \end{Bmatrix} = \begin{Bmatrix} x_1 \\ x_2 \end{Bmatrix} \mathrm{e}^{\lambda t} \quad \text{oder} \quad \boldsymbol{u} = \boldsymbol{x}\,\mathrm{e}^{\lambda t} \tag{10.3}$$

beschrieben. Führt man nun Gl. (10.3) in Gl. (10.1) ein, so ergibt sich die homogene, algebraische Gleichung

$$[\lambda^2 M + \lambda D + S]x = 0,\tag{10.4}$$

die nur dann eine nicht triviale, von Null verschiedene Lösung x besitzt, wenn

$$\det[\lambda^2 M + \lambda D + S] = 0.\tag{10.5}$$

Die Matrizen von Gleichung (10.4) haben die Abmessung 2×2, da es sich um ein System von zwei Freiheitsgraden handelt. Die Determinante, Gl. (10.5), führt dann auf ein *charakteristisches Polynom 4. Grades* in λ:

$$a_0 + a_1\lambda + a_2\lambda^2 + a_3\lambda^3 + a_4\lambda^4 = 0.\tag{10.6}$$

Eine analytische Bestimmung der Wurzeln der charakteristischen Gleichung (10.6), der so genannten *Eigenwerte* der Bewegungsdifferentialgleichung, gelingt im allgemeinen nicht. Man kommt um eine nummerische Lösung nicht herum. Zur Bestimmung der Eigenwerte stellt man vielfach gar nicht erst das charakteristische Polynom (10.6) auf, sondern formt das System von Bewegungsdifferentialgleichungen (10.1) in ein doppelt so großes System gewöhnlicher Differentialgleichungen 1. Ordnung um:

$$\begin{bmatrix} M & 0 \\ \hline 0 & I \end{bmatrix} \frac{\mathrm{d}}{\mathrm{d}t}\begin{Bmatrix} \dot{u} \\ u \end{Bmatrix} + \begin{bmatrix} D & S \\ \hline -I & 0 \end{bmatrix}\begin{Bmatrix} \dot{u} \\ u \end{Bmatrix} = \begin{Bmatrix} 0 \\ 0 \end{Bmatrix}\tag{10.7}$$

oder

$$\begin{bmatrix} I & 0 \\ \hline 0 & I \end{bmatrix} \frac{\mathrm{d}}{\mathrm{d}t}\begin{Bmatrix} \dot{u} \\ u \end{Bmatrix} - \begin{bmatrix} -M^{-1}D & -M^{-1}S \\ \hline I & 0 \end{bmatrix}\begin{Bmatrix} \dot{u} \\ u \end{Bmatrix} = \begin{Bmatrix} 0 \\ 0 \end{Bmatrix}.\tag{10.8}$$

Den neuen Unbekanntenvektor $v^{\mathrm{T}} = \{\dot{u}^{\mathrm{T}}, u^{\mathrm{T}}\}$ bezeichnet man auch als *Zustandsvektor*. Die erste Hyperzeile in Gleichung (10.7) entspricht der Gl. (10.1), die zweite Hyperzeile ist die Identität $\mathrm{d}u/\mathrm{d}t = \dot{u}$. Die Inversion der Matrix M, die beim Übergang von (10.7) zu (10.8) notwendig ist, ist in der Regel möglich und meist sehr einfach, da die Matrix M eine Diagonalmatrix ist. Abgekürzt lässt sich Gl. (10.8) schreiben,

$$\mathbf{I}\,\dot{v} - A\,v = 0.\tag{10.9}$$

Führen wir jetzt wieder einen Ansatz der Form

$$v = y\,\mathrm{e}^{\lambda t}$$

ein, so erhalten wir das algebraische Gleichungssystem

$$[\lambda\,\mathbf{I} - A]\,y = 0.\tag{10.10}$$

Durch Nullsetzen der Determinante erhält man daraus natürlich wieder die charakteristische Gleichung (10.6). Die Umformung ist deswegen von Bedeutung, weil es zur Lösung der *Eigenwertaufgabe* (10.10) Standardalgorithmen

gibt, die in jedem Recheninstitut zur Verfügung stehen. Besonders zu empfehlen ist der HQR-Algorithmus, den man aus Programmbibliotheken von Recheninstituten oder aus der Literatur [186] entnehmen kann.
Bezüglich der Eigenwerte lässt sich folgendes feststellen:
1. Es treten insgesamt vier Eigenwerte λ_1 bis λ_4 auf.
2. Die Eigenwerte sind entweder konjugiert komplex oder rein reell.

Der Ansatz von Gl. (10.3) war also etwas zu kurz gegriffen. Nimmt man an, dass nur konjugiert komplexe Eigenwerte auftreten, dann muss man schreiben

$$u = \sum_{k=1}^{2} \left[q_k\, \boldsymbol{x}_k\, \mathrm{e}^{(\alpha_k + \mathrm{i}\omega_k)t} + \bar{q}_k\, \bar{\boldsymbol{x}}_k\, \mathrm{e}^{(\alpha_k - \mathrm{i}\omega_k)t} \right], \qquad (10.11)$$

wobei $\boldsymbol{x}_k$ ein komplexer Eigenvektor und $\bar{\boldsymbol{x}}_k$ der zugehörige, konjugiert komplexe Eigenvektor ist:

$$\boldsymbol{x}_k = \boldsymbol{x}_{\mathrm{Re},k} + \mathrm{i}\boldsymbol{x}_{\mathrm{Im},k} \qquad \bar{\boldsymbol{x}}_k = \boldsymbol{x}_{\mathrm{Re},k} - \mathrm{i}\boldsymbol{x}_{\mathrm{Im},k}\ .$$

Dadurch, dass in Gl. (10.11) zwei zueinander konjugiert komplexe Vorfaktoren q_k und $\bar{q}_k$ auftreten, ist sichergestellt, dass sich - wie es auch sein muss - ein rein reeller Verschiebungsverlauf u einstellt.

Aus Gl. (10.11) geht der prinzipielle zeitliche Verlauf der Lösung hervor. Der zeitliche Verlauf der Lösung $\mathrm{e}^{(\alpha_k + \mathrm{i}\omega_k)t} = \mathrm{e}^{\alpha_k t}\mathrm{e}^{\mathrm{i}\omega_k t}$ besteht aus einem periodisch veränderlichen Teil (nach der Euler-Formel ist $\mathrm{e}^{\mathrm{i}\omega_k t} = \cos\omega_k t + \mathrm{i}\sin\omega_k t$) und einem exponentiell veränderlichen Term $\mathrm{e}^{\alpha_k t}$. Dieser exponentiell veränderliche Term sorgt dafür, dass die Schwingung aufklingt oder abklingt. Bei positiven Werten α_k handelt es sich um eine aufklingende, bei negativen Werten um eine abklingende Schwingung. Damit das Bewegungsverhalten des Radsatzes im Kleinen *stabil* ist, muss der Realteil α_k aller Eigenwerte negativ sein.

10.2 Wurzelortskurven

Die Fahrgeschwindigkeit v_0 tritt als Vorfaktor $1/v_0$ vor dem aus dem Schlupf herrührenden Teil der Dämpfungsmatrix auf, siehe Gl. (10.2). Das bedeutet, dass die Koeffizienten a_i des charakteristischen Polynoms (10.6) ebenfalls von der Fahrgeschwindigkeit v_0 abhängen. Damit müssen auch die Eigenwerte λ_i von der Fahrgeschwindigkeit abhängen.

Eine beliebte Darstellungsart besteht darin, die Eigenwerte $\lambda_k = \alpha_k \pm \mathrm{i}\omega_k$ in die komplexe α-ω-Ebene einzutragen. Die sich dann einstellenden Kurven mit der Fahrgeschwindigkeit v_0 als Parameter bezeichnet man als *Wurzelortskurven*.

Ein Einzelradsatz hat vier Eigenwerte, bei denen es sich zumeist um zwei konjugiert komplexe Eigenwertpaare handelt. Die Wurzelortskurven sind in

182   10. Laterales Eigenverhalten eines Radsatzes

Bild 10.1 wiedergegeben. Da es uns nur auf eine prinzipielle Darstellung der Wurzelortskurven ankommt, haben wir auf die Angabe von Werten für die Massen, die Federsteifigkeiten etc. verzichtet.

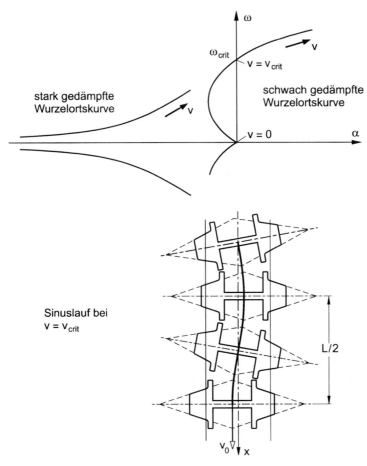

Bild 10.1. Wurzelortskurven für einen Einzelradsatz und Eigenform für die schwach gedämpfte Wurzelortskurve

Von den beiden dargestellten Wurzelortskurven ist nur diejenige kritisch, die zu den schwach gedämpften Eigenformen gehört. Der Radsatz führt hierbei sinuslaufähnliche freie Schwingungen aus. Diese Wurzelortskurve beginnt für den Parameterwert $v_0 = 0$ im Nullpunkt des α-ω-Koordinatensystems, bewegt sich mit ansteigender Geschwindigkeit zuerst in die Halbebene mit negativem Realteil (gedämpfte Schwingung), um anschließend umzukehren und für hohe Geschwindigkeiten in die Halbebene mit positivem Realteil (angefachte Schwingung) überzuwechseln. Den Parameterwert, bei dem der Realteil verschwindet, bezeichnet man als kritische Geschwindigkeit v_{crit} (oder als lineare Grenzgeschwindigkeit), die zugehörige Frequenz als ω_{crit}. Untersucht man, wie die Bewegungen des Radsatzes für einzelne Punkte dieser Wurzelortskurve aussehen, so stellt man fest, dass es sich durchwegs um sinuslaufähnliche Bewegungen handelt. Zu dem Punkt auf der imaginären Achse ($v_0 = v_{\text{crit}}$) gehört eine harmonische Sinuslaufbewegung des Einzelradsatzes. Zu Punkten mit $v_0 < v_{\text{crit}}$ gehören sinuslaufähnliche, gedämpfte Radsatzbewegungen, zu Punkten mit $v_0 > v_{\text{crit}}$ hingegen aufklingende (angefachte) sinuslaufähnliche Radsatzbewegungen.

Die Eigenwerte, die zur stärker gedämpften Eigenform von Bild 10.1 gehören, bleiben immer negativ. Es handelt sich um eine stark gedämpfte Eigenform, die bei keiner Geschwindigkeit kritisch wird. Bei der zugehörigen Eigenschwingungsform treten in den Kontaktflächen sehr hohe Schlüpfe auf.

10.3 Näherungslösung für niedrige Geschwindigkeiten

Es ist zweckmäßig, sich einen Überblick über die Koeffizienten der Differentialgleichung zu verschaffen, bevor man sich mit der Näherungslösung für niedrige Geschwindigkeiten befasst. Das ist nicht einfach dadurch möglich, dass man die Bewegungsdifferentialgleichungen nummerisch aufstellt, da der Verschiebungsvektor $\boldsymbol{u}$ Verschiebungsgrößen und Winkelgrößen enthält und da die Massenmatrix mit Beschleunigungen, die Dämpfungsmatrix mit Geschwindigkeiten und die Steifigkeitsmatrizen mit Verschiebungen multipliziert werden.

Ein Ausweg aus dieser Schwierigkeit ergibt sich, wenn man zu einer dimensionslosen Formulierung übergeht. Man führt hierzu eine dimensionslose Zeit τ ein, indem man die Zeit t auf die Schwingungsdauer T_0 der Sinuslaufbewegung bezieht,

$$\frac{t}{T_0} = \tau \quad \text{und damit} \quad \frac{\partial}{\partial t} = \frac{\partial}{\partial \tau}\frac{1}{T_0} = \frac{\partial}{\partial \tau}\omega_0 , \tag{10.12}$$

mit

$$\omega_0 = v\sqrt{\frac{\lambda_e}{e_0 r_0}} . \tag{10.13}$$

Ebenso geht man zu dimensionslosen Amplituden über, indem man u_y und φ_z auf die Amplituden der Sinuslaufbewegung des freien Radsatzes bezieht. Dies läuft darauf hinaus, dass die Matrizen von rechts mit einer Transformationsmatrix multipliziert werden. Eine entsprechende Multiplikation wird von links ausgeführt. Die Durchführung der Transformation in dimensionsloser Form bleibt der Übungsaufgabe 10.7.2 überlassen.

Die Einführung der dimensionslosen Zeit τ hat zur Folge, dass vor der Massenmatrix ein Vorfaktor v^2 und vor der konstruktiven Dämpfungsmatrix ein Vorfaktor v auftritt, dafür aber vor der Schlupfdämpfungsmatrix der Vorfaktor $\frac{1}{v}$ verschwindet. Legt man exemplarisch eine Geschwindigkeit von 100 km/h (27 m/s) zugrunde, so lässt sich Folgendes feststellen:

1. Die Kräfte aus den Primärfedersteifigkeiten, insbesondere bei einer Drehung um die Hochachse, sind absolut bestimmend. Dies ist bei dem für die Rechnung zugrunde gelegten Drehgestell (vom Typ Minden-Deutz) und bei der Annahme eines unverschieblichen Drehgestellrahmens tatsächlich der Fall. Verzichtet man hingegen auf eine sehr steife Radsatzanlenkung, so kann die Längsfedersteifigkeit c_x etwa gleich groß werden, wie die primäre Querfedersteifigkeit c_y.
2. Bei niedrigen Geschwindigkeiten können die Trägheitskräfte vernachlässigt werden. Die Trägheitskraft bei einer Verschiebung in Querrichtung beträgt bei 27 m/s nur etwa 10 % der Kraft aus der Primärfederung in Querrichtung. Erst bei höheren Geschwindigkeiten ist diese Vernachlässigung nicht mehr möglich.
3. Auch die Dämpfungswerte der Primärfesselung sind so gering, dass die zugehörigen Kräfte keine Rolle spielen.
4. Die mit C_{23} behafteten Terme der Schlupfsteifigkeits- und Schlupfdämpfungsmatrix sind von geringem Einfluss und werden teilweise durch die Gravitationssteifigkeiten kompensiert.

Bei niedrigen Geschwindigkeiten kann man ohne weiteres den Einfluss der Massenmatrix vernachlässigen. Ebenfalls vernachlässigbar ist der Einfluss der konstruktiven Dämpfungsmatrix $\boldsymbol{D}_D$.

Die ursprüngliche Eigenwertgleichung (10.5) lässt sich ausführlich schreiben als

$$\det\{\lambda^2 \begin{bmatrix} m_{11} & 0 \\ 0 & m_{22} \end{bmatrix} + \lambda \begin{bmatrix} d_{11D} + \frac{1}{v_0}d_{11C} & \frac{1}{v_0}d_{12C} \\ +\frac{1}{v_0}d_{21C} & d_{22D} + \frac{1}{v_0}d_{22C} \end{bmatrix}$$

$$+ \begin{bmatrix} s_{11PF} + s_{11C} & s_{12C} \\ s_{21C} & s_{22PF} + s_{22C} \end{bmatrix}\} = 0, \quad (10.14)$$

Mit den beiden Vereinfachungen (Vernachlässigung der Massenträgheitskräfte und der konstruktiven Dämpfungseinflüsse) ergibt sich für niedrige Geschwindigkeiten die folgende Eigenwertgleichung:

$$\det\{\frac{\lambda}{v_0} \begin{bmatrix} d_{11C} & d_{12C} \\ d_{21C} & d_{22C} \end{bmatrix} + \begin{bmatrix} s_{11PF} + s_{11C} & s_{12C} \\ s_{21C} & s_{22PF} + s_{22C} \end{bmatrix}\} = 0 \, . \quad (10.15)$$

Die zugehörige charakteristische Gleichung lässt sich ohne Schwierigkeiten angeben:

10.3 Näherungslösung für niedrige Geschwindigkeiten

$$\left(\frac{\lambda}{v}\right)^2 \det \boldsymbol{D}_\mathrm{C}$$
$$+ \left(\frac{\lambda}{v}\right)\left[d_{11\mathrm{C}}(s_{22\mathrm{PF}} + s_{22\mathrm{C}}) + d_{22\mathrm{C}}(s_{11\mathrm{PF}} + s_{11\mathrm{C}})\right.$$
$$\left. - d_{21\mathrm{C}}s_{12\mathrm{C}} - d_{12\mathrm{C}}s_{21\mathrm{C}}\right] + \det \boldsymbol{S} \quad = \quad 0 \,. \tag{10.16}$$

Diese charakteristische Gleichung entspricht der charakteristischen Gleichung für einen Einmassenschwinger mit der Masse m, der Dämpfungskonstanten d und der Federkonstanten s,

$$m\lambda^2 + d\lambda + s = 0 \,. \tag{10.17}$$

Die Lösung von Gl. (10.17) lautet

$$\lambda_{1,2} = -\frac{d}{2m} \pm \mathrm{i}\sqrt{\frac{s}{m} - \frac{d^2}{4m^2}} \,. \tag{10.18}$$

Solange die Dämpfung d des Einmassenschwingers nicht allzu groß wird, erhält man also zwei konjugiert komplexe Eigenwerte

$$\lambda_{1,2} = -\delta \pm \mathrm{i}\omega \,, \tag{10.19}$$

mit

$$\delta = \frac{d}{2m} \quad \text{und} \tag{10.20a}$$

$$\omega = \sqrt{\frac{s}{m} - \frac{d^2}{4m^2}} \,. \tag{10.20b}$$

Erst für relativ große Dämpfungen ergeben sich zwei rein negative Eigenwerte, auf die wir hier allerdings nicht eingehen.

Damit wir die Lösung (10.19) bzw. (10.20a) sowie (10.20b) auf unsere charakteristische Gleichung (10.16) übertragen können, muss sichergestellt sein, dass sowohl die „Masse" ($m = \det \boldsymbol{D}_\mathrm{C}$) als auch die „Steifigkeit" ($s = \det \boldsymbol{S}$) positiv sind. Hinsichtlich von m ist das stets der Fall, hinsichtlich von s zumindest bei unserem Beispiel ebenfalls. Als Eigenwerte einer sinuslaufähnlichen, gedämpften Eigenbewegung des Radsatzes für niedrige Geschwindigkeiten erhält man dann

$$\lambda_{1,2} = -\underbrace{v\frac{[\cdots]}{2\det \boldsymbol{D}_\mathrm{C}}}_{\text{Dämpfung } \delta} \pm \underbrace{\frac{\mathrm{i}v}{2\det \boldsymbol{D}_\mathrm{C}}\sqrt{4\det \boldsymbol{D}_\mathrm{C} \det \boldsymbol{S} - [\cdots]^2}}_{\text{Frequenz } \mathrm{i}\omega} \,. \tag{10.21}$$

Setzt man in der Gleichung für die Frequenz

$$\omega = \frac{v\sqrt{4\det \boldsymbol{D}_\mathrm{C} \det \boldsymbol{S} - [\cdots]^2}}{2\det \boldsymbol{D}_\mathrm{C}} \tag{10.22}$$

S_{PF} zu Null und vernachlässigt die C_{23}-proportionalen Terme, mit denen der Bohrschlupfeinfluss erfasst wird, so erhält man einen alten Bekannten, nämlich die Klingel-Formel, Gl. (8.14). Die Beziehung (10.22) ist also eine Verallgemeinerung der Klingel-Formel.

Man kann aus Gl. (10.21) aber auch noch mehr entnehmen. Da die Dämpfung d stets positiv sein muss, muss die eckige Klammer, die dem Ausdruck aus Gleichung (10.16) entspricht, positiv bleiben:

$$d_{11\mathrm{C}}(s_{22\mathrm{PF}} + s_{22\mathrm{C}}) + d_{22\mathrm{C}}(s_{11\mathrm{PF}} + s_{11\mathrm{C}}) - d_{21\mathrm{C}}s_{12\mathrm{C}} - d_{12\mathrm{C}}s_{21\mathrm{C}} > 0 \,. \tag{10.23}$$

Wenn Gleichung (10.23) erfüllt ist, dann verläuft, wie in Bild 10.1 dargestellt, die Wurzelortskurve mit ansteigender Geschwindigkeit in die Halbebene mit negativem Realteil. Ist hingegen die eckige Klammer negativ, so bewegt sich die Wurzelortskurve vom Nullpunkt ausgehend sofort in den Halbebene mit positivem Realteil. Im ersten Fall ist die Bewegung für sehr kleine Geschwindigkeiten stabil, im zweiten Fall hingegen instabil.

Die Koeffizienten in Gl. (10.23) lassen sich nun noch durch physikalische Größen (Federsteifigkeiten, Kontaktsteifigkeiten etc.) ersetzen. Führt man diese Umrechnungen durch, so erhält man die folgende Beziehung

$$\left(c_{\mathrm{y}} + \frac{2Q}{R_{\mathrm{R}} - R_{\mathrm{S}}}\right) + c_{\mathrm{x}}\frac{C_{22}}{C_{11}}\frac{e_{\mathrm{x}}^2}{e_0^2} > 2G\frac{(ab)^{3/2}}{r_0(R_{\mathrm{R}} - R_{\mathrm{S}})}\left(1 + \frac{R\delta_0}{e_0}\right). \tag{10.24}$$

Je mehr der Term auf der linken Seite von Gl. (10.24) überwiegt, umso stärker ist die Radsatz Sinuslaufbewegung bei niedrigen Geschwindigkeiten gedämpft. Man kann aus dieser Gleichung mithin entnehmen, welche Größen bei niedrigen Geschwindigkeiten für eine Stabilisierung der sinuslaufähnlichen Bewegung des Radsatzes sorgen:

- Stabilisierend wirken die Federsteifigkeiten c_{x} und c_{y}.
- Eine Erhöhung der Achslast $2Q$ vergrößert zwar den Wert auf der linken Seite, zugleich aber über die Kontaktellipsenhalbmesser a und b auch den Wert auf der rechten Seite. Der Einfluss dürfte somit von untergeordneter Bedeutung sein.
- Auch die Krümmungsradiendifferenz $R_{\mathrm{R}} - R_{\mathrm{S}}$ tritt auf der rechten und der linken Seite von Gl. (10.24) auf. Zusätzlich wird durch eine Verkleinerung von $R_{\mathrm{R}} - R_{\mathrm{S}}$ aber auch noch der Ellipsenhalbmesser $c = (ab)^{1/2}$ vergrößert. Beim Übergang zu stärker verschlissenen Profilen ($R_{\mathrm{R}} - R_{\mathrm{S}} \longrightarrow 0$) wird die Sinuslaufbewegung entdämpft.
- Eine Vergrößerung des Rollradius r_0 verringert zwar theoretisch den Wert auf der rechten Seite, wobei allerdings der Einfluss auf a und b noch nicht berücksichtigt ist. Da der Vergrößerung von r_0 zudem Grenzen gesetzt sind, lässt sich dieser Einfluss kaum nutzbar machen.

Schlussfolgerung: Im Bereich kleiner Geschwindigkeiten wird die Dämpfung der Sinuslaufbewegung durch eine Erhöhung der Primärfedersteifigkeiten vergrößert, durch einen Übergang zu stärker verschlissenen Profilen hingegen verkleinert.

Um den in Bild 10.1 zu beobachtenden Effekt, dass eine Wurzelortskurve aus der negativen Halbebene in die positive Halbebene übergeht, zu erklären, muss die Wirkung der Massen berücksichtigt werden. Das erfolgt im Abschnitt 10.4.

10.4 Stabilitätsuntersuchung mit Beiwertbedingung oder Hurwitz-Kriterium

In vielen Fällen interessiert man sich nicht für die gesamte Wurzelortskurve sondern nur für den kritischen Wert v_{crit} (Bild 10.1), von dem an erstmals Eigenwerte mit positivem Realteil auftreten. Zur Berechnung von v_{crit} muss man das charakteristische Polynom (oder die Eigenwertaufgabe) für unterschiedliche v_0-Werte lösen und dann nach dem v_0-Wert suchen, für den zu einem Eigenwert λ_k der Realteil α_k verschwindet. Solange es sich um Systeme mit wenigen Freiheitsgraden handelt, ist eine derartige aufwendige Nullstellensuche nicht erforderlich. Es gibt sehr einfache Bedingungen, mit denen sich unmittelbar beurteilen lässt, ob ein Bewegungsvorgang stabil ist.

Als Beispiel betrachten wir den Bewegungsvorgang des Einzelradsatzes, bei dem die Massenterme vernachlässigt werden. Dies führt auf die charakteristische Gleichung (10.16) die der charakteristischen Gleichung eines Feder-Masse-Dämpfer-Systems, Gl. (10.17), entspricht. Bei Gl. (10.17) kann man nun sofort sagen, dass die Eigenschwingungen nur dann stabil sein werden, wenn der Dämpfungskoeffizient d positiv ist. Ein negativer Dämpfungskoeffizient würde einem aktiven Element entsprechen, durch das bei Vorgabe einer Geschwindigkeit auf die Masse eine Kraft in Richtung dieser Geschwindigkeit ausgeübt wird. Das wirkt aber gerade anfachend. Die *Stabilitätsbedingung* für das System von Gl. (10.17) lautet somit

$$d > 0.$$

Dass das richtig ist, erkennt man auch an den Eigenwerten von Gl. (10.18): Der Dämpfungskoeffizient d ist proportional zum Realteil δ.

Diesen einfachen Sachverhalt haben wir im letzten Abschnitt bereits ausgenutzt. Allerdings ergab das nicht die kritische Geschwindigkeit sondern „nur" eine Aussage über die Anfangsneigung der Wurzelortskurve. Es soll nun festgestellt werden, ob es auch bei höheren charakteristischen Gleichungen gelingt, einfache Stabilitätskriterien zu entwickeln.

Ein geschlossener Ausdruck für die *Stabilitätsbedingung* bietet den Vorteil, dass sich der Einfluss der Systemparameter ohne großen nummerischen Aufwand diskutieren lässt. Es lässt sich zeigen, dass sich die Bedingung für die Stabilitätsgrenze bei Polynomen bis zur Ordnung 6 geschlossen angeben lässt.

Bei einem mechanischen System von N Freiheitsgraden und positiv definiter Massenmatrix ergeben sich die Eigenwerte als Wurzeln eines *charakteristischen Polynoms* der Ordnung $2N$

$$a_0 + a_1\lambda + a_2\lambda^2 + \ldots a_{2N}\lambda^{2N} = 0 \ . \tag{10.25}$$

Der Grundgedanke, der zu den geschlossenen Ausdrücken für die Stabilitätsbedingungen führt, ist denkbar einfach: An der Stabilitätsgrenze führt das System harmonische Schwingungen mit einer Frequenz aus, die als kritische Frequenz oder Stabilitätsfrequenz ω_{crit} bezeichnet werden kann. Wird nun in die charakteristische Gl. (10.25) $\lambda = i\omega_{\text{crit}}$ eingesetzt, zerfällt die charakteristische Gleichung in eine Gleichung für die imaginären Glieder und in eine zweite Gleichung für die reellen Glieder:

$$a_1 - a_3\omega_{\text{crit}}^2 + a_5\omega_{\text{crit}}^4 - \ldots = 0 \tag{10.26a}$$
$$a_0 - a_2\omega_{\text{crit}}^2 + a_4\omega_{\text{crit}}^4 - \ldots = 0 \tag{10.26b}$$

Für die charakteristische Gleichung 2. Ordnung erhält man aus Gl. (10.26b) die kritische Frequenz

$$\omega_{\text{crit}}^2 = \frac{a_0}{a_2} \tag{10.27}$$

und aus (10.26a) die Stabilitätsgrenzbedingung $a_1 = 0$. Das entspricht nun in der Tat dem, was man aufgrund der charakteristischen Gleichung für den Schwinger von einem Freiheitsgrad

$$s_1 + \lambda d_1 + \lambda^2 m_1 = 0$$

auch mechanisch erwartet. Der Koeffizient a_1 ist gleich dem Dämpfungsglied d_1. Stabilität herrscht, solange die Beziehung

$$a_1 = d_1 \geq 0$$

erfüllt ist. Für die charakteristische Gleichung 3.Ordnung kann man die kritische Frequenz auf zwei unterschiedlichen Wegen formulieren:

$$\omega_{\text{crit}}^2 = a_0/a_2 \qquad \text{oder} \qquad \omega_{\text{crit}}^2 = a_1/a_3 \ . \tag{10.28}$$

Eliminiert man ω_{crit}^2, so erhält man als Stabilitätsgrenzbedingung

$$a_1 a_2 - a_0 a_3 = 0 \ .$$

Ob für stabiles Verhalten anstelle des Gleichheitszeichens das Kleiner-Zeichen oder das Größer-Zeichen stehen muss, lässt sich durch folgende Überlegung klären. Eine Vergrößerung des Koeffizienten a_1 erhöht beim System 2. Ordnung die Stabilität. Die Stabilitätsbedingung muss auch dann gelten, wenn das Glied a_3 sehr klein ist und das System 3. Ordnung sich praktisch, was den Einfluss von a_1 betrifft, wie ein System 2. Ordnung verhält. Daher lautet die Stabilitätsbedingung

$$a_1 a_2 - a_0 a_3 \geq 0 \ . \tag{10.29}$$

Bei charakteristischen Gleichungen höherer Ordnung greift man der Einfachheit halber auf die von Hurwitz[1] angegebenen Stabilitätsbedingungen zurück, die im Anhang, Abschnitt 16.6, angegeben sind. Die mathematisch korrekte Vorgehensweise von Hurwitz zur Angabe von Stabilitätskriterien hat u.a. den Vorteil, dass man keine Stabilitätsbedingungen vergisst. In der Tab. 16.6 im Anhang (Abschnitt 16.6) sind die Stabilitätskriterien bis zu charakteristischen Polynomen der Ordnung 6 zusammengestellt. Es ist angegeben, aus welcher Gleichung man die kritische Frequenz oder Stabilitätsgrenzfrequenz ω_{crit} ermitteln kann. Es soll noch einmal ausdrücklich darauf hingewiesen werden, dass bei einem Polynom der Ordnung n auch die Stabilitätsbedingungen für alle Polynome niedrigerer Ordnung eingehalten werden müssen und dass außerdem alle Koeffizienten des charakteristischen Polynoms von Null verschieden und positiv sein müssen.

So wurde beispielsweise bei der Angabe der Stabilitätsbedingung, Gleichung (10.29), für die charakteristische Gleichung 2.Ordnung stillschweigend vorausgesetzt, dass die Koeffizienten a_0 und a_2 positiv sind. Hinsichtlich des Koeffizienten a_2 ist das bei einem Schwinger selbstverständlich, da die Masse stets positiv ist. Hinsichtlich des Koeffizienten a_0 hingegen nicht. Ein „auf dem Kopf stehendes" Pendel besitzt eine negative Steifigkeit und wird dementsprechend monoton instabil. Das gleiche Verhalten weist ein ungefesselter Radsatz bezüglich des Drehfreiheitsgrades um die Hochachse auf.

10.5 Kritische Geschwindigkeit eines Einzelradsatzes

Das System von Differentialgleichungen für den Einzelradsatz, Gl. (10.1), führt auf ein charakteristisches Polynom der Ordnung 4, Gl. (10.6). Dieses Polynom wird nun explizit aufgestellt und anschließend mit der Stabilitätsbedingung aus Tab. 16.6 untersucht. Hierbei werden die gleichen abkürzenden Bezeichnungen wie in Gl. (10.14) verwendet, wobei allerdings konstruktive Dämpfungen vernachlässigt und die Steifigkeitsanteile zusammengefasst werden:

$$\det\left\{ \lambda^2 \begin{bmatrix} m_{11} & 0 \\ 0 & m_{22} \end{bmatrix} + \frac{\lambda}{v} \begin{bmatrix} d_{11C} & d_{12C} \\ d_{21C} & d_{22C} \end{bmatrix} + \begin{bmatrix} s_{11} & s_{12} \\ s_{21} & s_{22} \end{bmatrix} \right\} = 0 \ . \tag{10.30}$$

In der Dämpfungsmatrix wurden außerdem (wie in allen bisherigen Fällen) die so genannten gyroskopischen Effekte nicht berücksichtigt, die erst bei

---
[1] Adolf Hurwitz (1859–1919) wurde durch Aurel B. Stodola (1859- 1942) dazu angeregt, Kriterien für die Stabilität von Bewegungsgleichungen zu entwickeln. Das Hurwitz-Kriterium wurde 1895 publiziert.

sehr hohen Fahrgeschwindigkeiten (über 250 km/h) eine nennenswerte Rolle spielen.

Die Koeffizienten der charakteristischen Gleichung lauten nun:

$$a_4 = m_{11}m_{22} \tag{10.31a}$$

$$a_3 = \frac{1}{v}[m_{11}d_{22C} + m_{22}d_{11C}] = \frac{1}{v}a_{31} \tag{10.31b}$$

$$a_2 = m_{11}s_{22} + m_{22}s_{11} + \frac{1}{v^2}[d_{11C}d_{22C} - d_{12C}d_{21C}]$$

$$= a_{20} + \frac{1}{v^2}a_{22} \tag{10.31c}$$

$$a_1 = \frac{1}{v}[d_{11C}s_{22} + d_{22C}s_{11} - d_{12C}s_{21} - d_{21C}s_{12}] = \frac{1}{v}a_{11} \tag{10.31d}$$

$$a_0 = s_{11}s_{22} - s_{21}s_{12} \tag{10.31e}$$

Die Beziehungen wurden bereits in geschwindigkeitsabhängige und geschwindigkeitsunabhängige Terme aufgeteilt. Wir führen nun diese Koeffizienten in die Stabilitätsbedingungen ein. Ohne Beweis gehen wir hierbei davon aus, dass in unserem Fall die Stabilitätsbedingung

$$a_1 a_2 a_3 - a_0 a_3^2 - a_4 a_1^2 \geq 0 \tag{10.32}$$

ausschlaggebend ist. Setzt man hierin die Gln. (10.31a) bis (10.31e) ein, so erhält man

$$a_{11}(a_{20} + a_{22}\frac{1}{v^2})a_{31}\frac{1}{v^2} - a_0 a_{31}^2 \frac{1}{v^2} - a_4 a_{11}^2 \frac{1}{v^2} \geq 0. \tag{10.33}$$

Verwendet man in Gl. (10.33) das Gleichheitszeichen, so lässt sich damit die kritische Geschwindigkeit v_{crit} ermitteln:

$$\frac{1}{v_{\text{crit}}^2} = \frac{\frac{a_4 a_{11}}{a_{31}} + \frac{a_0 a_{31}}{a_{11}} - a_{20}}{a_{22}} \tag{10.34}$$

Die Frequenz ω_{crit} an der Stabilitätsgrenze ermittelt man nun wieder aus der Beziehung

$$\omega_{\text{crit}}^2 = a_1/a_3 = a_{11}/a_{31} \ . \tag{10.35}$$

Die gestellte Aufgabe ist damit gelöst: Mit Gl. (10.34) liegt eine Beziehung für die kritische Geschwindigkeit, d.h. die Geschwindigkeit an der Stabilitätsgrenze, vor.

10.6 Interpretation der Stabilitätsgrenzbedingung des Einzelradsatzes

Die Stabilitätsgrenzbedingung des Einzelradsatzes soll nun ausgewertet und interpretiert werden. In den Gln. (10.34) und (10.35) werden hierzu noch die

10.6 Interpretation der Stabilitätsgrenzbedingung des Einzelradsatzes

Beziehungen (10.31a) bis (10.31e) eingeführt und anschließend die Abkürzungen für die Koeffizienten der Matrizen noch durch die Ausdrücke aus Gl. (10.30) ersetzt. Diese Rechnungen sind relativ mühsam. Zur Vereinfachung werden erst einmal die Nebendiagonalglieder der Schlupf-Dämpfungsmatrix vernachlässigt, da sie sehr klein sind. Wir erhalten dann für ω_crit

$$\omega_\text{crit}^2 = \frac{d_{11C}\, s_{22} + d_{22C}\, s_{11}}{d_{11C}\, m_{22} + d_{22C}\, m_{11}}\ . \tag{10.36}$$

Die Umformung der Gl. (10.34) ist mühseliger. Im Detail soll nun gezeigt werden, wie man zum Endergebnis gelangt:
Zuerst führen wir die Beziehungen für a_{22} und a_0 aus den Gln. (10.31c) und (10.31e) ein. Die dann entstehende Beziehung wird etwas umgeformt mit dem Ziel, Haupt- und Zusatzeffekte deutlicher hervortreten zu lassen:

$$v_\text{crit}^2 = \frac{d_{11C}d_{22C}}{(-s_{12}s_{21})\frac{a_{31}}{a_{11}}}\left\{1 + \frac{1}{(-s_{12}s_{21})}\left[a_4\left(\frac{a_{11}}{a_{31}}\right)^2 + s_{11}s_{22} - a_{20}\left(\frac{a_{11}}{a_{31}}\right)\right]\right\}.$$

Als nächstes wird vor der geschweiften Klammer als Abkürzung die Frequenz ω_crit aus Gl. (10.35) eingeführt. Die eckige Klammer lässt sich zudem in einer mühsamen Rechnung stark vereinfachen. Man erhält dann

$$v_\text{crit}^2 = \omega_\text{crit}^2\, \frac{d_{11C}d_{22C}}{(-s_{12}s_{21})}\, \frac{1}{1-k}\ , \tag{10.37}$$

wobei die Größe k ein in der Regel kleiner Korrekturterm ist:

$$k = \frac{d_{11C}d_{22C}}{(-s_{12}s_{21})}\left(\frac{m_{22}s_{11} - m_{11}s_{22}}{m_{11}d_{22C} + m_{22}d_{11C}}\right)^2\ . \tag{10.38}$$

Die Gln. (10.36) bis (10.38) sind nun doch noch erstaunlich „handlich". Noch einmal die vereinfachenden Annahmen:

- Vernachlässigung von Primärdämpfung;
- Vernachlässigung von Kreiseleffekten und
- Vernachlässigung der Nebendiagonalglieder d_{12C} der Dämpfungsmatrix.

Im Anhang wird gezeigt, dass die Vernachlässigung der Nebendiagonalglieder d_{12C} der Dämpfungsmatrix gerechtfertigt ist (Abschnitt 16.7).

Einführung von geometrischen und physikalischen Größen. In den Gln. (10.36 bis 10.38) sollen noch geometrische und physikalische Größen eingeführt werden, wobei als weitere Vereinfachung getroffen wird: Die Längssteifigkeit c_x sei so groß, dass sie im Term s_{22} der Steifigkeitsmatrix die Effekte aus Schlupf (C_{23}) und aus Gravitation ($-\chi 2Q$) vollkommen überdeckt, so dass diese beiden Effekte nicht berücksichtigt zu werden brauchen.
Zuerst werden in Formel (10.37) die Koeffizienten aus Gl. (9.13) eingesetzt:

$$v_{\text{crit}}^2 = \omega_{\text{crit}}^2 \frac{e_0 r_0}{\lambda} \frac{1}{1-k} .\tag{10.39}$$

Das ist ein einerseits überraschendes, andererseits sehr schönes Ergebnis: An der Stabilitätsgrenze ist das Verhältnis von kritischer Geschwindigkeit und Frequenz nahezu das gleiche wie bei der Klingelformel. Die Formel muss nur durch den Korrekturterm k modifiziert werden. Jetzt lassen sich die Frequenz an der Stabilitätsgrenze ω_{crit} und damit die kritische Geschwindigkeit v_{crit} ermitteln. Übernimmt man die Beziehungen für d_{11C}, s_{22}, d_{22C}, s_{11}, m_{22} und m_{11} aus Gl. (9.13), setzt sie in Gl. (10.36) ein, wobei die getroffenen Vernachlässigungen zu berücksichtigen sind, und formt etwas um, so erhält man

$$\omega_{\text{crit}}^2 = \left(\frac{e_{\text{x}}}{e_0}\right)^2 \frac{c_{\text{x}}}{m} \frac{C_{22}}{C_{11}} \frac{1 + \left(\frac{e_0}{e_{\text{x}}}\right)^2 \frac{C_{11}}{C_{22}} \left(\frac{2Q\zeta}{c_{\text{x}}} + \frac{c_{\text{y}}}{c_{\text{x}}} - \frac{2\varepsilon G(ab)^{3/2} C_{23}}{r_0 c_{\text{x}}}\right)}{1 + \frac{\Theta}{m e_0^2} \frac{C_{22}}{C_{11}}} .\tag{10.40}$$

Was jetzt noch fehlt, ist der Ausdruck für k von Gl. (10.38):

$$k = \frac{1}{\lambda} \left(\frac{e_{\text{x}} c_{\text{x}}}{2GabC_{11}}\right)^2 \frac{r_0}{e_0} \left(\frac{e_{\text{x}}}{e_0}\right)^2 \left[\frac{\frac{\Theta}{m e_0^2}\left(\frac{e_0}{e_{\text{x}}}\right)^2 \frac{c_{\text{y}}}{c_{\text{x}}}\left(1 + \frac{2Q\zeta}{c_{\text{y}}} - \frac{2\varepsilon G(ab)^{3/2} C_{23}}{r_0 c_{\text{y}}}\right) - 1}{1 + \frac{\Theta}{m e_0^2} \frac{C_{22}}{C_{11}}}\right]^2 .\tag{10.41}$$

Die einzelnen Terme in Gl. (10.41) wurden bereits so geordnet, dass sie möglichst in der Größenordnung von 1 liegen. Eine derartige, einfache Abschätzung ist bei den beiden Termen

$$\frac{1}{\lambda}\left(\frac{e_{\text{x}} c_{\text{x}}}{2GabC_{11}}\right)^2$$

und

$$1 + \frac{2Q\zeta}{c_{\text{y}}} - \frac{2\varepsilon G(ab)^{3/2} C_{23}}{r_0 c_{\text{y}}}$$

nicht möglich. Betrachtet man zunächst den ersten der beiden Terme und setzt die Zahlenwerte aus Tab. 9.2 (Aufgabe 9.2.5), ein, so erhält man bei zunächst noch willkürlicher Primär-Längssteifigkeit c_{x}:

$$\frac{1}{\lambda}\left(\frac{e_{\text{x}} c_{\text{x}}}{2GabC_{11}}\right)^2 \simeq \left(\frac{c_{\text{x}}}{1.79\,10^7}\right)^2 .\tag{10.42}$$

Der zweite Term wird so umgeschrieben, so dass die Anteile aus Kontaktsteifigkeit, aus Gravitationssteifigkeit und aus Querfedersteifigkeit unmittelbar erkennbar werden:

10.6 Interpretation der Stabilitätsgrenzbedingung des Einzelradsatzes

$$\frac{1}{c_y}\left[\underbrace{c_y}_{\substack{\text{Querfeder-}\\\text{steifigkeit}}} + 2Q\zeta\left(\underbrace{1}_{\substack{\text{Gravitations-}\\\text{steifigkeitsanteil}}} - \underbrace{\frac{\varepsilon}{\zeta}\frac{2G(ab)^{3/2}C_{23}}{2Qr_0}}_{\substack{\text{Kontakt-}\\\text{steifigkeitsanteil}}}\right)\right]. \quad (10.43)$$

Führt man noch die Beziehungen der Hertzschen Theorie ein, so ergibt sich, dass der Term in runden Klammern weder vom Gleitmodul G noch von der Achslast $2Q$ abhängt. Ermittelt man die Werte für die runde Klammer in Abhängigkeit vom Halbachsenverhältnis a/b ($0,1 < a/b < 10$), so stellt man relativ geringfügige Veränderungen fest. Aufgrund der abmindernden Wirkung des C_{23}-Terms nimmt die runde Klammer Werte zwischen etwa 0,22 (bei $a/b = 10$) und nahezu 0 (bei $a/b = 1/10$) an.

Abschätzung des Wertes k und der kritischen Geschwindigkeit.
Nach diesen Vorüberlegungen wollen wir für die Abschätzung des Wertes k von Gl. (10.41) drei Fälle unterscheiden:

(a) Der Radsatz sei nahezu ungefesselt, d. h. die Federsteifigkeiten sind sehr klein ($< 10^5 \text{N/m}$). In diesem Fall können bei verschlissenen Profilen die Federsteifigkeiten gegenüber Kontaktsteifigkeit und Gravitationssteifigkeit vernachlässigt werden. Der Wert k bleibt dann weit unter 1 ($k \ll 1$).

(b) Eine der beiden Federsteifigkeiten wird relativ groß zur anderen Steifigkeit gewählt, also z.B. $c_x > 10^7 \text{ N/m}$ ($c_y \ll c_x$). In diesem Fall lässt sich Gl. (10.41) vereinfachen zu

$$k \simeq \frac{1}{\lambda}\left(\frac{e_x c_x}{2GabC_{11}}\right)^2 \frac{r_0}{e_0}\left(\frac{e_x}{e_0}\right)^2 \frac{1}{\left(1 + \frac{\Theta}{me_0^2}\frac{C_{22}}{C_{11}}\right)^2}.$$

Man stellt fest, dass der Wert k durch Vergrößerung von c_x beliebig gesteigert werden kann. Natürlich ist es wegen Gl. (10.39) nicht sinnvoll, über $k = 1$ hinauszugehen, da in diesem Fall die kritische Geschwindigkeit v_{crit} bereits unendlich groß wird. Als Maximalwert für die Längsfedersteifigkeit ergibt sich:

$$c_{x,\max} = \frac{2GabC_{11}}{e_x}\frac{e_0}{e_x}\sqrt{\frac{e_0\lambda}{r_0}}\left(1 + \frac{\Theta}{me_0^2}\frac{C_{22}}{C_{11}}\right).$$

Ein entsprechendes Ergebnis erhält man, wenn man nicht c_x sondern c_y kontinuierlich anwachsen lässt.

(c) Erhöht man hingegen beide Federsteifigkeiten gleichzeitig und zwar derart, dass

$$\frac{\Theta}{me_x^2}\frac{c_y}{c_x} = 1,$$

so gelingt es nicht, die Größe k bis auf den Wert 1 anzuheben. Vielmehr bleibt k etwa bei dem Wert stehen, der sich auch im Fall (a) ergibt. Die kritische Geschwindigkeit v_{crit} wird hier also nicht unendlich groß.

10. Laterales Eigenverhalten eines Radsatzes

Nummerische Ermittlung und grafische Darstellung der kritischen Geschwindigkeit. Diese hier aus analytischen Überlegungen abgeleiteten Ergebnisse erhält man auch, wenn man die kritische Geschwindigkeit rein nummerisch ermittelt. Im folgenden Bild 10.2 ist die kritische Geschwindigkeit in Abhängigkeit von den beiden Federsteifigkeiten c_x und c_y dargestellt, wobei durchwegs logarithmische Maßstäbe gewählt wurden. Die drei oben genannten Effekte sind deutlich erkennbar:

- Bei niedrigen Federsteifigkeiten stellt sich ein „Plateau" ein. Die kritische Geschwindigkeit ist hierbei nur von der Gravitationssteifigkeit und der Kontaktsteifigkeit abhängig und bleibt recht niedrig.
- Steigert man entweder die Längsfedersteifigkeit c_x oder die Querfedersteifigkeit c_y, so gelangt man bei bestimmten Werten an eine „Steilwand", die kritische Geschwindigkeit wächst sehr schnell sehr stark an.
- Steigert man hingegen beide Federsteifigkeiten gleichzeitig, so gelangt man in einen „Einschnitt", der die beiden Steilwände durchbricht.

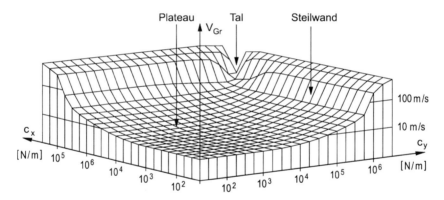

Bild 10.2. Kritische Geschwindigkeit als Funktion von c_x und c_y

Die erforderlichen hohen Primärsteifigkeiten lassen sich ohne Schwierigkeiten realisieren, insbesondere in Längsrichtung durch die Einführung steifer Lenker oder in Querrichtung durch Kegelrollenlager. Trotzdem gelingt es natürlich nicht, auf diese Weise zu einer unendlich großen Grenzgeschwindigkeit zu gelangen. Warum nicht? Bei der Ableitung der Bewegungsgleichungen sind wir von der Annahme ausgegangen, dass der Drehgestellrahmen mit der Geschwindigkeit v_0 mitgeführt wird, ansonsten aber keine Verschiebungsfreiheitsgrade besitzt. Diese Annahme trifft nicht zu. In der Realität kann der Drehgestellrahmen Wendebewegungen und Querverschiebungen ausführen. Erst wenn diese Bewegungsmöglichkeiten verhindert werden, beispielsweise durch eine Drehhemmung, gelingt es, die Stabilitätsreserven eines sehr steif gefesselten Radsatzes weitgehend auszuschöpfen. Dies ist beim Drehgestell Minden-Deutz (MD 52) realisiert.

Nun ist das Drehhemmungs-Konzept, insbesondere wenn man mit Coulombschen Reibelementen arbeitet, keine sehr elegante Lösung: Beim Einfahren in eine Kurve will ein mit einer Drehhemmung gefesseltes Drehgestell geradeaus weiterlaufen. Die richtige Einstellung der beiden Radsätze in der Kurve wird erst dadurch erreicht, dass ein Radsatz mit der Radflanke an den Schienenkopf anläuft und dabei ein Losbrechmoment in der Drehhemmung überwunden wird. Die dabei auftretenden Verschleißeffekte will man möglichst vermeiden. Ein für die Kurveneinfahrt und das Durchfahren einer Kurve optimal ausgelegtes Drehgestell wird daher auf eine Drehhemmung verzichten. Für die Stabilitätsuntersuchung kann man sich dann nicht mehr auf einen einzelnen Radsatz beschränken. Nummerische Rechnungen zeigen, dass insbesondere bei Drehgestellen ohne Drehhemmung die kritische Geschwindigkeit wesentlich niedriger ausfallen kann, wenn man das gesamte Drehgestell anstelle eines einzelnen Radsatzes betrachtet.

10.7 Übungsaufgaben zu Kapitel 10

10.7.1 Charakteristische Gleichung

Verwendet man die in Gl. (10.2) angegebene Aufteilung der Matrizen, so lässt sich Gl. (10.5) in der Form

$$\det\left\{\lambda^2 \begin{bmatrix} m_{11} & 0 \\ 0 & m_{22} \end{bmatrix} + \lambda \begin{bmatrix} d_{11D} + \frac{1}{v_0}d_{11C} & \frac{1}{v_0}d_{12C} \\ +\frac{1}{v_0}d_{21C} & d_{22D} + \frac{1}{v_0}d_{22C} \end{bmatrix} \right.$$

$$\left. + \begin{bmatrix} s_{11PF} + s_{11C} & s_{12C} \\ s_{21C} & s_{22PF} + s_{22C} \end{bmatrix} \right\} = 0$$

schreiben. Geben Sie für diese Matrizenbesetzung an, wie die Koeffizienten a_0 bis a_4 der charakteristischen Gleichung formelmäßig lauten.

10.7.2 Transformation der Radsatz-Bewegungsdifferentialgleichung

Führen Sie die in Abschnitt 10.3, insbes. in Gl. (10.12), angedeutete Transformation für die Bewegungsdifferentialgleichung durch. Hierbei sollte die Eigenkreisfrequenz des Sinuslaufs, Gl. (10.13) eingeführt werden und es sollte für die Eigenschwingung der Ansatz $x = e^{\lambda^* \tau}$ eingeführt werden. Nach dieser Transformation erscheint der Kehrwert der Geschwindigkeit v nicht mehr als Vorfaktor vor der Matrix $\boldsymbol{D}_C$, statt dessen tritt ein neuer Vorfaktor $\lambda^* v$ vor der Dämpfungsmatrix $\boldsymbol{D}_D$ und ein Vorfaktor $\lambda^{*2} v^2$ vor der Massenmatrix $\boldsymbol{M}$ auf. Stellen Sie die nummerischen Werte, die sich für die einzelnen Matrizenkoeffizienten ergeben, in einer entsprechenden Gleichung wie in Abschnitt 9.2.5 zusammen.

10.7.3 Grafische Darstellung der Wurzelortskurven eines gefesselten Einzelradsatzes und Bestimmung der kritischen Geschwindigkeit

Ausgehend von der Bewegungsdifferentialgleichung des gefesselten Radsatzes in Abschnitt 9.2.5 soll die Stabilität des Radsatzes für verschiedene Parameter untersucht und in Form einer Wurzelortskurve dargestellt werden. Die auftretenden Eigenformen sind zu skizzieren.

Die Daten des Radsatzes können der Tabelle in Abschnitt 9.2.5 entnommen werden. Die Stabilitätsuntersuchung ist zuerst für die gegebene Parameterkonstellation durchzuführen. Anschließend soll der Einfluss eines beliebig wählbaren Parameters (gut geeignet ist hier das Verhältnis der Primärsteifigkeiten c_x zu c_y) aufgezeigt und diskutiert werden.

10.7.4 Losradsatz

Was ändert sich bei der Ermittlung der Stabilitätsbedingung, wenn man zu einem Losradsatz übergeht, bei dem die Einzelräder auf der Radsatzwelle frei drehbar sind?

11. Laterales Eigenverhalten und Stabilität von Drehgestellen

Bisher haben wir uns mit dem Eigenschwingungsverhalten eines Einzelradsatzes beschäftigt. In diesem Kapitel soll ein Drehgestell betrachtet werden. Es ist zu erwarten, dass es hierbei noch wesentlich schwieriger sein wird, zu allgemeinen Aussagen zu gelangen. Was natürlich immer möglich ist, ist eine nummerische Untersuchung, wobei man die ermittelten Eigenwerte in Abhängigkeit von der Fahrgeschwindigkeit v als Parameter in Form von Wurzelortskurven in der komplexen Zahlenebene aufträgt. Auf diese erste Möglichkeit wird im Abschnitt 11.1 eingegangen.

Diese nummerischen Eigenwertberechnungen und damit die Berechnung der kritischen Geschwindigkeit sind aufwendig. Sie lassen sich nur unter Einsatz eines Rechners durchführen. Für erste Auslegungsüberlegungen möchte man gern auf Näherungsformeln oder zumindest auf qualitative Aussagen zurückgreifen können. Wie man bei einem Drehgestell solche Näherungsformeln erhält, wird im Abschnitt 11.2 erörtert. Abschließend wenden wir uns im Kapitel 12 der Eigenwertberechnung und der Berechnung der kritischen Geschwindigkeit v_{crit} bei einem Fahrzeug zu.

Stabilitätsbetrachtungen zu Drehgestellen und vierachsigen Fahrzeugen mit elastisch gelagerten Radsätzen findet man bei Matsudaira [151, 152], bei Wickens [224, 226, 225], bei Joly [104] sowie bei Keizer [111, 112].

11.1 Nummerische Ermittlung der Eigenwerte und der Grenzgeschwindigkeit

Wir betrachten zuerst ein „klassisches" Laufdrehgestell, das aus einem Laufwerksrahmen und zwei Radsätzen besteht (Bild 11.1).
Bei der Berechnung werden die nachfolgend angeführten Voraussetzungen zugrundegelegt:

(1) Wie bei der Untersuchung des Einzelradsatzes werden die Schienen als starr und unverschieblich angesehen.
(2) Beide Radsätze und der Drehgestellrahmen werden als starre Körper behandelt.
(3) Der Wagenkasten ist eine mitgeführte, unendlich große Masse, die keine eigenen Freiheitsgrade besitzt.

198   11. Laterales Eigenverhalten und Stabilität von Drehgestellen

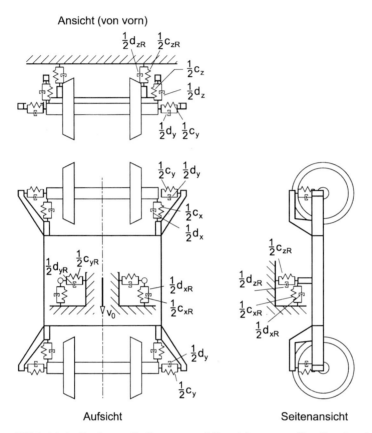

Bild 11.1. Drehgestell, System und Bezeichnungen (Laufwerksrahmen mit 2 Radsätzen)

(4) Bei der Eigenwertberechnung brauchen nur Freiheitsgrade für die Radsätze und den Drehgestellrahmen eingeführt zu werden. Alle anderen Massen werden diesen beiden Massen zugeschlagen. Bei einem Triebdrehgestell kann es beispielsweise erforderlich werden, für die Masse des Antriebmotors eigene Freiheitsgrade einzuführen.

(5) Die Vorgänge beim Kontakt von Rad und Schiene werden durch die gleichen, linearen Beziehungen beschrieben wie beim Einzelradsatz.

(6) Jeder Radsatz ist mit dem Drehgestellrahmen durch eine Primärfesselung, bestehend aus Federn und Dämpfern verknüpft. Ebenso besteht eine federnde und dämpfende Verbindung zwischen dem Drehgestellrahmen und der unendlich großen Wagenkastenmasse (Sekundärfederung, Sekundärdämpfung).

(7) Alle Fesselungen auf der Primär- und der Sekundärebene werden durch lineare Feder- und Dämpfergesetze beschrieben. Ausgeschlossen sind damit beispielsweise Federn mit Spiel oder eine Drehhemmung zwischen

11.1 Nummerische Ermittlung der Eigenwerte und der Grenzgeschwindigkeit

dem Rahmen und dem Wagenkasten. Diese müsste als ein Coulombsches Reibelement idealisiert werden.
(8) Es soll völlige Symmetrie zur x-z-Ebene herrschen.

Aufgrund der letzten Annahme lassen sich die Bewegungen in Vertikalrichtung und in Längsrichtung (Vertikalschwingungsverhalten) und die Bewegungen in Querrichtung (Lateralschwingungsverhalten) getrennt voneinander untersuchen. In diesem Kapitel wird wie beim Einzelradsatz nur das Querschwingungsverhalten untersucht.
Die Bewegungsgleichungen für das laterale Bewegungsverhalten des Drehgestells von Bild 11.1 werden im Rahmen einer Übungsaufgabe aufgestellt. Zur Beschreibung sind aufgrund der getroffenen Annahmen sieben Freiheitsgrade erforderlich. Abgekürzt lässt sich für die Bewegungsgleichungen wieder schreiben:

$$\boldsymbol{M}\ddot{\boldsymbol{u}} + \boldsymbol{D}\dot{\boldsymbol{u}} + \boldsymbol{S}\boldsymbol{u} = \boldsymbol{0} \;, \tag{11.1}$$

wobei $\boldsymbol{M}, \boldsymbol{D}$ und $\boldsymbol{S}$ Matrizen der Abmessung 7x7 sind. Wie beim Einzelradsatz führen wir für die Eigenschwingungen einen Ansatz der Form

$$\boldsymbol{u} = \boldsymbol{x} e^{\lambda t} \tag{11.2}$$

ein und erhalten damit die Eigenwertgleichung

$$\left[\lambda^2 \boldsymbol{M} + \lambda \boldsymbol{D} + \boldsymbol{S}\right] \boldsymbol{x} = \boldsymbol{0} \;, \tag{11.3}$$

aus der man mit der Forderung

$$\det\left[\lambda^2 \boldsymbol{M} + \lambda \boldsymbol{D} + \boldsymbol{S}\right] = 0 \tag{11.4}$$

die Eigenwerte λ_k ermittelt. Wieviele Eigenwerte erhält man zu dem System von Bewegungsdifferentialgleichungen, Gl. (11.1)?

Die Wurzelortskurven für ein Drehgestell mit zwei Radsätzen sind in Bild 11.2 wiedergegeben. Solange alle Eigenwerte konjugiert komplex sind, ergeben sich bei Beschränkung auf positiven Imaginärteil sieben Wurzelortskurven, bei Einbezug negativer Imaginärteile vierzehn Wurzelortskurven. Da es uns im vorliegenden Fall nur darauf ankommt, das Prinzipielle beim Verlauf der Wurzelortskurven zu zeigen, wurde wiederum auf die Angabe der Eingabedaten (Massen, Steifigkeitswerte etc.) verzichtet. Die Koordinatenachsen erhalten deswegen auch keine Maßeinheiten. Die Wurzelortskurven sind dargestellt für Geschwindigkeiten zwischen 0 m/s (Kreise) und 50 m/s (ausgefüllte Punkte). Die Wurzelortskurven sind mit den Ziffern 1 bis 7 durchnummeriert.

Zur Charakterisierung der Wurzelortskurven können die folgenden 3 Eigenschaften herangezogen werden.

Geschwindigkeitsabhängigkeit:

Alle Wurzelortskurven sind als Folge der Vorgänge in den Kontaktflächen geschwindigkeitsabhängig. Es gibt jedoch *stark geschwindigkeitsabhängige*

11. Laterales Eigenverhalten und Stabilität von Drehgestellen

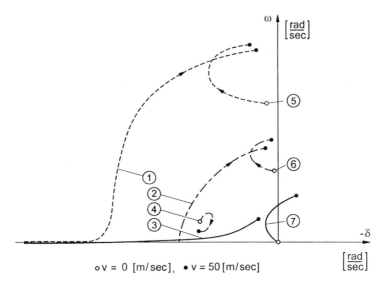

Bild 11.2. Wurzelortskurven für ein Drehgestell (Laufwerksrahmen mit 2 Radsätzen)

Wurzelortskurven 1 bis 3 und 5 bis 7 und eine *schwach geschwindigkeitsabhängige* Wurzelortskurve 4. *Geschwindigkeitsunabhängige* Wurzelortskurven treten bei dem Beispiel nicht auf.

Ausgangspunkt der Wurzelortskurven:

Die Wurzelortskurve 7 beginnt im Koordinatenursprung ($\delta = 0$, $\omega = 0$), die Wurzelortskurven 4 bis 6 beginnen bei Punkten in der komplexen Zahlenebene, zu denen eine positive Kreisfrequenz ω und ein negativer Realteil $\alpha = -\delta$ gehören[1]. Die Wurzelortskurven 1 bis 3 beginnen bei unendlich großen negativen Realteilen ($\alpha = -\delta = -\infty$, $\omega = 0$).

Instabilwerden von Bewegungsformen

Bei bestimmten Wurzelortskurven können innerhalb des betrachteten Geschwindigkeitsbereichs Eigenwerte mit positiven Realteilen auftreten, also Eigenwerte, zu denen dann instabile Eigenformen gehören. Dies ist nur bei der Wurzelortskurve 7 der Fall. Bei weiterer Geschwindigkeitserhöhung könnte z. B. bei der Wurzelortskurve 6 auch noch ein Eigenwert mit positivem Realteil auftreten.

Um die Wurzelortskurven weiter interpretieren zu können, müssen die Eigenformen, die zu den jeweiligen Wurzelortskurven gehören, mit herangezogen werden. Bevor wir allerdings die Eigenschwingungsformen angeben, wollen wir zwei Hilfsüberlegungen anstellen.

---

[1] Wir verwenden, siehe die Bilder 11.2 und 11.3, als Bezeichnung für den Realteil α oder δ. δ ist bei positivem Realteil α negativ, bei negativem Realteil, d.h. im Fall einer gedämpften Schwingung, hingegen positiv.

11.1 Nummerische Ermittlung der Eigenwerte und der Grenzgeschwindigkeit

Als *erste Hilfsüberlegung* werden noch einmal die Wurzelortskurven eines Einzelradsatzes und die zugehörigen Eigenschwingungsformen (Bild 11.3) betrachtet.

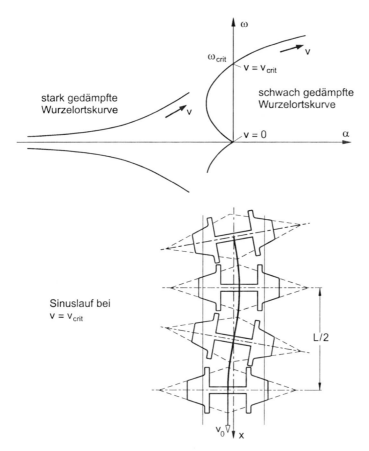

Bild 11.3. Wurzelortskurven und Eigenform für den Radsatz

Zwei der geschwindigkeitsabhängigen Eigenwerte des starren Radsatzes auf starrer Schiene haben positive und zwei haben negative Imaginärteile. Bei einer der beiden Wurzelortskurven mit positivem Imaginärteil beginnen die Eigenwerte für $v = 0$ bei ($\delta = 0$, $\omega = 0$), die Eigenwerte der anderen bei ($\alpha = -\delta = -\infty$, $\omega = 0$). Bei der zweiten Wurzelortskurve sind die Eigenwerte durchwegs stark gedämpft, bei der ersten Wurzelortskurve hingegen schwach gedämpft oder ungedämpft und nach Überschreiten der kritischen Geschwindigkeit v_{crit} sogar angefacht. In Bild 11.3 ist die an der Stabilitätsgrenze auftretende Eigenbewegungen des Radsatzes zur ersten Wurzelortskurve dargestellt. Es handelt sich dabei um eine *reine Sinuslaufform*. Die

202   11. Laterales Eigenverhalten und Stabilität von Drehgestellen

Wendeverdrehung φ_z ist gegenüber der Querverschiebung u_y um 90 Grad phasenverschoben. Bei Geschwindigkeiten unterhalb der kritischen Geschwindigkeit ist die Eigenbewegung gedämpft. In Anlehnung an die im Englischen gebräuchliche Bezeichnung „kinematic mode" kann sie als *kinematische Laufform* bezeichnet werden.

Als *zweite Hilfsüberlegung* werden die *Aufbaueigenformen* betrachtet. Was ist darunter zu verstehen? Der „Aufbau" ist bei unserem Modell der Laufwerksrahmen. Wir blockieren nun die Radsätze und untersuchen, was sich dann für Eigenwerte und Eigenschwingungsformen ergeben. Da die einzigen geschwindigkeitsabhängigen Terme aus den Radaufstandspunkten herrühren, müssen sich nach einem Blockieren der Radsätze geschwindigkeitsunabhängige Eigenwerte ergeben. Der Laufwerksrahmen hat drei Freiheitsgrade, man erhält infolgedessen drei (konjugiert komplexe) Eigenwertpaare. Diese Eigenwerte sind bereits in Bild 11.2 enthalten. Es sind die mit einem Kreis gekennzeichneten Anfangspunkte der Wurzelortskurven 4, 5 und 6. Die zugehörigen Eigenschwingungsformen sind in Bild 11.4 skizziert.

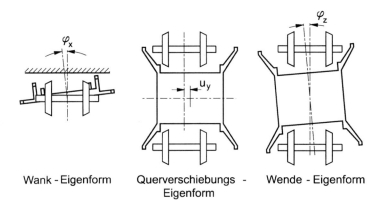

Wank - Eigenform   Querverschiebungs -   Wende - Eigenform
                       Eigenform

Bild 11.4. Verschiebungszustände bei Eigenformen des Laufwerksrahmens

Bei den Eigenform 5, 6 und 7 führt der Rahmen eine Kombination aus Querverschiebung (u_{yRa}) und Wendebewegung (φ_{zRa}) aus. Solange man nur den Aufbau (Drehgestellrahmen) betrachtet, tritt die Wendeeigenform des Rahmens aus Symmetriegründen immer isoliert auf (Bild 11.4). Erst durch die Radsätze kommt es zu einer Verknüpfung von Querverschiebung und Wendebewegung.

Zur Wurzelortskurve 4 gehört eine Eigenform, bei der der Rahmen eine Wankbewegung (Drehbewegung φ_{xRa}) ausführt. Üblicherweise ist die Wankbewegung φ_{xRa} mit der Querverschiebung gekoppelt. Man spricht von *Rollen*, wenn der Drehpunkt über dem Schwerpunkt des betrachteten Körpers (hier des Laufwerksrahmens) liegt und von *Wanken*, wenn der Drehpunkt unter dem Schwerpunkt des betrachteten Körpers liegt. Bei dem vorliegenden

Beispiel ist davon aber kaum etwas zu merken. Das liegt daran, dass in der Sekundärebene sehr starke Wankdämpfer angeordnet sind. Mit den Eigenformen 5, 6 und 7, die kaum einen Wankanteil enthalten entzieht sich das System dem dämpfenden Einfluss dieser Wankdämpfer. Einzig die Wurzelortskurve 4 enthält erhebliche Wankanteile, ist demzufolge aber stark gedämpft.

Nach diesen Vorüberlegungen lassen sich die Eigenschwingungsformen, die sich zu den Wurzelortskurven von Bild 11.2 ergeben und bei denen es zu einem Zusammenspiel des Laufwerksrahmens und der beiden Radsätze kommt, erläutern. Die Wurzelortskurven 1, 2 und 3 starten für sehr kleine Geschwindigkeiten auf der negativen reellen Achse. Zu ihnen gehören also anfänglich sehr stark gedämpfte oder sogar aperiodisch gedämpfte Formen. Die Einzelradsätze führen bei den Eigenformen 1, 2 und 3 dementsprechend auch keine kinematischen, d.h. nahezu schlupffreien, Bewegungen aus, sondern vielmehr Bewegungen, bei denen im Kontaktpunkt von Rad und Schiene große Schlüpfe auftreten. Bei üblichen Geschwindigkeiten sind diese Formen daher so stark gedämpft, dass man sich bei Stabilitätsbetrachtungen nicht weiter für sie zu interessieren braucht.

Zur Wurzelortskurve 4 gehört auch bei Betrachtung des gesamten Drehgestells im wesentlichen eine stark gedämpfte Wankbewegung des Rahmens. Die Radsatzbewegungen sind demgegenüber von untergeordneter Bedeutung.

Die Eigenschwingungsformen zu den Wurzelortskurven 5, 6 und 7 sind in Bild 11.5 dargestellt. Bei der Eigenform 7 gehört zu den beiden Radsätzen eine kinematische Laufform. Die Wendebewegung φ_{z0} und die Querverschiebung u_{y0} der Radsätze sind um 90 Grad phasenverschoben. Der Laufwerksrahmen bewegt sich annähernd gleichphasig mit der kinematischen Laufform der beiden Radsätze. Hierbei kann zwischen den Querverschiebungen der beiden Radsätze und des Laufwerksrahmens sowie zwischen den Wendewinkeln durchaus eine kleine Phasenverschiebung auftreten. Optisch dominiert aber die Gleichphasigkeit. Die Amplituden von Radsätzen und Laufwerksrahmen können ebenfalls unterschiedlich sein.

Zur Eigenform 6 gehört ebenfalls eine kinematische Laufform der beiden Radsätze, die sich im wesentlichen gleichphasig zueinander bewegen. Die Bewegungen des Laufwerksrahmens sind annähernd gegenphasig dazu. Bei unserem Beispiel dominiert bei dieser Form die Querverschiebung des Laufwerksrahmens.

Bei der Eigenform 5 gehört zu den beiden Radsätzen eine gegenphasige, kinematische Laufform. Der Laufwerksrahmen führt hierbei fast ausschließlich eine Wendebewegung aus, die gegenüber den Wendebewegungen der beiden Radsätze um 90 bzw. 270 Grad phasenverschoben ist.

11.2 Analytische Näherungslösungen bei Drehgestellen

Es ist an dieser Stelle nicht möglich, in allen Einzelheiten die Möglichkeiten zu behandeln, wie man Näherungsformeln für die Grenzgeschwindigkeit von

204   11. Laterales Eigenverhalten und Stabilität von Drehgestellen

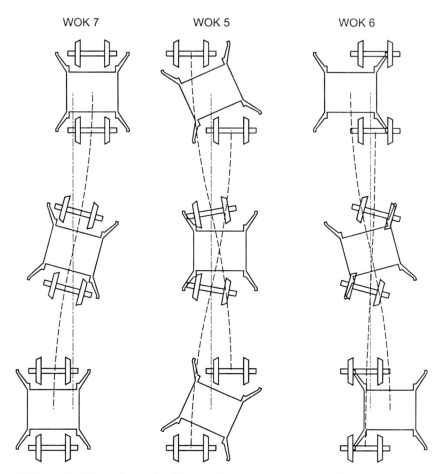

Bild 11.5. Darstellung der Eigenschwingungsformen zu den Wurzelortskurven (WOK) 7, 5 und 6 von Bild 11.2

Drehgestellen gewinnt. Wir verweisen ausdrücklich auf die einschlägige Literatur, so auf die Untersuchungen von Rocard aus den 30er Jahren [192, 105]; auf die Arbeiten von Wickens [226, 225, 227], von Scheffel [200, 199] oder von Keizer [111]. Die nachfolgenden Darstellungen beschreiben nur eine der vielen Möglichkeiten zur vereinfachten Behandlung von Drehgestellen. Sie orientieren sich an Keizer [111] und sollen vor allem zur Lektüre derartiger Arbeiten anregen.

Die Bewegungsdifferentialgleichungen eines Drehgestells (Rahmen mit drei Freiheitsgraden, zwei Radsätze mit je zwei Freiheitsgraden) werden zunächst unter folgenden vereinfachten Annahmen aufgestellt:

(1) Es handelt sich um ein Drehgestell ohne Wagenkasten. Es ist keine Sekundärfesselung (Federung oder Dämpfung) vorhanden.

11.2 Analytische Näherungslösungen bei Drehgestellen

(2) Eine möglicherweise vorhandene Primärdämpfung wird vernachlässigt.
(3) Es werden die vereinfachten Radsatz-Matrizen von Gl. (9.13) zugrundegelegt, zusätzlich werden die C_{23}-proportionalen Terme und die Gravitationssteifigkeiten vernachlässigt.

Für dieses Drehgestell ergibt sich das Gleichungssystem (11.5). Die im Gleichungssystem verwendeten Bezeichnungen sollen noch einmal zusammenfassend erläutert werden:

$$\begin{bmatrix} m & 0 & 0 & 0 & 0 & 0 & 0 \\ 0 & \Theta & 0 & 0 & 0 & 0 & 0 \\ 0 & 0 & m & 0 & 0 & 0 & 0 \\ 0 & 0 & 0 & \Theta & 0 & 0 & 0 \\ 0 & 0 & 0 & 0 & m_{Ra} & 0 & 0 \\ 0 & 0 & 0 & 0 & 0 & \Theta_{Ra} & 0 \\ 0 & 0 & 0 & 0 & 0 & 0 & \Theta_{rmRa} \end{bmatrix} \begin{Bmatrix} \ddot{u}_{y1} \\ \ddot{\varphi}_{z1} \\ \ddot{u}_{y2} \\ \ddot{\varphi}_{z2} \\ \ddot{u}_{yRa} \\ \ddot{\varphi}_{zRa} \\ \ddot{\varphi}_{xRa} \end{Bmatrix} +$$

$$\begin{bmatrix} \frac{1}{v}f_2 & 0 & 0 & 0 & 0 & 0 & 0 \\ 0 & \frac{1}{v}f_1 e_0^2 & 0 & 0 & 0 & 0 & 0 \\ 0 & 0 & \frac{1}{v}f_2 & 0 & 0 & 0 & 0 \\ 0 & 0 & 0 & \frac{1}{v}f_1 e_0^2 & 0 & 0 & 0 \\ 0 & 0 & 0 & 0 & 0 & 0 & 0 \\ 0 & 0 & 0 & 0 & 0 & 0 & 0 \\ 0 & 0 & 0 & 0 & 0 & 0 & 0 \end{bmatrix} \begin{Bmatrix} \dot{u}_{y1} \\ \dot{\varphi}_{z1} \\ \dot{u}_{y2} \\ \dot{\varphi}_{z2} \\ \dot{u}_{yRa} \\ \dot{\varphi}_{zRa} \\ \dot{\varphi}_{xRa} \end{Bmatrix} +$$

$$\begin{bmatrix} c_y & -f_2 & 0 & 0 & -c_y & -c_y b & \times \\ \lambda \frac{e_0}{r_0} f_1 & e_x^2 c_x & 0 & 0 & 0 & -e_x^2 c_x & 0 \\ 0 & 0 & c_y & -f_2 & -c_y & c_y b & \times \\ 0 & 0 & \lambda f_1 & e_x^2 c_x & 0 & -e_x^2 c_x & 0 \\ -c_y & 0 & -c_y & 0 & 2c_y & 0 & 0 \\ -c_y b & -e_x^2 c_x & c_y b & -e_x^2 c_x & 0 & \begin{array}{c} 2e_x^2 c_x \\ +2b^2 c_y \end{array} & 0 \\ \times & 0 & \times & 0 & 0 & 0 & \times \end{bmatrix} \begin{Bmatrix} u_{y1} \\ \varphi_{z1} \\ u_{y2} \\ \varphi_{z2} \\ u_{yRa} \\ \varphi_{zRa} \\ \varphi_{xRa} \end{Bmatrix}$$

$$= \mathbf{0} \, . \tag{11.5}$$

c_x Federsteifigkeit eines Radsatzes bei Verschiebung in x-Richtung,
c_y Federsteifigkeit eines Radsatzes bei Verschiebung in y-Richtung,

$2e_0$ Abstand der Radaufstandspunkte,
$2e_x$ Abstand der Angriffspunkte der primären Längsfedern,
r_0 Rollradius,
$2b$ Achsstand,
λ_e wirksame Konizität,
v Fahrgeschwindigkeit,
m Masse des Radsatzes,
Θ Trägheitsmoment des Radsatzes um die Hochachse,
m_{Ra} Rahmenmasse,
Θ_{zRa} Trägheitsmoment des Rahmens um die Hochachse,
Θ_{xRa} Trägheitsmoment des Rahmens um die Längsachse.

Außerdem werden die beiden Abkürzungen

$$f_1 = 2GabC_{11}, \qquad f_2 = 2GabC_{22}$$

eingeführt.

Bei Gl. (11.5) haben wir die letzte Zeile und Spalte der Steifigkeitsmatrix nicht ausgefüllt, sondern nur durch Kreuze ($\times$) gekennzeichnet, welche Stellen besetzt sind. Die Angabe dieser Werte ist nicht erforderlich, da als weitere Annahme eingeführt wird, dass die Wankbewegung des Drehgestellrahmens (Drehung um die Längsachse) vernachlässigt werden kann.

Diese Annahme ist aus dem Wurzelortskurvenbild von Bild 11.2. gerechtfertigt. Die zur Wankbewegung gehörige Wurzelortskurve 4 liegt weit entfernt von den Wurzelortskurven der Laufeigenformen 5, 6 und 7.

11.2.1 Koordinatentransformationen zur Einführung generalisierter Verschiebungszustände

Komponenten unseres Verschiebungsvektors $\boldsymbol{u}$ sind bisher die Verschiebungen und Drehungen der beiden Radsätze und des Drehgestellrahmens. Die Verschiebung und Verdrehung des Drehgestellrahmens werden zwar vorerst als Freiheitsgrade beibehalten, für die beiden Radsätze werden aber neue Freiheitsgrade eingeführt und die Bewegungsdifferentialgleichungen werden in diesen neuen Freiheitsgraden formuliert. Die Verschiebungszustände zu diesen neuen Radsatzfreiheitsgraden sind im Bild 11.6 dargestellt.

Die unbekannten Amplituden (Freiheitsgrade) dieser neuen Verschiebungszustände der Radsätze, die in Bild 11.6 wiedergegeben sind, bezeichnen wir mit q_i. Diese neuen Verschiebungszustände lassen sich wie folgt charakterisieren:

$q_1 = 1$: Die beiden Radsätze führen nur gleich große, aber entgegengesetzte Querbewegungen aus.

11.2 Analytische Näherungslösungen bei Drehgestellen

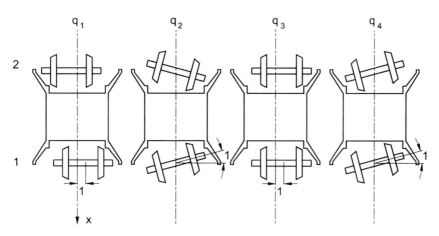

Bild 11.6. Neue generalisierte Verschiebungszustände der Radsätze (siehe Gl. (11.6))

$q_2 = 1$: Die Radsätze führen gleich große, aber entgegengesetzt gerichtete Drehbewegungen um die Hochachse aus.

$q_3 = 1$: Die Radsätze führen gleich große und gleich gerichtete Querbewegungen aus.

$q_4 = 1$: Die beiden Radsätze führen gleich große und gleich gerichtete Drehungen um die Hochachse aus.

Die Verschiebungszustände q_i sind *Linearkombinationen* der bisherigen unbekannten Verschiebungen und Verdrehungen der beiden Radsätze. Die Einführung von generalisierten Freiheitsgraden ist dadurch gerechtfertigt, dass bei den Eigenschwingungsformen des Drehgestells mit zwei Radsätzen (Bild 11.5) die Bewegung der beiden Radsätze dominant in derartigen Kombinationen erfolgt. Zwischen den neuen generalisierten Verschiebungsfreiheitsgraden q_i und den bisherigen Verschiebungen und Verdrehungen der beiden Radsätze besteht ein linearer Zusammenhang, siehe Bild 11.6. Bezieht man auch noch die Freiheitsgrade des Rahmens in diese Transformation mit ein, so kann man schreiben

$$\begin{Bmatrix} u_{y1} \\ \varphi_{z1} \\ u_{y2} \\ \varphi_{z2} \\ u_{yRa} \\ \varphi_{zRa} \\ \varphi_{xRa} \end{Bmatrix} = \begin{bmatrix} 1 & 0 & 1 & 0 & 0 & 0 \\ 0 & 1 & 0 & 1 & 0 & 0 \\ -1 & 0 & 1 & 0 & 0 & 0 \\ 0 & -1 & 0 & 1 & 0 & 0 \\ 0 & 0 & 0 & 0 & 1 & 0 \\ 0 & 0 & 0 & 0 & 0 & 1 \\ 0 & 0 & 0 & 0 & 0 & 0 \end{bmatrix} \begin{Bmatrix} q_1 \\ q_2 \\ q_3 \\ q_4 \\ q_5 \\ q_6 \end{Bmatrix}. \quad (11.6)$$

Die Querverschiebung des Drehgestellrahmens und die Drehung des Rahmens um die Hochachse des Drehgestells wurden als generalisierte Freiheitsgrade q_5

und q_6 beibehalten. Die letzte Gleichung enthält die Aussage, dass die Wankbewegung des Drehgestellrahmens vernachlässigt wird. Gleichung (11.6) lässt sich abgekürzt in die Form

$$\boldsymbol{u} = \boldsymbol{T}\boldsymbol{q} \tag{11.6a}$$

bringen. Diese Transformationsbeziehung setzen wir nun in die Bewegungsdifferentialgleichung (11.1)

$$\boldsymbol{M}\ddot{\boldsymbol{u}} + \boldsymbol{D}\dot{\boldsymbol{u}} + \boldsymbol{S}\boldsymbol{u} = \boldsymbol{0}$$

ein und erhalten

$$\boldsymbol{MT}\ddot{\boldsymbol{q}} + \boldsymbol{DT}\dot{\boldsymbol{q}} + \boldsymbol{ST}\boldsymbol{q} = \boldsymbol{0} \ . \tag{11.7}$$

Diese Beziehung wird noch „von links" mit der Transponierten $\boldsymbol{T}^\mathrm{T}$ der Tranformationsmatrix $\boldsymbol{T}$ von Gl. (11.6a) multipliziert. Diese zusätzliche Matrizenmultiplikation dient dazu, eventuell vorhandene Symmetrieeigenschaften der Matrizen nicht zu zerstören. Um im folgenden etwas weniger schreiben zu müssen, führen wir noch die folgenden *Abkürzungen*

$$\boldsymbol{M}^* = \boldsymbol{T}^T \boldsymbol{M} \boldsymbol{T} \ , \tag{11.8a}$$

$$\boldsymbol{D}^* = \boldsymbol{T}^T \boldsymbol{D} \boldsymbol{T} \ , \tag{11.8b}$$

$$\boldsymbol{S}^* = \boldsymbol{T}^T \boldsymbol{S} \boldsymbol{T} \tag{11.8c}$$

ein und erhalten damit

$$\boldsymbol{M}^*\ddot{\boldsymbol{q}} + \boldsymbol{D}^*\dot{\boldsymbol{q}} + \boldsymbol{S}^*\boldsymbol{q} = \boldsymbol{0} \ . \tag{11.9}$$

Die Matrizen $\boldsymbol{M}^*, \boldsymbol{D}^*$ und $\boldsymbol{S}^*$ haben die Abmessung 6×6. Das Gleichungssystem, das man nach diesen Matrizenmultiplikationen erhält, ist Gleichung (11.10).

11.2 Analytische Näherungslösungen bei Drehgestellen

$$\begin{bmatrix} 2m_R & 0 & 0 & 0 & 0 & 0 \\ 0 & 2\Theta_{zR} & 0 & 0 & 0 & 0 \\ 0 & 0 & 2m_R & 0 & 0 & 0 \\ 0 & 0 & 0 & 2\Theta_{zR} & 0 & 0 \\ 0 & 0 & 0 & 0 & m_{Ra} & 0 \\ 0 & 0 & 0 & 0 & 0 & \Theta_{zRa} \end{bmatrix} \begin{Bmatrix} \ddot{q}_1 \\ \ddot{q}_2 \\ \ddot{q}_3 \\ \ddot{q}_4 \\ \ddot{q}_5 \\ \ddot{q}_6 \end{Bmatrix} +$$

$$\frac{1}{v} \begin{bmatrix} 2f_2 & 0 & 0 & 0 & 0 & 0 \\ 0 & 2f_1 e_0^2 & 0 & 0 & 0 & 0 \\ 0 & 0 & 2f_2 & 0 & 0 & 0 \\ 0 & 0 & 0 & 2f_1 e_0^2 & 0 & 0 \\ 0 & 0 & 0 & 0 & 0 & 0 \\ 0 & 0 & 0 & 0 & 0 & 0 \end{bmatrix} \begin{Bmatrix} \dot{q}_1 \\ \dot{q}_2 \\ \dot{q}_3 \\ \dot{q}_4 \\ \dot{q}_5 \\ \dot{q}_6 \end{Bmatrix} + \quad (11.10)$$

$$\begin{bmatrix} 2c_y & -2f_2 & 0 & 0 & 0 & -2c_y b \\ 2\lambda_e \frac{e_0}{r_0} f_1 & 2e_x^2 c_x & 0 & 0 & 0 & 0 \\ 0 & 0 & 2c_y & -2f_2 & -2c_y & 0 \\ 0 & 0 & 2\lambda_e \frac{e_0}{r_0} f_1 & 2e_x^2 c_x & 0 & -2e_x^2 c_x \\ 0 & 0 & -2c_y & 0 & 2c_y & 0 \\ -2c_y b & 0 & 0 & -2e_x^2 c_x & 0 & \begin{smallmatrix}2e_x^2 c_x \\ +2b^2 c_y\end{smallmatrix} \end{bmatrix} \begin{Bmatrix} q_1 \\ q_2 \\ q_3 \\ q_4 \\ q_5 \\ q_6 \end{Bmatrix} = \mathbf{0} \,.$$

Man kann an dieser Stelle noch nicht erkennen, wieso man mit Gl. (11.10) weiterkommt als mit Gl. (11.5). Hierzu ist noch eine weitere Transformation erforderlich, die man üblicherweise als *statische Kondensation* bezeichnet. Die beiden letzten Gleichungen von (11.10) lauten ausgeschrieben

$$m_{Ra}\ddot{q}_5 - c_y q_3 + c_y q_5 = 0 \,, \tag{11.11a}$$

$$\Theta_{zRa}\ddot{q}_6 - c_y b q_1 - e_x^2 c_x q_4 + (e_x^2 c_x + b_2 c_y) q_6 = 0 \,. \tag{11.11b}$$

Gl. (11.11a) ist der *Impulssatz* für den Drehgestellrahmen, Gl. (11.11b) ist der *Drallsatz*. In diesen beiden Gleichungen sollen nun im Hinblick auf die Elimination von Freiheitsgraden die Massenterme vernachlässigt werden ($\ddot{q}_5 = 0$, $\ddot{q}_6 = 0$). Wir formulieren also eine Gleichgewichtsbedingung in Querrichtung und eine Momentengleichgewichtsbedingung um die Hochachse ohne Berücksichtigung der Massenträgheitskräfte. Dann können wir aus Gl. (11.11a) die generalisierte Verschiebung q_5 durch q_3 ausdrücken und aus Gl. (11.11b) die generalisierte Verschiebung q_6 durch q_1 und q_4:

$$q_5 = q_3, \tag{11.12a}$$

$$q_6 = \frac{bc_y}{e_x^2 c_x + b^2 c_y} q_1 + \frac{e_x^2 c_x}{e_x^2 c_x + b^2 c_y} q_4. \tag{11.12b}$$

Die generalisierten Freiheitsgrade q_5 und q_6 sind damit nicht mehr unabhängig, die Querverschiebung des Drehgestellrahmens und die Drehung des Drehgestellrahmens um die Hochachse sind an die Bewegungen der beiden Radsätze gekoppelt. Gl. (11.12a) sagt aus, dass bei einem Verschiebungszustand q_3, d.h. bei einer gleichphasigen Querverschiebung der beiden Radsätze, der Drehgestellrahmen in gleicher Weise mitgeht. In Querrichtung kann die Verschiebung von Radsätzen und Rahmen als Starrkörperverschiebung bezeichnet werden. Gl. (11.12b) gibt entsprechend an, wie sich der Drehgestellrahmen um die Hochachse verdreht, wenn die beiden Radsätze eine entgegengesetzte, gleich große Querverschiebung erfahren (q_1) oder in gleicher Richtung verdreht werden (q_4). Zu einem Verschiebungszustand q_2 gehört hingegen keine Verschiebung oder Verdrehung des Drehgestellrahmens.

Nach Durchführung der statischen Kondensation sind von den sechs generalisierten Verschiebungen q_1 bis q_6 nur noch die vier ersten unabhängig, die beiden letzten (q_5 und q_6) hingegen abhängig. Dies lässt sich wieder in einer Transformationsbeziehung erfassen:

$$\begin{Bmatrix} q_1 \\ q_2 \\ q_3 \\ q_4 \\ q_5 \\ q_6 \end{Bmatrix} = \begin{bmatrix} 1 & 0 & 0 & 0 \\ 0 & 1 & 0 & 0 \\ 0 & 0 & 1 & 0 \\ 0 & 0 & 0 & 1 \\ 0 & 0 & 1 & 0 \\ \alpha & 0 & 0 & \beta \end{bmatrix} \begin{Bmatrix} q_{1\text{red}} \\ q_{2\text{red}} \\ q_{3\text{red}} \\ q_{4\text{red}} \end{Bmatrix}. \tag{11.13}$$

mit den Abkürzungen

$$\alpha = \frac{bc_y}{e_x^2 c_x + b^2 c_y},$$

$$\beta = \frac{e_x^2 c_x}{e_x^2 c_x + b^2 c_y}.$$

In symbolischer Form können wir für Gl.(11.13) schreiben

$$\boldsymbol{q} = \boldsymbol{T}_{\text{red}} \boldsymbol{q}_{\text{red}}. \tag{11.13a}$$

Da für die Transformationsbeziehungen (11.13), durch die die Zahl der Freiheitsgrade um zwei reduziert wird, rein statische Beziehungen verwendet wurden, ist es gerechtfertigt, für diesen Reduktionsprozess den Begriff *statische Kondensation* einzuführen. Die Bewegungsdifferentialgleichung für die generalisierten Verschiebungen, Gl. (11.9), wird nun mit der Transformationsbeziehung (11.13a) weiterbehandelt. Dies läuft ganz entsprechend ab wie die bisherige Transformation. Das Ergebnis lautet

11.2 Analytische Näherungslösungen bei Drehgestellen

$$\boldsymbol{T}_{\text{red}}^T \boldsymbol{M}^* \boldsymbol{T}_{\text{red}} \ddot{\boldsymbol{q}}_{\text{red}} + \boldsymbol{T}_{\text{red}}^T \boldsymbol{D}^* \boldsymbol{T}_{\text{red}} \dot{\boldsymbol{q}}_{\text{red}} + \boldsymbol{T}_{\text{red}}^T \boldsymbol{S}^* \boldsymbol{T}_{\text{red}} \boldsymbol{q}_{\text{red}} = \boldsymbol{0} \, . \tag{11.14}$$

Auch hier können für die Matrizenprodukte wieder Abkürzungen eingeführt werden, womit man auch schreiben kann

$$\boldsymbol{M}^*_{\text{red}} \ddot{\boldsymbol{q}}_{\text{red}} + \boldsymbol{D}^*_{\text{red}} \dot{\boldsymbol{q}}_{\text{red}} + \boldsymbol{S}^*_{\text{red}} \boldsymbol{q}_{\text{red}} = \boldsymbol{0} \, . \tag{11.14a}$$

Die Matrizen des Gleichungssystems (11.14) haben die Abmessung 4 x 4.

Masse und Trägheitsmoment des Drehgestellrahmens sind damit aber *nicht* aus den Gleichungen verschwunden. Der Laufwerksrahmen ist bezüglich seiner Verschiebungen an die Radsatzverschiebungen gekoppelt, Masse und Trägheitsmoment des Laufwerksrahmen werden dadurch den Massen- und den Trägheitsmomenten der Radsätze zugeschlagen. Man braucht sich bei der formalen Transformation keine Gedanken zu machen, wie die Masse m_{Ra} und das Trägheitsmoment Θ_{zRa} des Drehgestellrahmens auf die beiden Radsätze aufgeteilt werden.

Die Matrizen des kondensierten Gleichungssystems (11.14a) werden nun etwas näher betrachtet. Für die Steifigkeitsmatrix ergibt sich

$$\boldsymbol{S}^*_{\text{red}} = \begin{bmatrix} \frac{e_x^2 c_x c_y}{e_x^2 c_x + b^2 c_y} & -f_2 & 0 & -\frac{e_x^2 c_x c_y b}{e_x^2 c_x + b^2 c_y} \\ \lambda_e \frac{e_0}{r_0} f_1 & e_x^2 c_x & 0 & 0 \\ 0 & 0 & 0 & -f_2 \\ -\frac{e_x^2 c_x c_y b}{e_x^2 c_x + b^2 c_y} & 0 & \lambda_e \frac{e_0}{r_0} f_1 & \frac{e_x^2 c_x c_y b^2}{e_x^2 c_x + b^2 c_y} \end{bmatrix} . \tag{11.15}$$

An dieser Matrix lassen sich zwei interessante Effekte feststellen:

- Zum einen wird das dritte Diagonalglied zu Null, da zu $q_{3\text{red}}$ eine Starrkörperverschiebung der Radsätze und des Rahmen gehört.
- Zum Anderen stellt man fest, dass die beiden Primärsteifigkeiten c_x und c_y immer in einer bestimmten Kombination auftreten, die wir als c_b und c_s bezeichnen:

$$c_b = e_x^2 c_x \, , \tag{11.16a}$$

$$c_s = \frac{e_x^2 c_x c_y}{e_x^2 c_x + b^2 c_y} \, . \tag{11.16b}$$

Der Wert c_b wird als *Biegesteifigkeit*, der Wert c_s als *Schersteifigkeit* der beiden Radsätze im Drehgestellrahmen bezeichnet.

Die beiden Begriffe *Schersteifigkeit* und *Biegesteifigkeit* werden anhand von Bild 11.7 erläutert. In Bild 11.7a ist das Drehgestell undeformiert wiedergegeben. Zuerst sollen die beiden Radsätze so gegeneinander „verbogen" werden wie man die Querschnitte eines Balkenabschnitts gegeneinander verbiegt (Bild 11.7b). Hierbei werden nur die Längsfedersteifigkeiten c_x in Anspruch genommen, nicht hingegen die Querfedersteifigkeiten c_y. Die Querfedern werden im Bild zwar etwas schräg gestellt, ihre Länge bleibt aber bei

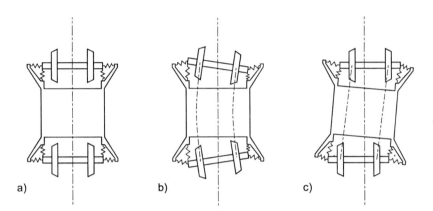

Bild 11.7. Zur Erläuterung der Begriffe Biege- und Schersteifigkeit

Beschränkung auf kleine Verschiebungen erhalten, es kommt also zu keiner Federdehnung und damit auch zu keinen Federkräften in Querrichtung. Der Widerstand, den die Längsfedern einer derartigen „Verbiegung" der beiden Radsätze entgegensetzen, wird als *Biegesteifigkeit* bezeichnet.

Als nächstes werden die beiden Radsätze gegeneinander „abgeschert". Auch dies erfolgt wieder in Anlehnung an einen Balkenabschnitt, bei dem die beiden Endquerschnitte durch Aufbringung einer Querkraft gegeneinander querverschoben werden. Der zugehörige Verschiebungszustand kann aus Bild 11.7c entnommen werden. Bei einer Scherdeformation stellt sich der Drehgestellrahmen selbst etwas schräg. Dadurch werden sowohl die Längsfedersteifigkeiten c_x als auch die Querfedersteifigkeiten c_y in Anspruch genommen. Der Widerstand, den das Drehgestell einer Scherdeformation entgegensetzt, wird als *Schersteifigkeit* bezeichnet. Für die reduzierte Steifigkeitsmatrix lässt sich mit den entsprechenden Abkürzungen schreiben:

$$S^*_{\text{red}} = \begin{bmatrix} c_s & -f_2 & 0 & -c_s b \\ \lambda_e \frac{e_0}{r_0} f_1 & c_b & 0 & 0 \\ 0 & 0 & 0 & -f_2 \\ -c_s b & 0 & \lambda_e \frac{e_0}{r_0} f_1 & c_s b^2 \end{bmatrix}. \tag{11.15a}$$

Für die reduzierte Dämpfungsmatrix, die nur Schlupfterme enthält, gilt

$$\boldsymbol{D}^*_{\text{red}} = \begin{bmatrix} f_2 & 0 & 0 & 0 \\ 0 & f_1 e_0^2 & 0 & 0 \\ 0 & 0 & f_2 & 0 \\ 0 & 0 & 0 & f_1 e_0^2 \end{bmatrix}. \tag{11.15b}$$

Als reduzierte Massenmatrix erhält man schließlich die Beziehung

$$\boldsymbol{M}^*_{\text{red}} = \begin{bmatrix} m + \tfrac{1}{2}\alpha^2 \Theta_{z\text{Ra}} & 0 & 0 & \tfrac{1}{2}\alpha\beta\Theta_{z\text{Ra}} \\ 0 & \Theta & 0 & 0 \\ 0 & 0 & m + \tfrac{1}{2}m_{\text{Ra}} & 0 \\ \tfrac{1}{2}\alpha\beta\Theta_{z\text{Ra}} & 0 & 0 & \Theta + \tfrac{1}{2}\beta^2\Theta_{z\text{Ra}} \end{bmatrix}. \tag{11.15c}$$

Obwohl eine Reihe erheblich einschränkender Voraussetzungen eingeführt wurden, ergibt sich immer noch ein Differentialgleichungssystem mit 4 Freiheitsgraden. Die zugehörige charakteristische Gleichung ist ein Polynom 8. Grades. Es ist aussichtslos, geschlossene Formeln für die Wurzeln dieses charakteristischen Polynoms anzugeben. Hier ist man auf nummerische Eigenwertberechnungen angewiesen. Auch wenn man sich auf eine Stabilitätsuntersuchung beschränkt, wird die Angabe von Stabilitätskriterien recht mühsam. In Tab. 16.6 im Kapitel 16 haben wir uns schon auf die Angabe von Stabilitätskriterien für Polynome bis zur Ordnung 6 beschränkt.

Man ist also gezwungen, die Gleichung (11.14a) noch weiter zu vereinfachen. Bevor wir das tun, wollen wir nochmals transformieren. Wir haben bereits festgestellt, dass das 3. Diagonalglied der reduzierten Steifigkeitsmatrix, Gl. (11.15a), zu Null wird, da der zu $q_{3\text{red}}$ gehörende Verschiebungszustand eine Starrkörperverschiebung des gesamten Drehgestells (d.h. des Laufwerksrahmens und der beiden Radsätze) ist. Die Primärfedersteifigkeiten werden hierbei überhaupt nicht in Anspruch genommen. Es liegt nun nahe, auch noch die Verschiebungszustände, die zu $q_{1\text{red}}$ und $q_{4\text{red}}$ gehören, so zu kombinieren, dass als weiterer Starrkörperverschiebungszustand eine Starrkörperdrehung des Laufwerksrahmens zusammen mit den beiden Radsätzen auftritt. Auch dabei werden die Primärfedersteifigkeiten nicht beansprucht, auf der Diagonalen der Steifigkeitsmatrix müsste nach einer derartigen Transformation eine weitere Null erscheinen.

Diese Transformation wollen wir vor weiteren Vereinfachungen durchführen. Die Verschiebungszustände, die wir damit einführen, sind in Bild 11.8 wiedergegeben.

11. Laterales Eigenverhalten und Stabilität von Drehgestellen

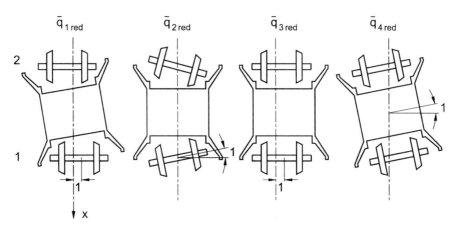

Bild 11.8. Neue Verschiebungszustände

Die Transformationsmatrix, mit der sich der reduzierte Verschiebungsvektor q_{red} aus einem neuen Verschiebungsvektor $\bar{q}_{\text{red}}$ ausrechnet, hat folgende Gestalt:

$$\begin{Bmatrix} q_{1\text{red}} \\ q_{2\text{red}} \\ q_{3\text{red}} \\ q_{4\text{red}} \end{Bmatrix} = \begin{bmatrix} 1 & 0 & 0 & 1 \\ 0 & 1 & 0 & 0 \\ 0 & 0 & 1 & 0 \\ 0 & 0 & 0 & \frac{1}{b} \end{bmatrix} \begin{Bmatrix} \bar{q}_{1\text{red}} \\ \bar{q}_{2\text{red}} \\ \bar{q}_{3\text{red}} \\ \bar{q}_{4\text{red}} \end{Bmatrix} . \tag{11.17}$$

Die Transformation selbst ist reine Routinesache. Man erhält ein neues Gleichungssystem, das sich formal schreiben lässt

$$\overline{M}_{\text{red}} \ddot{\bar{q}}_{\text{red}} + \overline{D}_{\text{red}} \dot{\bar{q}}_{\text{red}} + \overline{S}_{\text{red}} \bar{q}_{\text{red}} = 0 . \tag{11.18}$$

Wie sehen nun die Matrizen dieses Gleichungssystems aus? Die Steifigkeitsmatrix besteht aus zwei Anteilen. Durch einen Anteil werden die Primärfedereigenschaften, durch den anderen die Schlupfeigenschaften erfasst. Erwartungsgemäß ist bei der Federsteifigkeitsmatrix ein weiteres Diagonalglied zu Null geworden, außerdem tauchen Schersteifigkeit und Biegesteifigkeit säuberlich getrennt jeweils nur in einem Diagonalglied desjenigen Teils der Steifigkeitsmatrix auf, mit dem die Primärfedereigenschaften erfasst werden:

$$\overline{S}_{\text{Fred}} = \begin{bmatrix} c_{\text{s}} & 0 & 0 & 0 \\ 0 & c_{\text{b}} & 0 & 0 \\ 0 & 0 & 0 & 0 \\ 0 & 0 & 0 & 0 \end{bmatrix} . \tag{11.19a}$$

$$\overline{S}_{\text{Cred}} = \begin{bmatrix} 0 & -f_2 & 0 & 0 \\ \lambda_e \frac{e_0}{r_0} f_1 & 0 & 0 & \lambda_e \frac{e_0}{r_0} f_1 \\ 0 & 0 & 0 & -\frac{1}{b} f_2 \\ 0 & -f_2 & \lambda_e \frac{e_0}{r_0 b} f_1 & 0 \end{bmatrix}. \qquad (11.19\text{b})$$

Die Dämpfungsmatrix ist etwas komplizierter geworden, sie ist jetzt nicht mehr rein diagonal besetzt:

$$\frac{1}{v}\overline{D}_{\text{red}} = \frac{1}{v}\begin{bmatrix} f_2 & 0 & 0 & f_2 \\ 0 & f_1 e_0^2 & 0 & 0 \\ 0 & 0 & f_2 & 0 \\ f_2 & 0 & 0 & f_2 + f_1 \frac{e_0^2}{b^2} \end{bmatrix}. \qquad (11.19\text{c})$$

Schließlich lautet die Massenmatrix:

$$\overline{M}_{\text{red}} = \begin{bmatrix} m + \frac{1}{2}\alpha^2 \Theta_{\text{zRa}} & 0 & 0 & m + \frac{1}{2b}\alpha\Theta_{\text{zRa}} \\ 0 & \Theta & 0 & 0 \\ 0 & 0 & m + \frac{1}{2}m_{\text{Ra}} & 0 \\ m + \frac{1}{2b}\alpha\Theta_{\text{zRa}} & 0 & 0 & \frac{1}{b^2}\left(\Theta + mb^2 + \frac{1}{2}\Theta_{\text{zRa}}\right) \end{bmatrix} \quad (11.19\text{d})$$

mit der Abkürzung

$$\alpha = \frac{bc_y}{e_x^2 c_x + b^2 c_y}.$$

Wird der Parameter α noch durch das Verhältnis von Biege- und Schersteifigkeit ersetzt:

$$\alpha = \frac{bc_s}{c_b}.$$

lässt sich die Massenmatrix schreiben:

216   11. Laterales Eigenverhalten und Stabilität von Drehgestellen

$$\overline{M}_{\text{red}} = \begin{bmatrix} m + \frac{b^2}{2}\frac{c_s^2}{c_b^2}\Theta_{z\text{Ra}} & 0 & 0 & m + \frac{c_s}{2c_b}\Theta_{z\text{Ra}} \\ 0 & \Theta & 0 & 0 \\ 0 & 0 & m + \frac{1}{2}m_{\text{Ra}} & 0 \\ m + \frac{c_s}{2c_b}\Theta_{z\text{R}} & 0 & 0 & \frac{1}{b^2}\left(\Theta + mb^2 + \frac{1}{2}\Theta_{z\text{Ra}}\right) \end{bmatrix} \quad (11.19\text{e})$$

Das 3. Diagonalglied der Massenmatrix ist die halbe Gesamtmasse m_D des Drehgestells, d.h. des Laufwerkrahmens und der Radsätze, und das 4. Diagonalglied ist bis auf den Vorfaktor $(1/b^2)$ das halbe Gesamtträgheitsmoment Θ_D des Drehgestells. Im folgenden werden wir die entsprechenden Abkürzungen

$$m_\text{D} = 2m + m_{\text{Ra}}, \qquad \Theta_\text{D} = 2\Theta + 2mb^2 + \Theta_{z\text{Ra}}$$

aus Gründen der Schreibvereinfachung weiterverwenden.

11.2.2 Drehgestelle mit unendlich großer Biege- und Schersteifigkeit

Als erstes betrachten wir den Fall, dass die beiden Radsätze sich gegenüber dem Laufwerksrahmen nicht verschieben können. In unserem System von Bewegungsdifferentialgleichungen, Gl. (11.18), mit den Matrizen aus Gl. (11.19a-11.19d) erhalten wir diesen Sonderfall, indem wir die Biegesteifigkeit c_b und die Schersteifigkeit c_s unendlich groß werden lassen. Die Anzahl der Freiheitsgrade reduziert sich dann und es bleiben nur noch die Freiheitsgrade $q^*_{3\text{red}}$ und $q^*_{4\text{red}}$ übrig. Das ist, wenn man sich Bild 11.8 ansieht, unmittelbar verständlich. Die zu $q^*_{1\text{red}}$ und $q^*_{2\text{red}}$ gehörenden Verschiebungszustände können bei unendlich großen Biege- und Schersteifigkeiten nicht auftreten. Die entstehende Eigenwertaufgabe lautet

$$\left(\lambda^2 \begin{bmatrix} \frac{1}{2}m_\text{D} & 0 \\ 0 & \frac{1}{2b^2}\Theta_\text{D} \end{bmatrix} + \frac{\lambda}{v}\begin{bmatrix} f_2 & 0 \\ 0 & f_2 + \frac{e_0^2}{b^2}f_1 \end{bmatrix} + \begin{bmatrix} 0 & -\frac{1}{b}f_2 \\ \lambda_\text{e}\frac{1}{b}\frac{e_0}{r_0}f_1 & 0 \end{bmatrix}\right)\begin{Bmatrix} q_3 \\ q_4 \end{Bmatrix}$$
$$= \begin{Bmatrix} 0 \\ 0 \end{Bmatrix}. \qquad (11.20)$$

Das ist nun formal die gleiche Eigenwertaufgabe wie beim Einzelradsatz, vergleiche Gl. (9.13). Alle Ergebnisse, die wir beim Einzelradsatz erhalten haben, lassen sich damit ohne weiteres auf das Drehgestell mit unendlich großer Biege- und Schersteifigkeit übertragen.

Als erstes wollen wir die der Klingel-Formel entsprechende Beziehung ermitteln. Wir müssen wieder so vorgehen, dass wir den Fall niedriger Geschwindigkeit betrachten, die Massenträgheitskräfte vernachlässigen und für

11.2 Analytische Näherungslösungen bei Drehgestellen

den Eigenwert λ die Beziehung $\lambda = i\omega$ setzen. Dann erhält man als Kreisfrequenz

$$\left(\frac{\omega}{v}\right)^2 = \frac{\lambda_e}{e_0 r_0 \left(1 + \frac{f_2 b^2}{f_1 e_0^2}\right)} \tag{11.21a}$$

oder mit

$$\left(\frac{2\pi}{L}\right)^2 = \left(\frac{\omega}{v}\right)^2$$

die Wellenlänge des Sinuslaufs des Drehgestells

$$L^2 = (2\pi)^2 \frac{e_0 r_0}{\lambda_e} \left(1 + \frac{f_2 b^2}{f_1 e_0^2}\right) . \tag{11.21b}$$

Auch beim starren Drehgestell besteht für kleine Geschwindigkeiten ein linearer Zusammenhang zwischen der Frequenz und der Fahrgeschwindigkeit. Der Proportionalitätsfaktor ist ganz ähnlich aufgebaut wie bei der Klingel-Formel für den frei rollenden Radsatz, Gl. (8.14).

Auch die Beziehung für die Wellenlänge sieht sehr ähnlich aus. Nur taucht im Zähler jetzt zusätzlich noch eine runde Klammer

$$\left(1 + \frac{f_2 b^2}{f_1 e_0^2}\right)$$

auf, die stets größer als 1 ist. Bei der Frequenz, Gl. (11.21a), tritt der gleiche Faktor im Nenner auf. Demzufolge ist die Wellenlänge eines starren, frei rollenden Drehgestells bei gleicher Fahrgeschwindigkeit immer größer als die Wellenlänge eines frei rollenden Radsatzes, die Sinuslauf-Frequenz des Drehgestells ist hingegen kleiner als die des frei rollenden Radsatzes. Die kinematischen Beziehungen für das Drehgestell wurden wohl erstmals von Heumann [86] angegeben.

Es soll nun noch das Eigenverhalten des Drehgestells mit unendlich großer Biege- und Schersteifigkeit bei Berücksichtigung von Sekundärfesselung untersucht werden. Wir gehen hierzu weiterhin davon aus, dass die Anteile aus Gravitationssteifigkeit und auch den C_{23}-Termen vernachlässigt werden können. Der Laufwerksrahmen soll durch eine sekundäre Lateralfesselung mit der Federsteifigkeit c und durch eine sekundäre Wendefesselung mit der Federsteifigkeit $\hat{c}$ mit einem mitgeführten unverschieblichen Wagenkasten verbunden sein (Bild 11.9).

Die beiden Steifigkeitswerte müssen als zusätzliche Terme auf der Diagonalen der Steifigkeitsmatrix der Bewegungsdifferentialgleichung auftreten. Ausgehend von Impulssatz und Drallsatz für das gesamte Drehgestell sieht man sofort, dass noch Vorfaktoren erforderlich sind:

11. Laterales Eigenverhalten und Stabilität von Drehgestellen

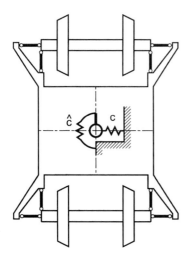

Bild 11.9. Zur Definition der Quersteifigkeit zwischen Laufwerksrahmen und Wagenkasten

$$\left\{ \lambda^2 \begin{bmatrix} \frac{1}{2}m_D & 0 \\ 0 & \frac{1}{2b^2}\Theta_D \end{bmatrix} + \frac{\lambda}{v} \begin{bmatrix} f_2 & 0 \\ 0 & f_2 + \frac{e_0^2}{b^2}f_1 \end{bmatrix} \right. $$
$$\left. + \begin{bmatrix} \frac{c}{2} & -\frac{1}{b}f_2 \\ \lambda_e \frac{1}{b}\frac{e_0}{r_0}f_1 & \frac{\hat{c}}{2b^2} \end{bmatrix} \right\} \left\{ \begin{matrix} q_3 \\ q_4 \end{matrix} \right\} = \left\{ \begin{matrix} 0 \\ 0 \end{matrix} \right\} . \quad (11.22)$$

Die sekundäre Lateralsteifigkeit c und die sekundäre Wendesteifigkeit $\hat{c}$ werden in der Regel so groß sein, dass die Vernachlässigung von Effekten aus der Gravitationssteifigkeit und dem C_{23}-Term der beiden Radsätze gerechtfertigt ist. Ausgehend von Gl. (11.22) soll nun eine Stabilitätsuntersuchung für das Drehgestell durchgeführt werden. Zunächst wird wieder der Fall sehr kleiner Geschwindigkeiten ($v \simeq 0$) betrachtet werden, bei dem die Trägheitsterme vernachlässigt werden dürfen. Als Eigenwertgleichung erhält man nach einigen Umformungen die Beziehung

$$\left(\frac{\lambda}{v}\right)^2 \left(1 + \frac{f_2 b^2}{f_1 e_0^2}\right) + \frac{\lambda}{v}\left[\frac{\hat{c}}{2 f_1 e_0^2} + \left(1 + \frac{f_2 b^2}{f_1 e_0^2}\right)\frac{c}{2 f_2}\right]$$
$$+ \left[\frac{c}{2 f_2}\frac{\hat{c}}{2 f_1 e_0^2} + \frac{\lambda_e}{e_0 r_0}\right] = 0 . \quad (11.23)$$

Ähnlich wie bei der Lösung der Gleichung für den Einzelradsatz erhalten wir

$$\lambda_{1,2} = \alpha \pm i\omega , \quad (11.24)$$

wobei sich für den Realteil und den Imaginärteil der Eigenwerte die Ausdrücke

$$\alpha = -\delta = -\frac{v}{2}\left[\frac{c}{2 f_2} + \frac{1}{\left(1 + \frac{f_2 b^2}{f_1 e_0^2}\right)}\frac{\hat{c}}{2 f_1 e_0^2}\right] \quad (11.25a)$$

11.2 Analytische Näherungslösungen bei Drehgestellen

und

$$\omega = v\sqrt{\frac{\lambda_e}{e_0 r_0 \left(1 + \frac{f_2 b^2}{f_1 e_0^2}\right)} - \frac{\left[\frac{\hat{c}}{2 f_1 e_0^2} - \left(1 + \frac{f_2 b^2}{f_1 e_0^2}\right) \frac{c}{2 f_2}\right]^2}{4\left(1 + \frac{f_2 b^2}{f_1 e_0^2}\right)^2}} \quad (11.25b)$$

ergeben. Aus Gl. (11.25a) ersieht man, dass das Drehgestell ohne Sekundärfesselung ($c = 0$, $\hat{c} = 0$) im Rahmen unserer Annahmen stets ungedämpfte Schwingungen ausführt. Bei Berücksichtigung der Effekte aus Gravitationssteifigkeiten und dem C_{23}-Term der beiden Radsätze können sogar instabile Schwingungen auftreten. Die Sekundärsteifigkeiten sind in der Regel so groß, dass mögliche destabilisierende Effekte aus den Radsätzen kompensiert werden. Bei Berücksichtigung von realistischen Sekundärsteifigkeiten ist die Bewegung immer gedämpft. Rein theoretisch erhält man, wenn man eine der Federsteifigkeiten hinreichend groß wählt (der zweite Term unter der Wurzel dominiert dann), bei niedrigen Geschwindigkeiten sogar eine aperiodisch gedämpfte Eigenbewegung.

Welche *Grenzgeschwindigkeit* ergibt sich nun für das starre, gefesselte Drehgestell aufgrund von Gl. (11.22)? Da die Gleichung völlig gleich aufgebaut ist wie die Bewegungsdifferentialgleichung für den Einzelradsatz, können wir die Lösung aus Gl. (10.39) übernehmen. Es ergibt sich

$$v_{\text{crit}}^2 = \omega_{\text{crit}}^2 \frac{e_0 r_0 \left(1 + \frac{f_2 b^2}{f_1 e_0^2}\right)}{\lambda_e} \frac{1}{1-k}, \quad (11.26)$$

also auch hier wieder bis auf eine Korrekturgröße k eine sehr schöne formale Übereinstimmung mit der Heumann-Formel für das frei rollende Drehgestell, Gl. (11.21a). Auch hier lässt sich die Frequenz an der Stabilitätsgrenze angeben,

$$\omega_{\text{crit}}^2 = \frac{\hat{c} + c b^2 \left(1 + \frac{f_2 b^2}{f_1 e_0^2}\right)}{\Theta_D + m_D b^2 \left(1 + \frac{f_2 b^2}{f_1 e_0^2}\right)}. \quad (11.27)$$

Es fehlt jetzt noch der Ausdruck für die Korrekturgröße k. Hierfür erhält man

$$k = \frac{e_0 r_0}{\lambda_e}\left(1 + \frac{f_2 b^2}{f_1 e_0^2}\right)\left(\frac{c}{2 f_2}\right)^2 \left[\frac{1 - \frac{\hat{c} m_D}{c \Theta_D}}{1 + \frac{b^2 m_D}{\Theta_D}\left(1 + \frac{f_2 b^2}{f_1 e_0^2}\right)}\right]^2. \quad (11.28)$$

Die Interpretation dieser Gleichungen liefert das gleiche Ergebnis wie beim gefesselten Einzelradsatz: Man kann - wenn man einen unverschieblichen Wagenkasten voraussetzt - die Grenzgeschwindigkeit beliebig hochtreiben, in dem man entweder die sekundäre Lateralsteifigkeit oder die sekundäre Wendesteifigkeit hinreichend groß wählt. Das Konzept der Drehhemmung ist ein Weg in diese Richtung. Man ist damit natürlich noch nicht alle Probleme los: Als nächstes muss das Eigenverhalten des gesamten Fahrzeuges unter Berücksichtigung des Wagenkastens untersucht werden, wobei kein mitgeführtes Inertialsystem mehr existiert, an das man den Wagenkasten „anfesseln" könnte.

Zweifellos eleganter wäre es, wenn man eine Stabilitätsverbesserung bereits durch Maßnahmen auf der Ebene der Primärfesselung erreichen könnte. Ist es unter Umständen durch eine geeignete „Abstimmung" von Biege- und Schersteifigkeit möglich, das Stabilitätsverhalten zu verbessern? Im Hinblick auf diese Frage werden im folgenden zwei weitere Grenzfälle, der Grenzfall unendlich großer Schersteifigkeit und der Grenzfall unendlich großer Biegesteifigkeit betrachtet.

11.2.3 Konstruktive Realisierung sehr großer Biege- und Schersteifigkeiten

Zunächst soll untersucht werden, ob sich sehr große Biege- und Schersteifigkeiten konstruktiv überhaupt realisieren lassen. Der erste Grenzfall einer *unendlich großen Biegesteifigkeit* c_b liegt vor, wenn die primäre Längssteifigkeit c_x eine oder mehrere Größenordnungen über der primären Querfedersteifigkeit c_y liegt. Das ist beispielsweise dann der Fall, wenn die Radsätze in Längsrichtung durch Lenker mit dem Drehgestellrahmen verbunden sind (Drehgestelle vom Typ Minden-Deutz).

Eine *unendlich große Schersteifigkeit* c_s ist, wie man aus Gl. (11.16b) ersieht, nicht dadurch erreichbar, dass man eine der Primärsteifigkeiten unendlich groß wählt. Bei dem in Bild 11.7a schematisch dargestellten Drehgestell lässt sich eine unendlich große Schersteifigkeit bei gleichzeitig endlicher Biegesteifigkeit überhaupt nicht erreichen. Ein Drehgestell mit unendlich großer Schersteifigkeit lässt sich nur durch eine andere Konstruktion realisieren, und zwar durch ein so genanntes *kreuzgekoppeltes Laufwerk*. Hierbei wird zusätzlich zur Primärfesselung zwischen den beiden Radsätzen und dem Drehgestellrahmen eine Kopplung zwischen den beiden Radsätzen eingeführt. Schematisch ist das in Bild 11.10 dargestellt.

Zusätzlich zu der Koppelfeder in lateraler Richtung könnte man auch noch eine Koppel-Drehfeder einführen. Die Berechnung der zugehörigen Biege- und Schersteifigkeiten erfolgt in einer Übungsaufgabe.

Sobald man Biege- und Schersteifigkeit eines kreuzgekoppelten Drehgestells kennt, lässt sich das Eigenverhalten des konventionellen Drehgestells von Bild 11.7a und das des kreuzgekoppelten Laufwerks von Bild 11.10 durch das gleiche System von Bewegungsdifferentialgleichungen, Gl. (11.14), mit den Matrizen (11.15) beschreiben.

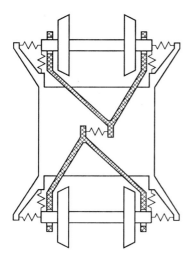

Bild 11.10. Schematische Darstellung eines kreuzgekoppelten Laufwerks

11.2.4 Drehgestelle mit unendlich großer Schersteifigkeit

Zunächst soll der Sonderfall eines Drehgestells mit unendlich großer Schersteifigkeit c_s untersucht werden. Die Bewegungsdifferentialgleichungen in Matrizenform erhalten wir, indem wir in die Matrizen von Gl. (11.19a) den Wert c_s^* unendlich groß werden lassen. Die Verschiebung $q_{1\mathrm{red}}^*$ wird dann zu Null, die verbleibende Eigenwertaufgabe lautet

$$\left\{ \lambda^2 \begin{bmatrix} \Theta & 0 & 0 \\ 0 & \tfrac{1}{2}m_\mathrm{D} & 0 \\ 0 & 0 & \tfrac{1}{2b^2}\Theta_\mathrm{D} \end{bmatrix} + \frac{\lambda}{v} \begin{bmatrix} f_1 e_0^2 & 0 & 0 \\ 0 & f_2 & 0 \\ 0 & 0 & f_2 + \tfrac{e_0^2}{b^2}f_1 \end{bmatrix} + \right.$$
$$\left. + \begin{bmatrix} c_\mathrm{b} & 0 & \tfrac{\lambda_e e_0}{r_0} f_1 \\ 0 & 0 & -f_2/b \\ -f_2 \tfrac{\lambda_e}{b}\tfrac{e_0}{r_0} f_1 & 0 & 0 \end{bmatrix} \right\} \left\{ \begin{matrix} q_2 \\ q_3 \\ q_4 \end{matrix} \right\} = \left\{ \begin{matrix} 0 \\ 0 \\ 0 \end{matrix} \right\}. \quad (11.29)$$

Es soll nun untersucht werden, wie sich die Eigenwerte bei sehr hohen Geschwindigkeiten ($v \to \infty$) verhalten. Hierfür braucht man nur die $\tfrac{1}{v}$-proportionale Matrix aus Gl. (11.29) wegzulassen. Man erhält dann die Eigenwertgleichung

$$\lambda^6 \Theta \frac{m_\mathrm{D}}{2} \frac{\Theta_\mathrm{D}}{2b^2} + \lambda^4 c_\mathrm{b} \frac{m_\mathrm{D}}{2} \frac{\Theta_\mathrm{D}}{2b^2} + \lambda^2 \left(\Theta f_1 f_2 \frac{\lambda_e e_0}{r_0 b^2} + \frac{m_\mathrm{D}}{2} \frac{\lambda_e e_0}{r_0} f_1 f_2 \right)$$
$$+ c_\mathrm{b} f_1 f_2 \frac{\lambda_e e_0}{r_0 b^2} = 0. \quad (11.30)$$

Keizer [111, 112] hat sich intensiv mit der Frage beschäftigt, ob es möglich ist, für ein Drehgestell eine unendlich große kritische Geschwindigkeit zu erreichen. Er geht von einer dimensionslosen Form der Eigenwertgleichung aus,

11. Laterales Eigenverhalten und Stabilität von Drehgestellen

$$\lambda_K^6 \left(\frac{m_{Ra}}{2m} + 1\right) \frac{\Theta}{m_{Ra}e_0^2} \left[\frac{\Theta_{Ra}}{m_{Ra}b^2} \frac{m_{Ra}}{2m} + \frac{\Theta}{me_0^2} \frac{e_0^2}{b^2} + 1\right] +$$

$$+ \lambda_K^4 \frac{c_b}{\alpha_K^2} \left(\frac{m_{Ra}}{2m} + 1\right) \left[\frac{\Theta_R}{m_R b^2} \frac{m_R}{2m} + \frac{\Theta}{me_0^2} \frac{e_0^2}{b^2} + 1\right] +$$

$$+ \lambda_K^2 \left[\frac{m_{Ra}}{2m} + \frac{\Theta}{me_0^2} \frac{e_0^2}{b^2} + 1\right] + \frac{c_b}{\alpha_K^2} \frac{e_0^2}{b^2} = 0 \qquad (11.31)$$

bei der die beiden folgenden Abkürzungen verwendet werden:

$$\alpha_K^4 = f_1 f_2 e_0^2 \frac{\lambda e_0}{r_0} \quad \text{und} \quad \lambda_K = \frac{\lambda}{\alpha} \sqrt{me_0^2}, \qquad (11.32)$$

Für das Trägheitsmoment des Einzelradsatzes und des Laufwerksrahmens setzt Keizer näherungsweise die Beziehungen

$$\Theta \simeq me_0^2 \quad \text{und} \quad \Theta_{Ra} \simeq m_{Ra}b^2. \qquad (11.33)$$

In Gl. (11.31) verbleiben dann drei dimensionslose Parameter,

- das Verhältnis μ der halben Rahmenmasse $m_{Ra}/2$ zur Radsatzmasse m,
- das Verhältnis β von Achsstand b und Spurweite e_0 und
- ein dimensionsloser Parameter K_b, durch den die Biegesteifigkeit c_b auf die Kontaktsteifigkeiten bezogen wird:

$$\frac{m_{Ra}}{2m} = \mu, \qquad (11.34a)$$

$$\frac{b}{e_0} = \beta \quad \text{und} \qquad (11.34b)$$

$$\frac{c_b}{\alpha_K^2} = K_b. \qquad (11.34c)$$

Jetzt erhält man als dimensionslose Eigenwertgleichung die Beziehung

$$\lambda_K^6(1+\mu)\left[1+\beta^2(1+\mu)\right] + \lambda_K^4 K_b(1+\mu)\left[1+\beta^2(1+\mu)\right] +$$
$$+ \lambda_K^2 \left[1+\beta^2(1+\mu)\right] + K_b = 0. \qquad (11.35)$$

Keizer wählt zusätzlich noch $\mu = 1$. In Abhängigkeit von K_b und β ergibt sich dann das Diagramm von Bild 11.11.
An der Grenze des schraffierten Gebietes wird die kritische Geschwindigkeit unendlich groß. Für Parameterwerte im Inneren des schraffierten Gebietes existiert keine kritische Geschwindigkeit mehr. Außerdem sind im Diagramm noch Kurven konstanter kritischer Geschwindigkeit eingetragen, die man natürlich nicht aus der Eigenwertgleichung (11.35) sondern aus der Eigenwertgleichung zur vollständigen Eigenwertaufgabe (11.29) erhält. Hierbei verwendet Keizer noch einen dimensionslosen Geschwindigkeitsparamter

$$V^2 = v^2 \frac{m}{\sqrt{f_1 f_2 \frac{r_0 e_0}{\lambda}}}. \qquad (11.36)$$

11.2 Analytische Näherungslösungen bei Drehgestellen 223

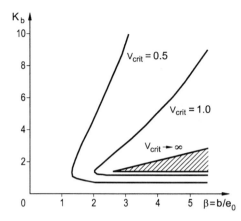

Bild 11.11. Abhängigkeit der kritischen Geschwindigkeit vom Biegesteifigkeitsparameter und vom Verhältnis b/e_0 (nach Keizer [111])

Man erkennt, dass von einem Verhältnis $\beta \simeq 2,5$ an bei geeigneter Wahl von K_b keine kritische Geschwindigkeit mehr existiert. Der zugehörige Achsabstand $b = \beta e_0$ ist allerdings recht hoch. Die dimensionslose Biegesteifigkeit K_b lässt sich mit Hilfe der Gl. (11.34c) und (11.16a) in eine Längssteifigkeit c_x umrechnen:

$$c_x = \frac{K_b}{e_x^2} \sqrt{f_1 f_2 \frac{\lambda e_0^3}{r_0}} \ . \tag{11.37}$$

Setzt man nun für die dimensionslose Biegesteifigkeit K_b aus Bild 11.11 den Mindestwert 1.5 ein und übernimmt alle übrigen Werte aus Tab. 9.2, so ergibt sich

$$c_x \simeq 1,5 \cdot 10^7 \text{N/m} \ .$$

Dieser Wert ist zwar niedriger als die Längssteifigkeit des Lenkers eines Minden-Deutz-Drehgestells ($c_x = 5 \cdot 10^7 \text{N/m}$), aber immer noch recht hoch.

Zur Veranschaulichung ist im folgenden Bild 11.12 schematisch ein Drehgestell skizziert, das den ermittelten Werten entspricht.
Für die Interpretation des Diagramms von Bild 11.11 ist auch noch von Interesse, welche tatsächliche Geschwindigkeit zu dem dimensionslosen Geschwindigkeitsparameter $V_{\text{crit}} = 1$ gehört. Man muss hierzu Gl. (11.36) nach v auflösen

$$v_{\text{crit}}^2 = V_{\text{crit}}^2 \frac{1}{m} \sqrt{f_1 f_2 \frac{r_0 e_0}{\lambda}} \tag{11.38}$$

und erhält mit den entsprechenden Werten aus Tabelle 3.1

$$v_{\text{crit}} = 156 \, \frac{\text{m}}{\text{s}} = 560 \, \frac{\text{km}}{\text{h}} \ .$$

224   11. Laterales Eigenverhalten und Stabilität von Drehgestellen

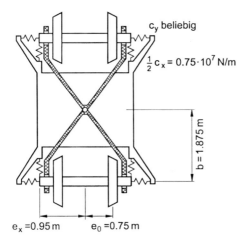

Bild 11.12. Abmessungen eines Drehgestells mit unendlich großer Grenzgeschwindigkeit

Für bahnpraktische Fälle wäre eine derartige Geschwindigkeit völlig ausreichend. Man kann dann sogar den Achsstand verringern ($\beta \simeq 2$), muss allerdings etwa die gleiche Mindest-Längssteifigkeit beibehalten wie bisher. Das Hauptproblem dürfte darin bestehen, dass unendlich große Schersteifigkeiten und definierte Biegesteifigkeiten sich konstruktiv nur schwer realisieren lassen.

11.2.5 Drehgestelle mit unendlich großer Biegesteifigkeit

Die Untersuchung von Drehgestellen mit unendlich großer Biegesteifigkeit erfolgt in entsprechender Weise wie die Untersuchung von Drehgestellen mit unendlich großer Schersteifigkeit. Auch hier erhält man für den Fall, dass die Geschwindigkeit unendlich groß wird, wiederum eine dimensionslose, bikubische Eigenwertgleichung, vergleiche Keizer [111]. Es zeigt sich nun aber, dass es in diesem Fall nicht möglich ist, die Parameter b und K_s so zu wählen, dass bei dieser Geschwindigkeit nur Wurzeln mit negativem Realteil auftreten. Es gelingt also mit unendlich großen Biegesteifigkeiten nicht, eine beliebig große Grenzgeschwindigkeit zu erreichen. Aus der Lösung der Eigenwertaufgabe für endliche Grenzgeschwindigkeiten v_c, bzw. die dimensionslose Geschwindigkeit V_c, erhält man das Diagramm von Bild 11.13. Auch hier wollen wir wieder fragen, welche Abstände und welche Schersteifigkeit man ansetzen muss, um zumindest eine dimensionslose Grenzgeschwindigkeit $V_c = 1$ ($v = 156\ \frac{m}{s}$) zu erhalten. Aus Bild 11.13 ergibt sich hierfür etwa $\beta = 4, 8$, d.h. ein sehr großer Achsstand von $7, 20\ m$, sowie $K_s = 4, 8$, d.h. eine Schersteifigkeit von $c_s = 0, 32 \cdot 10^7 \frac{N}{m}$.

Weder Drehgestelle mit unendlich großer Biegesteifigkeit, noch Drehgestelle mit unendlich großer Schersteifigkeit sind konstruktiv realistisch. Der Vergleich der beiden Abbildungen 11.11 und 11.13 zeigt aber, dass es unter dem Aspekt der Erzielung einer möglichst hohen Grenzgeschwindigkeit

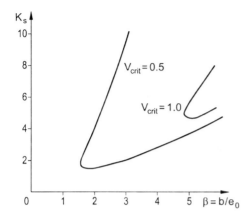

Bild 11.13. Linien gleicher Grenzgeschwindigkeit für ein Drehgestell mit unendlich großer Biegesteifigkeit. Abhängigkeit der kritischen Geschwindigkeit vom Schersteifigkeitsparameter K_s und vom Verhältnis b/e_0 (nach Keizer [111])

sinnvoller ist, mit möglichst großer Schersteifigkeit und nicht mit möglichst großer Biegesteifigkeit zu arbeiten. Maßgebend für diese Aussage ist insbesondere, dass im ersten Fall die Achsstände in einem einigermaßen realistischen Bereich verbleiben. Weiterhin ist eine große Biegesteifigkeit schlecht für das Bogenlaufverhalten, vergleiche Kap. 14, während eine große Schersteifigkeit den Bogenlauf kaum behindert.

Die beiden Bilder 11.11 und 11.13 zeigen auch, dass es wenig sinnvoll ist, sowohl die Biege- als auch die Schersteifigkeit beliebig hoch zu setzen. Steigert man nämlich bei unendlich großer Schersteifigkeit (Bild 11.11) die Biegesteifigkeit oder bei unendlich großer Biegesteifigkeit (Bild 11.13) die Schersteifigkeit, so steigt bei konstant gehaltenem Parameter b die Grenzgeschwindigkeit in beiden Fällen zwar erst an, sinkt aber dann wieder ab.

11.2.6 Drehgestelle mit endlicher Biege- und Schersteifigkeit

Die Frage, wie sich Drehgestelle verhalten, bei denen gleichzeitig endliche Biege- und Schersteifigkeiten vorhanden sind, lässt sich im wesentlichen nur noch nummerisch untersuchen. Eine ganze Reihe allgemeiner und spezieller Erkenntnisse kann man z.B. den Arbeiten von Rocard, Wickens und Scheffel [192, 105, 226, 225, 227, 200, 199] entnehmen. Nummerische Untersuchungen wurden beispielsweise von Kik [114] durchgeführt.

Die Ergebnisse lassen sich unterschiedlich darstellen. In Bild 11.14 wurde die kritische Geschwindigkeit über der Biegesteifigkeit c_b (Einheit Nm/rad) und der Schersteifigkeit c_s (Einheit N/m) aufgetragen. Beide sind im linearen Maßstab dargestellt[2].

Die Rechnung erfolgt mit bestimmten, idealisierenden Annahmen:

---

[2] Bild 11.14 wurde dankenswerterweise von Herrn Walter Kik mit dem Programm MEDYNA erstellt.

1. Es wurde keine Sekundärfesselung berücksichtigt. Untersucht wurde also ein einzelnes, masseloses Drehgestell oder ein Zweiachser.
2. Radsätze und Drehgestellrahmen wurden als masselos angenommen.
3. Auf der Primärstufe und bei den Koppelfesselungen wurde keine Dämpfung berücksichtigt.
4. Die kontaktgeometrischen Beziehungen wurden aus einer Quasilinearisierung gewonnen, wobei als Amplitude 4 mm gewählt wurde. Das Radprofil war ein S 1002-Profil, das Schienenprofil ein UIC60-Profil Die Spurweite betrug 1435 mm, die Einbauneigung 1:40. Bei der Berechnung wurden die Profile als elastisch angenommen. Das ergibt bei einer Radlast $Q = 63{,}7$ kN
   - effektive Konizität 0,161,
   - Rollwinkelparameter 0,0451,
   - Kontaktwinkelparameter 9,53
5. Für die kontaktmechanische Berechnung wurden die C_{ik}-Koeffizienten voll berücksichtigt.
6. Der Abstand der Radaufstandspunkte und der Abstand der Angriffspunkte der primären Längsfedern wurden gleich groß gewählt,

$$2e_0 = 2e_\mathrm{x} = 1{,}50 \text{ m}\,.$$

Diese Annahmen sind gerechtfertigt, weil man nur auf diesem Wege zu allgemeinen Aussagen gelangt.

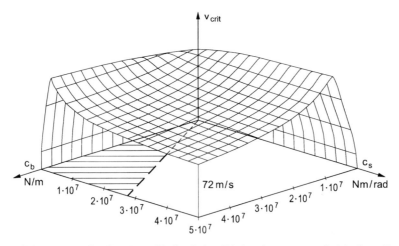

Bild 11.14. Qualitativer Verlauf der Linien konstanter kritischer Geschwindigkeit eines Drehgestells abhängig von c_b und c_s. Nur Lösungen im schraffierten Bereich sind mit konventionellen Drehgestellen erreichbar. Berechnung des Diagramms durch Walter Kik mit dem Programm MEDYNA

Man erkennt an Bild 11.14, dass die über der c_b-c_s-Ebene aufgetragenen Werte der Grenzgeschwindigkeit zwei annähernd koordinatenparallel zusammenlaufende Höhenrücken bilden. Ein Höhenrücken erstreckt sich bei annähernd konstanter Schersteifigkeit in den Bereich unendlich großer Biegesteifigkeit hinein; der zweite Höhenrücken liegt bei annähernd konstanter Biegesteifigkeit und zieht sich zu sehr großen Schersteifigkeiten hin. Der zusammenhängende Höhenrücken lässt sich durch seine Scheitellinie charakterisieren. Die Rechnungen ergeben, dass die Scheitellinie für größer werdende Biege- und Schersteifigkeit jeweils einem konstanten Maximalwert zustrebt. Dieser Maximalwert ist für hohe Schersteifigkeiten geringfügig größer als für hohe Biegesteifigkeiten. Dass man, anders als in Bild 11.11, bei Vergrößerung der Schersteifigkeiten keine unendlich große Grenzgeschwindigkeit erreicht, liegt daran, dass in der Rechnung ein Wert für $b/e_0 = \frac{1,35}{0,75}$ angenommen wurde, der unter dem Mindestachsstand liegt, der für eine unendlich große Grenzgeschwindigkeit erforderlich ist.

Aus dem Diagramm ist weiterhin zu ersehen, dass die c_b-c_s-Ebene durch eine gestrichelte Gerade in zwei Bereiche unterteilt wird. Diese gestrichelte Linie gibt die Maximalwerte der Schersteifigkeit an, die bei Drehgestellen konventioneller Bauart zu einer gegebenen Biegesteifigkeit erreichbar sind. Aus den Gln. (11.16a, 11.16b) erhält man für diese Gerade die Beziehung ($e_0 \simeq e_x$):

$$c_s = c_b/b^2 \,. \tag{11.39}$$

Kombinationen von Biege- und Schersteifigkeiten im nicht schraffierten Bereich sind nur realisierbar, wenn man zu kreuzgekoppelten Drehgestellen übergeht, bei denen nicht nur eine Primärfesselung zwischen jedem der beiden Radsätze und dem Laufwerksrahmen besteht, sondern auch noch eine zusätzliche Verbindung der beiden Radsätze.

Das Stabilitätsgebirge sieht, je nach Abmessung des Drehgestells (Parameter b/e_0) quantitativ immer etwas anders aus, qualitativ bleibt der Verlauf aber gleich. Konventionelle und kreuzgekoppelte Drehgestelle lassen sich somit durch ihre c_b-c_s-Werte charakterisieren. Für große c_s-Werte ist eine etwas höhere Grenzgeschwindigkeit erreichbar als für große c_b-Werte. Untersucht man unter diesem Gesichtspunkt die für den ICE 1 konzipierten Drehgestelle, so stellt man fest, dass sie fast durchwegs mit großen c_b-Werten arbeiten. Drehgestelle, bei denen große c_s-Werte verwendet werden, wurden beispielsweise von Scheffel in Südafrika entwickelt [200]. Sie weisen in der Regel ein besseres quasistatisches Bogenlaufverhalten auf, siehe Kap. 14.

11.3 Übungsaufgaben zu Kapitel 11

11.3.1 Bewegungsgleichungen eines Drehgestells

Das Drehgestell besteht aus 3 Körpern. Solange alle Bewegungen betrachtet werden und keine Zwangsbedingungen auftreten, kann man die Verschiebungsvektoren wie folgt formulieren.

228   11. Laterales Eigenverhalten und Stabilität von Drehgestellen

Rahmen:
$$\mathbf{u}_R = \{u_{\mathrm{xRa}}, u_{\mathrm{yRa}}, u_{\mathrm{zR}}, \varphi_{\mathrm{xRa}}, \varphi_{\mathrm{yRa}}, \varphi_{\mathrm{zR}}\}$$

k-ter Radsatz:
$$\mathbf{u}_k = \{u_{\mathrm{x}k}, u_{\mathrm{y}k}, u_{\mathrm{z}k}, \varphi_{\mathrm{x}k}, \varphi_{\mathrm{y}k}, \varphi_{\mathrm{z}k}\}$$

Welche Freiheitsgrade müssen für die Beschreibung des Querschwingungsverhaltens mit zwei Radsätzen eingeführt werden, wenn dabei die Zwangsbedingungen zwischen Rad und Schiene berücksichtigt werden? Geben Sie die Besetzung der Massenmatrix, der Dämpfungsmatrix und der Steifigkeitsmatrix an, wobei angenommen werden soll, dass im Verschiebungsvektor zuerst die Verschiebungsgrößen des Radsatzes 1, dann die Verschiebungsgrößen des Radsatzes 2 und schließlich die Verschiebungsgrößen des Laufwerksrahmens (Index R) angeordnet werden.

11.3.2 Bewegungsgleichungen eines frei rollenden Drehgestells bei niedrigen Geschwindigkeiten

In Analogie zum Vorgehen beim Radsatz sollen die freien Schwingungen eines Drehgestells ohne Primärfesselung bei niedrigen Geschwindigkeiten untersucht werden. Massenträgheitseffekte dürfen dabei vernachlässigt werden. Welcher Art sind die Schwingungen, wenn die Gravitationssteifigkeitsterme und der C_{23}-Term in der Steifigkeitsmatrix vernachlässigt werden? Geben Sie an, wie die Bewegungsdifferentialgleichungen lauten, wenn beide Effekte berücksichtigt werden? Ist die freie Schwingung bei niedrigen Geschwindigkeiten dann gedämpft oder ungedämpft?

11.3.3 Beziehungen für Biegesteifigkeit und Schersteifigkeit

Geben Sie für das kreuzgekoppelte Drehgestell von Bild 11.10 an, mit welchen Formeln sich die Biegesteifigkeit und die Schersteifigkeit ermitteln lassen. Die entsprechenden Formeln ohne zusätzliche Kreuzkopplung sind den Gln. (11.16a, 11.16b) zu entnehmen.

Wie ändern sich die Beziehungen, wenn die Kreuzkopplung außer einer Steifigkeit c auch noch eine Verdrehsteifigkeit $\hat{c}$ besitzt?

12. Laterales Eigenverhalten und Stabilität von Drehgestell-Fahrzeugen

Die Untersuchung des Eigenverhaltens und der Stabilität von Schienenfahrzeugen bei Berücksichtigung aller Freiheitsgrade erfolgt mit den gleichen nummerischen Methoden wie die Untersuchung eines Radsatzes oder eines Drehgestells. Man verwendet für die Ergebnisdarstellung Wurzelortskurven oder daraus gewonnene Stabilitätskarten. Im folgenden soll zunächst ein charakteristisches Ergebnis für ein reales Fahrzeug angegeben werden. Anschließend werden allgemeine Erkenntnisse für ein Drehgestellfahrzeug dargestellt, wobei auf die Literatur zurückgegriffen wird.

12.1 Stabilität eines aus zwei Wagen bestehenden Zuges

Im Jahr 1975 wurde am Institut für Luft- und Raumfahrt ein aus zwei Wagen bestehender U-Bahn-Zug der Hamburger Hochbahn (DT 2.5) auf sein Eigenverhalten hin untersucht [123]. Das mechanische Modell ist im Bild 12.1

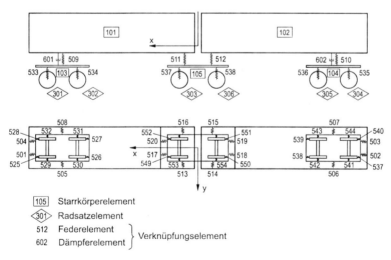

Bild 12.1. Mechanisches Modell eines Schienenfahrzeugs (DT 2.5 der Hamburger Hochbahn. Durchbezifferung der Elemente getrennt nach Starrkörperelementen, Radsatzelementen, Federelementen und Dämpferelementen)

wiedergegeben. Es ist sehr mühsam, die Bewegungsdifferentialgleichungen für ein derartiges System von Hand aufzustellen. Hierfür wird man vielmehr vorhandene Mehrkörperprogrammsysteme verwenden. Mehrere Programme, die auch über ein Rad-Schiene-Koppelelement verfügen und damit für Untersuchungen in der Schienenfahrzeugdynamik besonders geeignet sind, konkurrieren auf dem Markt. Beispiele hierfür sind die Programme MEDYNA und SIMPACK aus Deutschland, ADAMS RAIL aus den USA und aus Deutschland, VAMPIRE aus Großbritannien, NUCARS aus den USA, VOCO aus Frankreich sowie GENSYS aus Schweden. Für die folgende Beispielrechnung wurde das Programm LINDA [127], ein Vorläuferprogramm von MEDYNA, verwendet.

Das Fahrzeug wurde für die Untersuchung des Lateralschwingungsverhaltens durch 27 mechanische Freiheitsgrade beschrieben (7 Freiheitsgrade für jedes Drehgestell inklusive der beiden Radsätze und je 3 Freiheitsgrade - u_y, φ_x, φ_z - für jeden der beiden Wagenkästen). Die rechnerisch ermittelten Wurzelortskurven sind in Bild 12.2 angegeben. Von besonderem Interesse ist für eine Stabilitätsuntersuchung der Bereich niedriger Frequenzen und niedriger Dämpfungswerte. Dieser Bereich wurde daher in einem Ausschnitt etwas größer dargestellt. Man erkennt, dass es drei Wurzelortskurven gibt, die bei einer Geschwindigkeit $v = 0$ im Nullpunkt des Koordinatensystems beginnen. Es handelt sich hierbei um die drei Wurzelortskurven, bei denen die drei Drehgestelle sinuslaufähnlich Bewegungen ausführen. Alle drei Wurzelortskurven laufen bei Ansteigen der Fahrgeschwindigkeit in den Bereich größer Dämpfungswerte, die Bewegungen werden also stabiler. Zwei der Wurzelortskurven biegen jedoch schon bei relativ niedrigen Fahrgeschwindigkeiten in den Bereich kleiner Dämpfungswerte ab, die Stabilität wird also geringer. Bei 16,1 bzw. 17,1 m/s wird die Dämpfung Null, das Fahrverhalten wird instabil. Wie kommt das zustande?

Zur Erklärung dieses Phänomens betrachten wir Bild 12.3. Auf der rechten Seite (Bild 12.3c) ist der Ausschnitt von Bild 12.2 noch einmal dargestellt. Auf der linken Seite sind die Ergebnisse von zwei Hilfsbetrachtungen wiedergegeben. Bei Bild 12.3a wurden die Wagenkästen festgehalten, sie bilden ein mit der Fahrgeschwindigkeit v mitgeführtes aber unverschiebliches System. Man erhält dann im betrachteten Bereich der komplexen Zahlenebene nur noch Wurzelortskurven für die sinuslaufähnlichen Eigenformen der drei Drehgestelle. Die Wurzelortskurven für das vordere und das hintere Drehgestell fallen zusammen, da diese Drehgestelle gleiche konstruktive Eigenschaften besitzen. In Bild 12.3b wurden die Radsätze festgehalten, bei der Eigenwertberechnung sind nur noch die Freiheitsgrade der Drehgestellrahmen und der beiden Wagenkästen zugelassen. Die sich dann ergebenden Wurzelortskurven müssen Punkte in der komplexen Zahlenebene sein, da die Fahrgeschwindigkeit keinen Einfluss mehr hat. Zwei dieser Punkte liegen im betrachteten Ausschnitt der komplexen Zahlenebene. Bei den zugehörigen Eigenformen handelt es sich um Wankeigenformen der Wagenkästen.

12.1 Stabilität eines aus zwei Wagen bestehenden Zuges

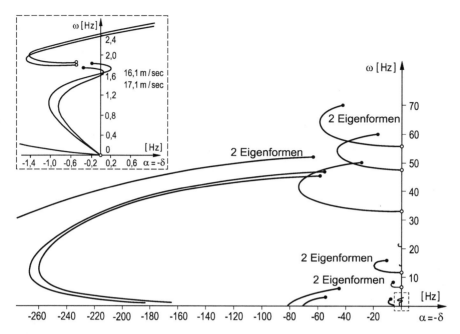

Bild 12.2. Wurzelortskurven zu dem Modell von Bild 12.1

Bild 12.3c zeigt nochmals, welche Überlagerung sich beim vollständigen System ergibt. Man stellt fest, dass es offensichtlich zu einer Kopplung zwischen dem Wagenkastenwanken und den sinuslaufähnlichen Eigenformen des vorderen und des hinteren Drehgestells kommt, wobei diese Eigenformen schwächer gedämpft sind als die sinuslaufähnliche Bewegung des Mittendreh-

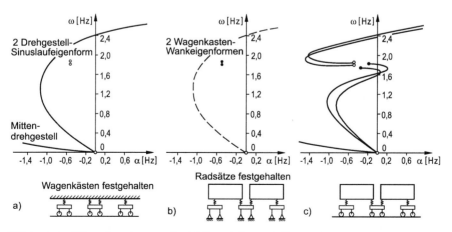

Bild 12.3. Wurzelortskurven für Teilmodelle und Gegenüberstellung zu den Wurzelortskurven des Gesamtmodells

232   12. Stabilität von Drehgestell-Fahrzeugen

gestells. Man erhält insgesamt vier Wurzelortskurven, zu denen ausgeprägte Eigenbewegungen des vor- und des nachlaufenden Drehgestells gehören. Diese vier Wurzelortskurven scheinen ineinander überzugehen. Alle vier Wurzelortskurven haben Schnittpunkte mit der ω-Achse und zwar, wie eine nummerische Rechnung ergibt, bei ungefähr 16 bzw. 17 m/s sowie zwischen 25 und 26 m/s. Die Stabilitätsgrenze liegt damit etwa bei 16 m/s.

In Bild 12.4 wurde versucht, die Eigenbewegungen, die zu den kritischen Eigenwerten bei einer Geschwindigkeit von 18 m/s gehören, darzustellen. In der oberen Hälfte ist eine Momentaufnahme der 1. kritischen Eigenform wiedergegeben, in der unteren Hälfte ist für eine Folge von Zeitschritten der

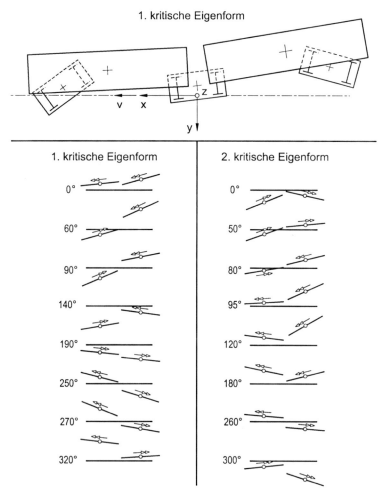

Bild 12.4. Eigenformen (Wagenkastenbewegungen) zu den beiden kritischen Eigenwerten des Modells von Bild 12.1 (Die relative Länge der Pfeile, die die Drehung der Körper angeben, entspricht nicht der Größe der Winkel)

Bewegungsverlauf der Wagenkästen skizziert. Durch die Doppelpfeile sollen hierbei Wagenkastendrehungen um die Längsachse charakterisiert werden. Auf eine Wiedergabe des Bewegungsverhaltens der Drehgestelle wurde aus Gründen der Übersichtlichkeit verzichtet. Die Querverschiebungen der beiden Drehgestelle sind annähernd in Phase mit den Querverschiebungen der zugehörigen Anlenkpunkte auf den beiden Wagenkästen.

Gehen wir noch einmal zurück zu Bild 12.3. An Bild 12.3c erkennt man, dass die Instabilität bei einer Frequenz auftritt, die in der Nähe der Eigenfrequenz des Wagenkastenwankens liegt. Beobachtet man derartige instabile oder nahezu instabile Bewegungen in der Praxis, so liegt es nahe, diese Bewegung als erzwungene Schwingung zu deuten, bei der Wagenkastenwanken durch den Drehgestell-Sinuslauf „angeregt" wird. Da es sich in Wirklichkeit um eine selbsterregte Schwingung handelt, ist eine derartige Deutung falsch. Sie führt in der Regel zu qualitativ richtigen Ergebnissen, gestattet aber keine quantitativen Aussagen. Da die Deutung aber recht anschaulich ist, wurde sie, zumindest in der Fahrzeugindustrie in Deutschland, bis Ende der sechziger Jahre verwendet, um ausgeprägte Querschwingungen von Schienenfahrzeugen zu erklären. Es handelt sich um die auf Klingel zurückgehende Deutung [121].

12.2 Allgemeine Aussagen zur Stabilität eines Drehgestell-Fahrzeugs nach Matsudaira [152]

Allgemeine Aussagen zu einem Drehgestellfahrzeug lassen sich aufgrund der Vielzahl von Parametern verständlicherweise nur schwer gewinnen. Einer der überzeugenden Versuche stammt von Matsudaira aus Japan [152] aus dem Jahr 1965, der diese allgemeinen Aussagen bei der Auslegung des Drehgestells der (damals) neuen Tokaido-Linie gewann. Von Interesse sind diese Betrachtungen auch deswegen, weil bei der (damals) neuen Tokaido-Linie das Konzept der Reib-Drehhemmung eingesetzt wurde. In der genannten Veröffentlichung werden sowohl Versuche auf einem Rollprüfstand (mit einem Modell 1:5), Versuche auf einer Teststrecke als auch Simulationsergebnisse diskutiert. Matsudaira führt aufgrund der Versuche die Begriffe Wagenkasten-Sinuslauf (carbody hunting oder primary hunting) und Drehgestell-Sinuslauf (bogie hunting oder secondary hunting) ein. Diese beiden Begriffe wurden an der dominanten Bewegung orientiert. Bei dem Beispiel in Bild 12.4 etwa ist die Trennung schwer möglich; Drehgestell- und Wagenkasten-Sinuslauf treten gemeinsam auf. Wir beschränken uns hier auf die Wiedergabe der Theorie. Hinsichtlich der experimentellen Ergebnisse wird auf die Originalarbeit [152] verwiesen.

Es handelt sich bei dem nachfolgenden Text um eine freie Übersetzung und Bearbeitung der Veröffentlichung von Matsudaira. Die theoretischen Grundlagen sind die gleichen wie in den Kapitel 3 und 8 bis 11. Matsudaira geht allerdings auch zu nichtlinearen Betrachtungen über und führt hierzu eine Analog-Simulation durch.

12.2.1 Theorie und Berechnung des Sinuslaufs eines Drehgestell-Fahrzeugs

Seit Beginn der Entwurfsphase des Prototyp-Drehgestells des Fahrzeugs auf der neuen Tokaido-Linie (etwa 1957 bis 1961) wurden eine große Anzahl von Stabilitätsrechnungen durchgeführt. Einige dieser Berechnungen werden im Folgenden kurz dargestellt.

Matsudaira bestimmt, wie auch in diesem Buch, die Eigenwerte $\lambda_i = \alpha_i + i\omega_i$ der Bewegungsdifferentialgleichung und prüft, ob alle Realteile α_i negativ bleiben. Der Imaginärteil ω_i steht wieder für die Kreisfrequenz, der Realteil α_i repräsentiert den Dämpfungs- oder den Anfachungsgrad der Schwingung, je nachdem ob das Vorzeichen negativ oder positiv ist. Die Stabilität der Bewegung des Systems ist bekannt, wenn man die Wurzeln der charakteristischen Gleichung kennt.

Um die Rechnung zu vereinfachen wurde vom Matsudaira angenommen, dass die Radsatzachsen sowohl in lateraler Richtung als auch in Längsrichtung starr an den Drehgestellrahmen angeschlossen sind. Die Stabilitätsberechnung kann dann mit einem System von sieben mechanischen Freiheitsgraden (Lateralverschiebung, Rollbewegung und Wendebewegung des Wagenkastens; Lateralverschiebung und Wendebewegung der beiden Drehgestelle) durchgeführt werden. Die nummerischen Parameter für die Rechnung wurden an einem Prototyp-Drehgestell gemessen oder für dieses berechnet. Die Wurzeln der charakteristischen Gleichung wurden für jede Geschwindigkeit ermittelt; dadurch wurde die Stabilität der Lateralbewegung des Drehgestell-Fahrzeugs untersucht.

Die Ergebnisse sind exemplarisch in Bild 12.5 aufgetragen. Dabei werden α_i und ω_i in Abhängigkeit von der Fahrgeschwindigkeit dargestellt. Obwohl die charakteristische Gleichung zweimal sieben Wurzeln besitzt, sind in Bild 12.5 nur fünf (konjugiert komplexe Wurzeln) wiedergegeben. Die anderen Wurzeln werden weggelassen, weil sie nur aus negativen Realteilen bestehen und das Eigenschwingungsverhalten des Systems nicht beeinflussen. Die Wurzelortskurven zur Schwingungsform 1 wurden, obwohl α_1 im betrachteten Geschwindigkeitsbereich negativ bleibt, mitgenommen da eine Tendenz zur Instabilität vorliegt.

Matsudaira verwendet den Begriff „Sinuslaufbewegung" für freie Schwingungen, bei denen der Realteil des Eigenwerts verschwindet oder positiv wird. Bei diesem Beispiel treten vier verschiedene Arten von Sinuslaufbewegungen auf, im Bereich zwischen 45 und 72 m/s, zwischen 61 und 97 m/s, über 89 m/s und über 97 m/s. Die Stabilitätsgrenze liegt mithin bei 45 m/s. Die mit 2 und 3 gekennzeichneten Sinuslaufbewegungen werden bei 45 bzw 61 m/s zwar instabil, bei einer Steigerung der Geschwindigkeit werden beide Sinuslaufbewegungen aber wieder stabil (bei 72 bzw. 97 m/s). Im instabilen Bereich, d.

h. zwischen 45 und 72 m/s oder zwischen 61 und 97 m/s ist eine lineare Betrachtung eigentlich nicht mehr zulässig. Vielmehr müsste eine nichtlineare Stabilitätsuntersuchung anschließen, auf die wir in Kapitel 13 eingehen werden. Matsudaira behält aber die lineare Rechnung bei, da sie aufgrund des geringen Anfachungsgrades (α/ω) bei den Sinuslaufbewegungen 2 und 3 und in unmittelbarer Nähe von $v_{\text{crit},4}$ und $v_{\text{crit},5}$ damit noch qualitative Aussagen gewinnen lassen.

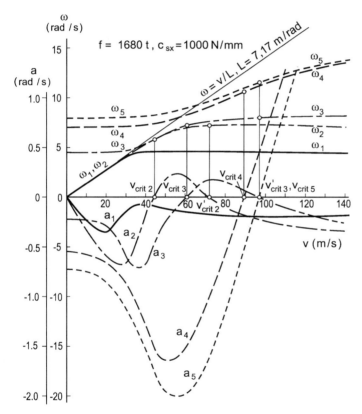

Bild 12.5. Typisches Beispiel zur Illustration der Abhängigkeit der Wurzeln $\lambda_i = \alpha_i \pm j\omega_i$ (im Bild steht a_i statt α_i) von der Geschwindigkeit nach Matsudaira [152]

Die Sinuslaufbewegungen mit der Grenzgeschwindigkeit $v_{\text{crit},2}$ und $v_{\text{crit},3}$ sind vom Typ 1 (Wagenkasten-Sinuslauf), die mit der Grenzgeschwindigkeit $v_{\text{crit},4}$ und $v_{\text{crit},5}$ sind vom Typ 2 (Drehgestell-Sinuslauf).[1] Anhand von Bild 12.5 lässt sich nicht nur die kritische Geschwindigkeit jeder Sinuslaufbewegung angeben sondern man erhält auch abhängig von der Geschwindigkeit

---
[1] Die Schwingungsform zu jeder Sinuslaufbewegung lässt sich angeben, wenn man zu jeder Systemkoordinate die relative Amplitude und die Phasenlage ermittelt.

die Frequenz jeder möglichen Schwingung sowie die Restdämpfung bzw. den Anfachungsgrad.

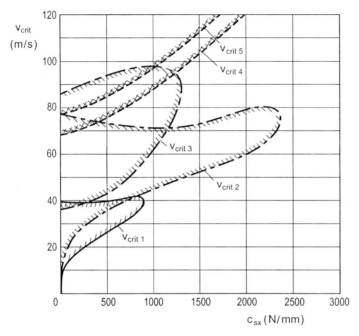

Bild 12.6. Abhängigkeit der kritischen Geschwindigkeit v_c des Wagenkasten-Sinuslaufs in Abhängigkeit von der sekundären Längssteifigkeit c_{sx} nach Matsudaira [152]. Die halbe, sekundäre Wendesteifigkeit ergibt sich durch Multiplikation von c_{sx} mit e_x^2 (Stützpunktabstand $2e_x = 2830$ mm).

Exemplarisch sind in Bild 12.6 die Beziehungen zwischen der kritischen Geschwindigkeit v_{crit} und der Federkonstante c_{sx} dargestellt. Die beiden sekundären Längsfedern haben einen Abstand von 2830 mm und behindern das Ausdrehen der Drehgestelle. Bei der Darstellung in Bild 12.6 handelt es sich um eine *Stabilitätskarte*. Die durch Schraffur gekennzeichneten Bereiche sind instabil. Wenn man etwa bei 1500 kN/m die Fahrgeschwindigkeit steigert, so gelangt man bei 53 m/s an eine Stabilitätsgrenze, durchläuft bis 73 m/s eine instabile Zone und kommt bei 104 m/s an eine weitere Stabilitätsgrenze.

Die Ergebnisse der Berechnung von Matsudaira lassen sich, was die allgemeinen Eigenschaften des Sinuslaufs eines Drehgestellfahrzeugs und was Maßnahmen gegen den Sinuslauf betrifft, folgendermaßen zusammenfassen.

1. Das gleiche Ergebnis, das sich schon bei Versuchen mit Modellfahrzeugen oder realen Fahrzeugen auf dem Prüfstand herausgestellt hat, ergibt sich auch aus der Rechnung: wenn das Rückstellmoment gegen das Ausdrehen des Drehgestells verhältnismäßig klein ist und wenn die Dämp-

fung im Feder-Dämpfer-System nur schwach ist, dann können bei einem Drehgestellfahrzeug zwei Arten von Sinuslauf auftreten, der primäre oder Wagenkasten-Sinuslauf und der sekundäre oder Drehgestell-Sinuslauf. Der *Wagenkasten-Sinuslauf* (1, 2 und 3) lässt sich noch in drei Typen einteilen: bei einem liegt der Drehpol des Rollens tief, beim zweiten liegt der Drehpunkt hoch; beim dritten Typ dominiert das Wenden des Wagenkastens. Der *Drehgestell-Sinuslauf* (4 und 5) lässt sich in zwei Typen einteilen, die dadurch charakterisiert sind, dass die beiden Drehgestelle sich in Phase oder in Gegenphase bewegen. (Diese Klassifikation ist nicht immer streng möglich. Manchmal ist es unmöglich die Typen des Sinuslaufs, so wie sie eben dargestellt wurden, klar zu unterscheiden. Das war beispielsweise bei dem Beispiel von Bild 12.1 der Fall.)

2. Jede dieser Sinuslaufbewegungen tritt erst oberhalb der jeweiligen kritischen Geschwindigkeit und nur innerhalb der schraffierten Instabilitätsbereiche von Bild 12.6 auf. Der Anfachungsgrad oder der Grad der Instabilität (beschrieben durch α/ω) des Wagenkasten-Sinuslaufs ist verhältnismäßig klein; er erreicht seinen Maximalwert etwas oberhalb der kritischen Geschwindigkeit, sinkt dann mit ansteigender Geschwindigkeit ab, wird aber immer auch wieder negativ; die Bewegung wird dann also wieder stabil. Im Gegensatz dazu wächst der Anfachungsgrad der Drehgestell-Sinuslaufbewegung oberhalb der kritischen Geschwindigkeit stark an und sinkt nie wieder ab. Aus diesem Grund ist der Drehgestell-Sinuslauf, wenn er erst einmal auftritt, besonders kritisch. Eine nichtlineare Rechnung zeigt, dass er erst wieder verschwindet, wenn die Fahrgeschwindigkeit weit unter den kritischen Wert der lineare Rechnung abgesenkt wird.

3. Um diese Sinuslaufbewegungen zu verhindern, ist es erforderlich, einen Widerstand gegen das Ausdrehen des Drehgestells vorzusehen. Wenn die Ausdrehsteifigkeit hinreichend groß gewählt wird, lässt sich, wie aus Bild 12.6 ersichtlich, jede Form des Sinuslauf in dem hier betrachteten Geschwindigkeitsbereich unterdrücken. Das gilt insbesondere für den Wagenkasten-Sinuslauf. Für die Praxis folgt daraus die Notwendigkeit, Spiel und elastische Deformationen in Reibdrehhemmungen, mit denen die Rotation von Drehgestellen eingeschränkt werden soll, soweit als möglich zu verhindern.

4. Eine wirksame Maßnahme, um den Wagenkasten-Sinuslauf zu unterdrücken, besteht darin, dass man im Fesselungssystem ausreichend Dämpfung vorsieht. Dämpfung hat aber geringe Auswirkungen auf den Drehgestell-Sinuslauf. Es soll noch angemerkt werden, dass zuviel Dämpfung dazu führt, dass die kritische Geschwindigkeit des Drehgestell-Sinuslaufs merklich verringert wird.

5. Je größer der Neigungswinkel der Schienenlauffläche wird, umso niedriger wird die kritische Geschwindigkeit. Die Erniedrigung der kritischen Geschwindigkeit ist grob gesehen proportional zur Quadratwurzel des

Tangens des Neigungswinkels. Wenn die Lauffläche verschlissen ist, dann wächst die wirksame Konizität stark an und das Fahrzeug neigt zu Sinuslauf.

12.2.2 Drehgestell-Sinuslauf

Bei der Berechnung im Abschnitt 12.2.1 wurde angenommen, dass der Radsatz sowohl in longitudinaler Richtung als auch in lateraler Richtung starr mit dem Drehgestellrahmen verbunden ist. Bei realen Drehgestellen ist der Radsatz aber mehr oder weniger elastisch mit dem Drehgestellrahmen verbunden. Diese Elastizität hat große Auswirkungen auf die Stabilität des Sinuslaufs, speziell auf die Stabilität des Drehgestell-Sinuslaufs. Daher wurden die Auswirkungen der Primärsteifigkeit auf die kritische Geschwindigkeit des Drehgestell-Sinuslaufs am Beispiel des in Bild 12.7 dargestellten Modells untersucht.

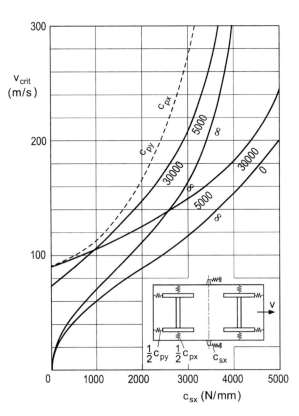

Bild 12.7. Abhängigkeit der kritischen Geschwindigkeit des Drehgestell-Sinuslaufs von der sekundären Längssteifigkeit nach Matsudaira; Parameter der einzelnen Kurven sind die an den Kurven angegebenen Werte für die Primärsteifigkeit [152]

Das Ergebnis der nummerischen Berechnung ist ebenfalls in Bild 12.7 dargestellt. Die Abbildung illustriert den Einfluss der sekundären Wendesteifigkeit c_{sx} (diese Federn sind 2830 mm voneinander entfernt) auf die kritische Geschwindigkeit v_{crit}. Die longitudinale und lateral Primärsteifigkeit, c_{px} und c_{py}, werden dabei als Parameter gewählt. Aus dieser Abbildung lassen sich folgende Schlüsse ziehen:

1. Eine geeignete Wahl der Primärsteifigkeit ist die wirksamste Maßnahme um den Drehgestell-Sinuslauf zu stabilisieren und die zugehörige kritische Geschwindigkeit zu erhöhen.
2. Wenn keine Ausdrehsteifigkeit zwischen Drehgestellrahmen und Wagenkasten existiert, wie es der Fall ist wenn die Auflast über eine Drehpfanne abgetragen wird, dann erweist es sich als wirksamere Methode zum Anheben der kritischen Geschwindigkeit, die laterale Primärsteifigkeit so groß wie möglich zu machen, die longitudinale Primärsteifigkeit hingegen möglichst klein. Das ist in jedem Fall günstiger, als die laterale Primärsteifigkeit möglichst klein und die longitudinale möglichst groß zu wählen.
3. Wenn aber die Steifigkeit gegen das Ausdrehen des Drehgestells hinreichend groß ist, wie es bei seitlichen Gleitstücken der Fall ist, dann ist es zum Anheben der kritischen Geschwindigkeit in jedem Fall vorzuziehen, die primäre Längssteifigkeit so groß wie möglich zu wählen und die laterale Primärsteifigkeit hinreichend klein.
4. Wenn man die laterale Primärsteifigkeit völlig verschwinden lässt, wird der Drehgestell-Sinuslauf gefördert. Viel seitliches Spiel zwischen der Radsatz-Welle und dem Radlager oder in der Vorrichtung, die das Achslager trägt, sind also unerwünscht.

12.2.3 Auswirkungen von Reibdrehhemmungen auf den Drehgestell-Sinuslauf (nichtlineare Stabilitätsbetrachtung)

Die Vorgabe eines Reibungswiderstands gegen das Ausdrehen des Drehgestells durch seitliche Gleitstücke oder durch eine Drehplatte mit sehr großem Durchmesser ist in der Praxis üblich, um den Sinuslauf zu verhindern. In einem realen Drehgestell existiert aber immer ein gewisses Maß an elastischer Deformation in dem Mechanismus, der die Reibkraft vom Drehgestell auf den Wagenkasten überträgt, beispielsweise in Form von Gummihülsen.

Bei den bisherigen Berechnungen wurde Linearität vorausgesetzt und es wurden dementsprechend kleine Amplituden vorausgesetzt. Wie mehrfach angemerkt wurde, ist der Wagenkasten-Sinuslauf durch große Schwingungen des Wagenkastens charakterisiert während die Amplituden des Drehgestells relativ klein bleiben. Auch durch Beobachtungen realer Sinuslaufbewegungen auf einem Rollprüfstand für Drehgestelle und Wagenkästen wurde bestätigt, dass die φ_z-Amplitude des Drehgestells sehr klein ist, zumindest bei einer Geschwindigkeit knapp unterhalb der kritischen Geschwindigkeit der Sinuslaufbewegungen. Auf die Ergebnisse dieser Berechnungen ist daher im Hinblick auf den primären Sinuslauf ausreichend Verlass. Im Gegensatz dazu

240   12. Stabilität von Drehgestell-Fahrzeugen

ist die Bewegung des Drehgestells beim sekundären Sinuslauf sehr ausgeprägt und die Ausdrehamplituden werden so groß, dass es bei den seitlichen Gleitstücken zwangsläufig zum Gleiten kommt. Daher sind die Ergebnisse auf Grundlage einer linearen Schwingungstheorie für den Drehgestell-Sinuslauf nicht anwendbar, solange nur die elastische Ausdrehkraft beim Ausdrehen des Drehgestells berücksichtigt wird. Daher wurde der Sinuslauf eines Drehgestells, das in Bild 12.8 wiedergegeben ist, nichtlinear behandelt und für das gleiche Beispiel, das schon einmal genannt wurde, berechnet. Diese nichtlineare Rechnung wurde an einem Analogrechner durchgeführt.

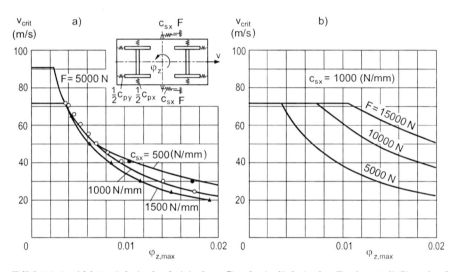

Bild 12.8. Abhängigkeit der kritischen Geschwindigkeit des Drehgestell-Sinuslaufs von der Maximalamplitude $\varphi_{z\max}$ des Drehgestells, wenn die Reibkraft F konstant ist (links) und wenn die sekundäre Längsfederkonstante c_{sx} konstant ist (rechts), nach Matsudaira [152]. Die Werte die mit Symbolen gekennzeichnet sind wurden mit dem Analogrechner ermittelt.

Aus der linken und rechten Abbildungen von Bild 12.8 lassen sich folgende Schlüsse ziehen:

1. Wenn die Ausdrehamplitude des Drehgestells eine bestimmt Grenze überschreitet, kommt es in den seitlichen Gleitstücken zum Gleiten. Wenn dann die Ausdrehamplitude vergrößert wird, dann sinkt die kritische Geschwindigkeit des Drehgestell-Sinuslaufs deutlich ab.
2. Wenn die Steifigkeit der Feder, die gegen Ausdrehen des Drehgestells eingesetzt wird, gesteigert wird, so wird die Sinuslauf-Grenzgeschwindigkeit bei einer kleinen Amplitude höher (siehe Abschnitt 12.2.2); im Gegensatz dazu wird die Grenzgeschwindigkeit im Bereich ziemlich großer Amplituden etwas kleiner.

3. Wenn die Reibkraft, die gegen ein Ausdrehen des Drehgestells wirkt, gesteigert wird, so bleibt die Sinuslaufgeschwindigkeit bei kleiner Amplitude unverändert, bei größerer Amplitude hingegen steigt sie an.

Zusammengefasst: Die Hauptmöglichkeit, um den Drehgestell-Sinuslauf zu stabilisieren und die kritische Geschwindigkeit anzuheben, besteht darin, die Steifigkeit gegen das Ausdrehen des Drehgestells zu steigern. Reibung allein hat keine Auswirkungen auf die Kontrolle der Sinuslaufbewegung, aber sie spielt eine sekundäre und bedeutsame Rolle, wenn es darum geht, die Wirksamkeit der Feder zu einer möglichst großen Amplitude aufrecht zu erhalten.

12.3 Anregungen zur Weiterarbeit zu Kapitel 12

Die nachfolgenden Aufgaben sind keine üblichen Übungsaufgaben sondern haben den Charakter von Themen für Studienarbeiten. Sie wurden daher als *Anregungen zur Weiterarbeit* bezeichnet.

12.3.1 Abhängigkeit der Stabilität des Drehgestellfahrzeugs von Biege- und Schersteifigkeit

Es wurde in Kapitel 11 dargestellt, dass die Steifigkeit der Primärfederung sich mit den Begriffen Biege- und Schersteifigkeit erfassen lässt. Wie ändert sich das Diagramm von Bild 12.7, wenn man nicht die Primärsteifigkeiten c_{px} und c_{py} verwendet sondern Biege- und Schersteifigkeit?

12.3.2 Stabilität eines Fahrzeugs mit Losradsätzen

Untersuchen Sie die Stabilität eines Drehgestellfahrzeugs mit Losradsätzen.

12.3.3 Reibdrehhemmung und Drehhemmung mit viskosen Dämpfern

Vergleichen Sie die beiden Drehhemmungskonzepte, bei denen entweder eine Reibdrehhemmung (seitliche Gleitstücke) oder viskose Schlingerdämpfer eingesetzt werden.

13. Einführung in nichtlineare Stabilitätsuntersuchungen

13.1 Vorbemerkung

Die Stabilitätsuntersuchungen für den Radsatz, Kapitel 10, für das Drehgestell, Kapitel 11 oder für ein Drehgestellfahrzeug, Kapitel 12 gehen davon aus, dass das System, d. h. die Fahrzeugkonstruktion, aber auch die Kontaktvorgänge, durch lineare Gleichungen beschrieben werden können.

Selbst wenn das beim Fahrzeug gelingt, das heißt, wenn im Fahrzeug kein Spiel und keine Reibelemente (z. B. Drehhemmungen zwischen Drehgestell und Wagenkasten) vorhanden sind, muss man doch damit rechnen, dass bei der Beschreibung der Kontaktvorgänge nichtlineare Vorgänge, sei es in der Kontaktgeometrie (siehe Abschnitt 3.1 und 3.2, insbesondere Bild 3.9) oder der Kontaktmechanik (siehe Abschnitt 3.4 insbesondere Bild 3.20) berücksichtigt werden müssen.

Dies ist seit Jahrzehnten bekannt. Bereits bei der Ausschreibung eines Wettbewerbs des ORE-Ausschusses C 9 zum Schlingerproblem [172] im Jahre 1953 wurde das erkannt, auch wenn damals nur Lösungen eingereicht wurden, die mit rein linearen Beziehungen arbeiteten. Einer der Nebeneffekte der Arbeit im ORE-Ausschuss C 9 war aber, dass in verschiedenen Ländern in Europa, darunter in Deutschland, Forschungsvorhaben zum Einfluss von Nichtlinearitäten auf Probleme der Schienenfahrzeugdynamik in Angriff genommen wurden. In der Bundesrepublik wurden auf Aufregung von Carl Theodor Müller in mehreren Dissertationen und Forschungsvorhaben derartige Probleme bearbeitet, bei denen nichtlineare Fragestellungen im Zentrum standen (u.a. [13, 40, 94, 110]). Die Simulationsrechnungen wurden bei all den von C. Th. Müller betreuten Arbeiten aber nicht mit einem Digitalrechner sondern mit einem Analogrechner durchgeführt. Müller war in Deutschland der Entwicklung mehr als 15 Jahre voraus. Erst 1982 sind bei MAN Technologie wieder Simulationsrechnungen am Analogrechner durchgeführt worden [201].

Leider sind zu der Fast-Katastrophe beim Hochgeschwindigkeitsversuch des TGV im Jahre 1953 [197], siehe Bild 1.4, keine Messdaten zugänglich. Es ist anzunehmen, dass auch dabei neben Gleiseigenschaften nichtlineare Vorgänge im Rad/Schiene-Kontakt eine entscheidende Rolle spielten.

Eine abgeschlossene Theorie zu nichtlinearen Stabilitätsproblemen in der Schienenfahrzeugdynamik existiert nicht. Es gibt aus den letzten 20 Jahren allerdings eine Vielzahl von Einzelveröffentlichungen, die sich mit diesem Problem beschäftigen.

1. De Pater hat sich bereits 1961 mit nichtlinearen Problemen der Schienenfahrzeugdynamik auseinandergesetzt [34]. Im ORE-Ausschuss zur Frage C9 hatte er C. Th. Müller angeregt, sich ebenfalls mit nichtlinearen Problemen in der Schienenfahrzeugdynamik zu befassen. 20 Jahre später erschien nochmals eine Veröffentlichung mit de Pater als Koautor [155].
2. Sowohl theoretisch als auch praktisch interessante Untersuchungen stammen aus dem Umfeld von Huilgol [92, 76].
3. In den USA sind durch Cooperrider, Hedrick und Law eine Vielzahl von Untersuchungen zur nichtlinearen Stabilität durchgeführt worden [28]. Die erste derartige Arbeit war wahrscheinlich die Dissertation von Cooperrider [27]. Ein zusammenfassender Bericht stammt von Hedrick [77]. In den USA sind die Untersuchungen auf diesem Gebiet in den letzten Jahren nicht fortgeführt worden, da es im Bereich der Schienenfahrzeugdynamik, anders als in Europa, keine staatliche Förderung mehr gab.
4. Schließlich muss die Schule um True genannt werden, der sich in den zurückliegenden 15 Jahren aus mathematischer Sicht intensiv mit nichtlinearen Phänomenen in der Schienenfahrzeugdynamik befasst hat.

Zunächst soll ein Versuch in München-Freimann (1982) erörtert werden, der hervorragend dokumentiert ist [202] und an dem wesentliche nichtlineare Effekte verdeutlicht werden können (Abschnitt 13.2). Anschließend wird im Einzelnen eine Möglichkeit zur nichtlinearen Stabilitätsuntersuchung (Grenzzykelberechnung)behandelt, bei der es sich letztlich um eine Fourieranalyse handelt (Abschnitt 13.3). Hierzu gehört als Spezialfall auch eine Methode, die als *„Quasilinearisierung"* bekannt geworden ist (Abschnitt 13.4). Schließlich (Abschnitt 13.5) wird darauf eingegangen, wo die Fourieranalyse an ihre Grenzen stößt.

13.2 Nichtlineare kritische Geschwindigkeit

Wenden wir uns zunächst den Ergebnissen des Versuches auf dem Rollprüfstand in München-Freimann zu, die in Bild 13.1 wiedergegeben sind.

Während der Erhöhung der Fahrgeschwindigkeit (siehe Bild 13.1, unteres Bild) wurde die laterale Amplitude u_y und der Wendewinkel φ_z eines Radsatzes gemessen. Bis zu einer Fahrgeschwindigkeit von $v = 180 \frac{km}{h}$ bleiben die Querverschiebung u_y und der Wendewinkel φ_z sehr klein. In ihnen spiegelt sich praktisch nur die sehr geringe Störamplitude der Rollprüfstandswalzen wieder. Bei $v = 180 \frac{km}{h}$ kommt es zu einem plötzlichen Anwachsen der Radsatzamplitude und der Amplitude des Wendewinkels. Die Geschwindigkeit $v = 180 \frac{km}{h}$ ist die bereits bekannte *lineare kritische Geschwindigkeit*. Anders, als von der Theorie vorhergesagt, kommt es aber nicht zu unendlich

13.2 Nichtlineare kritische Geschwindigkeit

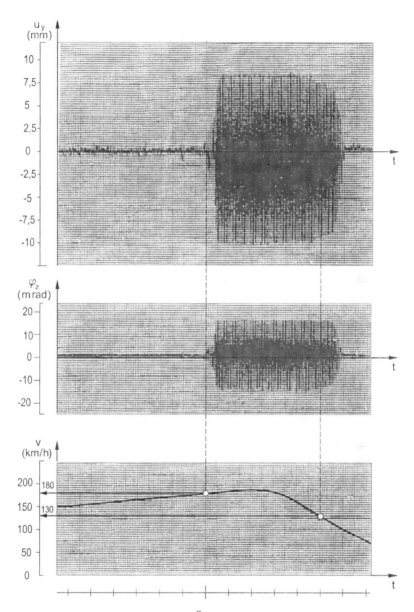

Bild 13.1. Grenzzykelbewegung nach Überschreiten der linearen kritischen Geschwindigkeit am Rollprüfstand nach [202]

großen Amplituden. Vielmehr bleiben die Amplituden, obwohl die Geschwindigkeit weiter gesteigert wird, mit etwa 7 mm endlich. Diese 7 mm sind das Spurspiel zwischen Radsatz und der Prüfstandsrolle. Dies entspricht dem, was man erwarten würde.

Unerwartet ist hingegen das Verhalten beim Absenken der Fahrgeschwindigkeit. Senkt man die Fahrgeschwindigkeit bis zur linearen, kritischen Geschwindigkeit $v_{crit,lin} = 180 \frac{km}{h}$ ab, so bleibt trotzdem die Lateralamplitude von $u_y = 7$ mm erhalten. Erst beim Absenken der Geschwindigkeit auf $v = 135 \frac{km}{h}$ sinkt die Radsatzamplitude wieder nahezu auf den Wert 0 ab. Diese Geschwindigkeit, bei der es zum Absinken der Radsatzamplitude kommt, liegt aber 30 % niedriger als die lineare kritische Geschwindigkeit. Über ein ähnliches Phänomen berichtet auch Matsudaira in [152], siehe Abschnitt 12.2.1, Punkt (2).

Wir bezeichnen die zweite Geschwindigkeit, bei der es bei Verringerung der Fahrgeschwindigkeit zum Absinken der Amplitude kommt, als *nichtlineare, kritische Geschwindigkeit* $v_{crit,nl}$.

Wenn das Fahrzeug mit einer Geschwindigkeit zwischen der *linearen* und der *nichtlinearen kritischen Geschwindigkeit* fährt, dann ist es nicht ausgeschlossen, dass der Radsatz durch eine plötzliche Irregularität so angeregt wird, dass seine Amplitude in den Bereich von 7 mm kommt und auch dort verbleibt. Dies gilt es zu verhindern. Das ist aber nur möglich, wenn die Geschwindigkeit unterhalb des von uns als *nichtlineare, kritische Geschwindigkeit* bezeichneten Wertes bleibt.

Das Auftreten von zwei kritischen Geschwindigkeiten ist ein typisch nichtlineares Phänomen. Solange alle Beziehungen linear bleiben, gibt es nur eine, die lineare kritische Geschwindigkeit, unterhalb derer der Radsatz oder das Drehgestell stabil laufen. Erst bei Erreichen dieser Geschwindigkeit treten bei rein linearer Betrachtung Instabilitätseffekte auf.

13.3 Fourierzerlegung von nichtlinearen Grenzzykelbewegungen – das Verfahren von Urabe-Reiter

Nichtlineare Stabilitätsuntersuchungen lassen sich mit einem Verfahren durchführen, dass nach Urabe und Reiter benannt ist [216, 217]. Wie aus den Titeln der Arbeiten hervorgeht, handelt es sich um eine Modifikation des Galerkin-Verfahrens. Hierbei wird vorausgesetzt, dass es sich um eine periodische Lösung handelt. Diese periodische Lösung wird als Fourierreihe dargestellt.

Die Verfahrensentwicklung erfolgte durch Moelle [61, 62, 160]. Behandelt wurde das in Bild 13.2 dargestellte Drehgestell. Die in der Abbildung dargestellten Federn sind durchwegs als Parallelschaltung von Feder und Dämpfer zu verstehen.

Wer an Einzelheiten des Verfahrens interessiert ist, der wird auf [160] verwiesen. Nachfolgend wird das Gleichungssystem, das die Bewegungen beschreibt, nur schematisch wiedergegeben:

13.3 Verfahren von Urabe und Reiter   247

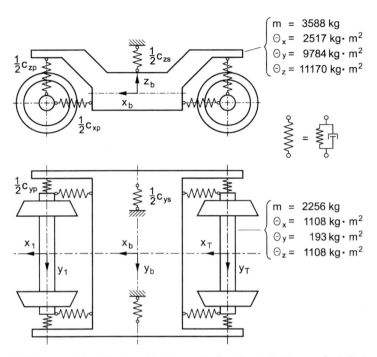

Bild 13.2. Modell eines Drehgestells für die nichtlineare Stabilitätsuntersuchung

$$\frac{1}{\omega_s^2} M \ddot{u} + \frac{1}{\omega_s} D \dot{u} + S u + g^{\mathrm{NON}} = 0. \tag{13.1}$$

Die Lösung u wird als Fourierreihe mit der Grundfrequenz ω_s angesetzt, wobei als Ausgangspunkt allerdings nicht das Differentialgleichungssystem 13.1 sondern die zugehörige Fassung des Prinzips der virtuellen Verrückungen gewählt wird. Durch den Ansatz wird von der grundlegenden Annahme ausgegangen, dass die Lösung periodisch ist. Die (zunächst unbekannte) Grundfrequenz ω_s wird in Gleichung 13.1 als Normierungsfaktor verwendet, der eingeführt wird, damit die Zeit nicht mehr explizit auftaucht. Durch den Ansatz wird das System von gewöhnlichen Differentialgleichungen in ein algebraisches Gleichungssystem überführt, das iterativ gelöst werden kann.

Der Verschiebungsvektor u hat die folgenden Komponenten:

$$u = \{u_{y1}, \varphi_{z1}, \varphi_{y1}, u_{x1}, u_{y2}, \varphi_{z2}, \varphi_{y2}, u_{x2}, u_{yb}, \varphi_{zb}, \varphi_{yb}, u_{xb}\}.$$

Der Vektor g^{NON} enthält alle nichtlinearen Effekte, insbesondere also die Anteile aus nichtlinearer Kontaktgeometrie und Kontaktmechanik. In ihn geht die Fahrgeschwindigkeit v und die Grundfrequenz ω_s ein.

Hinsichtlich weiterer Einzelheiten wird auf [61, 160] verwiesen.

Ein charakteristisches Ergebnis der Untersuchungen ist in Bild 13.3 wiedergegeben. Aufgetragen sind auf der Abszisse die Fahrgeschwindigkeit und

248   13. Nichtlineare Stabilitätsuntersuchungen

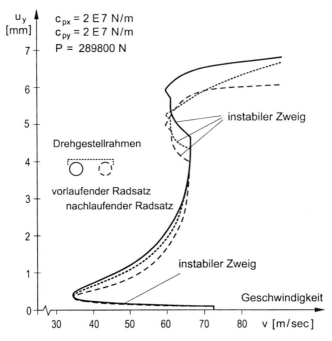

Bild 13.3. Berechnete Grenzzykelkurven für das Drehgestell von Bild 13.2 mit neuem Schienenprofil und einem Radprofil S 1002 nach [62]

auf der Ordinate die maximale Querverschiebung bei einem neuen Schienenprofil UIC 60 und einem Radprofil S1002. Die Kurven von Bild 13.3 werden als Grenzzykelkurven bezeichnet. Die Grenzzykelkurven für den vorlaufenden und den nachlaufenden Radsatz sowie für den Drehgestellrahmen verlaufen qualitativ gleich. Die Grenzzykelkurven bestehen aus *stabilen* Kurventeilen und *instabilen* Kurventeilen. Kurventeile, bei denen bei größer werdender Amplitude u_y die Geschwindigkeit abnimmt, sind instabil. Wird ein Bewegungszustand in der Nähe eines stabilen Astes vorgegeben, so stellt sich nach einiger Zeit diese stabile Lösung ein. In der nichtlinearen Dynamik bezeichnet man solche stabilen Äste auch als *Attraktoren*. Bewegungszustände auf instabilen Kurventeilen verbleiben nicht dort sondern klingen auf oder ab und gehen in Lösungen auf stabilen Kurventeilen über.

Zu einer Querverschiebungsamplitude $u_{y,\max} \leq 1{,}5\,\text{mm}$ gehört eine Geschwindigkeit $v = 73\,\frac{\text{m}}{\text{s}}$. Dies ist gerade die lineare Grenzgeschwindigkeit $v_{\text{crit,lin}}$ des Systems. Bei einer geringfügig höheren Querverschiebungsamplitude sinkt die Grenzgeschwindigkeit für ein neues Schienenprofil auf etwa 33 $\frac{\text{m}}{\text{s}}$ ab und steigt bei einer Querverschiebungsamplitude von 4,8 mm wieder auf etwa 65 $\frac{\text{m}}{\text{sec}}$ an. Bei weiterer Vergrößerung der Querverschiebungsamplitude des vorlaufenden Radsatzes kommt es wieder zum Abfallen der Geschwindigkeit auf etwa 60 $\frac{\text{m}}{\text{s}}$. Eine weitere Vergrößerung der Querverschiebungsamplitude bedeutet, dass der Berührpunkt sich auf der Schienenflanke bewegt und dort verbleibt, die Geschwindigkeit steigt deutlich an. - Tendenziell zeigen die Grenzzykelamplituden des nachlaufenden Radsatzes sowie des Drehgestellrahmens das entsprechende Verhalten.

Das Verhalten ändert sich nicht prinzipiell, wenn man von einem neuen Schienenprofil zu einem Verschleißprofil übergeht. Das Verschleißprofil wurde hierbei künstlich erzeugt, indem der Laufflächenbereich des Schienenprofils durch eine Ellipse approximiert wurde. Für das Rad wurde das ORE S 1002-Profil beibehalten. Dadurch entfällt der erste Berührpunktsprung im Laufflächenbereich, der zweite Berührpunktsprung bleibt erhalten. Qualitativ bleibt die Grenzzykelkurve gleich (siehe Bild 13.4). Nur im Bereich kleiner Querverschiebungen ergeben sich Abweichungen, von einer Querverschiebungsamplitude des vorlaufenden Radsatzes von etwa 3,5 mm an stimmen die Grenzzykelkurven überein. Um den Profileinfluss zu verdeutlichen ist in der linken Bildhälfte die Δr-Funktion mit dargestellt.

Auf der Grundlage eines derartigen Grenzzykeldiagramms lässt sich nun das Ergebnis des Rollprüfstandversuches interpretieren. In Bild 13.5 ist die Grenzzykelkurve für eine Profilkombination S 1002 auf leicht verschlissenem Schienenprofil mit einer Spurweite von 1435 mm und einer Einbauneigung von 1:40 nochmals wiedergegeben. Der Radsatz, an dem die Messungen durch-

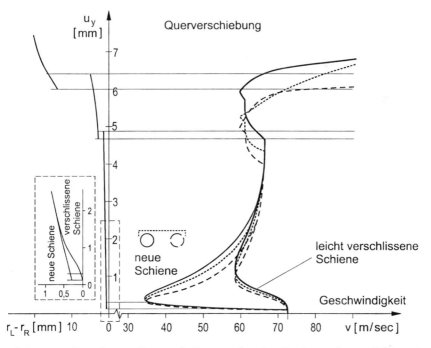

Bild 13.4. Berechnete Grenzzykelkurven für das Drehgestell von Bild 13.2 auf neuem und verschlissenenem Schienenprofil (Radprofil S 1002) nach [62]

250   13. Nichtlineare Stabilitätsuntersuchungen

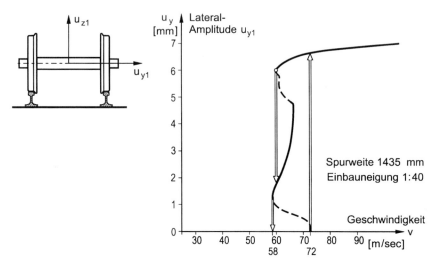

Bild 13.5. Interpretation der in Bild 13.1 dargestellten Ergebnisse durch die Rechnung nach dem Verfahren von Urabe und Reiter

geführt wurden, befindet sich zunächst in zentrischer Position. Die Fahrgeschwindigkeit wird bis zur linearen kritischen Geschwindigkeit von 72 $\frac{m}{s}$ gesteigert. Bei dieser Geschwindigkeit wird der Radsatz instabil. Das Aufklingen der Amplitude wird erst durch den Flankenanlauf begrenzt. Wird nun die Fahrgeschwindigkeit abgesenkt, so kommt es erst bei etwa 60 $\frac{m}{s}$ zu einem nennenswerten Absinken der Amplitude, bei 58 $\frac{m}{s}$ sinkt die Amplitude wieder auf 0 mm ab, der vorlaufende Radsatz befindet sich dann wieder in zentrischer Stellung.

Während die Geschwindigkeit von 72 $\frac{m}{s}$ in diesem Fall die *lineare, kritische Geschwindigkeit* ist, ist 58 $\frac{m}{s}$ die bereits eingeführte *nichtlineare, kritische Geschwindigkeit*. Die Rechenergebnisse stimmen zwar nicht vollständig mit den Werten des Rollprüfstandsversuches überein, die Tendenz ist aber die gleiche. Man kann daher davon ausgehen, dass die auf dem Rollprüfstand beobachtete Instabilität die hier dargestellten Ursachen hat.

13.4 Vereinfachte Untersuchung der nichtlinearen Stabilität von Schienenfahrzeugen mit der Methode der Quasilinearisierung

Vor allem in den USA wurde eine vereinfachte, nichtlineare Methode zur Stabilitätsuntersuchung entwickelt, die mit dem Begriff *Quasilinearisierung*, (Englisch *quasi-linearization* oder *Describing Function Technique*) bekannt geworden ist. Wir beschränken uns im folgenden auf den einfachsten Fall, bei dem nur die nichtlineare Rad/Schiene-Geometrie in der Form $\Delta r =$

13.4 Methode der Quasilinearisierung

$\Delta r(u_y)$ berücksichtigt wird. Wer sich weitergehend mit dieser Vorgehensweise beschäftigen will, sei auf [77] verwiesen. Einzelheiten zu Problemen der Schienenfahrzeugdynamik findet man in den Arbeiten [27, 28]. Wir nehmen weiter an, dass der Bewegungsvorgang harmonisch beschrieben werden kann. Es handelt sich bei dem Verfahren der Quasilinearisierung also um eine einperiodische Variante des Verfahrens von Urabe-Reiter.

$$\tilde{u}_y = \hat{u}_y\,e^{i\omega t}.$$

Die Beschränkung auf kontaktgeometrische Nichtlinearität erfolgt auch, weil wir dann auf die quasilinearisierte, nichtlineare Rollradiendifferenz zurückgreifen können, Abschnitt 3.2.3. Man ersetzt nach Gl. (3.10) die nichtlineare Rollradiendifferenz durch eine äquivalente lineare Beziehung

$$\Delta r(u_y) \simeq 2\lambda_e u_y\,, \tag{13.2}$$

mit der äquivalenten Konizität λ_e

$$\lambda_e = \frac{1}{\pi u_{y0}} \int_0^\pi [r_l(u_{y0}\sin\tau) - r_r(u_{y0}\sin\tau)]\sin\tau\,d\tau\,. \tag{13.3}$$

Die quasilinearisierten Bewegungsgleichungen für den Radsatz lauten ausgehend von Gl. (9.13):

$$\begin{bmatrix} m & 0 \\ 0 & \Theta_z \end{bmatrix}\begin{Bmatrix} \ddot{u}_y \\ \ddot{\varphi}_z \end{Bmatrix} + \begin{bmatrix} 2Q\zeta & 0 \\ 0 & -2Q\chi \end{bmatrix}\begin{Bmatrix} u_y \\ \varphi_z \end{Bmatrix} +$$

$$\begin{bmatrix} d_y & 0 \\ 0 & e_x^2 d \end{bmatrix}\begin{Bmatrix} \dot{u}_y \\ \dot{\varphi}_z \end{Bmatrix} + \begin{bmatrix} c_y & 0 \\ 0 & e_x^2 c_x \end{bmatrix}\begin{Bmatrix} u_y \\ \varphi_z \end{Bmatrix} +$$

$$\frac{1}{v_0}\begin{bmatrix} 2GabC_{22} & 0 \\ 0 & 2GabC_{11}e_0^2 \end{bmatrix}\begin{Bmatrix} \dot{u}_y \\ \dot{\varphi}_z \end{Bmatrix} +$$

$$\begin{bmatrix} 0 & -2GabC_{22} \\ 2\frac{e_0\,\lambda(\hat{u}_y)}{r_0}GabC_{11} & 0 \end{bmatrix}\begin{Bmatrix} u_y \\ \varphi_z \end{Bmatrix} = \begin{Bmatrix} 0 \\ 0 \end{Bmatrix},$$

wobei als unwesentliche Vereinfachung noch die C_{23}-proportionalen Terme zu Null gesetzt wurden.

Die Eigenschwingungsanalyse läuft wie bisher ab. Der Unterschied ist, dass man $\hat{u}_y$ vorzugeben hat und damit die Eigenwerte von $\hat{u}_y$ abhängen. Nach Berechnung der Eigenvektoren führt man für die u_y-Komponente das gewählte $\hat{u}_y$ ein. Damit ist auch der Wendewinkel $\hat{\varphi}_z$ bekannt.

Da v_{crit} in diesem Fall analytisch bekannt ist, Gl. (10.39), können wir unmittelbar auf diese Beziehung zurückgreifen,

$$v_{\text{crit}}^2 = \omega_{\text{crit}}^2 \frac{e_0 r_0}{\lambda(\hat{u}_y)} \frac{1}{1 - k(\hat{u}_y)} \ , \tag{13.4}$$

müssen aber noch ω_{crit}^2 aus Gl. (10.40) und k aus Gl. (10.41) einsetzen. Wesentlich ist, dass v_{crit}^2 von der Querverschiebungsamplitude $\hat{u}_y$ abhängt.

Wenn man ein Drehgestell mit zwei Radsätzen betrachtet, so gibt es für jeden Radsatz eine andere Querverschiebungsamplitude. Man kommt dann um eine Iteration nicht mehr herum. Eine der beiden Amplituden wird festgelegt, die zweite Amplitude wird beispielsweise aus einer linearen Eigenwertanalyse ermittelt. Damit steht für beide Radsätze eine (unterschiedliche) wirksame Konizität fest. Der nächste Iterationsschritt liefert eine verbesserte zweite Amplitude. Das Iterationsverfahren kann abgebrochen werden, wenn sich in zwei aufeinanderfolgenden Iterationsschritten das Verhältnis $\hat{u}_{y1}/\hat{u}_{y2}$ im Rahmen einer vorgegebenen Genauigkeit nicht mehr verändert.

Solange der Berührpunkt in der Lauffläche bleibt, sind im Vergleich zum Verfahren von Urabe-Reiter nur geringe Veränderungen feststellbar. Das liegt daran, dass in diesem Bereich die Schlüpfe klein bleiben, so dass kontaktphysikalische Nichtlinearitäten noch keine Rolle spielen. Wenn Nichtlinearitäten von mehreren Variablen abhängen (das ist z. B. bei der nichtlinearen Kraftschlusstheorie der Fall), dann wird das Verfahren der Quasilinearisierung deutlich komplizierter. Weitere Nichtlinearitäten sind im Prinzip problemlos, solange sie nur von einer Variablen abhängen.

13.5 Grenzen der Fourierzerlegung

Mit dem Verfahren von Urabe und Reiter wurden eine Vielzahl von Problemen bearbeitet [62]. Allerdings hat das Verfahren auch seine Grenzen. Schwierigkeiten können sich ergeben, wenn man ganze Fahrzeuge (Wagenkästen mit zwei Drehgestellen) untersuchen will. Diese Schwierigkeiten haben zum einen mathematische, zum anderen mechanische Ursachen. Die mathematischen Ursachen sind im nichtlinearen Iterationsverfahren (Newton) zu suchen, das zur Lösung des nichtlinearen, algebraischen Gleichungssystems eingesetzt wird. Das Iterationsverfahren findet nicht immer eine Lösung.

Dahinter stehen aber vielfach mechanische Ursachen. Betrachten wir das Fahrzeug, das wir in Kapitel 12 als Beispiel untersucht haben, siehe Bild 12.1. Bei den Wurzelortskurven dieses Fahrzeugs gehen zwei Wurzelortskurven nahezu bei der gleichen Frequenz von der negativen in die positive Halbebene über, siehe Bild 12.2. Man könnte in diesem Fall sagen, dass das nichtlineare Iterationsverfahren Schwierigkeiten hat, sich für einen der beiden Zustände, die in Bild 12.4 dargestellt sind, zu entscheiden.

Denkbar ist auch, dass die dem Verfahren zugrundeliegende Annahme, dass es eine periodische Lösung gibt, nicht zutrifft. Die Lösung kann zweiperiodisch oder auch chaotisch sein. Für den Fall, dass keine periodische Lösung existiert, muss man auf andere Verfahren zurückgreifen, die vor allem in der Schule von True entwickelt worden sind, vergleiche [131, 213, 214].

13.6 Nichtlineare Stabilitätsberechnung im Zeitbereich

Es ist heute bei existierenden Großprogrammen vielfach üblich, nichtlineare Stabilitätsberechnungen im Zeitbereich durchzuführen. Hierbei wird für ein Fahrzeug eine charakteristische Störung vorgegeben und es wird geprüft, ob die dann einsetzende Schwingung aufklingt oder abklingt.

Eine derartige Rechnung ist sicherlich bestechend, da man alle Nichtlinearitäten berücksichtigen kann, vorausgesetzt es stehen entsprechend zuverlässige Programme zur Verfügung. Aber selbst dann wird man ein derartiges Verfahren erst am Ende eines Prozesses einsetzen, da der Rechenaufwand beträchtlich ist. Eine offenkundige Schwachstelle sind „charakteristische" Störungen, schon die Maximalamplitude einer derartigen Störung ist nicht bekannt.

Es ist daher wenig wahrscheinlich, dass derartige nichtlineare Stabilitätsuntersuchungen in unmittelbarer Zukunft bereits in der Entwurfsphase an die Stelle von linearen Stabilitätsuntersuchungen treten werden, wenn es darum geht, optimaler Parameter aufzufinden.

13.7 Anregungen zur Weiterarbeit zu Kapitel 13

13.7.1 Stabilitätsuntersuchung für das Boedecker-Fahrzeug

Im Jahr 1887 hat Boedecker in seinem Buch [9] die Instabilität von zweiachsigen Fahrzeugen, bei denen die Radsätze mit dem Fahrzeug mit einer starren Fesselung verbunden sind, festgestellt. Das Entscheidende hierbei war, dass Boedecker ein lokales Coulombsches Gesetz verwendet hat und nicht wie bei unseren linearen Stabilitätsberechnungen, ein lineares Kraftschluss-Schlupf-Gesetz.

Versuchen Sie die Rechnung von Boedecker für ein Drehgestell mit der Methode der Quasilinearisierung nachzuvollziehen. Hierbei ist folgendes Modell zu Grunde zu legen (Bild 11.9):

- Starrer Drehgestellrahmen;
- zwei starre Radsätze, die mit dem Rahmen mit starren Fesselungen verbunden sind;
- inertial mitgeführter Wagenkasten, mit dem der Drehgestellrahmen mit Lateral- und Wendefedern (siehe Bild 11.9) verbunden ist;
- nichtlineares Kraftschlussgesetz ausgehend von einer lokalen Formulierung des Coulombschen Gesetzes (Reibungszahl in beiden Richtungen gleich), beschränkt auf Längs- und Querschlupf (kein Bohrschlupf);
- lineare Kontaktkinematik für Doppelkonus (entsprechend wie bei der Schneidenlagerung, siehe Bild 3.7), wobei eine Konusneigung von 1:20 anzusetzen ist.

Die einzige Nichtlinearität ist das Kraftschlussgesetz. Hierfür ist zunächst durch Quasilinearisierung ein lineares Dämpfergesetz zu finden. Anschließend sind die quasilinearen Bewegungsdifferentialgleichungen aufzustellen und auf Stabilität zu untersuchen. Für die numerische Rechnung kann die sekundäre Wendefesselung vernachlässigt werden, die sekundäre Lateralfederung ist geeignet zu variieren.

14. Quasistatischer Bogenlauf

14.1 Historische Vorbemerkung

Die Beschäftigung mit dem Bogenlaufverhalten von Schienenfahrzeugen ist älter als die Befassung mit der Stabilität. In Deutschland ist wohl der erste, der sich intensiv mit dem Bogenlaufverhalten befasst hat, Redtenbacher [187]. Auch bei der Monographie von Boedecker [9] steht das Bogenlaufverhalten im Mittelpunkt. Die Frage des Laufs im geraden Gleis (und damit die Frage der Stabilität) tritt zwar als Problem auf, sie ist aber für Boedecker sekundär.

Um 1900 setze sich als erster Uebelacker intensiv mit dem Bogenlaufverhalten auseinander [215]. Bei Redtenbacher, Boedecker und Uebelacker stand der quasistatische Bogenlauf im Mittelpunkt. Die Zeit nach 1910 war hinsichtlich des quasistatischen Bogenlaufverhaltens geprägt von Heumann[1].
, dessen erste Arbeit zum quasistatischen Bogenlauf 1913 erschien [85].

1941 wurde vom Reichsverkehrsministerium eine Arbeitsgemeinschaft eingesetzt, die den Auftrag hatte, *Vorläufige Richtlinien für den Fahrzeugbau zur Erzielung guter Führung der Fahrzeuge im Gleis* zu erarbeiten. Diese Richtlinien sind als Dauner-Hiller-Reck-Kompendium [32, 33] in die Geschichte bahntechnischer Forschung eingegangen. Eine wesentliche Rolle in diesem Ausschuss spielte Heumann, der seine Erkenntnisse zum Bogenlaufverhalten aber erst nach 1950 zunächst in mehreren Zeitschriftenartikeln und 1954 in einem Sonderdruck [88] zusammenfasste. Über 30 Jahre hinweg war dieser Heumannsche Sonderdruck die „Bibel" für die Auslegung von Schienenfahrzeugen. Die Heumannsche Bogenlauftheorie ist vor allem für Bögen mit kleinem Radius gültig.

---

[1] Hermann Heumann wurde 1878 in Neubauhof in Schleswig-Holstein geboren und starb 1967 in Grafrath im Landkreis Fürstenfeldbruck. Nach dem Abitur in Oldenburg ging Heumann zur Preussisch-Hessischen Bahn und blieb dort bis 1920. Zwischendurch (1910) promovierte er an der TH Danzig auf dem Gebiet der Fördertechnik. Im Jahr 1920 wurde er auf den Lehrstuhl für Schienenfahrzeugbau und Massenförderanlagen an die TH Aachen berufen, den er bis zu seiner Emeritierung im Jahr 1946 innehatte. Heumann war bis etwa 1985 führend auf dem Gebiet der Bogenlauftechnik, vergleiche [88]. Seine Theorie ist, sofern man die einschränkenden Voraussetzungen beachtet, noch heute gültig. Quasistatische und dynamische Bogenlaufrechnungen erfolgen heute aber mit Computerprogrammen wie MEDYNA, ADAMS RAIL, GENSYS oder SIMPACK.

Die historische Entwicklung in England ist dargestellt bei Gilchrist [64] und Wickens [228]. Nach Gilchrist war der erste, der sich in England intensiv mit dem Kurvenlaufverhalten befasste, Mackenzie [148]. Die Ergebnisse von Mackenzie wurden in Deutschland vor allem von Boedecker [9], Helmholtz [81] und Uebelacker [215] aufgegriffen und weiterentwickelt. In England wurde diese Richtung 1934/35 weiterverfolgt von Porter [182, 183, 184, 185], der leider 28-jährig an Lungenentzündung starb.

14.2 Allgemeine Anmerkungen

In modernen Simulationsprogrammen ist es Standard, Übergangsbogen, Bogen und Überhöhungen als Trassierungselemente vorzugeben. Die Gleislagefehler sind dann kleine Störungen der durch die Trassierungselemente vorgegebenen idealen Gleisgeometrie. Die Lösung wird in der Regel im Zeitbereich ermittelt.

Beim Bogenlauf ist man auch an der Einstellung der Laufwerke im Gleis nach Abklingen von Störungen interessiert. Die Stellung der Laufwerke bestimmt, wie hoch das mittlere Niveau der Schlüpfe und Kräfte im Rad/Schiene-Kontakt ist. Wir behandeln zunächst den Einzelradsatz (Abschnitte 14.3 und 14.4) und dann das Drehgestell im Bogen (Abschnitt 14.5). Je größer die mittleren Schlüpfe und Schlupfkräfte sind, desto höher ist der Verschleiß und desto größere Ermüdungserscheinungen an Rad und Schiene sind im Betrieb zu erwarten, siehe Abschnitt 14.6.

Man spricht nach dem Abklingen von Störungen vom *quasistatischen Bogenlaufverhalten* des Fahrzeuges. Voraussetzungen für *quasistatischen Bogenlauf* sind

- eine *konstante Fahrgeschwindigkeit* v_0 ,
- ein *konstanter Bogenradius*,
- eine *konstante Überhöhung* des Gleises,
- eine *ideale Gleislage* ohne Gleislagefehler.

Es gibt prinzipiell zwei Möglichkeiten, den quasistatischen Bogenlauf zu untersuchen:

1. Entweder rechnet man im Zeitbereich. Man geht dann von einer idealen Gleislage aus und integriert solange bis die Anfangsstörungen abgeklungen sind und sich eine quasistatische Lösung einstellt;
2. oder man setzt die Zeitableitungen in den Gleichungen zu Null. Man hat dann keine Differentialgleichungen mehr zu lösen, sondern ein nichtlineares Gleichungssystem. Als Ergebnis erhält man die Stellung des Fahrzeuges im Gleis mit den dazugehörenden Kräften.

Auf eine weitere Unterscheidungsmöglichkeit wollen wir an dieser Stelle nur hinweisen, ohne im Detail auf sie einzugehen. Man kann sowohl für die quasistatische Betrachtung als auch für eine dynamisch Betrachtung lineare Gleichungen zugrunde legen. Diese Betrachtungsweise geht zurück auf Boocock [12]. Angemessener ist es sicherlich, von vornherein nichtlinear zu rechnen.

Wir wollen auf die nichtlineare, quasistatische Betrachtungsweise im Folgenden etwas näher eingehen. Diese Methode hat zwar - streng genommen - nichts mit Schienenfahrzeugdynamik zu tun, ermöglicht aber ein prinzipielles Verständnis der Vorgänge im Gleisbogen.

Optimale Auslegung des Fahrzeuges für gutes Bogenlaufverhalten und optimale Auslegung für hohe Geschwindigkeit im geraden Gleis führen zu gegensätzlichen Forderungen. Man muss daher immer beide Aspekte berücksichtigen. Insofern beeinflusst auch quasistatischer Bogenlauf die Dynamik von Schienenfahrzeugen und verdient, in diesem Buch aufgenommen zu werden.

Wie bei den Betrachtungen zur Stabilität wollen wir auch im Falle des Bogenlaufes mit der Betrachtung eines Einzelradsatzes beginnen.

14.3 Bogenlauf eines Radsatzes

14.3.1 Frei laufender Radsatz im Bogen (kinematischer Bogenlauf)

Wir betrachten einen frei laufenden starren Radsatz mit konischen Radprofilen.Wir fordern *reines Rollen*, d.h. im Kontaktpunkt treten keine Schlüpfe auf. Außerdem wirken auf den Radsatz *keine Zentrifugalkräfte*.

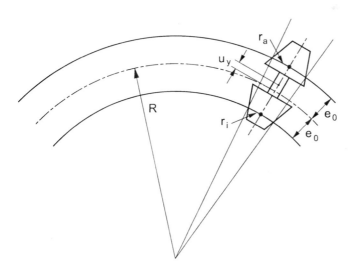

Bild 14.1. Radialeinstellung beim Kurvenlauf eines freien Radsatzes mit konischen Radprofilen nach [3]

258   14. Quasistatischer Bogenlauf

Damit der Radsatz mit der Achse zum Mittelpunkt der Kurve zeigend, d.h. mit *Radialeinstellung*, durch den Bogen rollen kann, muss das bogenäußere Rad einen längeren Weg zurücklegen als das bogeninnere. Dies ist möglich, wenn sich der Radsatz nach außen verschiebt und dadurch das äußere Rad auf einem größeren Radius abrollt als das innere, vgl. Bild 14.1 Das benötigte Verhältnis zwischen äußerem und innerem Rollradius ergibt sich zu

$$\frac{r_a}{r_i} = \frac{R + e_0}{R - e_0}, \tag{14.1}$$

wobei wir vereinfachend $e_a = e_i = e_0$ gesetzt haben. Diese Beziehung stammt bereits von Redtenbacher [187]. Bei konischen Rädern ist

$$r_a = r_0 + \delta_0 u_y, \tag{14.2a}$$
$$r_i = r_0 - \delta_0 u_y. \tag{14.2b}$$

Die Gln. (14.2a,b) eingesetzt in Gl. (14.1) ergeben als notwendige Lateralverschiebung des Radsatzes

$$\boxed{u_y = \frac{r_0 e_0}{\delta_0 R}.} \tag{14.3}$$

Ist diese Lateralverschiebung genau erreicht, dann sagt man, der Radsatz rollt auf seiner *Rolllinie*.

Der Betrag, um den sich der Radsatz nach außen verschieben muss, damit Radialeinstellung erreicht wird, verringert sich mit größerem Bogenradius R und höherer Konizität δ_0. Schon hier wird ein Konflikt mit der Geradeausfahrt erkennbar. Für das Bogenlaufverhalten nach Gl. (14.3) ist eine hohe Konizität δ_0 von Vorteil, da dann nur geringe Lateralkräfte erforderlich sind. Für die Stabilität im geraden Gleis ist eine hohe Konizität eher schädlich, siehe Gl. (10.39). Kann die benötigte Rollradiendifferenz aus irgendwelchen Gründen nicht erreicht werden oder treten andere Zwänge im Radsatz auf - z.B. die Einspannung des Radsatzes im Drehgestellrahmen - dann ergibt sich entweder eine überradiale oder eine unterradiale Einstellung des Radsatzes, wie in Bild 14.2 dargestellt.

14.4 Radsatz im mitgeführten Rahmen

Ein Radsatz sei nun in einem Drehgestellrahmen eingespannt, der mit der Geschwindigkeit v_0 mitbewegt wird und dem Bogen und auch einer eventuellen Überhöhung inertial folgt. Der Radsatz kann relativ zu diesem Rahmen Verschiebungen und Verdrehungen ausführen. Die Verschiebungen und Verdrehungen des Radsatzes werden in einem Koordinatensystem angegeben, das mit der Geschwindigkeit v_0 mit dem Radsatzschwerpunkt mitbewegt wird, vgl. Bild 14.3. Bei einer im Bogen üblichen Überhöhung h_0 des bogenäußeren

14.4 Radsatz im mitgeführten Rahmen

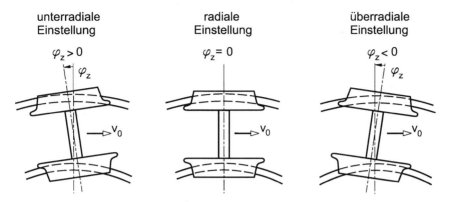

Bild 14.2. Mögliche Radsatzeinstellungen im Gleis nach [3]

Gleises gegenüber dem bogeninneren ist die x-y-Ebene dieses Koordinatensystemes um

$$\cos\varphi_x = \frac{h_0}{2e_0} \tag{14.4}$$

gegenüber der x-y-Ebene im geraden Gleis geneigt. Die Überhöhung h_0 beträgt in der Regel maximal 150 mm, d.h. das Verhältnis $h_0/2e_0$ ist maximal 1/10. Dann kann man vereinfachend setzen

$$\cos\varphi_x \approx 1\,.$$

Wir wollen die Gleichungen angeben, die man benötigt, um für den Radsatz im Falle des quasistatischen Bogenlaufes die Stellung im Bogen und die einwirkenden Kräfte zu bestimmen. Der Radsatz sei weiterhin starr, die Rad-Schiene Profilkombination kann aber beliebig sein. Weiterhin betrachten wir einen *Rechtsbogen*, d.h. die Rotation $\dot\varphi_{z,\text{Gleis}}$ des Gleises um die z-Achse ist negativ.

Zuerst müssen die Schlupfgleichungen, die in Abschnitt 3.2.6 hergeleitet worden sind, etwas erweitert werden. Aufgrund des Bogens kommt es zu einer zusätzlichen relativen Rotationsgeschwindigkeit in den Kontaktpunkten. Die totale Rotationsgeschwindigkeit $\dot\varphi_{z,\text{ges}}$ des Radsatzes gegenüber dem Gleis lautet

$$\dot\varphi_{z,\text{ges}} = \dot\varphi_{z,\text{Gleis}} + \dot\varphi_z \approx \frac{v_0}{R} + \dot\varphi_z\,. \tag{14.5}$$

Außerdem kommt es im Bogen zu einer Vorverlagerung des Kontaktpunktes, die nicht vernachlässigbar ist, wenn sich der Kontaktpunkt am bogenäußeren Rad in der Hohlkehle oder Flanke befindet. Zur Herleitung der Beziehungen für die Kontaktpunktvorverlagerung in Abhängigkeit von der Schrägstellung φ_z sehe man sich die Bilder 14.4a und 14.4b an, die bei Heumann [88] zu

260   14. Quasistatischer Bogenlauf

finden sind. Bild 14.4a stellt einen horizontalen und Bild 14.4b einen lotrechten Schnitt durch das bogenäußere (hier linke) Rad durch den Kontaktpunkt dar. Die $F - F$-Ebene weicht um den Winkel φ_z von der Ebene $E' - D$ ab, deren Normale die Rollrichtung ist. In der $F - F$-Ebene wirkt auch die Normalkraft P im Kontaktpunkt. Der eingeführte Punkt B' liegt senkrecht über dem Kontaktpunkt. Der Abstand zum Kontaktpunkt ist der Rollradius r_L. Aus Bild 14.4b kann man ablesen

$$\overline{B'E'} = r_L \tan \delta_L ,\tag{14.6}$$

und aus Bild 14.4a

$$\xi_{KL} = \overline{B'E'} \sin \varphi_z .\tag{14.7}$$

a)
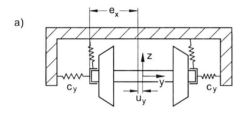

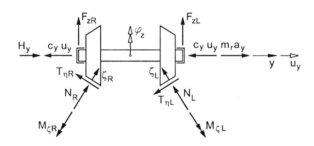

b)
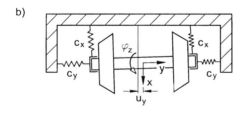

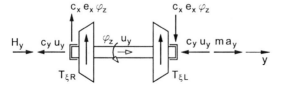

Bild 14.3. Freigeschnittener Radsatz mit angreifenden Kräften

14.4 Radsatz im mitgeführten Rahmen 261

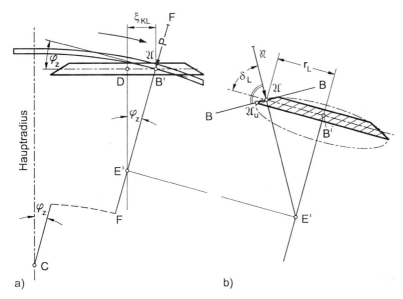

Bild 14.4. Kontaktpunktvorverlagerung im Bogen nach [88], S. 88

Gl. (14.6) eingesetzt in (14.7) ergibt schließlich mit $\sin \varphi_z \approx \varphi_z$ die gesuchten Beziehungen.

$$\xi_{KL} = r_L \tan \delta_L \cdot \varphi_z \,, \tag{14.8a}$$

$$\xi_{KR} = -r_R \tan \delta_R \cdot \varphi_z \,. \tag{14.8b}$$

Wir müssen uns auch von der linearisierten Betrachtung in Kapitel 3 lösen, d.h. wir können nicht die Geometrieparameter aus Abschnitt 3.2 verwenden. Beim Bogenlauf wandert der Kontaktpunkt auf dem Rad häufig in die Hohlkehle oder sogar in die Flanke, so dass man die Rad-Schiene Geometrie nicht mehr linearisieren kann. Die Annahme eines quasistatischen Zustandes gestattet aber folgende Vereinfachungen

$$\dot{u}_x = \dot{u}_y = \dot{\varphi}_x = \dot{\varphi}_y = \dot{\varphi}_z = 0 \,.$$

Die Gleichungen für die Schlupfgeschwindigkeiten (3.23a) - (3.23c) lauten dann mit den Erweiterungen aus Gl. (14.5) und (14.8a,b) folgendermaßen:

$$v_{\xi L,R} = v_0 - \Omega_0 r_0 \mp \Omega_0 \cdot \Delta r_{L,R} \pm \frac{e_{L,R} v_0}{R} \,, \tag{14.9a}$$

$$v_{\eta L,R} = -\frac{v_0 + \Omega_0 r_0}{2} \varphi_z \cdot \cos \delta_{L,R} \mp \xi_{KL,R} \Omega_0 \sin \delta_{L,R} \,, \tag{14.9b}$$

$$\omega_{\zeta L,R} = -\Omega_0 \sin \delta_{L,R} - \frac{\cos \delta_{L,R} v_0}{R} \,. \tag{14.9c}$$

Wie in Kapitel 3 wird die Bezugsgeschwindigkeit

14. Quasistatischer Bogenlauf

$$v_\mathrm{m} = \frac{v_0 + \Omega_0 r_0}{2}$$

eingeführt, so dass sich die Schlüpfe

$$\nu_{\xi\mathrm{L,R}} = \nu_{\xi 0} \mp \frac{\Omega_0 \cdot \Delta r_\mathrm{L,R}}{v_\mathrm{m}} \pm \frac{e_\mathrm{L,R}}{R}, \tag{14.10a}$$

$$\nu_{\eta\mathrm{L,R}} = -\varphi_z \cdot \cos\delta_\mathrm{L,R} \mp \frac{\xi_\mathrm{KL,R}\Omega_0}{v_\mathrm{m}} \sin\delta_\mathrm{L,R}, \tag{14.10b}$$

$$\nu_{\zeta\mathrm{L,R}} = -\frac{\Omega_0}{v_\mathrm{m}} \sin\delta_\mathrm{L,R} - \frac{\cos\delta_\mathrm{L,R}}{R} \tag{14.10c}$$

ergeben mit der gleichen Abkürzung für $\nu_{\xi 0}$ wie in Kapitel 3. Bei den Termen, in denen der Bogenradius R vorkommt, ist die Differenz zwischen v_0 und v_m vernachlässigt worden.

Wie bei der Herleitung der Bewegungsgleichungen für die Lateraldynamik wollen wir den Radsatz freischneiden und Kräfte- bzw. Momentengleichgewichte aufstellen; für einen starren Radsatz sind das drei Kräfte- und drei Momentengleichgewichtsbedingungen. In Bild 14.3 sieht man den freigeschnittenen Radsatz mit den angreifenden Kräften. Die zunächst als positiv angenommenen Schlupfkräfte sind in ihrer Wirkung auf den Radsatz in die negativen Koordinatenrichtungen eingezeichnet. Weiterhin gelten folgende Annahmen:

- Wie in Kapitel 8 seien keine Verschiebung u_x oder Verdrehung φ_y vorhanden.
- Die Differenz zwischen x- und ξ-Richtung kann vernachlässigt werden. Das bedeutet, dass zwischen der $y-z-$Ebene und der $\eta-\zeta-$Ebene nicht unterschieden wird.
- Vernachlässigt wird auch der Beitrag der lateralen Schlupfkräfte am Momentengleichgewicht um die z-Achse, der durch die Berührpunktvorverlagerung hervorgerufen wird.
- Das Fahrzeug fährt mit einem so genannten Überhöhungsfehlbetrag. Die Überhöhung des Gleises kann die Fliehbeschleunigung v^2/R nicht ganz kompensieren.

Es ergeben sich daher die folgenden Gleichgewichtsbedingungen

14.4 Radsatz im mitgeführten Rahmen

$$\sum F_x = 0 = -T_{\xi L} - T_{\xi R} + c_x e_x \varphi_z - c_x e_x \varphi_z = -T_{\xi L} - T_{\xi R} \quad (14.11\text{a})$$

$$\sum F_y = 0 = -T_{\eta L} \cos \delta_L - N_L \sin \delta_L - T_{\eta R} \cos \delta_R + N_R \sin \delta_R$$
$$+ H_y - 2c_y u_y + m_r a_y, \quad (14.11\text{b})$$

$$\sum F_z = 0 = -T_{\eta L} \sin \delta_L + N_L \cos \delta_L + T_{\eta R} \sin \delta_R + N_R \cos \delta_R$$
$$+ F_{zL} + F_{zR} - m_r g, \quad (14.11\text{c})$$

$$\sum M_x = 0 = (-T_{\eta L} \cos \delta_L - N_L \sin \delta_L)r_L$$
$$- (T_{\eta R} \cos \delta_R - N_R \sin \delta_R)r_R$$
$$- (T_{\eta L} \sin \delta_L - N_L \cos \delta_L)e_L$$
$$- (T_{\eta R} \sin \delta_R + N_R \cos \delta_R)e_R + F_{zL}e_x - F_{zR}e_x, \quad (14.11\text{d})$$

$$\sum M_y = 0 = +T_{\xi L} r_L + T_{\xi R} r_R + M_{\zeta L} \sin \delta_L - M_{\zeta R} \sin \delta_R, \quad (14.11\text{e})$$

$$\sum M_z = 0 = +T_{\xi L} e_L - T_{\xi R} e_R - 2c_x e_x^2 \varphi_z - M_{\zeta L} \cos \delta_L$$
$$- M_{\zeta R} \cos \delta_R. \quad (14.11\text{f})$$

H_y sei die Kraft, die aufgrund der Fliehkraft vom Fahrzeug auf den Radsatz wirkt. a_y ist die unausgeglichene Querbeschleunigung in Gleisebene.

Unbekannt in diesem Gleichungssystem sind die beiden Normalkräfte N_L und N_R, die Querverschiebung u_y und der Gierwinkel oder Wendewinkel φ_z. Die Kontaktwinkel sind Funktionen von u_y, die Schlupfkräfte können aus den Normalkräften und aus u_y und φ_z bestimmt werden. Zusammen haben wir also erst 4 Unbekannte für 6 Gleichungen.

Wir wollen für die weiteren Überlegungen die Bohrmomente $M_{\zeta L}$ und $M_{\zeta R}$ vernachlässigen. Sieht man sich dann das Kraftgleichgewicht in Längsrichtung und das Momentengleichgewicht um die y-Achse an, so stellt man fest, dass beide gleichzeitig nur erfüllt werden können, wenn sowohl die Längsschlupfkräfte vom Betrag gleich aber entgegengesetzt orientiert als auch die Rollradien r_L und r_R gleich sind. Das tritt kaum je ein. Deshalb muss zusätzlich ein Antriebsmoment eingeführt werden muss, so dass sich Gl. (14.11e) mit $M_{\zeta L} = 0$ und $M_{\zeta R} = 0$ schreiben lässt als

$$M_a = -T_{\xi L} r_L - T_{\xi R} r_R$$

In Längsrichtung verbleibt aufgrund des antreibenden Momentes eine Restschlupfkraft, die wir als $T_{\xi a}$ bezeichnen wollen. Gl. (14.11a) wird dann zu

$$T_{\xi a} = -T_{\xi L} - T_{\xi R}.$$

Die beiden fehlenden Unbekannten in unserem Gleichungssystem sind also ein antreibendes Moment M_a und die Längsschlupfkraft $T_{\xi a}$. Gleicht das antreibende Moment gerade die sich aufgrund des Bogens ergebende Längsschlupfkraft $T_{\xi a}$ aus, dann ist der Schlupf $\nu_{\xi 0}$ trotz des vorhandenen Antriebsmomentes gleich Null. Es gilt dann

$$v_0 = \Omega_0 r_0 .$$

Die Gleichung (14.10a) für die Längsschlüpfe vereinfacht sich dann mit $v_\mathrm{m} \approx v_0$ zu

$$\nu_{\xi \mathrm{L,R}} = \mp \frac{\Delta r_\mathrm{L,R}}{r_0} \pm \frac{e_\mathrm{L,R}}{R} . \qquad (14.12)$$

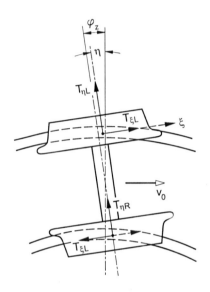

Bild 14.5. Kräfte auf einen Radsatz bei unterradialer Einstellung im Bogen. Der Radsatz sei über die Rolllinie hinaus nach außen verschoben. Die durchgezogenen Längsschlupfkräfte stellen einen nicht angetriebenen Zustand dar, die gestrichelten Längsschlupfkräfte einen angetriebenen.

Bild 14.5 zeigt ein Beispiel für einen Radsatz im Bogen bei unterradialer Einstellung. Der Radsatz sei über die Rolllinie hinaus nach außen verschoben. Die Schlüpfe in Längs- und Querrichtung sind mit den Gleichungen (14.12) und (14.10b) angegeben. Die Querschlüpfe sind an beiden Rädern negativ: Am linken Rad sind beide Terme aus Gleichung (14.10b) negativ. Am rechten Rad kann der Term, der aus der Berührpunktvorverlagerung folgt, zu Null gesetzt werden, da $\xi_\mathrm{KR} \approx 0$. Daraus folgt, dass beide auf das Rad wirkenden Querschlupfkräfte nach Bogenaußen zeigen.

Bei den Längsschlupfkräften betrachten wir zuerst den angetriebenen Zustand, der durch gestrichelte Pfeile gekennzeichnet ist. Aufgrund der getroffenen Annahmen (Radsatz über die Rolllinie hinaus nach außen verschoben), ist der Schlupfanteil aus der Rollradiendifferenz am äußeren Rad größer als der Schlupfanteil aufgrund der Krümmung. Der Schlupf ist negativ, die Schlupfkraft auf das Rad positiv. Am inneren Rad ist die Rollradiendifferenz vernachlässigbar, da sich der Kontakt üblicherweise auf der Lauffläche befindet. Der Schlupfanteil aus der Krümmung ergibt auch hier eine positive Schlupfkraft auf das Rad. Die Summe der Schlupfkräfte ist ungleich Null und man braucht - wie oben diskutiert - ein antreibendes Moment um das Momentengleichgewicht um die y-Achse zu erfüllen.

Im nicht angetriebenen Zustand müssen die Längsschlupfkräfte einander aufheben. Der Schlupf am inneren Rad kann aber nur positiv sein, d.h. die Schlupfkraft auf das Rad in negative x-Richtung zeigen, wenn der Schlupf $\nu_{\xi 0}$ größer als Null ist. Das bedeutet, dass beim nicht angetriebenen Bogenlauf immer ein mehr oder weniger großer Schlupf entsteht, der einem Abbremsen des Radsatzes gleichkommt (vgl. Bild 3.17).

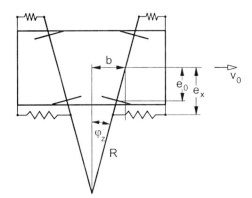

Bild 14.6. Benötigter Relativwinkel zwischen Drehgestell und Radsätzen für Radialeinstellung im Bogen

Wir wollen uns nun das Momentengleichgewicht um die Vertikalachse Gl. (14.11f) etwas genauer ansehen. Je größer der Relativwinkel φ_z zwischen Radsatz und Drehgestellrahmen wird, desto größer wird das rückstellende Moment aus den longitudinalen Federkräften. Nach Bild 14.6 ergibt sich der für die Radialeinstellung benötigte Relativwinkel zu

$$\varphi_z = \frac{b}{R}. \tag{14.13}$$

Das Moment, das eine solche Drehung bewirkt, kann nur von den longitudinalen Schlupfkräften aufgebracht werden. Um die Radialeinstellung zu ermöglichen, muss gelten

$$e_L T_{\xi L} - e_R T_{\xi R} = \frac{2 c_x e_x^2 b}{R}. \tag{14.14}$$

$c_x e_x^2$ war in Kapitel 11 als Biegesteifigkeit des Drehgestells bezeichnet worden. Je steifer die Einspannung des Radsatzes in x-Richtung ist, umso größere Längsschlupfkräfte werden für die Radialeinstellung gebraucht. Dies wiederum bedeutet, dass der Radsatz über die Rolllinie hinaus weiter nach außen verschoben werden muss, damit ein entsprechendes Kräftepaar aus Längsschlupfkräften entsteht. Für gute Kurveneigenschaften eines Schienenfahrzeuges sollte die Primärsteifigkeit in x-Richtung also möglichst gering sein. Auch eine geringe Quersteifigkeit, die der seitlichen Verschiebung des Radsatzes entgegen wirkt, ist vorteilhaft. Beides steht aber im Gegensatz zu den Kriterien die erforderlich sind, um eine hohe kritische Geschwindigkeit zu erreichen. Es gilt daher bei der Fahrzeugauslegung einen Kompromiss zwischen hoher kritischer Geschwindigkeit beim Geradeauslauf und guten Bogenlaufeigenschaften (d.h. solche, die geringen Verschleiß hervorrufen) zu finden. In Tab. 14.1 ist für die wichtigsten Parameter noch einmal angegeben, wie sie beim Geradeauslauf bzw. im Bogen gewählt werden sollten. Es wird allerdings von den Autoren darauf hingewiesen, dass die Zusammenhänge in Wirklichkeit etwa komplexer sind. Es kann z.B. auch bei sehr niedriger Konizität zu starken Gierbewegungen des Wagenkastens kommen, wenn die Erregerfrequenz nach Klingel mit der Giereigenfrequenz des Wagenkastens übereinstimmt.

Tabelle 14.1. Optimale Wahl verschiedener Parameter für den Geradeauslauf bzw. Bogenlauf

Parameter	Stabilität in der Geraden	Bogenlauf
Konizität λ	niedrig	hoch
longitudinale Primärsteifigkeit c_x	hoch	niedrig
Radsatzabstand im Drehgestell $2b$	lang	kurz

14.5 Bogenlauf von Drehgestellen und ganzen Fahrzeugen

In diesem Abschnitt wollen wir einige Betrachtungen zum Bogenlaufverhalten von Drehgestellen oder zweiachsigen Fahrzeugen anstellen. Die benötigten Gleichungen sind ähnlich, wie die im vorigen Abschnitt für einen Radsatz hergeleiteten. Handrechnungen sind nur mit starken Vereinfachungen möglich. Die Ermittlung des quasistatischen Gleichgewichtes ist wegen der stark nichtlinearen Beziehungen recht aufwendig und nur nummerisch mit einem Computer möglich. Die meisten Verfahren laufen auf die Bestimmung eines Zustandes minimaler Energie heraus, die Lösung erfolgt iterativ. Es können dabei unter Umständen mehrere lokale Minima der Gesamtenergiesumme auftreten, so dass die Lösung des Gleichgewichtsproblems nicht immer zu einer eindeutigen Lösung führt. Wir wollen hier auf nummerische Aspekte nicht weiter eingehen. Einzelheiten können z.B. in [115, 117, 128, 129] nachgelesen werden.

14.5.1 Verfahren zur Berechnung des Bogenlaufes nach Uebelacker und Heumann

Bevor leistungsstarke Rechner zur Untersuchung des Bogenlaufverhaltens zur Verfügung standen, wurde lange Zeit ein von Uebelacker [215] und Heumann [32, 87, 88, 223] entwickeltes Berechnungsverfahren angewendet. Die Grundzüge des Verfahrens werden im folgenden kurz behandelt. Eine ausführliche Beschreibung findet man in der Dissertation von Bußmann [17]. Dort werden auch Vergleiche mit Ergebnissen moderner nummerischer Berechnungsverfahren angestellt.

Für eine Handrechnung sind außer den in Abschnitt 14.4 getroffenen Voraussetzungen für quasistatischen Bogenlauf noch eine Reihe weiterer vereinfachender Annahmen notwendig:

1. Es wird ein Fahrzeug oder Drehgestell mit starrem Rahmen betrachtet, in dem die Radsätze in Längsrichtung starr geführt sind, d.h. $c_x = \infty$.
2. Die Radreifen sind zylindrisch, d.h. $\delta_0 = 0$.
3. Die Funktionen Tragen und Führen werden vollständig getrennt. An den Rädern, an denen es zum Spurkranzanlauf kommt, bildet sich ein zweiter Kontaktpunkt zwischen Rad und Schiene aus, dessen Normale parallel zur Gleisebene verläuft.
4. Zug-, Brems- und Kuppelkräfte sind nicht vorhanden.
5. Die resultierende Schlupfkraft an jedem Rad hat ihren Maximalwert μQ erreicht[2].

Man kann im Rahmen der Heumannschen Theorie durchaus auf einzelne Annahmen verzichten. Die Rechnung wird dann aber teilweise so aufwendig, dass man besser gleich ein Bogenlaufprogramm einsetzt

Unter den oben genannten Voraussetzungen lässt sich Heumann zufolge die Bewegung eines Drehgestells durch eine Abrollbewegung der Radsätze in Richtung der Fahrzeuglängsachse und eine Rotation um die Hochachse beschreiben. Das Lot vom Gleisbogenmittelpunkt auf die Fahrzeuglängsachse ergibt einen Schnittpunkt der als *Reibungsmittelpunkt* bezeichnet wird. Durch das reine Abrollen in Längsrichtung der als zylindrisch angenommenen Räder werden keine Bogenlaufkräfte hervorgerufen. Es genügt daher, zur Ermittlung der Kräfte die Rotation des Fahrzeuges um den Reibungsmittelpunkt zu betrachten, dessen Abstand l_{RM} vom vorderen Radsatz zunächst unbekannt ist. Der Reibungsmittelpunkt kann, je nach Drehgestell- und Bogenkonstellation, vor oder hinter dem nachlaufenden Radsatz liegen, siehe Bild 14.7. Bei großen Bogenradien liegt er deutlich hinter dem nachlaufenden Radsatz und das hintere, bogeninnere Rad läuft nicht mit dem Spurkranz an. Man spricht in diesem Fall von *Freilauf*. Bei engen Bogenradien dagegen läuft der nachlaufende Radsatz mit dem Spurkranz an der Innenschiene an,

---
[2] Q ist die senkrecht zur Gleisebene wirkende Rad-Schiene-Kraft. Bei zylindrischen Rädern ist $Q = N$.

14. Quasistatischer Bogenlauf

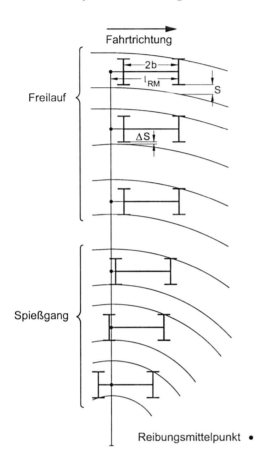

Bild 14.7. Lage des Reibungsmittelpunktes (•) bei verschiedenen Radien und verschiedenen Bogenlaufstellungen nach [17].

da das Spurspiel dann erschöpft ist. Diese Einstellung des Drehgestells nennt man *Spießgang*.

Beim Spießgang ist die Lage des Reibungsmittelpunktes geometrisch durch den Radsatzabstand, das Spurspiel und den Bogenradius bestimmt. Nach Bild 14.8 gilt

$$\tan \varphi_{z,\mathrm{Ra}} \approx \frac{s}{2b} = \frac{l_{\mathrm{RM}} - b}{R}. \tag{14.15}$$

Daraus ergibt sich nach Umstellung die Lage des Reibungsmittelpunktes

$$l_{\mathrm{RM}} = b + \frac{sR}{2b}. \tag{14.16}$$

Die Längs- und Querschlupfkräfte können beim Spießgang direkt berechnet werden. Aufgrund der vorausgesetzten Schlupfkraftsättigung und der Forderung, dass die resultierenden Schlupfkräfte an jedem Rad senkrecht auf den

14.5 Bogenlauf von Drehgestellen und ganzen Fahrzeugen

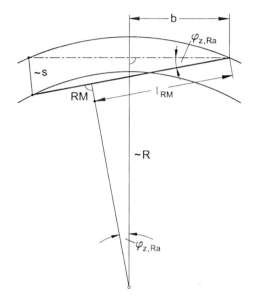

Bild 14.8. Geometrisch festgelegter Reibungsmittelpunkt bei Spießgang (Das Fahrzeug ist auf eine Linie reduziert, der Abstand zwischen den beiden Schienen ist das Spurspiel.), nach [137]

so genannten *Gleitarmen* q_i stehen, ist die resultierende Schlupfkraft an jedem Rad (s. Bild 14.9)

$$T_{i\mathrm{L,R}} = \mu Q_{i\mathrm{L,R}} \qquad i = 1,2\,. \tag{14.17}$$

Die Längs- bzw. Querschlupfkräfte ergeben sich dann zu

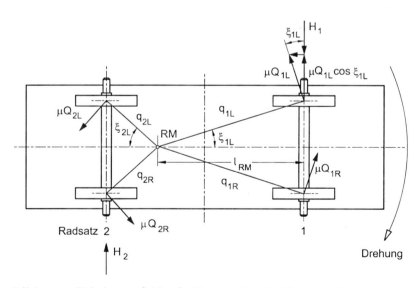

Bild 14.9. Hebelarme, Schlupfkräfte und Richtkräfte beim Spießgang, nach [137]

$$T_{\xi i\text{L,R}} = \mu Q_{i\text{L,R}} \sin \xi_{i\text{L,R}},\tag{14.18a}$$
$$T_{\eta i\text{L,R}} = \mu Q_{i\text{L,R}} \cos \xi_{i\text{L,R}},\tag{14.18b}$$

mit

$$\sin \xi_{i\text{L,R}} = \frac{e_0}{q_{i\text{L,R}}}, \qquad \cos \xi_{1\text{L,R}} = \frac{l_{\text{RM}}}{q_{1\text{L,R}}}, \qquad \cos \xi_{2\text{L,R}} = \frac{2b - l_{\text{RM}}}{q_{2\text{L,R}}}.$$

Unbekannte sind die beiden Richtkräfte H_1 und H_2. Sie berechnen sich aus einem Kraftgleichgewicht in y- Richtung und einem Momentengleichgewicht um die Hochachse.

$$H_2 - H_1 = T_{\eta 2\text{L}} + T_{\eta 2\text{R}} - T_{\eta 1\text{L}} - T_{\eta 1\text{R}}$$
$$- (Q_{1\text{L}} + Q_{1\text{R}} + Q_{2\text{L}} + Q_{2\text{R}}) \frac{a_\text{y}}{g} \tag{14.19a}$$
$$H_1 2b = (T_{\eta 1\text{L}} + T_{\eta 1\text{R}}) 2b + (T_{\xi 1\text{L}} + T_{\xi 1\text{R}} + T_{\xi 2\text{L}} + T_{\xi 2\text{R}}) e_0$$
$$+ (Q_{1\text{L}} + Q_{1\text{R}}) \frac{2b a_\text{y}}{g}. \tag{14.19b}$$

a_y ist die unausgeglichene Querbeschleunigung im Bogen. Das Kräftegleichgewicht in x-Richtung ist bei nicht angetriebenen (nicht gebremsten) Drehgestellen aus Symmetriegründen immer erfüllt, da der Reibungsmittelpunkt in Fahrzeugmitte liegt. Ergibt sich aus den Gleichungen (14.19a,b), dass eine der beiden Richtkräfte eine andere Richtung als die angenommene hat, dann war die Annahme der Stellung Spießgang falsch. Die Richtkräfte können nur als Druckkräfte auf den Spurkranz wirken. In diesem Fall muss das Drehgestell im Bogen die Freilaufstellung annehmen.

Beim Freilauf tritt nur eine Richtkraft am vorderen Radsatz auf. Die zweite Unbekannte ist die Lage des Reibungsmittelpunktes. Aber auch die Schlupfkräfte lassen sich nicht mehr vorab bestimmen, da der Richtarm ja unbekannt ist. Die Bestimmung der Lösung muss daher iterativ erfolgen. Der Radsatz wird sich immer so im Gleis einstellen, dass die Richtkraft $H_{\text{y}1}$ minimal wird (*Heumannsches Minimum-Verfahren*). Die Aufgabe besteht also darin, den Reibungsmittelpunkt zu finden, für den gilt

$$\frac{dH_{\text{y}1}}{dl_{\text{RM}}} = 0.$$

Die angreifenden Kräfte beim Freilauf sind in Bild 14.10 angedeutet.

14.5.2 Kräfte beim Bogenlauf von Drehgestellen mit Federung

Die stark vereinfachte Bogenlauftheorie aus dem vorigen Abschnitt führt nur in engen Gleisbögen zu realistischen Ergebnissen. Besonders zwei der oben genannten Voraussetzungen (siehe Seite 267: Forderung zylindrischer Radprofile sowie Forderung nach starrer Anlenkung der Radsätze an den Drehgestellrahmen), beeinflussen die Ergebnisse sehr stark. In Bild 14.11 sind daher

14.5 Bogenlauf von Drehgestellen und ganzen Fahrzeugen

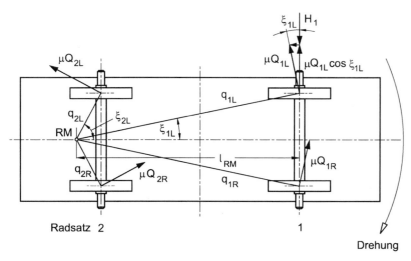

Bild 14.10. Hebelarme, Schlupfkräfte und Richtkräfte beim Freilauf nach [137]

noch einmal für einen typischen Fall die tatsächlichen Richtungen der auf den Radsatz wirkenden Schlupfkräfte im radsatzfesten Koordinatensystem an einem Drehgestell, das für einen Gleisbogen mit mittlerem Bogenradius von etwa 1000 m berechnet wurde, dargestellt. Das Fahrzeug fahre mit einem Überhöhungsfehlbetrag, d.h., im Kontakt von Rad und Schiene müssen auch die auf das Fahrzeug wirkenden Fliehkräfte übertragen werden. Die Längsanlenkung der Radsätze im Drehgestell sei relativ steif. In Bild 14.11 wurden, um das zu verdeutlichen, starre Fesseln eingeführt. In dem gedachten Beispiel soll an allen Rädern nur ein Kontaktpunkt zwischen Rad und Schiene auftreten. Das muss nicht so sein, es kann auch - wie bei Heumann - zu Zweipunktkontakt[3] kommen. Am bogenäußeren Rad des vorlaufenden Radsatzes befinde sich der Kontaktpunkt in der Hohlkehle. Bei großem Überhöhungsfehlbetrag wird auch der Kontaktpunkt am bogenäußeren Rad des nachlaufenden Radsatzes in die Hohlkehle wandern, um der Fliehkraft das Gleichgewicht halten zu können. Man würde nun erwarten, dass ähnliche Ergebnisse wie beim Freilauf in Bild 14.10 auftreten. Das ist nicht der Fall. Maßgebend ist, dass in Bild 14.10 zylindrische Profile verwendet wurden.
Der erste Unterschied zu den Schlupfkräften beim Freilauf nach Heumann ist, dass die Querschlupfkräfte am nachlaufenden Radsatz nach bogeninnen zeigen. Sie sind betragsmäßig recht groß, da sie einen Teil der Fliehkräfte aufnehmen müssen. Weiterhin kann der führende Radsatz aufgrund der Konizität der Räder in nicht allzu engen Bögen eine ausreichende Rollradiendifferenz aufbauen, so dass ein Kräftepaar aus Längsschlupfkräften entsteht, das um die negative z-Achse dreht. Das ist nach Heumann nie möglich. Am

---
[3] Zwei- oder sogar Dreipunktkontakt tritt am häufigsten am bogenäußeren Rad des vorlaufenden Radsatzes auf.

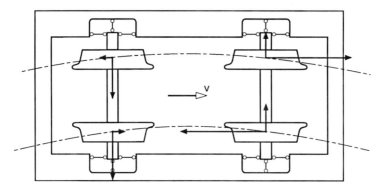

Bild 14.11. Prinzipielle Darstellung der sich ergebenden Schlupfkräfte für ein Drehgestell mit harter Längsfederung nach [3], (dargestellt sind die auf die Radsätze wirkenden Schlupfkräfte im radsatzfesten Koordinatensystem)

nachlaufenden Radsatz ergibt sich ein relativ kleines Moment aus Längsschlupfkräften in entgegengesetzter Richtung.

Idealerweise nimmt jeder Radsatz den gleichen Anteil an Fliehkraft auf. Die Kräfte am nachlaufenden Radsatz müssen aber dem Moment aus den Längsschlupfkräften des vorlaufenden Radsatzes das Gleichgewicht halten. Außerdem zeigen auch die Querschlupfkräfte am vorlaufenden Radsatz schon in bogenäußere Richtung und können damit der Fliehkraft nicht das Gleichgewicht halten. Die einzige Möglichkeit für den vorlaufenden Radsatz, einen Teil der Fliehkraft aufzunehmen, ergibt sich aus der lateralen Komponente der Normalkraft in der Hohlkehle. Damit wird die Summe der Lateralkräfte[4] am zweiten (nachlaufenden) Radsatz deutlich größer sein als am ersten Radsatz.

Hier zeigt sich der Vorteil von Drehgestellen mit weicher Längsfederung beim Bogenlauf: Die Längsschlupfkräfte, die am ersten Radsatz zur Radialeinstellung gebraucht werden, sind deutlich geringer. Weiterhin kann es am ersten Radsatz zu einer leicht überradialen Einstellung kommen. Die Querschlupfkräfte zeigen dann nach bogeninnen und helfen, die Fliehkräfte aufzunehmen. Beides führt dazu, dass die $\sum Y$-Kräfte gleichmäßiger auf beide Radsätze verteilt sind. Die Querschlupfkräfte am nachlaufenden Radsatz sind geringer. Ein Beispiel für die sich ergebenden Kräfte für diesen Fall zeigt Bild 14.12.

14.6 Verschleißberechnung im Rad-Schiene Kontakt

Wie schon in der Einleitung zu diesem Kapitel gesagt, ist die Abschätzung des im Betrieb zu erwartenden Verschleißes an Rad und Schiene, der bei der

---

[4] Die Summe aller an einem Radsatz wirkenden Kraftkomponenten in Gleisebene wird als Gleisverschiebungskraft oder $\sum Y$-Kraft bezeichnet

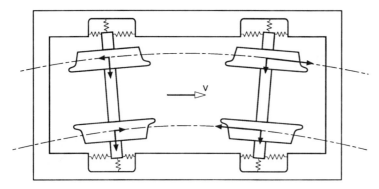

Bild 14.12. Prinzipielle Darstellung der sich ergebenden Schlupfkräfte für ein realistisches Drehgestell mit weicher Längsfederung nach [3], (dargestellt sind die auf die Radsätze wirkenden Schlupfkräfte im radsatzfesten Koordinatensystem)

Kurvenfahrt entsteht, ein wichtiges Kriterium bei der Auslegung eines Fahrzeuges. Mit Verschleiß sei hier ausschließlich Materialabtrag gemeint, plastische Verfestigungs- oder Verformungsvorgänge werden nicht berücksichtigt. Die exakte Bestimmung des Verschleißes ist nicht ganz einfach, da er von vielen Parametern abhängt.

Die üblichen heute verwendeten Kriterien basieren auf der Bestimmung der *Reibarbeit* in der Kontaktfläche. Man geht davon aus, dass der Materialabtrag proportional zur Reibarbeit in der Kontaktzone ist. Die Reibarbeit ist die Summe der Produkte aus Schlupfkräften und Gleitstrecken

$$W = T_\xi s_\xi + T_\eta s_\eta + M_\zeta \varphi_\zeta \quad [\text{Nm}]. \tag{14.20}$$

Reibleistung ist die Reibarbeit pro Zeiteinheit,

$$P \quad [\text{Nm/s}] = \frac{dW}{dt},$$

d.h. die Summe der Produkte aus Schlupfkräften und Gleitgeschwindigkeiten. Dividiert man P durch die Fahrgeschwindigkeit erhält man als Reibarbeit pro gefahrenem Meter die Summe der Produkte aus Schlüpfen und Schlupfkräften

$$\frac{P}{v} = \frac{W}{l} = T_\xi \nu_\xi + T_\eta \nu_\eta + M_\zeta \nu_\zeta \quad [\text{Nm/m}]. \tag{14.21}$$

Die Größe $\dfrac{W}{l}$ ist bei Simulationsrechnungen leicht zu ermitteln. Manchmal wird auch eine *spezifische Reibleistung* gebildet, indem man mit der Größe der Kontaktfläche normiert

$$P_A = \frac{P}{A} \quad \text{oder} \quad \left.\frac{W}{l}\right|_A = \frac{W}{lA}.$$

14. Quasistatischer Bogenlauf

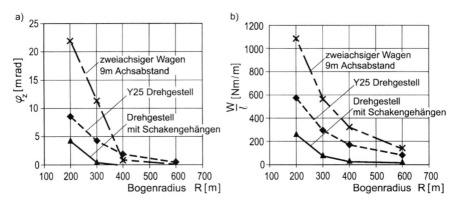

Bild 14.13. Güterwagenlaufwerke im Vergleich. a) Wendewinkel des führenden Radsatzes, b) Reibarbeit bezogen auf die Fahrstrecke des bogenäußeren Rades des führenden Radsatz. Reibwert $\mu = 0,3$, unausgeglichene Querbeschleunigung $a_y = 0,6\,\frac{m}{s^2}$. Nach [210]

Die in der Kontaktfläche umgesetzte Reibarbeit (Energie) und damit der Verschleiß hängen stark vom Radius der durchfahrenen Kurve und vom Laufwerkstyp ab. In Bild 14.13 ist für Güterwagen mit drei verschiedenen Laufwerken der Anlaufwinkel des jeweils führenden Radsatzes und die Reibleistung pro Meter für das bogenäußere Rad dieses Radsatzes dargestellt [210]. Man erkennt, dass das zweiachsige Fahrzeug am schlechtesten ist, da der Achsstand mit 9 m deutlich größer ist als in den beiden Drehgestellen (1,8 m). Das Y25 Drehgestell ist schlechter als ein Drehgestell mit Schakengehängen, da die Primärfesselung in Längsrichtung deutlich steifer ist.

Die oben dargestellten Verschleißkriterien haben zwei Nachteile:

- Sie lassen keine absolute Aussage über den entstehenden Verschleiß zu, sondern ermöglichen nur den Vergleich verschiedener Fälle.
- Es lässt sich nicht ermitteln, wo in der Kontaktfläche der Verschleiß stattfindet, da nur die globalen Gleitgeschwindigkeiten, Schlüpfe und Schlupfkräfte betrachtet werden.

Mithilfe von messtechnisch ermittelten Proportionalitätsfaktoren [4, 11, 136, 135, 178, 206], kann man aber einen Zusammenhang zwischen Reibleistung und Materialabtrag herstellen. Für den Schienenstahl UIC90A haben sich in Laborversuchen die in Bild 14.14 dargestellten Proportionalitätsfaktoren ergeben [136, 141, 207]. Wie man sieht, gibt es zwei verschiedene Bereiche: Bei niedrigen spezifischen Reibleistungen kommt es zu *mildem, oxidativem Verschleiß* bei hohen spezifischen Reibleistungen zu *heftigem, metallischem Verschleiß*. Die Proportionalitätsfaktoren dieser beiden Bereiche unterscheiden sich um etwa eine Größenordnung.

Teilt man die Kontaktfläche jetzt in diskrete Elemente ein, so kann man für jedes Element, in dem es zum Gleiten kommt, einen Materialabtrag be-

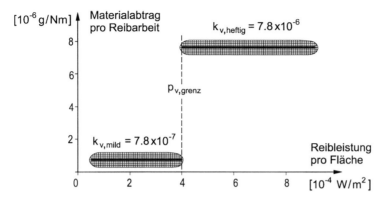

Bild 14.14. Quantitatives Verschleißgesetz am Beispiel des Schienenstahls UIC90A. Nach [207]

rechnen. Im Haftgebiet der Kontaktfläche tritt kein Verschleiß auf. Man kann jetzt mit Hilfe von Simulationsrechnungen versuchen, die sich im Betrieb ergebende Veränderung von Rad- und Schienenprofilen vorherzusagen. Eine mögliche Vorgehensweise wird ausführlich in der Dissertation von Linder [141] beschrieben. Wir wollen hier nicht näher darauf eingehen.

Ein anderes Verschleißmodell geht auf Archard zurück [99] und wurde von Jendel [98] programmtechnisch umgesetzt. Der wesentliche Unterschied besteht in der Ermittlung der Proportionalitätskonstanten, mit der der Materialabtrag ermittelt wird.

14.7 Übungsaufgaben zu Kapitel 14

14.7.1 Vorzeichen der Schlupfkräfte bei unterschiedlichen Radsatzstellungen

Welche Vorzeichen ergeben sich für die Schlupfkräfte, wenn der Radsatz in Bild 14.5 nicht bis zur Rolllinie nach außen verschoben ist?

Welche Vorzeichen würden sich ergeben, wenn der Radsatz bis über die Rolllinie hinaus verschoben ist, wobei am bogenäußeren Rad Zweipunktkontakt, d. h. ein Kontaktpunkt auf der Lauffläche und ein Kontaktpunkt an der Radflanke auftritt?

14.7.2 Schiefstellung und Versatz von Radsätzen

Die Auswirkung einer Schiefstellung von Radsätzen oder eines Versatzes von Radsätzen (Bild 14.15), lässt sich ebenfalls ausgehend von den Gleichungen für den quasistationären Bogenlauf behandeln. Finden Sie eine einfache Begründung, warum das so ist.

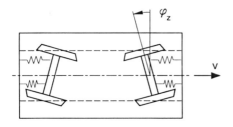

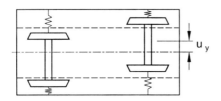

Bild 14.15. Drehgestell mit Einbaufehlern der Radsätze

Wie hätte man bei einer Schiefstellung beider Radsätze aufgrund von Einbaufehlern (Bild 14.15 (oben)) vorzugehen?

Welche Schlüpfe und welche Schlupfkräfte treten qualitativ auf, wenn der Schwerpunkt des Drehgestellrahmens sich in beiden Fällen mit konstanter Geschwindigkeit in x-Richtung bewegt?

Welche Kräfte treten infolge $\bar{u}_y$ und $\bar{\varphi}_z$ auf?

14.7.3 Bogenlauf eines Einzelradsatzes

Entwickeln Sie ein Programm, das die Gleichungen (14.11a - 14.11f) löst. Verwenden sie der Einfachheit halber konische Radprofile und die Fahrzeugdaten aus Tabelle 9.2. Die Schlupfkräfte können mit der vereinfachten nichtlinearen Theorie nach Shen-Hedrick-Elkins berechnet werden. Ermitteln Sie die Stellung des Radsatzes im Gleisbogen für verschiedene Bogenradien. Variieren sie auch die Fahrzeugparameter und die Konizität des Radsatzes.

15. Ermittlung der Beanspruchung von Fahrzeugkomponenten

15.1 Einleitung

Die meisten Komponenten von Schienenfahrzeugen, darunter Drehgestelle oder Radsätze, sind Bauteile, bei denen in der Regel dynamische Beanspruchungen bei Auslegungsrechnungen bestimmend sind. Drehgestellkomponenten oder Radreifen ermüden infolge dynamischer Belastungen, die den statischen Lasten aus Eigengewicht und Beladung überlagert sind. Dies gilt im besonderen für Hochgeschwindigkeitsfahrzeuge. Bei Straßen- und U-Bahnen oder Güterwagen kann die Maximalbelastung eine größere Rolle spielen. Eine möglichst genaue Kenntnis der während der Lebensdauer des Bauteils auftretenden dynamischen Lasten ist daher eine wichtige Voraussetzung für eine optimale Komponentenauslegung.

Die Berücksichtigung dynamischer Lastanteile bei Auslegungsrechnungen erfolgt bis heute allerdings fast ausschließlich stark vereinfacht über dynamische Zuschlagfaktoren (z.B. [139]). Das betrachtete Bauteil muss gegenüber den dynamischen Lasten, die den statischen Lasten überlagert sind, dauerfest sein. Eine solche Dauerfestigkeitsberechnung findet man beispielsweise in [126] für den gummigefederten Radsatz, dessen Bruch wahrscheinlich zu dem verheerenden Unglück von Eschede (1998) geführt hat. In [10] wurden die dynamischen Maximalbeanspruchungen nicht über Zuschlagfaktoren erfasst, sondern über eine Frequenzbereichsrechnung abgeschätzt, die Festigkeitsberechnung war allerdings weiterhin eine Dauerfestigkeitsberechnung.

Realitätsgerechter als eine Dauerfestigkeitsberechnung ist eine Betriebsfestigkeitsberechnung. Hierzu existieren eine Reihe hervorragender Monographien, von denen beispielhaft vier genannt sein sollen [18, 68, 70, 168]. Will man mit einer solchen Betriebsfestigkeitsberechnung die Lebensdauer des Bauteils abschätzen, so benötigt man Angaben über Lastkollektive. In einigen Fällen sind Lastkollektive, z.B. für Kräfte in der Primärfederung, gemessen und für die Festigkeitsberechnung herangezogen worden [220, 221]. Dies geht natürlich nur bei bereits existierenden Fahrzeugen oder wenn das zu dimensionierende Fahrzeug sehr ähnlich ist wie das Fahrzeug, das für Messungen zur Verfügung stand.

Nach Ansicht der Autoren bieten Simulationsrechnungen eine bisher weitgehend ungenutzte Chance, sich schon im Verlaufe der Entwicklung eines neuen Fahrzeuges eine relativ genaue Kenntnis über die auftretenden Belastungen in bestimmten Bauteilen zu verschaffen. Solche Rechnungen zur Ermittlung der dynamischen Beanspruchungen werden heutzutage für die fahrzeugdynamische Auslegung sowieso durchgeführt. Auch die für die Festigkeitsberechnung benötigten Größen, also typischerweise die Kräfte in den Primär- und Sekundärfesselungen, werden alle berechnet. Verbessert werden muss allerdings die Repräsentation elastischer Körper im Mehrkörperdynamikprogramm. Hierbei müssen u. U. andere Eigenformen als die für die Komfortberechnung erforderlichen berücksichtigt werden, damit anschließend die Spannungen in der Struktur berechnet werden können. Vorgehensweisen hierfür sind vorhanden.

Das größte Problem dürften realistische Lastannahmen für die fahrdynamische Rechnung sein. Hierunter fallen Angaben zu den Gleislagefehlern, eine prozentuale Aufteilung auf Fahrgeschwindigkeiten und Bögen oder Aussagen über typische Einzelfehler und deren Häufigkeit (z.B. Weichenüberfahrten). Schienenfahrzeuge haben extrem lange Lebenszeiten von meist 30 Jahren oder sogar noch mehr. Es ist nicht ganz einfach, alle über diesen langen Zeitraum möglichen Belastungen vorherzusagen. Das ist einer der Gründe, warum man sich bis heute mit den oben erwähnten pauschalen Lastzuschlägen begnügt. Die Autoren sind allerdings der Überzeugung, dass es in absehbarer Zeit auch bei den Lastannahmen zu Standardisierungen kommen wird. Die Betreiber werden in der Zukunft Fahrzeuge für bestimmte Lastannahmen bestellen und müssen dann dafür sorgen, dass die Lastannahmen im Netz und beim Betrieb auch eingehalten werden. Die Situation ist dadurch bei Schienenfahrzeugen deutlich einfacher als bei Kraftfahrzeugen.

Im folgenden sollen mögliche Vorgehensweisen zur Festigkeitsberechnung von Schienenfahrzeugen aufgrund von Simulationsrechnungen aufgezeigt werden. Ein Konzept dieser Art wird früher oder später zu einem Standardhilfsmittel bei der Auslegung von Schienenfahrzeugen werden, so wie heute Komfortberechnungen oder Stabilitätsuntersuchungen.

15.2 Prinzipielle Vorgehensweise

Die generelle Vorgehensweise ist in Bild 15.1 angedeutet. Die Festigkeitsberechnung erfolgt in mehreren Schritten:

- Ausgehend von der mehrkörperdynamischen Simulation (1a) wird zunächst eine Spannungsberechnung (1b) durchgeführt.
- Anschließend ist die Ermittlung von Beanspruchungskollektiven (2) erforderlich.
- Am Ende stehen Schadensakkumulation und Festigkeitsnachweis (3).

Als erstes müssen die Spannungen im Bauteil an ausgewählten Stellen ermittelt werden (Abschnitt 15.3). Dazu werden einerseits die auf das Bauteil

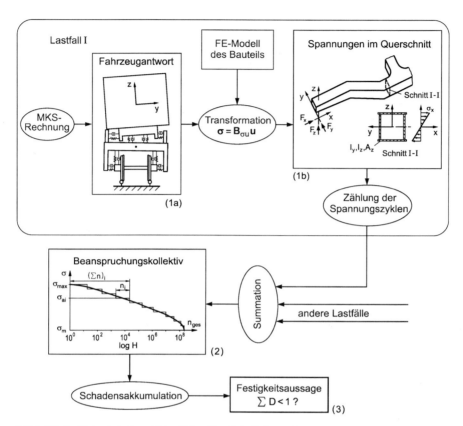

Bild 15.1. Prinzipieller Ablauf der Festigkeitsberechnung

einwirkenden Kräfte in den Verbindungselementen (z.B. Feder- und Dämpferkräfte) und die Trägheitskräfte im Bauteil selbst benötigt. Diese liefert die Mehrkörperdynamikrechnung. Andererseits muss der Zusammenhang zwischen Kräften (Belastungen) und Spannungen (Beanspruchungen) bekannt sein. Diesen Zusammenhang kann z.B. ein FE-Modell des Bauteils liefern.

Als nächstes müssen die Spannungen für die Festigkeitsberechnung geeignet aufbereitet werden (Abschnitt 15.4). Für den Betriebsfestigkeitsnachweis, der hier vorgestellt werden soll, müssen so genannte Beanspruchungskollektive gebildet werden. Die Kollektive geben an, welche Spannungsamplituden während der Nutzungsdauer des Bauteils wie häufig vorkommen.

Der dritte und letzte Schritt ist der Festigkeitsnachweis selbst, Abschnitt 15.5. Dieser geschieht mit Hilfe von Schadensakkumulationshypothesen. Man nimmt an, dass jedes Schwingspiel eine gewisse Schädigung bewirkt. Die Teilschädigungen werden aufsummiert (akkumuliert). Die Gesamtschädigung darf einen gewissen Wert - meistens wird auf eins normiert - nicht überschreiten.

Die drei Berechnungsschritte werden in den Abschnitte 15.3 bis 15.5 ausführlich erläutert.

15.3 Spannungsberechnung im Bauteil

Spannungen im Bauteil ergeben sich aufgrund von Kräften, die über Verbindungselemente am Bauteil angreifen oder aufgrund von Massenträgheitskräften im Bauteil selbst. Wie Feder-, Dämpfer- und Trägheitskräfte in der Mehrkörperdynamikrechnung ermittelt werden, ist an anderen Stellen in diesem Buch beschrieben worden. Für die Berechnung der Spannungen gibt es unterschiedliche Möglichkeiten.

15.3.1 FE-Rechnung in jedem Zeitschritt

Die erste Möglichkeit ist, die Spannungsberechnung innerhalb eines FE-Programmes vorzunehmen. Wir gehen davon aus, dass ein FE-Modell des zu untersuchenden Bauteils, z.B. eines Drehgestellrahmens, existiert. Mit dem MKS-Programm berechnet man die Zeitverläufe der Fahrzeugreaktionen des Mehrkörpermodells. In jedem Zeitschritt übergibt man dann die am Drehgestellrahmen angreifenden Kräfte und dessen Starrkörperbeschleunigungen als vorgegebene Größen an das FE-Programm. Bei der Berechnung müssen Masse, Schwerpunktkoordinaten und Massenträgheitsmomente für die MKS-Rechnung aus der FE-Massenmatrix ermittelt werden. In großen FE-Programmsystemen erfolgt dieses standardmäßig. Ist dies nicht der Fall, so muss beispielsweise gelten

$$\begin{bmatrix} \int_V \rho\,dV & 0 & 0 \\ 0 & \int_V \rho\,dV & 0 \\ 0 & 0 & \int_V \rho\,dV \end{bmatrix} = \begin{bmatrix} e_x^T \\ e_y^T \\ e_z^T \end{bmatrix} \begin{bmatrix} M_{\text{FEM}} \end{bmatrix} \begin{bmatrix} e_x & e_y & e_z \end{bmatrix}, \tag{15.1}$$

wobei die Vektoren e_x, e_y und e_z Starrkörperverschiebungszustände in x-, y- und z-Richtung repräsentieren. Der Leser möge sich selbst überlegen, wie die Gleichungen lauten, mit denen die Schwerpunktkoordinaten und die Trägheitsmatrix ausgehend von der FE-Massenmatrix ermittelt werden können.

Als Ergebnis der FE-Rechnung erhält man Zeitverläufe der Spannungen in jedem Element. Der Rechenaufwand ist allerdings sehr hoch, da in jedem Zeitschritt das lineare Gleichungssystem des FE-Programmes gelöst werden muss, das üblicherweise mehrere tausend Unbekannte enthält. Daher ist diese Methode nicht optimal.

15.3.2 Spannungsberechnung mit Hilfe von Transformationsmatrizen

Bei der zweiten Möglichkeit werden die Spannungsverläufe nur an einer begrenzten Anzahl von Stellen im Bauteil ermittelt. Es ist möglich, mit dem FE-Programm eine Transformationsmatrix zwischen den am Bauteil angreifenden äußeren Kräften und den Spannungen an bestimmten Stellen im Bauteil zu berechnen. Dabei geht man davon aus, dass das FE-Modell linearelastisch ist, und dass man die Belastungen aus den einzelnen angreifenden Kräften zur Gesamtbelastung superponieren kann. Die Ausgabe von Kräften in Verbindungselementen ist standardmäßig in jedem Mehrkörperdynamikprogramm vorgesehen. Allgemein erhält man dann die Beziehung

$$\begin{Bmatrix} \sigma_1 \\ \sigma_2 \\ \vdots \\ \sigma_m \end{Bmatrix} = \begin{bmatrix} b_{11} & b_{12} & \cdots & b_{1n} \\ b_{12} & b_{22} & \cdots & b_{2n} \\ \vdots & \vdots & \ddots & \vdots \\ b_{m1} & b_{m2} & \cdots & b_{mn} \end{bmatrix} \begin{Bmatrix} f_1 \\ f_2 \\ \vdots \\ f_n \end{Bmatrix}, \tag{15.2a}$$

oder abgekürzt

$$\boldsymbol{\sigma} = \boldsymbol{B}_{\sigma f}\, \boldsymbol{f}\,. \tag{15.2b}$$

Mit Hilfe einer Transformationsmatrix zwischen den Ausgangsgrößen des Mehrkörperdynamikprogrammes und Kräften in den Verbindungselementen kann schließlich eine Transformationsmatrix zwischen Verschiebungen, Geschwindigkeiten und Beschleunigungen der Freiheitsgrade im Mehrkörpermodell und den Spannungen im Bauteil ermittelt werden

$$\boldsymbol{\sigma} = \boldsymbol{B}_{\sigma f} \boldsymbol{B}_{\mathrm{fu}}\, \boldsymbol{u} = \boldsymbol{B}_{\sigma u}\, \boldsymbol{u}\,. \tag{15.3}$$

Die Spannungsberechnung reduziert sich dann auf eine Matrizenmultiplikation in jedem Zeitschritt. Zur Veranschaulichung soll die Vorgehensweise zunächst einmal an einem einfachen Beispiel erläutert werden.

Beispiel für starren Körper. Als Beispiel soll hier der Längsträger eines Drehgestellrahmens betrachtet werden, der als Balken modelliert wird. Die in Bild 15.2 dargestellten Kräfte, die über die Primärfederung auf den Drehgestellrahmen wirken, sind Ergebnisse der MKS-Rechnung. Zusätzlich liegen auch noch Beschleunigungen als Ausgabegrößen vor. Mit diesen Größen lassen sich die Schnittkräfte in dem abgebildeten Längsträger ausrechnen. Die Gleichung für die Zugspannung im Querschnitt lautet

$$\sigma_{\mathrm{x}} = \frac{M_{\mathrm{y}}(x)\, z}{I_{\mathrm{y}}(x)} + \frac{M_{\mathrm{z}}(x)\, y}{I_{\mathrm{z}}(x)} + \frac{N(x)}{A}\,. \tag{15.4}$$

Die Berechnung des Biegemomentes $M_{\mathrm{y}}(x)$ wird im folgenden noch einmal genauer betrachtet. Nach Bild 15.3 ergibt sich als Schnittmoment $M_{\mathrm{y}}(x=l)$ aus der Vertikalkraft F_{z} und den Massenträgheitskräften

15. Beanspruchungsermittlung von Fahrzeugkomponenten

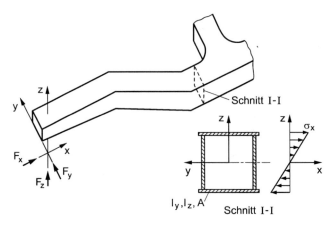

Bild 15.2. Kräfte am Längsträger eines Drehgestellrahmens

$$M_y(x = l) = F_z\, l_F - \int_0^l \mu \ddot{u}_z(x) \cdot (l - x)\, dx\,. \tag{15.5}$$

Bei Rechnung mit starren Körpern gilt

$$\ddot{u}_z(x) = \ddot{u}_{z,\text{starr}} - \ddot{\varphi}_{y,\text{starr}} \cdot (l_{\text{schw}} - x)\,, \tag{15.6}$$

wobei l_{schw} der Abstand des Koordinatenursprungs zum Schwerpunkt des Drehgestellrahmens ist. Die Starrkörperbeschleunigungen kann man aus dem Integral herausziehen

$$M_y(x = l) =$$
$$F_z\, l_F - \int_0^l \mu(l-x)\, dx\, \ddot{u}_{z,\text{starr}} + \int_0^l \mu(l-x)(l_{\text{schw}} - x)\, dx\, \ddot{\varphi}_{y,\text{starr}}\,. \tag{15.7}$$

Die Integrale in Gleichung (15.7) kann man vorab berechnen. Setzt man noch vereinfachend

$$\mu\, l = m_{\text{LT}}\,, \quad \text{und} \quad l_F = l_{\text{schw}} = l\,,$$

dann lässt sich Gl. (15.7) schreiben als

$$M_y(x = l) = F_z\, l_F - m_{\text{LT}}\, \frac{l}{2} \ddot{u}_{z,\text{starr}} + m_{\text{LT}}\, \frac{l^2}{3} \ddot{\varphi}_{y,\text{starr}}\,. \tag{15.8}$$

Diesen Ausdruck kann man in Mehrkörperdynamikprogrammen direkt als Ausgang definieren, da er sich als Linearkombination der Ausgabegrößen (Verschiebungen und Beschleunigungen) darstellen lässt. Entsprechend kann man die Schnittkräfte $M_z(x)$ und $N(x)$ ermitteln.

Mit Hilfe von Gl. (15.4) kann man sich natürlich auch direkt die Spannung $\sigma_x(x = l)$ ausgeben lassen, da auch diese Größe eine Linearkombination der Ausgangsgrößen des Mehrkörperprogrammes ist.

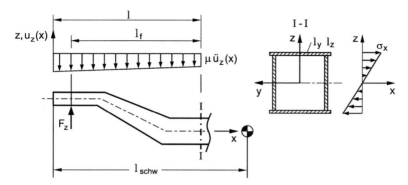

Bild 15.3. Spannungen im Längsträger des Drehgestellrahmens aufgrund der Kraft F_z in der Primärfeder und der Massenträgheitskräfte

Vorgehen bei elastischen Körpern. Im elastischen Fall erfolgt die Berechnung entsprechend. Die Verschiebungen im elastischen Körper werden in der Regel mit Hilfe eines Ritz-Ansatzes approximiert. In den Körpern, die elastisch beschrieben werden sollen, werden die Starrkörperfreiheitsgrade durch generalisierte Freiheitsgrade ersetzt. Die Moden, die im Ritz-Ansatz berücksichtigt werden, müssen in der Lage sein, Knicke im Momentenverlauf bzw. Sprünge im Querkraftverlauf an Krafteinleitungsstellen wiederzugeben. Eine ausführliche Darstellung zu diesem Thema findet man bei Dietz [39] sowie bei Schwertassek und Wallrapp [203].

Einsatz des Verfahrens für verschiedene Analysemethoden im MKS-Programm Das beschriebene Verfahren kann sowohl bei Rechnungen im Zeitbereich (Zeitschrittintegration) als auch im Frequenzbereich (Spektraldichteanalyse) verwendet werden. Rechnet man im Zeitbereich, so ist die Lösung mit Gl. (15.3) schon gegeben. Die Transformation wird in jedem Zeitschritt ausgeführt. Das Ergebnis sind Spannungsverläufe als Funktion der Zeit.

Bei Spektraldichteanalysen ist die Spektraldichtematrix $\boldsymbol{S}_u$ der Ausgabegrößen der MKS-Rechnung von beiden Seiten mit der Transformationsmatrix $\boldsymbol{B}_{\sigma u}$ zu multiplizieren

$$\boldsymbol{S}_\sigma(\Omega) = \boldsymbol{B}_{\sigma u}(\Omega)\boldsymbol{S}_u(\Omega)\boldsymbol{B}_{\sigma u}(\Omega)^\mathrm{T}. \tag{15.9}$$

Als Ergebnis erhält man die Spektraldichten der Spannungen an den interessierenden Stellen.

15.4 Ermittlung von Beanspruchungskollektiven

Das Ergebnis von Abschnitt 15.3 sind Spannungsverläufe als Funktion der Zeit oder Spektraldichtematrizen für Spannungen an kritischen Querschnitten im Bauteil. Für den Festigkeitsnachweis müssen diese weiter aufbereitet werden. Dieses ist der zweite Schritt des in Abschnitt 15.2 angedeuteten Berechnungsschemas. Um das Motiv dieser Aufbereitung der Spannungsverläufe zu verstehen, ist es sinnvoll, sich zuerst einige Gedanken zur Ermittlung ertragbarer Beanspruchungen zu machen. Der Vergleich zwischen tatsächlichen und ertragbaren Beanspruchungen liefert am Schluss die Aussage darüber, ob das Bauteil richtig dimensioniert ist oder nicht.

15.4.1 Ermittlung ertragbarer Beanspruchungen

Die Methode der Ermittlung der ertragbaren Beanspruchung hängt von der Art der Belastung ab. Die wichtigste Unterscheidung ist die zwischen statischer und dynamischer (schwingender) Belastung. Die Belastungen von Schienenfahrzeugen sind zum größten Teil dynamisch[1]. Daher ist der Nachweis der Schwingfestigkeit eine wichtige Komponente des Festigkeitsnachweises. Bei der Einteilung in Kategorien wird nach Häufigkeit der Schwingungswechsel und nach konstanter oder wechselnder Amplitude der Schwingungen unterschieden.

Die meisten Angaben über das Schwingfestigkeitsverhalten von Werkstoffen stammen aus Versuchen, bei denen die Belastung sinusförmig zwischen konstanten Grenzen wechselt. Das lag an den zur Verfügung stehenden Prüfständen sowie daran, dass der Versuchsaufwand für beliebige Belastungen sehr schnell die Grenzen des Zumutbaren übersteigt. Diese Art der Belastung mit konstanter Spannungsamplitude stimmt nur in den seltensten Fällen mit der tatsächlichen Belastung eines Bauteils überein. Mangels besserer Kennwerte greift man jedoch bei Festigkeitsberechnungen auch heute noch fast ausschließlich auf diese in so genannten Einstufenversuchen gewonnenen Wöhlerliniendiagramme zurück. Die ertragbare Spannung wird, wie Bild 15.4 zeigt, bei gegebener Mittelspannung über der Lastspielzahl aufgetragen.

Als *Kurzzeitfestigkeit* bezeichnet man den Bereich bis zu etwa $5 \cdot 10^4$ Lastwechseln. Da er im Schienenfahrzeugbereich aufgrund der viel höheren Lastwechselzahlen keine Rolle spielt, wird er hier nicht behandelt.

Die *Zeitfestigkeit* deckt den Bereich zwischen $5 \cdot 10^4$ und $2 \cdot 10^6$ Lastwechseln ab. Wie man in Bild 15.4 erkennen kann, ist dieser Bereich dadurch gekennzeichnet, dass die ertragbare Spannung, die auf der y-Achse aufgetragen ist, von der Zahl der Lastwechsel (x-Achse) abhängig ist. Bei den traditionellen Festigkeitsnachweisen im Schienenfahrzeugbereich spielt auch die Zeitfestigkeit so gut wie keine Rolle, da alle relevanten dynamischen Lastfälle bei der hohen Lebensdauer der Fahrzeuge die Zahl von $2 \cdot 10^6$ Schwingspielen übertreffen. Für den weiter unten beschriebenen Betriebsfestigkeitsnachweis ist dieser Bereich jedoch wieder interessant.

---

[1] Auf statische Belastungen, zu denen z. B. das Anheben des Wagenkastens in der Werkstatt gehört, wollen wir hier nicht eingehen.

15.4 Ermittlung von Beanspruchungskollektiven

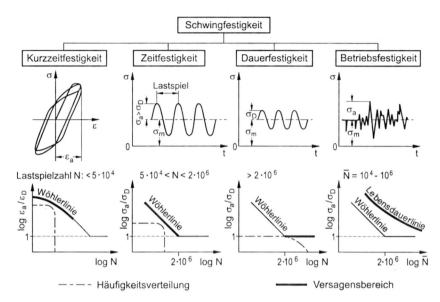

Bild 15.4. Gliederung der Schwingfestigkeit (nach [18]); σ_a = Spannungsamplitude, σ_D = Dauerfestigkeitsgrenze $\bar{\sigma}_a$ = maximale Spannungsamplitude, σ_m = Mittelspannung des Einstufenversuchs, $\bar{\sigma}_a$ = maximale Spannungsamplitude des stochastischen Zeitverlaufs, $\bar{\sigma}_m$ = Mittelspannung des stochastischen Zeitverlaufs

Beim *Dauerfestigkeitsnachweis* übersteigt die Zahl der Lastwechsel $2 \cdot 10^6$. In Bild 15.4 sieht man an der waagerecht verlaufenden Geraden, dass die ertragbare Spannung nicht von der Lastspielzahl abhängt. Nach Wöhler existiert bei gegebener Mittelspannung eine Spannungsamplitude, die theoretisch unendlich oft ertragen werden kann. Da niemand weiß, ob tatsächlich unendlich viele Lastwechsel zulässig sind, spricht man auch von technischer Dauerfestigkeit. In den Schadensakkumulationshypothesen für die Betriebsfestigkeitsuntersuchungen (Abschnitt 15.5) gibt es allerdings auch abweichende Theorien, nach denen auch Spannungsamplituden unterhalb der Dauerfestigkeitsgrenze eine schädigende Wirkung haben.

Wie oben erwähnt, sind die meisten Konstruktionen Belastungen ausgesetzt, die mit der Zeit wechselnde Amplituden aufweisen wie in Bild 15.4 (rechts).

Die maximale Belastung tritt bei solch einem regellosen Beanspruchungsverlauf nur relativ selten auf. Die Forderung, dass diese Belastung unendlich oft ertragen werden muss, ist zu hart. An die Stelle des Dauerfestigkeitsnachweises tritt ein *Betriebsfestigkeitsnachweis*, bei dem die Lebensdauer des Bauteils ermittelt wird. Dabei wird versucht, durch geeignete Auswertung des Beanspruchungsverlaufs festzustellen, welche Amplituden wie oft auftreten (s. Abschnitt 15.4.2). Das Ergebnis solcher Auswertungen sind so genannte Belastungskollektive. In Bild 15.5 sieht man, dass bei gegebener maximaler Amplitude die Zahl der zulässigen Lastwechsel von der Form der Kollektive

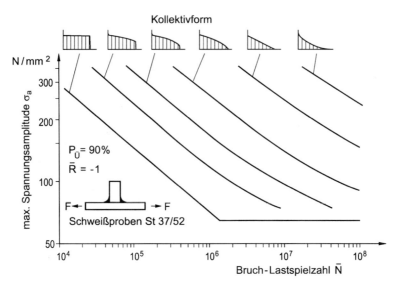

Bild 15.5. Ertragbare Spannungsamplitude in Abhängigkeit von der Kollektivform (aus [18])

abhängt. Anders formuliert: Bei gegebener Lastwechselzahl hängt die ertragbare Spannung von der Kollektivform ab. Bei einem rechteckigen Kollektiv handelt es sich um eine Einstufenbelastung, die Amplitude bleibt konstant. Je schlanker das Kollektiv wird, d.h. je seltener die hohen Beanspruchungen im Verhältnis zur maximalen Lastwechselzahl auftreten, desto weiter verschieben sich die Lebensdauerlinien nach rechts, desto leichter kann man also bauen.

15.4.2 Zählverfahren zur Kollektivermittlung

Aus Abschnitt 15.4.1 ergibt sich die Notwendigkeit, einen regellosen Beanspruchungsprozess so auszuwerten, dass er der Betriebsfestigkeitsberechnung zugänglich wird. Dies geschieht mit Klassier- oder Zählverfahren, deren Ergebnis Beanspruchungskollektive sind. Beanspruchungskollektive enthalten die Angabe darüber, wieviele Spannungszyklen mit bestimmten Eigenschaften - z.B. Mittelwerten und Amplituden - im Beanspruchungsverlauf vorkommen.[2] An dieser Stelle sollen nur einige grundlegende Bemerkungen zur Klassierung von Beanspruchungsverläufen gemacht werden. Eine ausführliche Beschreibung von Zählverfahren findet man z.B. bei Buxbaum [18], Hänel [73], Haibach [70], Liersch [140] oder Naubereit und Weihert [168].

---

[2] Man könnte die Umrechnung von Kräften in Spannungen auch erst nach der Kollektivermittlung vornehmen. Nimmt man eine Klassifizierung für Kraftverläufe vor, so sind die Ergebnisse Belastungskollektive.

15.4 Ermittlung von Beanspruchungskollektiven

Gefordert wird, dass der klassierte Prozess noch möglichst viele Eigenschaften des ursprünglichen Prozesses enthält. Zumindest sollte er dem Originalprozess statistisch gleichwertig sein. Einflüsse wie Reihenfolge und Frequenz der Belastung gehen allerdings bei den üblichen Zählverfahren verloren. Die Klassierung kann sowohl im Zeit- als auch im Frequenzbereich erfolgen.

Zeitbereich

Liegt der Beanspruchungsvorgang als Ergebnis aus Messungen oder Simulationsrechnungen als Zeitschrieb vor, so erfolgt die Auswertung durch eine tatsächliche Auszählung der einzelnen Schwingungen und ihre Einteilung in vorgegebene Klassen x_i.

Man unterscheidet zwischen einparametrischen und zweiparametrischen Zählverfahren. Bei den einparametrischen Zählverfahren wird nur eine Kenngröße des Beanspruchungsprozesses ausgewertet. Es gibt sehr viele unterschiedliche Varianten, die in der DIN 45667 [41] definiert sind. Das Ergebnis einer solchen einparametrischen Klassierung wird dargestellt, indem die zu klassierende Größe (z.B. Amplitude eines Spannungsverlaufes) über der Häufigkeit ihres Auftretens aufgetragen wird.

Die Genauigkeit der Auswertung kann erhöht werden, indem man statt einer Größe des Beanspruchungsverlaufes zwei Größen auswertet. In der Regel sind dies die Amplituden σ_a und die Mittelwerte σ_m des Schwingungsverlaufes. Man erhält dann ein zweidimensionales Belastungskollektiv. Im wesentlichen gibt es zwei Möglichkeiten der zweiparametrischen Klassierung.

Die erste Möglichkeit ist die *zweiparametrische Spitzenwertklassierung*, bei der die Zyklen dem Beanspruchungsverlauf in ihrer natürlichen Reihenfolge entnommen werden (Bild 15.6). Dabei werden jeweils zwei benachbarte

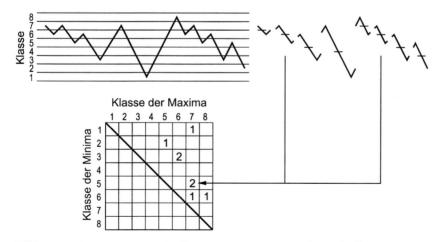

Bild 15.6. Zweiparametrische Spitzenwertklassierung (nach [73])

Extremwerte und der dazugehörige Mittelwert erfasst. Die zweite Möglich-

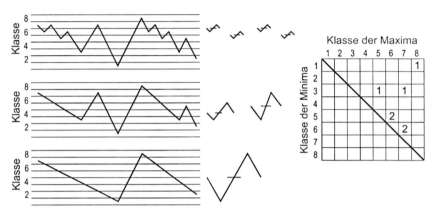

Bild 15.7. Rain-Flow-Klassierung (nach [73])

keit ist die *Rain-Flow-Klassierung* (im Deutschen als *Bereichspaarmittelwertzählung* bezeichnet). Hierbei werden dem Prozess zuerst die kleinsten Zyklen entnommen, danach fortlaufend die verbleibenden immer größeren Zyklen (Bild 15.7). Dabei werden nur *volle* Schwingungen aus dem Prozess herausgenommen. Für die Bewertung des Residuums, d.h. des Restes, dem keine volle Schwingung mehr entspricht, gibt es verschiedene Möglichkeiten [26, 140]. Als einfachste Möglichkeit wird das Residuum bei der Schadensakkumulation, d.h. der Festigkeitsberechnung, einfach weggelassen. Das Rain-Flow-Verfahren scheint sich als Standardverfahren durchzusetzen, da es die Schädigungsmechanismen des Werkstoffs nach heutigem Erkenntnisstand am besten erfasst [26].

In Bild 15.8 wird der Unterschied zwischen beiden Zählverfahren noch einmal anhand eines kurzen Ausschnittes aus einem Beanspruchungsverlauf verdeutlicht. Das Rain-Flow-Verfahren kommt zu größeren eliminierten Amplituden, es wird daher immer das „härtere" Kollektiv ergeben.

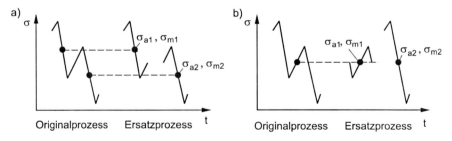

Bild 15.8. Zweiparametrische Spitzenwertklassierung (links) und Rain-Flow-Klassierung (rechts) im Vergleich (nach [73])

Ein Problem tritt in der Regel auf, wenn man die Berechnung im Zeitbereich durchführt. Man kann in diesem Fall nur einen sehr kleinen Anteil aus dem Betrieb eines Schienenfahrzeugs simulieren. Man muss die erhaltenen Beanspruchungskollektive daher extrapolieren. Diese Extrapolation ist nicht trivial. Es reicht nicht, die gezählten Schwingspiele mit einem Faktor zu multiplizieren. Statistisch treten nämlich bei einer Million gefahrenen Kilometern größere Amplituden auf als bei einem Kilometer. Die Extrapolation muss das berücksichtigen. Wir wollen hier nicht näher auf dieses Problem eingehen. Lösungsmöglichkeiten werden z.B. in [18], [53] oder [69] aufgezeigt.

Frequenzbereich

Beanspruchungskollektive können auch berechnet werden, wenn die Spannungen mit Hilfe der Spektraldichtemethode ermittelt wurden. Man geht davon aus, dass die Gleisanregung ein stationärer, normalverteilter Zufallsprozess ist (s. Abschnitt 6.3). Bei linearen Modellen sind dann auch die Fahrzeugantworten stationär und normalverteilt, so dass die Ermittlung eines Kollektivs über Kennwerte des Zufallsprozesses möglich wird. In [71] sind diese sehr übersichtlich zusammengestellt. Im folgenden sollen die für die Klassierung des Zufallsprozesses notwendigen Kennwerte kurz angegeben werden.

Kennwerte eines normalverteilten stationären Zufallsprozesses.
Die Spektraldichteverteilung des stationären, normalverteilten Zufallsprozesses besitzt folgende drei Kenngrößen (Momente):

$$s_0^2 = \int_0^\infty \Phi(\Omega)\, d\Omega, \tag{15.10a}$$

$$s_2^2 = \int_0^\infty \Omega^2 \Phi(\Omega)\, d\Omega, \tag{15.10b}$$

$$s_4^2 = \int_0^\infty \Omega^4 \Phi(\Omega)\, d\Omega. \tag{15.10c}$$

Die Größen s_0, s_2 und s_4 können als quadratische Mittelwerte der nullten, ersten und zweiten Ableitung der Spektraldichteverteilung gedeutet werden. Die Größe s_0 hat hier als Standardabweichung die Einheit einer Spannung.

Die Mittelwerte der sekundlichen Anzahl der steigenden Nulldurchgänge N_0 bzw. der Maxima N_1 sind definiert als

$$N_0 = s_2/(2\pi s_0) \quad \text{und} \quad N_1 = s_4/(2\pi s_2). \tag{15.11}$$

N_0 ist die „effektive Frequenz" des Zufallsprozesses.

Das Verhältnis der Anzahl der Nulldurchgänge und der Anzahl der Maxima ist der dimensionslose *Regellosigkeitskoeffizient i* des Prozesses

$$i = N_0/N_1 \,. \tag{15.12}$$

Daraus abgeleitet ergibt sich die Frequenzbandbreite des Zufallsprozesses

$$\nu = \sqrt{1 - i^2} \,; \quad 1 \geq \nu \geq 0 \,. \tag{15.13}$$

Der Regellosigkeitskoeffizient gibt Aufschluss über die „Gutartigkeit" des Prozesses hinsichtlich Empfindlichkeit des Ergebnisses gegenüber der Wahl des Klassierverfahrens.

Wie bei der Klassierung im Zeitbereich, gibt es auch im Frequenzbereich verschiedene Möglichkeiten, zum Kollektiv zu gelangen. Es existieren sowohl analytische Näherungslösungen als auch empirisch gewonnene Ausdrücke, die sich aber alle die oben erwähnten charakteristischen Kennwerte zunutze machen. Wir wollen, wie im vorigen Abschnitt, gleich zu den zweiparametrischen Zählverfahren übergehen.

Kowalewski [134] und Sjöström [205] haben Anfang der sechziger Jahre unabhängig voneinander eine Näherungslösung für die zweidimensionale Verteilungsdichte zweier aufeinander folgender Extrema und der dazugehörigen Mittelwerte eines Gaußschen Zufallsprozesses hergeleitet. Wenn man annimmt, dass beide Größen statistisch unabhängig voneinander sind, kann man sie durch Produktbildung verknüpfen

$$f(\sigma_\text{a}, \sigma_\text{m}) = f_\text{a}(\sigma_\text{a}) \cdot f_\text{m}(\sigma_\text{m}) = \frac{\sigma_\text{a}}{s_0^2 i^2} e^{-\sigma_\text{a}^2/(2s_0^2 i^2)} \cdot \frac{1}{\sqrt{2\pi}\, s_0 \nu} e^{-\sigma_\text{m}^2/(2s_0^2 \nu^2)} \,. \tag{15.14}$$

Die Verteilungsdichte $f(\sigma_\text{a}, \sigma_\text{m})$ hat die Einheit 1/Spannung^2. Die Amplituden σ_a sind Rayleigh-verteilt, die momentanen Mittelwerte σ_m sind normalverteilt (Bild 15.9). Die Spannungsamplituden in Bild 15.9 sind normiert

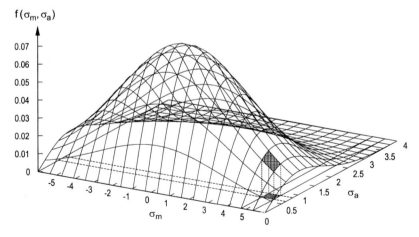

Bild 15.9. Zweidimensionale Verteilungsdichte der Amplituden und Mittelwerte. Normierte Darstellung

15.4 Ermittlung von Beanspruchungskollektiven

dargestellt. Wie im Zeitbereich kann man ein zweidimensionales Beanspruchungskollektiv ermitteln, das dem der zweiparametrischen Spitzenwertklassierung im Zeitbereich (Bild 15.6) entspricht. Die Gesamtzahl der Schwingspiele pro Sekunde mit momentanem Mittelwert im Intervall $\sigma_{m,i} - \sigma_{m,i+1}$ und mit Amplituden im Intervall $\sigma_{a,i} - \sigma_{a,i+1}$ ergibt sich aus dem Doppelintegral

$$N = N_1 \int_{\sigma_{m,i}}^{\sigma_{m,i+1}} \int_{\sigma_{a,i}}^{\sigma_{a,i+1}} f(\sigma_m, \sigma_a) \, d\sigma_m \, d\sigma_a \tag{15.15}$$

mit der effektiven Frequenz aus Gl. (15.11) und der Verteilungsdichte aus Gl. (15.14). Die Ergebnisse sind umso besser, je näher der Regellosigkeitskoeffizient an eins liegt. Durch eine geeignete Transformation des zweidimensionalen Kollektivs in ein eindimensionales Kollektiv, wie in Abschnitt 15.4.3 beschrieben, ergeben sich aber auch für Breitbandprozesse Festigkeitswerte, die mit Versuchen vergleichbar sind.

Die erhaltenen Kollektive entsprechen denen, die im Zeitbereich ermittelt wurden. Die weitere Auswertung für den Betriebsfestigkeitsnachweis läuft analog.

Da sich im Zeitbereich inzwischen das Rainflow-Verfahren als das Verfahren herausgestellt hat, welches das Ermüdungsverhalten des Werkstoffes am besten wiedergibt, gab es natürlich Bestrebungen, eine dem Rainflow-Verfahren entsprechende Auswertung im Frequenzbereich zu finden. Bisher gibt es allerdings keine exakte theoretische Frequenzbereichslösung für die Rainflow-Klassierung. Außerdem besteht bei allen existierenden Verfahren die am Anfang dieses Abschnitts eingeführte Einschränkung, dass der Zufallsprozess ein stationärer Gauß-Prozess sein muss.

Eine übliche Vorgehensweise bei der Gewinnung empirischer Näherungslösungen war der Vergleich mit einer tatsächlichen Rainflow-Auszählung im Zeitbereich. Dirlik [45] hat durch umfangreiche Simulationsrechnungen empirisch eine geschlossene Lösung für ein aus der Spektraldichte abgeleitetes Rainflow-Kollektiv entwickelt. Für die Wahrscheinlichkeitsdichte der Verteilung von Spannungszyklen, d.h. doppelten Amplituden, gibt er an

$$p(2\sigma_a) = \frac{\frac{D_1}{Q}e^{\frac{-z}{Q}} + \frac{D_2 Z}{R^2}e^{\frac{-z^2}{2R^2}} + D_3 Z e^{\frac{-z^2}{2}}}{2s_0}, \tag{15.16}$$

mit $Z = \dfrac{\sigma_a}{s_0}$ und den Hilfsvariablen

$$\sigma_\mathrm{m} = \frac{s_1^2}{s_0^2 N_1}\,; \qquad D_1 = \frac{2(\sigma_\mathrm{m} - i^2)}{1 + i^2}\,; \qquad R = \frac{i - \sigma_\mathrm{m} - D_1^2}{1 - i - D_1 + D_1^2}\,;$$

$$D_2 = \frac{1 - i - D_1 + D_1^2}{1 - R}\,; \quad D_3 = 1 - D_1 - D_2\,; \quad Q = \frac{1{,}25(i - D_3 - D_2 R)}{D_1}\,.$$

Eine neue Definition der Rainflow-Methode von Rychlik [142] ermöglichte den Einstieg in eine theoretische Lösung der Ermittlung von Rainflow-Kollektiven aus der Spektraldichte. Bishop und Sherrat [6] haben die neue Formulierung aufgenommen und die Vorgehensweise verfeinert. Der Grundgedanke ist, dass aus einer Wahrscheinlichkeitsdichteverteilung des Auftretens benachbarter Maxima und Minima die Wahrscheinlichkeitsdichte für nicht benachbarte Maxima und Minima abgeleitet wird. Dabei wird die Annahme gemacht, dass der Prozess als eine Markov-Kette, das heißt an diskreten Punkten definiert, ist. Da für die Wahrscheinlichkeitsdichte benachbarter Maxima und Minima aber nur die Näherungslösung Gl. (15.9) vorliegt, kann das Endergebnis auch nur eine Näherungslösung sein. In [7] ist diese Lösung mit empirisch gewonnenen Lösungen verglichen worden. Es zeigt sich, dass sie zwar am nächsten an der Zeitbereichsauswertung mit der Rainflow-Methode liegt, dass die Ergebnisse aber nur unwesentlich besser sind als die mit der von Dirlik gefundenen Näherung.

15.4.3 Umrechnen des zweiparametrischen Kollektivs in ein einparametrisches Kollektiv

Das Ergebnis eines zweidimensionalen Klassierverfahrens ist, wie oben beschrieben, eine zweidimensionale Matrix mit Amplituden und dazugehörigen Mittelwerten eines Beanspruchungsverlaufes. Die Betriebsfestigkeitsuntersuchung mit Hilfe von Schadensakkumulationshypothesen erfolgt aber für eindimensionale Kollektive. Man muss also versuchen, das zweidimensionale Kollektiv in ein eindimensionales Kollektiv zu transformieren, ohne dass die Information der zweiten klassierten Größe, d.h. des Mittelwertes, verloren geht. Für Schienenfahrzeuge wird z.B. in [16, 46, 209] das Verfahren der erweiterten Amplituden von Hänel [72] vorgeschlagen. Es lässt sich auf Ergebnisse im Zeit- und Frequenzbereich anwenden. Die erweiterten Amplituden σ_ae werden in Abhängigkeit von ihrem Mittelwert σ_m berechnet

$$\sigma_\mathrm{ae} = \sigma_\mathrm{a} + \psi |\sigma_\mathrm{m} - \bar{\sigma}_\mathrm{m}|\,, \tag{15.17}$$

wobei $\bar{\sigma}_\mathrm{m}$ die globale Mittelspannung des Prozesses ist. Die Mittelspannungsempfindlichkeit ψ drückt den Abfall der ertragbaren Beanspruchung bei steigender Mittelspannung aus, wie man z.B. aus dem Smith-Diagramm (Bild 15.10) erkennen kann. Bei Einstufenversuchen kann ψ direkt aus dem Smith-Diagramm berechnet werden, unabhängig davon ob ψ eine Konstante oder

15.4 Ermittlung von Beanspruchungskollektiven

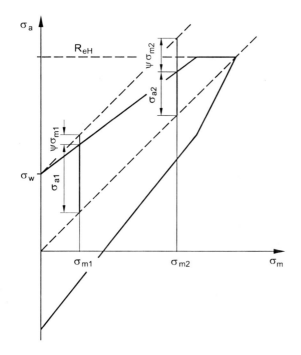

Bild 15.10. Zur Ermittlung der Mittelspannungsempfindlichkeit ψ aus dem Smith-Diagramm

noch schwach von σ_m abhängig ist. Man geht hierzu von der folgenden Beziehung aus:

$$\sigma_{ai} = \sigma_w - \psi \sigma_{mi}. \tag{15.18}$$

Für regellose Beanspruchungen muss ψ dagegen experimentell ermittelt werden. In Bild 15.11 ist ein auf eine globale Mittelspannung $\bar{\sigma}_m$ transformiertes Schwingspiel dargestellt. Die Amplitude des Ersatzschwingspiels ist größer als die ursprüngliche. Bild 15.12 zeigt ein Beispiel für ein einparametrisches Kollektiv.

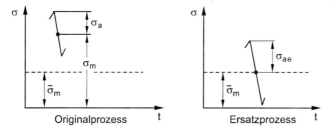

Bild 15.11. Rainflow-Klassierung und Reduktion zum einparametrischen Kollektiv (aus Hänel [73])

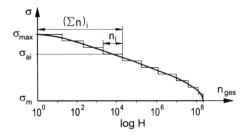

Bild 15.12. Einparametrisches Beanspruchungskollektiv; $H=$ Summenhäufigkeit, $n_i=$ Anzahl der Schwingspiele in der i-ten Klasse, $n_{ges}=$ Gesamtzahl der Schwingspiele im Kollektiv, $\sigma_{ai}=$ Spannungsamplitude der i-ten Klasse, $\sigma_{max}=$ Maximalspannung im Kollektiv

In [72] werden aus Ergebnissen von Random-Versuchen für ψ Werte zwischen 0,2 und 0,8 für das Rainflow-Verfahren (empfohlen wird $\psi = 0,3$), und zwischen 0,6 und 0,8 für die zweiparametrische Spitzenwertklassierung ermittelt. Da die Rainflow-Klassierung ein „härteres" Kollektiv ergibt als die zweiparametrische Spitzenwertklassierung (s. Abschnitt 15.4.2), müssen bei letzterer höhere Werte für ψ eingesetzt werden, um eindimensionale Kollektive mit gleicher schädigender Wirkung zu erhalten.

Haibach [70] schlägt das Verfahren der Amplitudentransformation zur Reduzierung zum einparametrischen Kollektiv vor. In diesem Verfahren erfolgt die Reduktion schon bei der Klassierung, man erhält direkt das eindimensionale Kollektiv. Der werkstofftechnische Hintergrund bei der Amplitudentransformation ist im Prinzip der gleiche wie bei dem oben genannten Verfahren, nämlich, dass ein Schwingspiel bei gleichbleibender Amplitude eine umso größere Schädigung im Werkstoff hervorruft, je höher die Mittelspannung des Schwingspiels ist. Die Amplitudentransformation lässt sich aber nicht auf Ergebnisse im Frequenzbereich anwenden.

15.4.4 Superposition zum Gesamtkollektiv

Die Berechnung der dynamischen Beanspruchungen in Fahrzeugkomponenten wird in der Regel in mehrere Teilrechnungen aufgeteilt. Simulationen mit beladenem bzw. leerem Fahrzeug oder Simulationen bei unterschiedlichen Geschwindigkeiten werden in getrennten Rechenläufen durchgeführt. In Tab. 15.1 ist eine Matrix mit 11 *Lastfällen* angegeben, die die verschiedenen Einsatzbedingungen eines Fahrzeugs der Berliner S-Bahn repräsentiert. In [47] wird solch eine Matrix als *Einsatzspiegel* bezeichnet. Jeder Lastfall wird mit seinem prozentualen Anteil angegeben. Ein Einsatzspiegel könnte auch noch weitere Parameter enthalten, z.B. unterschiedliche Gleislagequalitäten.

Für jeden der gerechneten Lastfälle erhält man für jede betrachtete Stelle im Bauteil ein Beanspruchungskollektiv, wie in den vorherigen Abschnitten beschrieben. Führt man die Berechnung im Zeitbereich durch, so muss man schon innerhalb eines Lastfalles extrapolieren. Bei etwa 4,5 Millionen gefahrenen Kilometern über die gesamte Lebensdauer des Fahrzeuges, werden bei 11 Lastfällen in jedem Lastfall im Durchschnitt etwa 400 000 km zurückge-

Tabelle 15.1. Vereinfachter Einsatzspiegel für die Berliner S-Bahn mit 11 verschiedenen Lastfällen, prozentualer Anteil jedes Betriebszustandes

v	Zuladung	Gerade	Kurve		Weiche
km/h	%		$R = 250$ m	$R = 500$ m	
0 – 20	20				
	55	3,45 %			
	90				
20 – 40	20				
	55	8,81 %			
	90				
40 – 60	20	26,16 %			
	55	5,99 %	9,58 %		
	90	0,70 %			
60 – 80	20	30,79 %			
	55	7,06 %		5,76 %	0,66 %
	90	0,86 %			

legt. Diese Strecke ist unmöglich zu simulieren. Die Extrapolation führt auf die Probleme, die schon in Abschnitt 15.4.2 angedeutet wurden.

Führt man die Berechnung mit der Spektraldichtemethode durch, so erhält man mit Gl. (15.15) die Anzahl der Schwingspiele pro Sekunde in jeder Klasse. Diese Zahl muss mit der Anzahl der gefahrenen Sekunden pro Lastfall multipliziert werden, die sich aus der gefahrenen Strecke und der Fahrgeschwindigkeit ergibt.

Die Superposition der in unserem Beispiel 11 Teilkollektive zum *Gesamtbeanspruchungskollektiv* ist einfach. Die Schwingspiele in jeder Klasse müssen nur aufaddiert werden. Man muss dabei allerdings aufpassen, dass man in jedem Teilkollektiv die gleiche Klasseneinteilung gewählt hat.

Flach [53] weißt in seiner Dissertation darauf hin, dass man bei der beschriebenen Vorgehensweise unter Verwendung eines Einsatzspiegels die so genannten Maximalspannungswechsel nicht außer Acht lassen darf. Dies sind Lastspiele, die beim Wechsel des Betriebszustandes auftreten, z.B. das Lastspiel von der größten negativen Zusatzspannung im Rechtsbogen zur größten positiven Zusatzspannung im Linksbogen. Das bedeutet, dass nicht nur die Häufigkeit der Betriebszustände im Einsatzspiegel sondern auch deren Abfolge entlang der Strecke bekannt sein muss.

In einer englischen Arbeit, bei der exemplarisch die Festigkeitsberechnung eines Drehgestells für die Londoner U-Bahn durchgeführt wurde [146], wird statt des Einsatzspiegels eine für den Betrieb des untersuchten Fahrzeuges eine *repräsentative Strecke* gewählt. Zu einer solchen repräsentativen Strecke lässt sich ebenfalls ein Beanspruchungskollektiv ermitteln, aus dem dann durch Extrapolation das Gesamtkollektiv bestimmt wird. Wiederum sei darauf hingewiesen, dass es nicht leicht ist, 10 km simulierte Strecke auf mehrere Millionen Kilometer zu extrapolieren und dabei alle auftretenden Belastungen in der richtigen Anzahl zu berücksichtigen.

15.5 Schadensakkumulation – Festigkeitsnachweis

Der letzte Schritt in unserem Berechnungsschema soll die Aussage liefern, ob das Bauteil ausreichend dimensioniert ist oder nicht. Diese Aussage erhält man aus der Auswertung der vorher ermittelten Gesamtbeanspruchungskollektive. Beim Betriebsfestigkeitsnachweis wird hierfür die *Schadensakkumulationshypothese* eingesetzt.

15.5.1 Schadensakkumulationshypothesen

Im Jahr 1945 veröffentlichte Miner sein Verfahren zur linearen Schadensakkumulation [159], nachdem schon 1924 von Palmgren in Schweden eine Arbeit publiziert worden war, in der die gleiche Vorgehensweise zur Vorhersage der Lebensdauer von Wälzlagern unter zeitlich veränderlicher Last eingesetzt wurde [176]. Heute wird das Verfahren der linearen Schadensakkumulation Palmgren/Miner-Hypothese genannt.

Die Palmgren/Miner-Hypothese ist das am weitesten verbreitete Verfahren zur Lebensdauerberechnung von Bauteilen unter Beanspruchung mit wechselnden Amplituden. Zwei Voraussetzungen bilden die Grundlage der Hypothese:

- Es wird vorausgesetzt, dass die Schädigung D im Einstufenversuch *linear* mit der Lastspielzahl zunimmt.
- Es wird davon ausgegangen, dass Teilschädigungen aus verschiedenen Belastungsstufen i *aufsummiert* werden dürfen.

Daraus ergibt sich folgende Berechnungsvorschrift für die Gesamtschädigung

$$D = \sum_i D_i = \sum_i \frac{n_i}{N_i}, \qquad (15.19)$$

wobei n_i die tatsächliche Lastspielzahl einer Belastungsstufe i ist und N_i die aus der Wöhlerlinie ermittelte maximale Lastspielzahl darstellt. Das Versagen des Bauteils tritt ein, wenn die Schadenssumme den Wert Eins erreicht hat. Es muss also gelten

$$\sum_i D_i \leq 1. \qquad (15.20)$$

Die Berechnungsvorschrift ist in Bild 15.13 noch einmal verdeutlicht.

Das Palmgren/Miner-Verfahren ist wegen seiner vereinfachenden Annahmen häufig kritisiert worden. Einige der Hauptkritikpunkte sind:

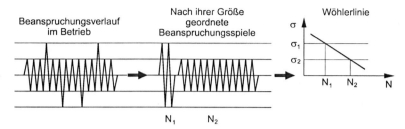

Bild 15.13. Lineare Schadensakkumulationshypothese (aus [18])

- Die Annahme einer linearen Schadensakkumulation hat keinen physikalischen Hintergrund.
- Beanspruchungen unterhalb der Dauerfestigkeit werden nicht als schädigend angesehen.
- Die Reihenfolge der Belastungen wird nicht berücksichtigt.
- Zwischen Schädigung im Stadium der Rissentstehung und des Rissfortschrittes wird nicht unterschieden, obwohl die Prozesse unterschiedlichen Gesetzmäßigkeiten folgen können.

Trotzdem ist das Verfahren von Palmgren und Miner das am meisten benutzte Verfahren, vor allem wohl deswegen, weil man auf die bekannten Wöhlerlinien zurückgreifen kann und keine aufwendigen Versuche zur Bestimmung neuer Kennlinien benötigt.

Die meisten anderen verwendeten Schadensakkumulationshypothesen sind Abwandlungen der Palmgren/Miner-Hypothese. Sie werden u.a. in den Monographien von Haibach [70] oder Buxbaum [18] beschrieben. Das wichtigste Unterscheidungsmerkmal ist die Beurteilung der Schwingspiele unter der Dauerfestigkeitsgrenze. Für die Festigkeitsberechnung von Schienenfahrzeugen wird auch die Schadensakkumulationshypothese von Corten und Dolan [30] empfohlen. Als Grundlage wird ein System von Wöhlerlinien benutzt, das verschiedene Kerbfälle berücksichtigt. Das Charakteristische an dem Vorgehen nach Corten und Dolan ist, dass die Zeitfestigkeitsgeraden (in doppelt logarithmischer Darstellung) auch unterhalb des Dauerfestigkeitsbereiches mit der gleichen Steigung fortgesetzt werden. Die Schadensakkumulation erfolgt außerdem nicht mehr linear, das heißt, die Einzelschädigungen können nicht einfach aufaddiert werden.

15.5.2 Konzepte zur Betriebsfestigkeitsberechnung bei Schienenfahrzeugen

Bei der Betriebsfestigkeitsberechnung mit der hier vorgestellten Methode ergeben sich in der Regel zwei Probleme. Wöhlerlinien liegen oft nur für ungekerbte Proben vor. Beispielsweise müssen Größen-, Oberflächen- und Kerbeinflüsse abgeschätzt werden. Zudem basieren Wöhlerlinien auf Einstufenversuchen, die nicht die tatsächliche Belastung widerspiegeln. Ideal wäre die

Lebensdauerberechnung eines Bauteils wobei die tatsächlichen Belastungen berücksichtigt wird. Dies ist aus ökonomischen Gründen in der Regel jedoch nicht möglich.

Wie oben bereits erwähnt, basieren die meisten Vorschriften zur Festigkeitsberechnung von Schienenfahrzeugen auf einem Dauerfestigkeitsnachweis. Auf der Grundlage des Fachbereichsstandard TGL 28875 [211] (*Schienenfahrzeugbau-Berechnungsgrundlagen-Festigkeitsnachweis*) der DDR ist allerdings auch ein Betriebsfestigkeitsnachweis möglich. Der Nachweis erfolgt zuerst getrennt für jede Spannungskomponente und für jedes Teilkollektiv. Es muss gelten

$$\max \hat{\sigma} \leq \text{zul}\, \sigma_{\text{be}}, \qquad (15.21)$$

wobei $\max \hat{\sigma}$ der Kollektivgrößtwert in Form einer Maximalspannung (nicht Spannungsamplitude) ist. zul σ_{be} ist der zulässige Kollektivgrößtwert, der aus der ertragbaren Grundbeanspruchung des Einstufenversuchs in Abhängigkeit vom Verhältnis von Ober- zu Unterspannung, der Kollektivform und der Kerbform bestimmt wird. Eine ausführlichere Beschreibung der Vorgehensweise und die vorgeschlagene Überlagerung mehrerer Spannungskomponenten kann z.B. [209] entnommen werden.

Auch in einem Entwurf der Euronorm für die Festigkeitsanforderungen an Wagenkästen von Schienenfahrzeugen [23] sowie in der Versuchsvorschrift für Versuche zum Festigkeitsnachweis an Schienenfahrzeugen, der vom Ausschuss B12 des ERRI [51] erarbeitet wurde, ist ein Betriebsfestigkeitsnachweis vorgesehen.

Die meisten Betriebsfestigkeitsnachweise (darunter die TGL) basieren auf dem Nennspannungskonzept. Die Berechnung der Nennspannungen der Beanspruchung ist relativ einfach und es ist ein umfangreiches Datenmaterial zu Nennspannungs-Wöhlerlinien, besonders für Schweißverbindungen, vorhanden. Das Nennspannungskonzept wird allerdings auch wegen seiner Einfachheit kritisiert, da die an Kerben wirksamen Mechanismen nicht berücksichtigt werden.

Buse und Voß [16] haben ein Konzept zur Betriebsfestigkeitsrechnung an Drehgestellen des Hochgeschwindigkeitsverkehrs entwickelt, das nach dem so genannten Kerbgrundkonzept arbeitet. Da Spannungsspitzen in der Kerbe die Elastizitätsgrenze überschreiten können, geht der lineare Zusammenhang zwischen äußerer Belastung und Beanspruchung verloren. Aus der elastisch berechneten Spannung im Kerbgrund lässt sich mit der Neuber-Regel die elastisch-plastische Spannungshysterese berechnen, wenn die zyklische Spannungs-Dehnungskurve des Werkstoffs bekannt ist [70].

Es wird sicher noch eine Weile dauern, bis ein Betriebsfestigkeitsnachweis etwa von der Art, wie er in diesem Kapitel dargestellt wurde, standardmäßig bei der Auslegung von Schienenfahrzeugkomponenten Verwendung finden wird. Die heutige Leistungsfähigkeit von MKS-Programmen und die mögliche Kopplung von MKS- und FE-Rechnungen bietet aber eine hervorragende

Möglichkeit, die dynamischen Belastungen von Schienenfahrzeugen wesentlich besser zu berücksichtigen als heute.

Es soll noch erwähnt werden, dass der hier vorgestellte Betriebsfestigkeitsnachweis eine wesentlich engere Zusammenarbeit der für statische, dynamische und Festigkeitsberechnungen zuständigen Mitarbeiter bei Fahrzeugherstellern voraussetzt als dies bisher üblich ist.

15.6 Übungsaufgaben zu Kap. 15

15.6.1 Transformationsmatrix zwischen MKS-Freiheitsgraden und Spannungen im Drehgestell

Geben sie die Transformationsmatrizen $B_{\sigma f}$ und $B_{\sigma u}$ für die Spannung $\sigma_x(x = l)$ in einem Drehgestellrahmen entsprechend dem Beispiel in Abschnitt 16.3.2 an. Gehen sie von dem Modell für die Lateraldynamik eines Drehgestells wie in Kapitel 11 aus.

15.6.2 Ermittlung des Belastungskollektivs der Federkräfte mit Hilfe der Spektraldichtemethode

Betrachten sie das Fahrzeugmodell aus Aufgabe 7.5.1. Berechnen sie für die gleiche stochastische Anregung das zweidimensionale Belastungskollektiv für die Primär- bzw. Sekundärfederkraft bei 2 Millionen gefahrenen Kilometern.

16. Anhang

16.1 Formelzeichen

Der gleiche Buchstabe wird, wenn keine Verwechslungsmöglichkeit besteht, teilweise für unterschiedliche Größen verwendet und dann auch mehrfach aufgeführt.

Skalare Größen mit lateinischen Buchstaben

Symbol	Einheit	Bedeutung
a	m	Halbachse der Kontaktellipse
a	m	Parameter des Stellgliedes in Gl. (5.37)
a_0^*	m	Halbachse des Haftgebietes der Kontaktfläche
a_n	–	Fourierkoeffizienten
a_y	m/s^2	unausgeglichene Querbeschleunigung im Bogen in Gleisebene
A	m^2	Querschnittsfläche
b	m	Halbachse der Kontaktellipse
b	Ns/m	Parameter des Stellgliedes in Gl. (5.37)
$2b$	m	Achsstand des Drehgestells
b_n	–	Fourierkoeffizienten
$B(e)$	–	Kombination von elliptischen Integralen (Hertzsche Theorie)
$B_{l,v}(f)$	–	Frequenzbewertungsfunktion lateral/vertikal
$B_{Gl,v}(f)$	–	Frequenzbewertungsfunktion lateral/vertikal für Güterverkehr
c	N/m	Federsteifigkeit
c_b	Nm/rad	Biegesteifigkeit eines Drehgestells
c_s	N/m	Schersteifigkeit eines Drehgestells

c_H	N/m	Hertzsche Ersatzfedersteifigkeit
c_{tors}	Nms/rad	Drehfedersteifigkeit
c_x	N/m	Federsteifigkeit eines Radsatzes bei Verschiebung in x-Richtung
c_y	N/m	Federsteifigkeit eines Radsatzes bei Verschiebung in y-Richtung
c	m	Kontaktradius bei Punktkontakt
C_{ij}	–	Schlupfkoeffizienten (Kalker-Koeffizienten)
C_k	m	Fourierkoeffizienten
d	Ns/m	Dämpferkonstante
D	–	Dämpfungsgrad, Lehrsches Dämpfungsmaß
$D(e)$	–	Kombination von elliptischen Integralen (Hertzsche Theorie)
e	m	Exzentrizität der Kontaktellipse
$2e_x$	m	Abstand der Angriffspunkte der primären Längsfedern c_x
e_0	m	halber Abstand zwischen den Berührpunkten (halber Messkreisebenenabstand) bei zentrischer Stellung
e_a, (e_i)	m	Abstand von Gleismittellinie zum Aufstandspunkt des bogenäußeren (bogeninneren) Rades
E	N/mm²	Elastizitätsmodul
E	–	Empfindungswert
E^*	N/mm²	äquivalenter Elastizitätsmodul (Hertzsche Theorie)
f	1/s	Frequenz
f_ξ, f_1	N	Kraftschlussgradient in Längsrichtung
f_η, f_2	N	Kraftschlussgradient in Querrichtung
F	N	Kraft
$F(f)$	–	Frequenzbewertungsfunktion
F_c	N	Federkraft (eventuell F_k)
F_d	N	Dämpferkraft
F_1, F_2	–	Hilfsgrößen in der Johnsonschen (Hertzschen) Kontakttheorie
g	m/s²	Erdbeschleunigung
g_R, g_S	–	Hilfsgrößen in Gl. (3.2) und (3.3)
h_R, h_S	–	Hilfsgrößen in Gl. (3.2) und (3.3)
G	N/mm²	Gleitmodul
h	m	Amplitude einer allg. periodischen Anregung

h	m	Überhöhung der bogenäußeren gegenüber der bogeninneren Schiene
$H(\mathrm{i}\Omega)$	–	Übertragungsfunktion
H	N	Horizontalkraft
H_y	N	Lateralkraft zwischen Fahrzeug und Radsatz aufgrund der Fliehkraft im Bogen, Richtkraft bei Bogenlauf nach Heumann,
$I_\mathrm{y}, I_\mathrm{z}$	m^4	Flächenträgheitsmomente
J	kgm^2	Trägheitsmoment
k_v	kg/Nm	Proportionalitätsfaktor zwischen Reibleistung und Materialabtrag
K_b	–	dimensionslose Biegesteifigkeit bei Keizer, Gl. (11.34c)
l	m	Pendellänge
l_RM	m	Abstand des Reibungsmittelpunktes vom vorderen Radsatz im Drehgestell
L	m	Wellenlänge
L, L_ξ, L_η	m/N	Nachgiebigkeit in der vereinfachten Kraftschlusstheorie
m	kg	Masse
m_D	kg	Masse der Drehgestells (Rahmen und Radsätze)
m_R	kg	Radsatzmasse
m_Ra	kg	Masse des Drehgestellrahmens
m_W	kg	Wagenkastenmasse
M	Nm	Moment
M_a	Nm	Antriebsmoment auf Radsatz
M_ζ	Nm	Bohrmoment
N	N	Normalkraft im Kontaktpunkt
N_L	N/m	Liniennormalkraft bei Walzenkontakt
N_MV	–	Komfortwert nach CEN (UIC 513)
p_0	N/mm^2	maximale Flächenpressung (Hertz)
p_z	N/mm^2	Normaldruck im Kontakt
P	Nm/s	Reibleistung
P_V	Nm/m	Reibarbeit pro Meter
P_A	Nm/sm^2	spezifische Reibleistung je Flächeneinheit
P_CT	–	Komfortwert in Übergangskurve (engl.: Percentage disturbed by curve transitions)
P_DE	–	Komfortwert für diskrete Komfortstörungen (engl.: Percentage disturbed from discrete events)

q		Amplitude einer Eigenform
q_i		generalisierte Verschiebung
q_i	m	Gleitarm beim Bogenlauf nach Heumann
q_0	N/m	Schubfluss
q	N/m³	Tangentialspannung beim Walzenkontakt (Linienkontakt)
q_ξ, q_η	N/mm²	Tangentialspannungen beim elliptischen Kontakt
$2Q$	N	Achslast
$Q = \frac{1}{2}mg$	N	Gewichtskraft pro Rad (zugleich Vertikalkraft im Radaufstandspunkt)
r_0	m	Rollradius bei zentrischer Radsatzstellung
r_l	m	linker Rollradius beim quer verschobenen Radsatz
r_r	m	rechter Rollradius beim quer verschobenen Radsatz
R	m	Radius, insbesondere Profilkrümmungsradius
R_a	m	Hauptkrümmungsradius des elliptischen Stempels
R_b	m	Hauptkrümmungsradius des elliptischen Stempels
$R_{\xi 1}$	m	Radprofilkrümmungsradius, längs
$R_{\eta 1}$	m	Radprofilkrümmungsradius, quer
$R_{\xi 2}$	m	Schienenprofilkrümmungsradius, längs
$R_{\eta 2}$	m	Schienenprofilkrümmungsradius, quer
R_ξ^*	m	äquivalenter Krümmungsradius (längs)
R_η^*	m	äquivalenter Krümmungsradius (quer)
R_m^*	m	äquivalenter mittlerer Krümmungsradius
$R', (R'')$	m	größter (kleinster) äquivalenter Krümmungsradius
R_R	m	Krümmungsradius des Radprofils bei Kreisprofilen
R_S	m	Krümmungsradius des Schienenprofils bei Kreisprofilen
s	m	Spurspiel
s, s_ξ, s_η	–	lokaler (wahrer) Schlupf
S	–	Schwerpunkt
$S(\Omega)$	–	zweiseitige Spektraldichte
$S_a(\Omega)$	(m/s²)²	Antwortleistungsspektrum der Beschleunigungen
t	s	Zeit
T	s	Schwingungsdauer
T, T_ν	N	resultierende Schlupfkraft, Tangentialkraft
T_ξ, T_η	N	Längs-, Querschlupfkraft
$T_{\xi a}$	N	Resultierende Schlupfkraft in Längsrichtung aufgrund eines Antriebsmomentes

u_x	m	longitudinale Verschiebung
u_y	m	horizontale Verschiebung, Querverschiebung
u_z	m	Vertikalverschiebung
u_ξ, u_η	m	Differenzverschiebung aus Rad- und Schienenverschiebung in der Kontaktfläche
$\dddot{u}_y$	m/s^3	3. Ableitung der Lateralverschiebung (Ruck)
U	Nm	potentielle Energie
v, v_0	m/s	Fahrgeschwindigkeit
v_{crit}	m/s	kritische Geschwindigkeit
v_ξ, v_η	m/s	Geschwindigkeit des Rades im Kontaktpunkt
v'_ξ, v'_η	m/s	Geschwindigkeit der Schiene im Kontaktpunkt
$V(\Omega)$	–	Vergrösserungsfunktion
$Ve(i)$	–	Verbindungselement i
W	Nm	Reibarbeit
W/l	Nm/m	Reibarbeit pro Längeneinheit
Wz	–	Wertungsziffer
x, y, z	m	raumfeste Koordinatenrichtungen
$y_g\,(z_G)$	m	Gleisanregung aus Richtungsfehler (Höhenfehler)

Skalare Größen mit griechischen Buchstaben

Symbol	Einheit	Bedeutung
α	–	dimensionslose Variable in Transformationsbeziehungen, Gl. (11.13)
α	–	Phasenwinkel durch Fußpunkterregung
α	rad/s	Realteil des Eigenwerts(Dämpfung wird negativ)
α_a, α_δ	–	Hilfsvariable für Hertz-Theorie
β	–	dimensionslose Variable in Transformationsbeziehungen, Gl. (11.13)
β	–	dimensionsloser Achsstand bei Keizer, Gl (11.34b)
β	–	Phasenwinkel der Erregung
χ	m	Koeffizient der Gravitationssteifigkeit des Wendewinkels
γ	–	Phasenwinkel des Systems
δ	–	Tangentenneigung im Radaufstandspunkt
δ	m	elastische Deformation
δ	–	Realteil des Eigenwerts (als Dämpfung positiv)
δ_0	–	Tangentenneigung im Radaufstandspunkt bei zentrierter Stellung des Radsatzes
δ_r (δ_l)	–	Tangentenneigung im rechten (linken) Radaufstandspunkt
δu	–	virtuelle Verschiebung
Δ	–	Determinante
Δl	m	Längenänderung einer Feder
Δ	–	Differenz
Δr	m	Rollradiendifferenz
$\Delta \delta$	–	Kontaktwinkeldifferenz
ε	–	normierter Koeffizient der Kontaktwinkeldifferenz
ε	–	Verzerrung
ε_e	–	normierter Koeffizient der äquivalenten Kontaktwinkeldifferenz
γ	–	Phasenwinkel des Systems
λ	–	Konizität
λ_e	–	äquivalente Konizität
μ	–	dimensionslose Masse bei Keizer, Gl. (11.34a)

μ	kg/m	Massenbelegung bei Balken (Kap. 15)
ν	–	Starrkörperschlupf
ν_ξ, ν_η	–	Starrkörperschlupf längs, quer
ν_ζ	1/m	Bohrschlupf
ν	–	Querkontraktionszahl
σ	–	normierter Koeffizient des Wankwinkels(Laufparameter)
σ_e	–	normierter, äquivalenter Koeffizient des Wankwinkels (Laufparameter)
σ	N/mm²	Normalspannung
σ_Y	N/mm²	Fließspannung
σ_v	N/mm²	Vergleichsspannung
τ	N/mm²	Schubspannung, normierte Schubspannung
φ	rad	Winkel, Winkel bei komplexer Schreibweise
φ_k	rad	Phasenwinkel
φ	rad	Drehfreiheitsgrad
φ_x	–	Wankwinkel
φ_y	–	Winkeldrehung um y-Achse
φ_z	–	Wendewinkel
φ_{dr}	rad	Relativwinkel zwischen Radsatz und Drehgestell um Vertikalachse
$\dot{\varphi}_{z,Gleis}$	rad	Rotationsgeschwindigkeit des Radsatzes um Vertikalachse aufgrund der Gleiskrümmung
$\dot{\varphi}_{z,ges}$ $= \dot{\varphi}_{z,Gleis} + \dot{\varphi}_z$	rad	gesamte Rotationsgeschwindigkeit des Radsatzes gegenüber dem Gleis im Bogen
$\Phi(\Omega)$	–	einseitige Spektraldichte
Φ	–	Hilfsgröße bei der Johnson-Vermeulen-Lösung für das Tangentialkontaktproblem
$\Theta_z = \Theta_x$	kg/m²	Massenträgheitsmoment des Radsatzes um Hochachse
Θ_{xRa}	kg/m²	Massenträgheitsmoment des Drehgestellrahmens um Längsachse
Θ_{yRa}	kg/m²	Massenträgheitsmoment des Drehgestellrahmens um Querachse
Θ_{zRa}	kg/m²	Massenträgheitsmoment des Drehgestellrahmens um Hochachse
Θ_D	kg/m²	Massenträgheitsmoment des gesamten Drehgestells um Hochachse
ξ_{KL}		Kontaktpunktvorverlagerung links (im Bogen)

ξ_{KR}		Kontaktpunktvorverlagerung rechts (im Bogen)
ζ	1/m	Koeffizient der Gravitationssteifigkeit der Querverschiebung
ω	rad/s	Eigenkreisfrequenz
ω_ζ	rad/s	Winkelgeschwindigkeit im Kontaktpunkt der Schiene
Ω	rad/s	Erregerkreisfrequenz
Ω_0	rad/s	Winkelgeschwindigkeit des Radsatzes, insbesondere Winkelgeschwindigkeit bei zentrischer Stellung des Radsatzes
ξ, η, ζ	m	kontaktpunktfestes Koordinatensystem
η	–	dimensionslose Erregerfrequenz

Vektoren und Matrizen (lateinische Buchstaben)

A	–	Zustandsmatrix
C	–	Dämpfungsmatrix
I	–	Einheitsmatrix
f_ν	–	Schlupfkraftvektor
f_Q	–	Gewichtskraftvektor
f_F	–	Vektor der Fesselungskräfte
K	–	Steifigkeitsmatrix
M	–	Massenmatrix
p_0, p_Q	–	Vektor mit Gewichtsanteilen
$p(t)$	–	Erregervektor
T	–	Transformationsmatrix
$y(t)$	–	Vektor mit den Freiheitsgraden der Differentialgleichung 2. Ordnung

Indizes

a	außen (im Gleisbogen)
c	Cosinusanteil
C	Schlupfanteil (engl. creep)

16.1 Formelzeichen

c	Federanteil
d	Dämpferanteil
D	Drehgestell (Rahmen und Radsätze)
e	äquivalent (engl. equivalent)
eff	Effektivwert
ext	äußere Anteile beim PdvV (external)
f	frei
F	Fesselungsanteil
i	innen (im Gleisbogen)
int	innere Anteile beim PdvV (internal)
G	Gleis
h	hinten
l	links
L	links beim Bogenlauf
le	Vorderseite der Kontaktfläche (engl. leading edge)
p	primär
q	quadratischer Mittelwert
Q	Gewichtskraftanteil
red	reduziert
rel	relativ
r	rechts
R	rechts beim BogenlauF
R	Rad, Radsatz
Ra	Rahmen des Drehgestells
s	Sinusanteil
s	sekundär
S	Schienenkopf, Schiene
sat	gesättigt (englisch: saturated)
stat	statisch
v	vorn
W	Wagenkasten
x, y, z	Koordinatenrichtungen
x', y', z'	Koordinatenrichtung eines mitbewegten (körperfesten) Koordinatensystems
ξ, η, ζ	Koordinatenrichtungen im Kontaktpunktsystem

Symbole und Kennzeichen

$\hat{u}$	Amplitude einer Anregungsgröße
$\bar{u}$	konjugiert komplexe Größe
$\bar{u}$	Mittelwert
$\tilde{u}$	Zeitabhängigkeit
$\dot{u}, \ddot{u}$	erste und zweite Zeitableitung
u'	Ableitung nach dem Ort
$[\ ]^{\mathrm{T}}$	transponierte Matrix, transponierter Vektor

16.2 Koordinatensysteme

Bei der Entwicklung von Programmsystemen für Mehrkörpersysteme ist die Einführung unterschiedlicher Koordinatensysteme zwingend erforderlich, insbesondere dann, wenn große Verschiebungen und Verdrehungen zugelassen sind. Aber auch bei unserer vereinfachten, weitgehend linearen Betrachtung sollte man nicht darauf verzichten.

Die Definition derartiger Koordinatensysteme ist leider nicht einheitlich. So verwendet das Kontaktmechanik-Programm CONTACT ein anderes Koordinatensystem als das MKS-Programm MEDYNA. Bei der Entwicklung von Schnittstellen zwischen verschiedenen Programmsystemen ist daher besondere Sorgfalt geboten.

Wir beschränken uns bei der Behandlung von Koordinatensystemen auf den Fall, dass Gleise (Schiene und Schwelle) in sich starr sowie in jeder Hinsicht, einschließlich der Profile, symmetrisch zur Gleismittelebene sind. Wir schließen also aus, dass die beiden Schienen auf der Schwelle oder der Festen Fahrbahn Kippbewegungen ausführen können und dass Bögen mit unsymmetrischen Profilen auftreten.

Zur Kennzeichnung eines Koordinatensystems benötigt man den Koordinatenursprung O sowie die Einheitsvektoren in Richtung der Koordinatenachsen ($\vec{i}, \vec{j}, \vec{k}$).

Raumfestes Koordinatensystem. Das raumfeste $O_I\,\vec{i}_I\,\vec{j}_I\,\vec{k}_I$–Koordinatensystem ist ein inertiales Koordinatensystem, in dem die absoluten Bewegungen des Fahrzeugs ermittelt werden. Das raumfeste Koordinatensystem wird so festgelegt, dass es zum Zeitpunkt $t = 0$ mit dem Referenzkoordinatensystem zusammenfällt.

Referenzkoordinatensystem. Durch die Bewegungen des Referenzkoordinatensystems gegenüber dem raumfesten Koordinatensystem wird die Trassierung erfasst.

Das $O_0\,\vec{i}_0\,\vec{j}_0\,\vec{k}_0$–Referenzkoordinatensystem bewegt sich mit der Geschwindigkeit v mit dem Fahrzeug. Die $O_0\,\vec{i}_0\,\vec{j}_0$–Ebene liegt parallel zur Schienenoberfläche des ungestörten Gleises. Sofern nur ein Radsatz vorhanden ist, legt man den Koordinatenursprung zweckmäßigerweise in den Radsatzschwerpunkt (bei zentrischer Stellung des Radsatzes auf ungestörtem Gleis). Die $\vec{i}_0$–Achse zeigt in Fahrtrichtung, die $\vec{j}_0$–Achse fällt mit der Radsatzachse zusammen und zeigt nach links, die $\vec{k}_0$–Achse bildet mit den beiden anderen Achsen ein rechtsdrehendes Koordinatensystem.

Gleiskoordinatensystem. Die Bewegung des Gleiskoordinatensystems erfasst die Gleislagefehler. Sie werden im Referenzkoordinatensystem gemessen.

Das Gleiskoordinatensystem $O_G\,\vec{i}_G\,\vec{j}_G\,\vec{k}_G$ ist ein ebenfalls mit der Geschwindigkeit v mitbewegtes Koordinatensystem. Zur Definition des Gleiskoordinatensystems ist die Einführung der Rolllinie zweckmäßig. Ein völlig symmetrischer Radsatz wird hierbei auf dem mit Gleislagefehlern behafteten

Gleis so lange quer verschoben, bis rechter und linker Rollradius gleich sind ($r_\mathrm{L} = r_\mathrm{R} = r_0$). Der Koordinatenursprung O_G liegt im Schwerpunkt dieses Radsatzes, die $\vec{i}_\mathrm{G}$−Achse zeigt in Fahrtrichtung, die $\vec{j}_\mathrm{G}$−Achse fällt mit der Radsatzachse zusammen und zeigt nach links, die $\vec{k}_\mathrm{G}$−Achse bildet mit den beiden anderen ein rechtsdrehendes Koordinatensystem.

Radsatzkörperfestes Koordinatensystem. Die Radsatzverschiebungen werden als relative Verschiebungen eines radsatzkörperfesten Koordinatensystems im Referenzkoordinatensystem gemessen.

Der Ursprung des radsatzkörperfesten Koordinatensystems liegt im Schwerpunkt des verschobenen Radsatzes. Seine $\vec{i}_\mathrm{R}$−Achse entspricht der Fahrtrichtung, die $\vec{j}_\mathrm{R}$−Achse fällt mit der Radsatzachse zusammen und zeigt nach links, die $\vec{k}_\mathrm{R}$−Achse bildet mit den beiden anderen ein rechtsdrehendes Koordinatensystem. Von der Rotation um die $\vec{j}_\mathrm{R}$−Achse abgesehen bewegt sich das Koordinatensystem gemeinsam mit dem Radsatz.

Der Radsatz ist bei dieser Wahl des Koordinatensystems ein Gyrostat. Es sind Gyroskopie-Matrizen zu berücksichtigen.

Nominalkonfiguration. Als *Nominalkonfiguration* bezeichnet man den Zustand, bei dem das Fahrzeug unter Eigengewicht sowie gegebenenfalls unter weiteren, zeitlich unveränderlichen Kräften steht (z.B. Fliehkräften beim Durchfahren eines Bogens mit konstantem Radius und konstanter Überhöhung bei konstant bleibender Fahrgeschwindigkeit). Aufgrund der getroffenen Annahmen ist die Ermittlung der Nominalkonfiguration im geraden Gleis trivial. Einzig in vertikaler Richtung kommt es zu einer Zusammendrückung von Primär- und Sekundärfedern.

Beim quasistatischen Bogenlauf (Bogenlauf ohne Gleislagefehler und ohne transiente Vorgänge beim Bogeneinlauf und Bogenauslauf) ist die Ermittlung der Nominalkonfiguration hingegen eine gesonderte Aufgabe [118, 117, 119, 17].

Die Verschiebungen der einzelnen Körper des Fahrzeuges lassen sich aufteilen in einen Verschiebungszustand der Nominalkonfiguration und den überlagerten Störgrößenzustand.

Kontaktkoordinatensystem. Im Kontaktkoordinatensystem $O_\mathrm{K}\xi\eta\zeta$ werden die kontaktmechanischen Vorgänge (Kraftschluss-Schlupf-Beziehungen) beschrieben.

Der Koordinatenursprung O_K ist, sofern die Kontaktfläche eine Ellipse ist, der Mittelpunkt der Kontaktellipse. Die $O_\mathrm{K}\xi\eta$−Ebene ist die tangentiale Kontaktebene. Die ξ-Achse ist (falls der Radsatz um einen Winkel φ_ζ die Winkelhalbierende zwischen der Fahrtrichtung und der Abrollrichtung (senkrecht auf der Radsatzachse), die ζ-Achse ist die äußere Normale der Schiene, η bildet mit den beiden anderen Achsen ein rechts drehendes Dreibein.

16.3 Grundlagen der Kontaktmechanik

16.3.1 Hertzsche Kontaktmechanik

Vorbemerkung Im folgenden soll eine einfache Übersicht über die Hertzsche Kontaktmechanik gegeben werden. Es geht hierbei nicht darum, die vollständigen mathematischen Ableitungen unter Verwendung elliptischer Integrale vorzuführen. Zunächst soll vielmehr das Gefühl dafür geweckt werden, welche Ergebnisse im Rahmen der Hertzschen Kontaktmechanik zu erwarten sind. Die Darstellung orientiert sich teilweise an einer einführenden Darstellung von Johnson [103].
Die Johnsonsche Darstellung ist an unsere Bezeichnungen angepasst.

Kontaktbedingung Betrachtet werden zwei Körper mit Oberflächen zweiten Grades. Die beiden Körper berühren sich zunächst und werden dann um den Betrag δ einander angenähert, siehe Bild 16.1. Die gesamte elastische Annäherung setzt sich aus einer Zusammendrückung des Körpers 1 um δ_1 und einer des Körpers 2 um δ_2 zusammen. Jetzt kann man den neuen Abstand $h'(x,y)$ der Punkte A_1 und A_2 mit der gleichen Koordinate (x,y) angeben:

$$h'(x,y) = h(x,y) - (\delta_1 + \delta_2) + (w_1(x,y) - w_2(x,y)) \,. \tag{16.1}$$

Die beiden δ-Termen sind Zusammendrückungen mit gleichem Vorzeichen, die addiert werden müssen. Die beiden Verschiebungen w_1 und w_2 sind positiv, wenn sich der jeweilige Punkt in positiver z-Richtung (siehe Bild 16.1) verschiebt. Das ist bei A_1 der Fall, nicht jedoch bei A_2. Daraus folgt das Minuszeichen bei w_2.
Wenn die beiden Punkte A_1 und A_2 in der Kontaktfläche liegen, dann wird der Abstand $h'(x,y)$ zu Null und man erhält

$$w_1(x,y) - w_2(x,y) = (\delta_1 + \delta_2) - h(x,y) \,. \tag{16.2}$$

Man fasst nun die beiden Zusammendrückungen zusammen, d.h. $\delta = (\delta_1 + \delta_2)$, und setzt für $h(x,y)$ den Ausdruck ein, der sich ergibt, wenn es sich um den Kontakt zweier Paraboloide mit gleichen Hauptachsenrichtungen handelt, nämlich

$$w_1(x,y) - w_2(x,y) = \delta - \frac{x^2}{2R_x^*} - \frac{y^2}{2R_y^*} \,. \tag{16.3}$$

Hierbei ist

$$\frac{1}{R_x^*} = \frac{1}{R_{x1}} + \frac{1}{R_{x2}},$$
$$\frac{1}{R_y^*} = \frac{1}{R_{y1}} + \frac{1}{R_{y2}}.$$

Die Krümmungsradien sind positiv, wenn der Krümmungsmittelpunkt im Inneren des Körpers liegt.

Liegen die beiden Punkte A_1 und A_2 außerhalb der Kontaktfläche, so muss für den Abstand gelten $h'(x,y) > 0$, also

$$w_1(x,y) - w_2(x,y) > \delta - \frac{x^2}{2R_x^*} - \frac{y^2}{2R_y^*}. \qquad (16.4)$$

Konstitutive Gleichungen. Bei der Zusammendrückung der beiden Körper ergeben sich Kontaktspannungen. Es lässt sich allein aus Symmetrieüberlegungen zeigen, dass unter den in Kap. 3 getroffenen Annahmen Normalbeanspruchungen nur relative Normalverschiebungen $w_1(x,y) - w_2(x,y)$ und keine relativen Tangentialverschiebungen $u_1(x,y) - u_2(x,y)$ bzw. $v_1(x,y) - v_2(x,y)$ zur Folge haben (und umgekehrt). Beim Normalkontaktproblem für Halbräume aus gleichem Material können daher in der Kontaktfläche nur Normalspannungen auftreten.

Die Frage ist nun, welche Flächenpressungen in der Kontaktfläche gerade dafür sorgen, dass die Kontaktbedingung erfüllt ist. Ausgangspunkt hierfür ist die Angabe des Verschiebungszustandes einer Einzellast auf dem Halbraum (Bild 16.2)

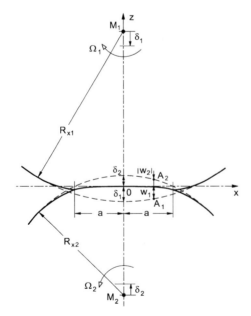

Bild 16.1. Annäherung der beiden Körper ① und ②. Die nicht gezeichnete y-Achse zeigt ins Bild. Es ist ohne weiteres möglich, Bild 16.1 in Übereinstimmung mit Bild 3.1 zu bringen, wenn man davon ausgeht, dass das $O_K - \xi - \eta - \zeta$-Koordinatensystem von Bild 3.1 mit dem $O - x - y - z$-Koordinatensystem von Bild 16.1 zusammenfällt

16.3 Grundlagen der Kontaktmechanik   315

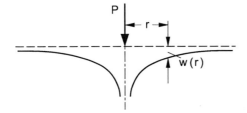

Bild 16.2. Verschiebungszustand eines Halbraumes unter Einzellast

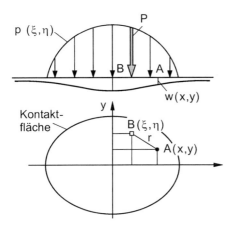

Bild 16.3. Bezeichnungen für eine verteilte Belastung auf einer Kontaktfläche Ω

$$w(r) = \frac{1-\nu^2}{\pi E}\frac{2Q}{r}, \tag{16.5}$$

mit E als Elastizitätsmodul und ν als Querkontraktionszahl.

Für eine verteilte Flächenpressung $p(x,y)$ (Bild 16.3) ergibt sich daraus

$$w(x,y) = \frac{1-\nu^2}{\pi E} \iint_\Omega \frac{p(\xi,\eta)}{\sqrt{(x-\xi)^2+(y-\eta)^2}} d\xi d\eta. \tag{16.6}$$

16.3.2 Kontaktgleichung

Die Flächenpressung $p(x,y)$ wirkt nun sowohl auf den Körper 1 als auch auf den Körper 2. Für die resultierenden Vertikalverschiebungen muss gelten:

$$w_1(x,y) - w_2(x,y)) = \frac{1}{\pi}\left(\frac{1-\nu_1^2}{E_1}+\frac{1-\nu_2^2}{E_2}\right)\iint_\Omega \frac{p(\xi,\eta)\,d\xi d\eta}{\sqrt{(x-\xi)^2+(y-\eta)^2}}. \tag{16.7}$$

16. Anhang

Gleichsetzen von Gl. (16.4) und Gl. (16.7) ergibt schließlich die gesuchte Kontaktgleichung

$$\frac{1}{\pi}\left(\frac{1-\nu_1^2}{E_1}+\frac{1-\nu_2^2}{E_2}\right)\int\int_\Omega \frac{p(\xi,\eta)}{\sqrt{(x-\xi)^2+(y-\eta)^2}}d\xi d\eta$$
$$=\delta-\frac{x^2}{2R_x^*}-\frac{y^2}{2y}. \tag{16.8}$$

Das ist eine (singuläre) Integralgleichung für die Flächenpressung $p(x,y)$. Die Lösung ist eine halbellipsoidale Druckverteilung

$$p(x,y)=p_0\sqrt{1-\frac{x^2}{a^2}-\frac{y^2}{b^2}}. \tag{16.9}$$

Streng genommen gelten die Beziehungen nur für gleiche Materialien. Aber auch bei ungleichen Materialien ist die Hertzsche Lösung eine sehr gute Näherung. Man führt noch als Abkürzung ein

$$\frac{1}{E^*}=\frac{1-\nu_1^2}{E_1}+\frac{1-\nu_2^2}{E_2}. \tag{16.10}$$

Bei Körpern aus gleichem Material ist

$$\frac{1}{E^*}=\frac{2(1-\nu^2)}{E}. \tag{16.11}$$

Bei der Lösung der Integralgleichung (16.8) sind die maximale Flächenpressung p_0 sowie die beiden Radien a und b der Kontaktellipse unbekannt. Es lässt sich mit rein geometrischen Überlegungen zeigen, dass

$$\frac{a}{b}=\sqrt{\frac{R_x^*}{R_y^*}}. \tag{16.12}$$

Die Frage lautet dann: Wie groß ist der Radius a der Kontaktfläche und wie groß ist die maximale Flächenpressung oder die zugehörige Belastung

$$P=\int\int_\Omega p(x,y)dxdy=\frac{2\pi}{3}abp_0. \tag{16.13}$$

Da zumeist $2Q$ gegeben ist, stellt sich die Frage: Wie groß ist der Radius a und wie groß ist die elastische Annäherung δ?

16.3.3 Grundgleichungen für das Tangentialkontaktproblem nach Carter

Wie im Fall des dreidimensionalen Kontaktproblemes unterscheidet man auch im zweidimensionalen Fall zwischen drei Grundgleichungen

- konstitutiven Gleichungen,
- kinematischen Beziehungen und
- Kontaktbedingungen.

Beim Carterschen Problem erhält man durch Aufintegration der Spannungen nur eine resultierende Größe, die Längsschlupfkraft T_x.

Konstitutive Gleichungen. Im zweidimensionalen Fall lauten der Verschiebungsvektor und der Vektor der Tangentialspannungen

$$\mathbf{u} = \{u_x, u_z\}^T = \{u_{x1} - u_{x2}, u_{z1} - u_{z2}\}$$

und

$$\mathbf{q} = \{q_x, p\}^T$$

Man erhält dann als konstitutive Gleichung

$$\left| \mathbf{u}(x) = \int_\Omega \mathbf{G}(x-\xi)\,\mathbf{q}(\xi)\,d\xi + \mathbf{c}, \right| \quad (16.14)$$

wobei $\mathbf{c} = \{C_1, C_2\}^T$ ein Vektor bestehend aus zwei Konstanten und $\mathbf{G}(x-\xi)$ wieder eine Einflussfunktionsmatrix sind:

$$\mathbf{G}(x-\xi) = \frac{4(1-\nu^2)}{\pi E} \begin{bmatrix} \ln(x-\xi) & 0 \\ 0 & \ln(x-\xi) \end{bmatrix}. \quad (16.15)$$

Die beiden Konstanten C_1 und C_2 sind nicht zum Verschwinden zu bringen. Ihr Auftreten hat zur Folge, dass sich die elastische Annäherung beim Normalkontaktproblem und die Relativverschiebung beim Tangentialkontaktproblem nicht berechnen lassen. Für die Spannungsberechnung stört das nicht.

Auch hier ergibt sich, dass das Normal- und das Tangentialkontaktproblem über die konstitutiven Gleichungen nicht gekoppelt sind. Die in Gl. (16.14) zum Ausdruck kommende Entkopplung gilt auch hier nur, wenn man die konstitutiven Gleichungen bezüglich der Differenzverschiebungen angibt.

16. Anhang

Kinematische Beziehungen. Man betrachtet zwei aufeinander abrollende Zylinder (Bild 16.1). Der Schlupf ist definiert als Differenzgeschwindigkeit von Körper ① gegenüber Körper ②, dividiert durch eine mittlere Geschwindigkeit v_m:

$$\nu_\xi = \frac{v_1 - v_2}{v_\mathrm{m}} = \frac{R_{\mathrm{x}2}\Omega_2 - R_{\mathrm{x}1}\Omega_1}{v_\mathrm{m}}, \qquad (16.16)$$

mit

$$v_\mathrm{m} = \frac{R_{\mathrm{x}1}\Omega_1 + R_{\mathrm{x}2}\Omega_2}{2}.$$

Rollt die Walze auf einer Ebene ab, so ergibt sich als Schlupf

$$\nu_\mathrm{x} = \frac{2(v_0 - r_0\Omega)}{v_0 + r_0\Omega}. \qquad (16.17)$$

Als *lokalen Schlupf* $s(x)$ in der Kontaktfläche erhält man

$$\boxed{s(x,t) = \nu_\mathrm{x}(t) + \frac{\partial u_\mathrm{x}(x,t)}{\partial x} - \frac{1}{v_\mathrm{m}}\frac{\partial u_\mathrm{x}(x,t)}{\partial t}.} \qquad (16.18)$$

Kontaktbedingungen. Die Kontaktbedingung wird natürlich im zweidimensionalen Fall wesentlich einfacher. Zudem betrachten wir hier nur den stationären Fall:

$$\boxed{(x,y) \in \Omega_{haft} \iff \begin{cases} s_\mathrm{x}(x) = \mathbf{0} \\ |q_\mathrm{x}(x)| \leq \mu p(x) \end{cases}} \qquad (16.19)$$

$$\boxed{(x,y) \in \Omega_{gleit} \iff \begin{cases} s_\mathrm{x}(x) \neq \mathbf{0} \\ q_\mathrm{x}(x) = +\frac{s_\mathrm{x}(x)}{|s_\mathrm{x}(x)|}\mu p(x) \end{cases}} \qquad (16.20)$$

Schlupfkräfte. Bei dem hier betrachteten Fall gibt es nur eine Längsschlupfkraft

$$\boxed{T_\mathrm{x}(x,t) = \int_\Omega q_\mathrm{x}(x,t)dx.} \qquad (16.21)$$

16.3 Grundlagen der Kontaktmechanik

Cartersche Lösung. Mit Hilfe der zweiten konstitutiven Gleichung (16.14) lassen sich die Tangentialverschiebungen des Materials in der Kontaktfläche aus den angreifenden Tangentialspannungen berechnen:

$$u_\mathrm{x}(x,t) = \frac{4(1-\nu)^2}{\pi E} \int_{-a_0}^{a_0} q_\mathrm{x}(\xi) \ln(x-\xi) d\xi + C_2(t). \qquad (16.22)$$

Genau wie beim Normalkontaktproblem hängt die Konstante C_2 von der Wahl der Bezugspunkt zur Bestimmung der Relativverschiebung u_x ab. Im stationären Fall stört das nicht weiter, da bei der Bildung der partiellen Ableitung $\frac{\partial u_\mathrm{x}}{\partial x}$ die Konstante herausfällt. Es verbleibt

$$\frac{\partial u_\mathrm{x}(x)}{\partial x} = \frac{4(1-\nu^2)}{\pi E} \int_{-a_0}^{a_0} \frac{1}{x-\xi} q_\mathrm{x}(x,\xi) d\xi. \qquad (16.23)$$

Die für den zweidimensionalen Fall gültigen **stationären Kontaktgleichungen** werden nachfolgend zusammengestellt, Ziel ist es, bei gegebenem Starrkörperschlupf ν_x die Tangentialspannungen $q_\mathrm{x}(x)$ und anschließend die Schlupfkraft T_x zu ermitteln.

Im **Haftgebiet** Ω_{haft} gilt

$$\left| \frac{4(1-\nu^2)}{\pi E} \int_{-a_0}^{a_0} \frac{1}{x-\xi} q_\mathrm{x}(\xi) d\xi = -\nu_\mathrm{x} \quad \forall \ x \in \Omega_{haft}, \right| \qquad (16.24)$$

wobei die Nebenbedingung

$$|q_\mathrm{x}(x)| \leq \mu p(x), \qquad (16.25)$$

einzuhalten ist.

Im **Gleitgebiet** Ω_{gleit} gilt

$$\left| q_\mathrm{x}(x) = \frac{\nu_\mathrm{x} + \frac{\partial u_\mathrm{x}(x)}{\partial x}}{\left|\nu_\mathrm{x} + \frac{\partial u_\mathrm{x}(x)}{\partial x}\right|} \mu p(x) \quad \forall \ x \in \Omega_{gleit}. \right| \qquad (16.26)$$

Außerhalb der Kontaktfläche muss gelten

$$\boxed{q_\mathrm{x}(x) = 0 \quad \forall \ x \notin \Omega.} \qquad (16.27)$$

Man hat also wiederum eine singuläre Integralgleichung, Gl. (16.24), zu lösen und einige Nebenbedingungen zu erfüllen.

16.4 Funktion Φ für die Lösung nach Vermeulen-Johnson

Gleichung 3.55 enthält eine Funktion Φ, die eine Kombination aus vollständigen elliptischen Integralen darstellt. Diese wird übernommen aus der Originalarbeit von Vermeulen und Johnson [218], zugleich mit einer Funktion Ψ_1, die man für reinen Querschlupf ν_η benötigt. Es gilt

$$T_\xi = \mu N \left[1 - \left(1 - \frac{\nu_\xi}{\nu_{\xi,\text{sat}}}\right)^3\right], \tag{16.28a}$$

$$T_\eta = \mu N \left[1 - \left(1 - \frac{\nu_\eta}{\nu_{\eta,\text{sat}}}\right)^3\right], \tag{16.28b}$$

mit

$$\nu_{\xi,\text{sat}} = \frac{3\mu N \Phi}{G a b \pi}, \tag{16.29a}$$

$$\nu_{\eta,\text{sat}} = \frac{3\mu N \Psi_1}{G a b \pi}. \tag{16.29b}$$

Für die beiden Funktionen Φ und Ψ_1 gelten die folgenden Beziehungen:

$$\Phi\left(\frac{a}{b}\right) = \begin{cases} B - \nu(D - C) & a < b, \\[6pt] \dfrac{\pi(4 - 3\nu)}{16} & a = b, \\[6pt] \dfrac{b}{a}[D - \nu(D - C)] & a > b; \end{cases} \tag{16.30a}$$

$$\Psi_1\left(\frac{a}{b}\right) = \begin{cases} B - \dfrac{a^2}{b^2} C & a < b, \\[6pt] \dfrac{\pi(4 - \nu)}{16} & a = b, \\[6pt] \dfrac{b}{a}[D - \nu(C)] & a > b. \end{cases} \tag{16.30b}$$

B, C und D sind vollständige elliptische Integrale als Funktion von $k = \sqrt{1 - \frac{a^2}{b^2}}$ für $a < b$ und $k = \sqrt{1 - \frac{b^2}{a^2}}$ für $b > a$. Für sie existieren Unterprogramme oder man kann sie aus [97] entnehmen.

16.5 Grundgleichungen der vereinfachten Rollkontakttheorie

Haftbereich	Gleitbereich
$\sqrt{X^2 + Y^2} \leq \mu p$ (16.31a)	$\sqrt{X^2 + Y^2} = \mu p$ (16.31b)

Abkürzungen

$$\nu_\xi = \frac{V_{\xi 1} - V_{\xi 2}}{v_m}, \tag{16.32a}$$

$$\nu_\eta = \frac{V_{\eta 1} - V_{\eta 2}}{v_m}, \tag{16.32b}$$

$$\nu_\zeta = \frac{\Omega_{\zeta 1} - \Omega_{\zeta 2}}{v_m}, \tag{16.32c}$$

$$v_m = -\frac{V_{\xi 1} + V_{\xi 2}}{2}, \tag{16.33}$$

$$u_\xi = u_{\xi 2} - u_{\xi 1}, \tag{16.34a}$$

$$u_\eta = u_{\eta 2} - u_{\eta 1}. \tag{16.34b}$$

Kinematische Beziehungen

$$s_\xi = (\nu_\xi - \nu_\zeta \eta) + \frac{\partial u_\xi}{\partial \xi} \tag{16.35a}$$

$$s_\eta = (\nu_\eta + \nu_\zeta \xi) + \frac{\partial u_\eta}{\partial \xi} \tag{16.35b}$$

konstitutive Gleichungen

$$X = \frac{u_\xi}{L_\xi} \tag{16.36a}$$

$$Y = \frac{u_\eta}{L_\eta} \tag{2.64b}$$

Kontaktbedingungen

Haftbereich	Gleitbereich
$s_\xi = 0$ $s_\eta = 0$ (16.37a,b)	$s_\xi = \lambda X$, (16.38a)
	$s_\eta = \lambda Y$, (16.38b)
	mit $\lambda \leq 0$.

16.6 Stabilitätsbedingungen charakteristischer Gleichungen mit dem Hurwitz-Kriterium

Ein systematischer Weg zur Ermittlung der Stabilitätsgrenzbedingung wurde von Hurwitz [93] angegeben. Hurwitz untersucht, unter welchen Bedingungen eine algebraische Gleichung nach Art von Gl. (10.25) mit reellen Koeffizienten nur Wurzeln mit negativen Realteilen hat. Bei Angabe dieser Stabilitätsbedingung spielt die so genannte Hurwitz-Matrix eine Rolle. Auf die Wiedergabe des Beweises von Hurwitz aus [93] soll hier verzichtet werden. Es soll aber wenigstens auf einfache Weise deutlich gemacht werden, wie man die Hurwitz-Matrix erhält. Man geht hierzu von den beiden Gln. (10.26a,b) aus. Aus diesen beiden Gleichungen lässt sich ein Gleichungssystem zur Ermittlung der Potenzen $(-\omega_{\text{crit}}^2)^k$ für $k = 0$ bis n aufbauen. Man muss hierzu nur die beiden Gleichungen (10.26a,b) mit Potenzen ω_{crit}^2 multiplizieren und aus den dann entstehenden Gleichungen das Gleichungssystem aufbauen. Dieses Gleichungssystem lautet

$$\begin{bmatrix} a_1 & a_3 & a_5 & a_7 & a_9 & a_{11} & a_{13} & a_{15} & \cdots \\ a_0 & a_2 & a_4 & a_6 & a_8 & a_{10} & a_{12} & a_{14} & \cdots \\ 0 & a_1 & a_3 & a_5 & a_7 & a_9 & a_{11} & a_{13} & \cdots \\ 0 & a_0 & a_2 & a_4 & a_6 & a_8 & a_{10} & a_{12} & \cdots \\ 0 & 0 & a_1 & a_3 & a_5 & a_7 & a_9 & a_{11} & \cdots \\ 0 & 0 & a_0 & a_2 & a_4 & a_6 & a_8 & a_{10} & \cdots \\ 0 & 0 & 0 & a_1 & a_3 & a_5 & a_7 & a_9 & \cdots \\ 0 & 0 & 0 & a_0 & a_2 & a_4 & a_6 & a_8 & \cdots \\ \vdots & \vdots & \vdots & \vdots & \vdots & \vdots & \vdots & \vdots & \ddots \end{bmatrix} \begin{bmatrix} (-\omega^2)^0 \\ (-\omega^2)^1 \\ (-\omega^2)^2 \\ (-\omega^2)^3 \\ (-\omega^2)^4 \\ (-\omega^2)^5 \\ (-\omega^2)^6 \\ (-\omega^2)^7 \\ \vdots \end{bmatrix} = \begin{Bmatrix} 0 \\ 0 \\ 0 \\ 0 \\ 0 \\ 0 \\ 0 \\ 0 \\ \vdots \end{Bmatrix}. \qquad (16.39)$$

Die Koeffizientenmatrix des Gleichungssystems ist die *Hurwitz*-Matrix. Nach Hurwitz gelten nun die folgenden Stabilitätsbedingungen:

Das charakteristische Polynom (10.25) besitzt dann und nur dann lediglich Wurzeln mit negativen Realteilen, wenn
1. alle Koeffizienten a_i von Null verschieden und positiv sind und
2. die aus der Hurwitz-Matrix gebildeten Unterdeterminanten nur positive Werte annehmen.

Zur Verdeutlichung ist die Stabilitätsbedingung für die charakteristische Gleichung 4.Ordnung

$$a_0 + a_1\lambda + a_2\lambda^2 + a_3\lambda^3 + a_4\lambda^4 = 0 \qquad (16.40)$$

angegeben. Als erstes müssen alle Koeffizienten von (16.40) positiv sein.

$$a_k > 0 \quad \text{für } k = 0\ldots 4\,. \tag{16.41a}$$

Die *Hurwitz*-Matrix hat für das Polynom 4.Ordnung die Gestalt:

$$\begin{bmatrix} a_1 & a_3 & 0 & 0 \\ a_0 & a_2 & a_4 & 0 \\ 0 & a_1 & a_3 & 0 \\ 0 & a_0 & a_2 & a_4 \end{bmatrix}.$$

Die Determinanten-Kriterien lauten nun

$$\Delta_k > 0 \quad \text{für } k = 1\ldots 3\,, \tag{16.41b}$$

mit

$$\Delta_1 = a_1, \Delta_2 = a_1 a_2 - a_0 a_3 \text{ und } \Delta_3 = a_1 a_2 a_3 - a_0 a_3^2 - a_4 a_1^2\,. \tag{16.41c}$$

In der nachfolgenden Tab. 16.6 sind alle Stabilitätskriterien für Polynome bis zur Ordnung 6 zusammengestellt. Bei Polynomen höherer Ordnung gelingt es nicht mehr, die Stabilitätsgrenzfrequenz geschlossen anzugeben, da hierzu kubische oder höhere Gleichungen gelöst werden müssten.

16.7 Kritische Geschwindigkeit des Einzelradsatzes bei Berücksichtigung der Nebendiagonalglieder der Schlupf-Dämpfungsmatrix

Der Vollständigkeit halber seien noch die Beziehungen angegeben, die man erhält, wenn man die d_{12C}-Terme berücksichtigt. Anstelle von (10.36) und (10.37) erhält man (unter Vorbehalt):

$$\omega_{\text{crit}}^2 = \frac{d_{11C} s_{22} + d_{22C} s_{11} - d_{12C} s_{21} - d_{21C} s_{21}}{d_{11C} m_{22} + d_{22C} m_{11}} \tag{16.42}$$

und

$$k = \frac{d_{11C} d_{22C}}{-s_{12} s_{21}} \left[\left(\frac{m_{22} s_{11} - m_{11} s_{22}}{m_{11} d_{22C} + m_{22} d_{11C}} \right)^2 \right.$$
$$- \frac{d_{12C} s_{21} + d_{21C} s_{12}}{d_{11C} d_{22C}} \left(\frac{m_{11}^2 s_{22} d_{22C} + m_{22}^2 s_{11} d_{11C}}{m_{11} d_{22C} + m_{22} d_{11C}} \right.$$
$$\left. \left. - \frac{m_{11} m_{22} (d_{11C} s_{22} + s_{11} d_{22C} - d_{12C} s_{21} - d_{21} s_{12})}{m_{11} d_{22C} + m_{22} d_{11C}} \right) \right].$$

Ordnung des Polynoms	zusätzliche Stabilitätsbedingung	Stabilitätsgrenzfrequenz ω_{crit}^2
2	$a_1 \geq 0$	$\frac{a_0}{a_2}$
3	$a_1 a_2 - a_0 a_3 \geq 0$	$\frac{a_1}{a_3}$
4	$a_1 a_2 a_3 - a_0 a_3^2 - a_4 a_1^2 \geq 0$	$\frac{a_1}{a_3}$
5	$(a_3 a_4 - a_2 a_5)(a_1 a_2 - a_0 a_3) - (a_1 a_4 - a_0 a_5)^2 \geq 0$	$\frac{a_3 \pm \sqrt{a_3^2 - 4a_1 a_5}}{2a_5}$
6	$[a_5(a_3 a_4 - a_2 a_5) - a_6(a_3^2 - 2a_1 a_5)](a_1 a_2 - a_0 a_3)$ $-a_5(a_1 a_4 + a_0 a_5)^2 - a_1 a_3 a_6(a_0 a_5 - a_1 a_4)^2 \geq 0$	$\frac{a_3 \pm \sqrt{a_3^2 - 4a_1 a_5}}{2a_5}$

Tabelle 16.6. Stabilitätskriterien für charakteristische Polynome der Ordnung 2 bis 6

Als kritische Geschwindigkeit ergibt sich schließlich

$$v_{\text{crit}}^2 = \omega_{\text{crit}}^2 \frac{d_{11\text{C}} d_{22\text{C}} - d_{12\text{C}} d_{21\text{C}}}{(-s_{12} s_{21})} \frac{1}{1-k} \,. \tag{16.43}$$

Setzt man in diese Gln. Zahlenwerte ein und vergleicht mit (10.36) bis (10.38), so stellt man fest, dass eine Vernachlässigung der $d_{12\text{C}}$-Terme gerechtfertigt ist.

17. Literaturverzeichnis

1. D. R. Ahlbeck. A study of dynamic load effects due to railroad wheel profile roughness. In M. Apetaur, editor, *The Dynamics of Vehicles on Roads and on Tracks. Proceedings of the 10th IAVSD Symposium held in Prague, CSSR, August 24–28, 1987. Supplement to Vehicle System Dynamics, vol. 17*, pages 13–16, Lisse and Amsterdam, 1988. Swets & Zeitlinger.
2. D. R. Ahlbeck and J. A. Hadden. Measurement and prediction of impact loads from worn railroad wheel and rail surface profiles. *ASME J. of Engng. for Industry*, 107:197–205, 1985.
3. E. Andersson, M. Berg, and S. Stichel. Spårfordons dynamik, 2002. Vorlesungsumdruck (auf schwedisch). KTH Stockholm.
4. T .M. Beagly. Severe wear of rolling/sliding contacts. *Wear*, 36:317–335, 1976.
5. B. Bergander. Private Mitteilung. Gastvortrag TU Berlin, 1993.
6. N. W .M. Bishop and F. Sherrat. A theoretical solution for the estimation of rainflow ranges from power spectral density data. *Fatigue Fract. Engng. Mater. Struct.*, 13(4):311–326, 1990.
7. N. W. M. Bishop and H. Zhihua. The Fatigue Analysis of Wind Turbine Blades using Frequency Domain Techniques. In F. J. L. Van Hulle, P. T. Smulders, and J. B. Dragt, editors, *Wind Energy: Technology and Implementation (Amsterdam EWEC 1991)*, pages 246–250. Elsevier Science Publishers B.V., 1991.
8. H. Bodén, U. Carlsson, R. Glav, H.P. Wallin, and M. Åbom. Ljud- och vibrationslära. Vorlesungsskript (in Schwedisch. Das Bild ist aus Informationsmaterial der Firma Brüel & Kjaer GmbH entnommen), Markus Wallenberg Laboratory for Noise and Vibration Research, 1999.
9. Chr. Boedecker. *Die Wirkungen zwischen Rad und Schiene und ihre Einflüsse auf den Lauf und den Bewegungswiderstand der Fahrzeuge in den Eisenbahnzügen.* Hahn'sche Buchhandlung, Hannover, 1887.
10. A. Böhmer, T. Klimpel und K. Knothe. Dynamik und Festigkeit von gummigefederten Radreifen. *ZEV+DET Glasers Annalen*, 124(3):223–230, 2000.
11. P. Bolton and P. Clayton. Rolling-sliding wear damage in rail and tyre steels. *Wear*, 93:145–165, 1984.
12. D. Boocock. The steady state motion of railway vehicles on curved track. *J. Mech. Engrng. Sc.*, 11(6):556–566, 1969.
13. G.-P. Bracker. *Einfluß der Gehänge- und Tragfederkräfte auf das Laufverhalten freier Lenkradsätze im geraden Gleis.* Dissertation, TH München, 1966.
14. H. Bufler. Zur Theorie der rollenden Reibung. *Ing.-Arch.*, XXVII:137–152, 1959.
15. H. Bugarcic. Grundlagen spurgebundener Fahrzeuge I, 1985. Vorlesungsumdruck, TU Berlin, Institut für Fahrzeugtechnik.
16. H. Buse und G. Voss. *Lebensdauersimulation durch Betriebsfestigkeitsrechnung an Drehgestellen des Hochgeschwindigkeitsverkehrs*, Bd. 1219, S. 543–563. VDI-Verlag, Düsseldorf, 1995.

17. C. Bußmann. Quasistatische Bogenlauftheorie und ihre Verifizierung durch Versuche mit dem ICE. *Fortschrittberichte VDI, Reihe 12, Nr. 338 (zugleich Dissertation TU Berlin)*. VDI-Verlag, Düsseldorf, 1997.
18. O. Buxbaum. *Betriebsfestigkeit. Sichere und wirtschaftliche Bemessung schwingbruchgefährdeter Bauteile. 2. Auflage.* Verlag Stahleisen mbH, Düsseldorf, 1992.
19. B. Cain. Contribution to Poritsky's paper on *Stresses and deflections of cylindrical bodies in contact with application to contact of gears and locomotive wheels. J. Appl. Mech.*, 17:338–340, 1950.
20. F. W. Carter. The electric locomotive. *Proc. Inst. Civil Engn.*, 201:221–252, 1916. Discussion pages 253–289.
21. F. W. Carter. On the action of a locomotive driving wheel. *Proc. R. Soc. Lond.*, A 112:151–157, 1926.
22. F. W. Carter. On the stability of running of locomotives. *Proc. R. Soc. Lond.*, A 121:585–610, 1928.
23. CEN. Eisenbahnwesen - Festigkeitsanforderungen an Wagenkästen von Schienenfahrzeugen. Entwurf CEN 7, Europäische Norm, Brüssel, 1996.
24. CEN. Railway Applications - Ride comfort for passengers - Measurement and evaluation, prENV 12299 (prepared by TC256 WG7), 1999.
25. CEN. Railway applications - Testing for acceptance of running behaviour of railway vehicles. prEN, CEN/TC 256 Wg 10, Draft, CEN, Brussels, December 2000.
26. U.H. Clormann and T. Seeger. RAINFLOW-HCM Ein Zählverfahren für Betriebsfestigkeitsnachweise auf werkstoffmechanischer Grundlage. *Stahlbau*, 55:65–71, 1986.
27. N. K. Cooperrider. The hunting behaviour of conventional railway trucks. *J. Eng. Ind.*, 94:752–762, 1976.
28. N. K. Cooperrider, J. K. Hedrick, E. H. Law, and C. W. Malstrom. The application of quasilinearization techniques to the prediction of nonlinear railway vehicle response. In H. B. Pacejka, editor, *The Dynamics of Vehicles on Roads and on Tracks. Proceedings of the IUTAM Symposium held at Delft, The Netherlands, August 1975*, pages 314–325, Amsterdam, 1976. Swets & Zeitlinger.
29. N. K. Cooperrider, E. H. Law, R. Hull, P. S. Kadala, and J. M. Tuten. Analytical and Experimental Determination of Nonlinear Wheel/Rail Geometric Constraints. Interim Report No. FRA-OR&D, U.S. Department of Transportation, 1975.
30. H. T. Corten and T. J. Dolan. *Cumulative Fatigue Damage*. Inst. Mech. Engrs., London, 1958.
31. S. H. Crandall and W. D. Mark. *Random Vibration in Mechanical Systems*. Academic Press, New York, 1963.
32. N. N. Dauner (Vorsitzender). Vorläufige Richtlinien für den Fahrzeugbau zur Erzielung guter Führung der Fahrzeuge im Gleis, aufgestellt von der Arbeitsgemeinschaft für die Untersuchung der Fahrzeugführung im Gleis im Auftrag des Reichsverkehrsministeriums. Technischer Bericht, Deutsche Reichsbahn, Stuttgart, 1944. Mitglieder der Arbeitsgemeinschaft waren: Abt.Präs. Dauner (Vorsitzer), OR. Dr. Ing. Bäseler, OR. Dr. Ing. Bingmann, Prof. Dr. Ing. Heumann Technische Hochschule Aachen, OR. Hiller (Schriftführer), RDir Hörmann ab Jan. 1942, RDir. Jaehn, OR. Krauß vom Juli 1942 bis Febr. 1943, Abt.Präs. Dr. Ing. Meier ab Febr. 1943, OR Dr. Ing. Mielich, Prof. Dr. Ing Pflanz Technische Hochschule Prag, OR Schmidt-Kleewitz bis Mai 1942, OR. Dr. Ing. Schramm vom Mai 1942 bis Juli 1942, RDir. Dr. Ing. Troitzsch, Dr. Ing. Vogel Gesellschaft für Oberbauforschung Berlin, Abt. Präs. Dr. Ing. e.h. Wagner bis Nov. 1942, RDir. Witten ab Nov. 1942.

33. W. Dauner, Hiller, E. and Reck, W.. Einfürung in die Spurführungsmechanik der Schienenfahrzeuge. *Archiv für Eisenbahntechnik, Beiheft zu Eisenbahntechnische Rundschau*, Folge 2, S. 1–26, 1953.
34. A. D. de Pater. The approximate determination of the hunting movement of a railway vehicle by aid of the method of Krylov and Bogoljubov. *Appl. Sci. Res.*, 10:205–228, 1961.
35. A. D. de Pater. The exact theory of the motion of a single wheelset moving on a purely straight track. Report No. 648, Delft University of Technology, Delft, 1979.
36. DEC, Hrsg. *Statusseminar III. Spurgeführter Fernverkehr. Rad/Schiene-Technik. Berichte. Bad Kissingen, März 1976*, Frankfurt/Main, 1976. Deutsche Eisenbahn Consulting.
37. C. F. Dendy Marshall. *A History of British Railways down to the Year 1830*, pages 147–148. Oxford University Press, Oxford, 1938.
38. Deutsche Bahn AG. Merkbuch für Schienenfahrzeuge - Reisezugwagen - Band 3 (DS 939 03), o.J.
39. St. Dietz. Vibration and Fatigue Analysis of Vehicle Systems Using Component Modes. *Fortschritt-Berichte VDI (zugleich Dissertation TU Berlin)*, Reihe 12, Nr. 401. VDI-Verlag, Düsseldorf, 1999.
40. H. Dillmann. Einfluß der Schlupfabhängigkeit der Reibung auf den Bogenlauf zweiachsiger Schienenfahrzeuge mit freien Lenkachsen - Auszug aus einer Dissertation. *Glasers Annalen*, 83(12):420–433, 1959.
41. DIN. Klassierverfahren für das Erfassen regelloser Schwingungen. DIN 45667, Deutsches Institut für Normung e.V., Beuth Verlag, Berlin, 1969.
42. DIN. Schwingungsmessungen in der Umgebung von Schienenverkehrswegen – Meßverfahren. DIN 45672 - Teil 1, Deutsches Institut für Normung e.V., Beuth Verlag, Berlin, 1991.
43. DIN. Schwingungsmessungen in der Umgebung von Schienenverkehrswegen – Auswerteverfahren. DIN 45672 - Teil 2 (Entwurf), Deutsches Institut für Normung e.V., Beuth Verlag, Berlin, 1993.
44. DIN. Oberbau: Schienen – Symmetrische Breitfußschienen ab 46 kg/m. DIN EN 13647-1, Deutsches Institut für Normung e.V., Normenausschuss Eisen und Stahl, Normenausschuß Schienenfahrzeuge, Berlin, 1999.
45. T. Dirlik. *Application of Computers in Fatigue Analysis*. Thesis, University of Warwick, 1985.
46. C. Dorn. *Beitrag zur Synthetisierung von Rainflow-Kollektiven für die betriebsfeste Dimensionierung von Schienenfahrzeugen*. Dissertation, Universität Hannover, 1993.
47. M. Ehinger and T. Fretwurst. Betriebsfestigkeit im Schienenfahrzeugbau - Stand und Anwendbarkeit. *Wissenschaftliche Zeitschrift, Hochschule für Verkehrswesen Dresden*, 37 (5):845–875, 1990.
48. J. Elkins, R. A. Allen, and N. G. Wilson. Effect of wheel/rail contact on train rolling resistance. In G. M. L: Gladwell, H. Ghonem, and J. Kalousek, editors, *Contact Mechanics and Wear of Rail/Wheel Systems. Proceedings of the 2nd Int. Conf. held at the University of Rhode Island, Kingston, R.I.*, pages 213–228, 1986.
49. J. A. Elkins and A. Carter. Testing and analysis techniques for safety assessment of rail vehicles. *Vehicle System Dynamics*, 22:185–208, 1993.
50. ERRI. B153/RP 10, Vibratory comfort: Drawing up weigting curves, 1994.
51. ERRI. Versuche zum Festigkeitsnachweis an Schienenfahrzeugen. ERRI B 12/RP 60 (Entwurf, Version 07), European Rail Research Institute, Utrecht, 1995.

52. M. Fink. Physikalisch-chemische Vorgänge zwischen Rad und Schiene. *Glasers Annalen*, 75:207–210, 1951.
53. M. Flach. Rechnerische Lebensdauerberechnung für stochastische Lasten im Schienenfahrzeugbau. TIM-Forschungsberichte, FOMAAS, Universität-GH Siegen, 1999.
54. H. Fromm. Berechnung des Schlupfes beim Rollen deformierbarer Scheiben. *Z. Angew. Math. Mech. (zugleich Dissertation TH Berlin, 1926)*, 7:27–58, 1927.
55. L. Frýba. Response of a beam to a rolling mass in the presence of adhesion. *Acta Technica CSAV*, 19:673–687, 1974.
56. L. Frýba. *Dynamics of railway bridges*. Thomas Telford, London, 1996.
57. V. K. Garg and R. V. Dukkipati. *Dynamics of Railway Vehicle Systems*. Academic Press, Toronto, 1984.
58. R. Gasch, W. Hauschild, W. Kik, K. Knothe, and H. Steinborn. Stability and forced vibrations of a 4-axled railway vehicle with elastic carbody. In A. Slibar and H. Springer, editors, *The Dynamics of Vehicles on Roads and on Tracks. Proceedings of the 5th IAVSD – 2nd IUTAM Symposium held at the Technical University Vienna, Austria, September 1977*, pages 464–480, Amsterdam, 1977. Swets & Zeitlinger.
59. R. Gasch und K. Knothe. *Strukturdynamik, Band 1. Diskrete Systeme*. Springer, Berlin et al., 1987.
60. R. Gasch und K. Knothe. *Strukturdynamik, Band 2. Kontinua und ihre Diskretisierung*. Springer, Berlin et al., 1989.
61. R. Gasch and D. Moelle. Nonlinear bogie hunting. In A. A. Wickens, editor, *The Dynamics of Vehicles on Roads and on Tracks, Proceedings of the 7th IAVSD-Symposium held at Cambridge, UK, August 1981*, pages 455–467, Lisse/Amsterdam, 1982. Swets & Zeitlinger.
62. R. Gasch, D. Moelle, and K. Knothe. The effects of non-linearities on the limitcycles of railway vehicles. In J. K. Hedrick, editor, *The Dynamics of Vehicles on Roads and on Tracks, Proceedings of the 8th IAVSD-Symposium held at Cambridge, Mass./USA, August 1983*, pages 207–224, Lisse/Amsterdam, 1984. Swets & Zeitlinger.
63. U. Gerstberger, K. Knothe, and Y. Wu. *Combined modelling of discretely supported track models and subgrade models - vertical and lateral dynamics*, Volume 6 of *Lecture Notes in Applied Mechanics*, pages 247–264. Springer, Berlin e.a, 2002.
64. A. O. Gilchrist. The long road to solution of the railway hunting and curving problem. *Proc. Instn. Mech. Engrs.*, 212:219–226, 1998.
65. W. Giloi. *Simulation und Analyse stochastischer Vorgänge*. R. Oldenbourg, München-Wien, 1967.
66. M. J. Griffin. *Handbook of human vibration*. Academic Press, London, 1990.
67. A. Groß-Thebing. Lineare Modellierung des instationären Rollkontaktes von Rad und Schiene. *VDI Fortschritt–Berichte (zugleich Dissertation TU Berlin)*, Reihe 12, Nr. 199. VDI–Verlag, Düsseldorf, 1993.
68. H. Gudehus and H. Zenner. *Leitfaden für eine Betriebsfestigkeitsrechnung - Empfehlung zur Lebensdauerabschätzung von Maschinenbauteilen*. Verlag Stahleisen mbH, Düsseldorf, 1995.
69. E. J. Gumbel. *Statistics of Extremes*. Columbia University Press, New York, 1958.
70. E. Haibach. *Betriebsfestigkeit: Verfahren und Daten zur Bauteilberechnung*. VDI-Verlag, Düsseldorf, 1989.
71. B. Hänel. Betriebsfestigkeitsnachweis auf der Grundlage der Spektraldichte des regellosen Beanspruchungsprozeßes. *IfL-Mitteilung*, 15:252–260, 1976.

72. B. Hänel. Zur Mittelspannungsempfindlichkeit bei regelloser Beanspruchung. *IfL-Mitteilung*, 26:174–181, 1987.
73. B. Hänel. Über die Ableitung von Beanspruchungskollektiven aus dem Beanspruchungsprozeß. *IfL-Mitteilung*, 27:49–62, 1988.
74. W. Hanneforth and W. Fischer. *Laufwerke.* transpress, Berlin, 1986.
75. W. Hauschild. *Grenzzykelberechnung am nichtlinearen Rad–Schiene–System mit Hilfe der Quasilinearisierung.* Dissertation, Technische Universität Berlin, 1981.
76. X. He and R. R. Huilgol. Application of Hopf bifurcation at infinity to hunting vibrations of rail vehicle trucks. In G. Sauvage, editor, *Dynamics of Vehicles on Roads and Tracks. Proceedings of the 12th IAVSD Symposium held in Lyon, France, August 1991. Supplement to Vehicle System Dynamics*, volume 20, Amsterdam/Lisse, pages 240–253, 1992. Swets & Zeitlinger.
77. J. K. Hedrick. Nonlinear system response: Quasi-linearization methods. In *Hedrick, J. K. and Paynter, H. M. (Eds.): Nonlinear System Analysis and Synthesis: Volume 1 - Fundamental Principles. Presented at the Winter Annual Meeting of the American Society of Mechanical Engineers; New York, December 5-10, 1976*, pages 97–124, 1978.
78. J. K. Hedrick, N. K. Cooperrider, and E. H. Law. The Application of Quasi-Linearization Techniques to Rail Vehicle Dynamics Analysis. Final Report No. DOT-TSC-902, U.S. Department of Transportation, 1978.
79. G. Heinrich and K. Desoyer. Rollreibung mit axialem Schub. *Ingenieur-Archiv*, 36:48–72, 1967.
80. W. Helbig and E. Sperling. Verfahren zur Beurteilung der Laufeigenschaften von Eisenbahnwagen. *Organ für die Fortschritte des Eisenbahnwesens*, 96(12):177–187, 1941.
81. R. von Helmholtz. The causes of wear of tyre and rail in track curves and design possibilities for their avoidance. *Z. VDI*, 32:330–335, 353–358, 1888.
82. K. Hempelmann. Short Pitch Corrugation on Railway Rails – A Linear Model for Prediction. In *VDI Fortschritt–Berichte (zugleich Dissertation TU Berlin)*, Reihe 12, Nr. 231. VDI-Verlag, Düsseldorf, 1994.
83. H. Hertz. Über die Berührung fester, elastischer Körper. *Journal für die reine und angewandte Mathematik*, 92:156–171, 1882.
84. H. Hertz. Über die Berührung fester elastischer Körper. In *Heinrich Hertz, Gesammelte Werke*, pages 155–173. Band 1, Leipzig, 1895.
85. H. Heumann. Zum Verhalten von Eisenbahnfahrzeugen in Gleisbögen. *Organ Fortschr. Eisenb.-wes.*, 68:104–108, 218–121, 136–140, 158–163, 1913.
86. H. Heumann. Lauf von Eisenbahnfahrzeugen mit zwei ohne Spiel gelagerten Radsätzen beliebiger Belastung in der Geraden. *Organ Fortschr. Eisenb.-wes.*, 95:43–54, 60–61, 1940.
87. H. Heumann. Grundzüge des Bogenlaufs von Eisenbahnfahrzeugen. *Die Lokomotive*, 39, 1942.
88. H. Heumann. Grundzüge der Führung der Schienenfahrzeuge. *Elektrische Bahnen*, 49–52:Sonderdruck von Arbeiten aus den Jahren 1950 – 1953, 1954.
89. A. E. W. Hobbs. A Survey on Creep. Technical Note TN DYN 52, British Rail Research, Derby, 1967 (reprinted 1976).
90. R. Hopf, H. Kufeld, H. Link, J. P. Weiß, and H. Wessels. Der deutsche Schienenfahrzeugbau im Zeichen der Globalisierung der Märkte. *DIW-Wochenbericht*, 63(9):149–156, 1996.
91. R. Hopf, H. Kufeld, H. Link, J. P. Weiß, and H. Wessels. Lage und Perspektiven der deutschen Schienenfahrzeugindustrie. Berlin, 1997.
92. R. R. Huilgol. Hopf-Friedrichs bifurcation and the hunting of a railway axle. *Quart. J. Appl. Mech.*, 36:85–94, 1978.

93. A. Hurwitz. Ueber die Bedingungen, unter welchen eine Gleichung nur Wurzeln mit negativen realen Teilen besitzt. *Math. Ann.*, 46:273–284, 1895.
94. K. Inderst und C. Th. Müller. Energiefluß beim Schlingern von Schienenfahrzeugen. Forschungsbericht, Versuchsanstalt Minden der DB, o. J. (1967?). nicht veröffentlicht; aus dem Nachlass von C. Th. Müller und O. Krettek.
95. ISO. Mechanical vibration and shock - Evaluation of human exposure to whole body vibration - Part 1: General requirements. ISO 2631-1, International Organization for Standardization, Genève, 1997.
96. ISO. Mechanical vibration and shock - Evaluation of human exposure to whole body vibration - Part 4: Guidelines for the evaluation of the effects of vibration and rotational motion on passenger and crew comfort in fixed guideway transport systems. ISO 2631-4. International Organization for Standardization, Genève, 2001.
97. E. Jahnke, F. Emde, and F. Lösch. *Tafeln höherer Funktionen*. Teubner, Stuttgart, 1966. 7., durchges. u. erw. Aufl.
98. T. Jendel. Prediction of wheel profile wear - methodology and verification. Licentiate Thesis TRITA-FKT 2000:49, Royal Institute of Technology, Department of Vehicle Engineering, Railway Technology, Stockholm, 2000.
99. J.F.Archard. Contact and rubbing of flat surfaces. *Journal of applied physics*, 24:981–988, 1953.
100. K. L. Johnson. The effect of a tangential contact force upon the rolling motion of an elastic sphere on a plane. *Journal of Applied Mechanics*, 25:339–346, 1958.
101. K. L. Johnson. The effect of spin upon the rolling motion of an elastic sphere on a plane. *Journal of Applied Mechanics*, 25:332–338, 1958.
102. K. L. Johnson. *Contact Mechanics*. Cambridge University Press, Cambridge, 1985.
103. K. L. Johnson. Introduction to contact mechanics - a summary of the principle formulae. In *Fundamentals of Friction: Macroscopic and Microscopic Processes. Proceedings of the NATO Advanced Study Institute on Fundamentals of Friction. Braunlage/Harz, Germany, July 29 - August 9, 1991*, pages 589–603, Dordrecht, Boston, London, 1992. Kluwer Academic Publishers.
104. R. Joly. Untersuchungen der Querstabiliät eines Eisenbahnfahrzeuges bei höheren Geschwindigkeiten. *Rail International – Schienen der Welt*, 3:168–204, 1972.
105. M. Julien and Y. Rocard. *La stabilité de route des locomotives, deuxième partie*. Hermann & Cie., Paris, 1935.
106. J. J. Kalker. *On the Rolling Contact of Two Elastic Bodies in the Presence of Dry Friction*. Dissertation, TH Delft, Delft, 1967.
107. J. J. Kalker. Simplified theory of rolling contact. *Delft Progress Report, Ser. C, Mechanical and Aeronautical Engineering and Shipbuilding*, pages 1–10, 1973.
108. J. J. Kalker. *Three Dimensional Elastic Bodies in Rolling Contact*. Kluwer Academic Publishers, Dordrecht e.a., 1990.
109. J. J. Kalker. User's Manual of CONTACT, Version CONPS93. Technical report, TH Delft, NL, 1993.
110. K. Kämpfe. *Schwingungsverhalten eines zweiachsigen Eisenbahnfahrzeugs mit freien Lenkradsätzen und reibungsbehafteten Kopplungen beim Lauf im geraden Gleis*. Dissertation, TH München, 1961. Textband, Bildband und Formelband.
111. C. P. Keizer. Recent calculations on the hunting motions of railway vehicles running on 4 wheeled bogies. *Int. Journal of Vehicles Mechanics and Mobility*, 4:156–159, 1975.
112. C. P. Keizer. Some basic problems of bogies, an analytical approach. *Vehicle System Dynamics*, 8:359–406, 1979.

113. A. Khintchine. Korrelationstheorie der stationären stochastischen Prozesse. *Mathematische Annalen*, 109:604–615, 1934.
114. W. Kik. Numerische Untersuchungen laufstabilisierender Maßnahmen an Eisenbahnfahrzeugen. ILR-Bericht 46, Institut für Luft- und Raumfahrt, Berlin, 1979.
115. W. Kik, K. Knothe, and H. Steinborn. Theory and Numerical Results of a General Quasi-Static Curving Algorithm. In Wickens, A., editor, *Proceedings 7th IAVSD Symposium on Dynamics of Vehicles on Roads and on Tracks, Cambridge, Sept. 1981*, pages 427–440, Amsterdam, 1982. Swets & Zeitlinger.
116. W. Kik and J. Piotrowski. A fast, approximate method to calculate normal load at contact between wheel and rail and creep forces during rolling. In I. Zobory, editor, *Proc. of the 2nd Mini Conference on Contact Mechanics and Wear of Rail/Wheel Systems held at Budapest, July 29–31, 1996*, pages 52–61. Technical University of Budapest, 1996.
117. W. Kik and H. Steinborn. Führ- und Störverhalten – Ermittlung statischer und quasistatischer Gleichgewichtslagen. *VDI–Berichte*, 510:275–284, 1984.
118. W. Kik and H. Steinborn. Wheel/rail connection element for use in a multibody-algorithm. In *J. K. Hedrick (Ed.): The Dynamics of Vehicles on Roads and on Tracks. Proceedings 8th IAVSD-Symposium. Cambridge, Mass. August 1983. Swets & Zeitlinger, Lisse*, pages 303–316, 1984.
119. W. Kik and H. Steinborn. A nonlinear wheel–rail connection element and its application for the analysis of quasi-static curving behaviour. In J. Kisilowski and K. Knothe, editor, *Advanced Railway Vehicle System Dynamics*, chapter 8, pages 243–271. Wydawnicta Naukowo-Techniczne, 1991.
120. J. Kisilowski and K. Knothe, editors. *Advanced Railway Vehicle System Dynamics*. Wydawnictwa Naukowo-Techniczne, Warszawa, 1991.
121. J. Klingel. Über den Lauf von Eisenbahnwagen auf gerader Bahn. *Organ für die Fortschritte des Eisenbahnwesens*, Neue Folge 20:113–123, Tafel XXI, 1883.
122. K. Knothe. Die geometrisch nichtlinearen Beziehungen für einen starren Radsatz,der auf einer starren Schiene quer verschoben wird. ILR–Mitt. 17, Institut für Luft- und Raumfahrt, TU Berlin, 1975.
123. K. Knothe. Die dynamische Analyse von Mehrkörpersystemen zur Stabilitätsuntersuchung von Schienenfahrzeugen. In *VDI-Berichte 269*, pages 77–86, Düsseldorf, 1976. VDI-Verlag.
124. K. Knothe. *Gleisdynamik*. Ernst & Sohn, Berlin, 2001.
125. K. Knothe and F. Böhm. History of stability of railway and road vehicles. *Vehicle System Dynamics*, 31(5-6):283–323, 1999.
126. K. Knothe and A. Böhmer. Eschede - Einige Bemerkungen zur Dauerfestigkeit von Eisenbahnradsätzen. *Internationales Verkehrswesen*, 50(11):542–546, 1998.
127. K. Knothe und W. Kik. LINDA I - Ein Programmsystem zur Untersuchung des dynamischen Verhaltens von Schienenfahrzeugen. ILR-Bericht 11, Institut für Luft- und Raumfahrt, Berlin, 1976.
128. K. Knothe und L. Mauer. Inkrementelle Formulierung eines Algorithmus für Mehrkörpersysteme zur Untersuchung der stationären Gleichgewichtslage von Eisenbahnfahrzeugen. ILR-Mitteilung 59, Institut für Luft- und Raumfahrt, TU Berlin, 1979.
129. K. Knothe und L. Maurer. Inkrementelle Formulierung eines Algorithmus für Mehrkörpersysteme mit Anfangslasten und nichtlinearen Zwangsbedingungen. *Z. Angew. Math. Mech.*, 60:T42–T44, 1980.
130. K. Knothe and H. Wessels. *Finite Elemente – Eine Einführung für Ingenieure*, 3., überarb. und erw. Aufl. Springer, Berlin, Heidelberg, New York, Barcelona, Hong Kong, London, Mailand, Paris, Singapur, Tokio, 1999.

131. C. Knudsen, R. Feldberg, and H. True. Bifurcations and chaos in a model of a rolling railway wheelset. *Phil. Trans. R. Soc. Lond. A*, 338:455–469, 1992.
132. W. Kortüm und P. Lugner. *Systemdynamik und Regelung von Fahrzeugen – Einführung und Beispiele.* Springer–Verlag, Berlin e.a., 1994.
133. N. A. Kovalev. *The Lateral Oscillation of Rolling Stock.* Transheldhorizdat, Moskau, 1957.
134. J. Kowalewski. Über die Beziehungen zwischen der Lebensdauer von Bauteilen bei unregelmäßig schwankenden und bei geordneten Belastungsfolgen. Bericht Nr. 249, Deutsche Versuchsanstalt für Luft- und Raumfahrt, 1963.
135. H. Krause and H. Lehna. Investigation of tribological characteristics of rolling-sliding friction systems by means of systematic wear experiments under well-defined conditions. *Wear*, 119:153–174, 1987.
136. H. Krause and G. Poll. Wear of wheel–rail surfaces. *Wear*, 113(1):103–122, 1986.
137. H.-L. Krugmann. *Lauf der Schienenfahrzeuge im Gleis.* Oldenbourg, München, Wien, 1982.
138. H. Le The. Normal- und Tangentialspannungsberechnung beim rollenden Kontakt für Rotationskörper mit nichtelliptischen Kontaktflächen. In *VDI Fortschritt–Berichte (zugleich Dissertation TU Berlin)*, Reihe 12, Nr. 87. VDI-Verlag, Düsseldorf, 1987.
139. Leichtbau der Verkehrsfahrzeuge. Lastannahmen und Sicherheiten für Schienenfahrzeuge. Merkblatt Stahl 415, 3. Auflage, Forschungskreis 1 der Studiengesellschaft „Leichtbau der Verkehrsfahrzeuge", o. O., 1970.
140. J. Liersch. Klassieren von stochastischen Beanspruchungen mit Hilfe eines Rain-Flow-Zählverfahrens. Diplomarbeit, TU Berlin, Institut für Luft- und Raumfahrt, 1994.
141. Ch. Linder. *Verschleiß von Eisenbahnrädern mit Unrundheiten.* Dissertation, ETH Zürich, 1997.
142. G. Lindgren and I. Rychlik. Rain Flow Cycle Distributions for Fatigue Life Prediction under Gaussian Load Processes. *Fatigue Fract. Engng Mater. Struct.*, 10(3):251–260, 1987.
143. A. E. H. Love. *A Treatise on the Mathematical Theory of Elasticity. Reprint of the fourth edition, 1926.* Dover, New York, o.J.
144. A. Lünenschloß, F. Bucher, and K. Knothe. Normalkontakt zweier Körper mit rauen Oberflächen. In *Fortschritt–Berichte VDI, Reihe 2, Nr. 596*, Düsseldorf, 2002. VDI–Verlag.
145. A. Lünenschloß, F. Bucher, and K. Knothe. Numerische Behandlung des quaistatischen Tangentialkontaktproblems zweier Körper mit rauen Oberflächen. In *Fortschritt–Berichte VDI, Reihe 2, Nr. 616*, Düsseldorf, 2002. VDI–Verlag.
146. R. K. Luo, B. L. Gabittas, and B. V. Brickle. An integrated dynamic simulation of metro vehicles in a real operating environment. In Z. Shen, editor, *The Dynamics of Vehicles on Roads and on Tracks. Proceedings of the 13th IAVSD Symposium held in Chengdu/China in August 1993; Supplement to Vehicle System Dynamics*, volume 23, pages 334–345, Amsterdam/Lisse, 1994. Swets & Zeitlinger.
147. A. I. Lurje. *Räumliche Probleme der Elastizitätstheorie.* Akademie-Verlag, Berlin, 1963.
148. J. Mackenzie. Resistence on railway curves as an element of danger. *Proc. Instn. Civ. Engrs.*, 74:1–83, 1883.
149. T. Matsudaira. Shimmy of axles with pair of wheels (in Japanese). *J. of Railway Engineering Research*, pages 16–26, 1952.

150. T. Matsudaira. Paper awarded prize in the competition sponsored by Office of Research and Experiment (ORE) of the International Unions of Railways (UIC). ORE–Report RP2/SVA-C9, UIC, Utrecht, 1960.
151. T. Matsudaira. Dynamics of High Speed Rolling Stock. *Quarterly Report of Railway Technical Research Institute, JNR, Special Issue*, pages 21–27, 1963.
152. T. Matsudaira. Hunting problem of high speed railway vehicles with special reference to bogie design for the new Tokaido line. *Proc. Instn. Mech. Engrs.*, 180:58–66, 1965.
153. N. Matsui. A re-examination of the wheel/rail contact geometry and its application to the hunting analysis of railway bogie vehicles having profiled wheels. In Wickens, A., editor, *Proceedings 7th IAVSD Symposium on Dynamics of Vehicles on Roads and on Tracks, Cambridge, UK,Sept. 1981*, pages 468–480. Swets & Zeitlinger, Amsterdam, 1982.
154. L. Mauer. *Die modulare Beschreibung des Rad/Schiene-Kontaktes im linearen Mehrkörperformalismus*. Dissertation, Technische Universität Berlin, 1988.
155. J. P. Meijaard and A. D. DePater. Railway vehicle system dynamics an chaotic vibration. *Int. J. Nonlin. Mech.*, 24:1–17, 1989.
156. E. Melan. Der Spannungszustand eines „Mises–Henckyschen" Kontinuums bei veränderlicher Belastung. *Sitzber. Akad. Wiss. Wien, Abt. IIa*, 147:73–87, 1938.
157. K. Meyberg und P. Vachenhauer. *Höhere Mathematik, Band 1: Differential- und Integralrechnung Vektor- und Matrizenrechnung, Band 2: Differentialgleichungen, Funktionentheorie, Fourier-Analysis, Variationsrechnung*. Springer Verlag, Berlin e.a., 1990(Bd.1), 1991(Bd.2).
158. W. Michels. Theoretische Untersuchungen der Laufstabilität des Radsatzes. In *Statusseminar III. Spurgeführter Fernverkehr. Rad/Schiene-Technik. Berichte. Bad Kissingen, März 1976*, pages 13.1–13.31, Frankfurt/Main, 1976. Deutsche Eisenbahn Consulting.
159. M. A. Miner. Cumulative Fatigue Damage. *J. Appl. Mech.*, 12(3):159–164, 1945.
160. D. Moelle. *Digitale Grenzzykelrechnung zur Untersuchung der Stabilität von Eisenbahndrehgestellen unter dem Einfluß von Nichtlinearitäten*. Dissertation, Technische Universität Berlin, 1990.
161. C. Th. Müller. Radreifenverschleiß und Fahrzeuglauf. *Österr. Ing.-Z.*, 109:215–224, 1964.
162. C. Th. Müller. Das Schlingerproblem in der Sicht von Vergangenheit und Gegenwart. *Glasers Annalen - ZEV*, 93(11):329–336, 1969.
163. S. Müller. Linearized Wheel-Rail Dynamics – Stability and Corrugation. In *Fortschritt-Berichte VDI (zugleich Dissertation TU Berlin)*, Reihe 12, Nr. 368. VDI–Verlag, Düsseldorf, 1998.
164. N. N. Guidelines for evaluating passenger comfort in relation to vibration in railway vehicles. UIC code 513, UIC, Internationaler Eisenbahnverband, 1994.
165. N. N. Spezifikation für den Hochgeschwindigkeits-Triebzug ICE 2.2, 1994.
166. N. N. Radprofile, Breite 135 mm und 140 mm. DIN 5573, Deutsches Institut für Normung e.V., Normenausschuss Schienenfahrzeuge, Berlin, 1995.
167. N. N. Fahrtechnische Prüfung und Zulassung von Eisenbahnfahrzeugen - Fahrsicherheit, Fahrwegbeanspruchung und Fahrverhalten. UIC Kodex 518, VE, Ausgabe vom Januar 1997, UIC, Internationaler Eisenbahnverband, 1997.
168. H. Naubereit and J. Weihert. *Einführung in die Ermüdungsfestigkeit*. Hanser, München und Wien, 1999.
169. A. Nefzger. Geometrie der Berührung zwischen Radsatz und Gleis. *ETR*, 23:113–122, 1974.

17. Literaturverzeichnis

170. ORE. A. Nefzger. Entwicklung des Radprofils S 1002 auf dem Streckennetz der DB. C 116/DT81, Forschungs- und Versuchsamt des internationalen Eisenbahnverbandes ORE, Utrecht, 1979.
171. D. Nicklisch. Europäische Patentanmeldung. EP 1 091 044 A1 , Europäisches Patentamt, Paris, 2001.
172. ORE. Wechselwirkung zwischen Fahrzeug und Gleis. Bericht über das Preisausschreiben zur Lösung des Schlingerproblemes. ORE Bericht zur Frage C 9. Arbeitsergebnis Nr. 2 Band 1. Utrecht, Internationaler Eisenbahnverband UIC - Forschungs- und Versuchsamt ORE, 1957.
173. ORE. Gleisungenauigkeiten (spektrale Leistungsdichte). ORE-Bericht zur Frage C 116 (Wechselwirkung zwischen Fahrzeug und Gleis. Bericht Nr.1), Internationaler Eisenbahnverband UIC - Forschungs- und Versuchsamt ORE, Utrecht, 1971.
174. ORE. Geometrie der Berührung zwischen Radsatz und Gleis. Teil 1: Meß- und Auswerteverfahren. ORE Bericht zur Frage C 116/RP3, Forschungs- und Versuchsamt des internationalen Eisenbahnverbandes ORE, Utrecht, 1973.
175. ORE. Bewegungsgleichungen von Schienenfahrzeugen. ORE Bericht zur Frage C 116/RP4, Forschungs- und Versuchsamt des internationalen Eisenbahnverbandes ORE, Utrecht, 1974.
176. A. Palmgren. Die Lebensdauer von Kugellagern. *VDI-Z.*, 58:339–341, 1924.
177. B. N. J. Persson. *Sliding Friction - Physical Principles and Applications.* Springer, Berlin und Heidelberg, 1998.
178. O. Pigors. Verschleißuntersuchungen an Radwerkstoffen im Labor. *DET - Die Eisenbahntechnik*, 23:359–361, 1975.
179. K. Popp und W. Schiehlen. *Fahrzeugdynamik. Eine Einführung in die Dynamik des Systems Fahrzeug–Fahrweg.* B.G. Teubner, Stuttgart, 1993.
180. K. Popp and W. Schiehlen, editors. *System Dynamics and Long-Term Behaviour of Railway Vehicles, Track and Subgrade*, volume 6 of *Lecture Notes in Applied Mechanics.* Springer, Berlin e.a, 2002.
181. H. Poritsky. Stresses and deflections of cylindrical bodies in contact with application to contact of gears and locomotive wheels. *J. Appl. Mech.*, 17:191–201, 1950. (Diskussion hierzu in [19]).
182. S. R. M. Porter. The mechanics of a locomotive on curved track. *Proc. Instn. Mech. Engrs.*, 126:457–461, 1934.
183. S. R. M. Porter. The mechanics of a locomotive on curved track. *Railway Engineer*, 55:205–206, 255–257, 282–287, 318–330,384–386, 424–428, 1934/35.
184. S. R. M. Porter. The mechanics of a locomotive on curved track. Railway Gaz., London, 1935.
185. S. R. M. Porter. The mechanics of a locomotive on curved track. *Railway Gaz.*, 91:232–238, 432–434, 1935.
186. W. H. Press, S. A. Teukolsky, W. T. Vetterling, and B. P. Flannery. *Numerical Recipes.* Press Syndicate of the University of Cambridge, 2nd edition, 1992.
187. F. J. Redtenbacher. *Die Gesetze des Locomotiv-Baues.* Bassermann, Mannheim, 1855.
188. A. Renger. Theorie der Bewegung eines Radsatzes auf geradem Gleis mit stochastischen Gleislagefehlern. *Z. Angew. Math. Mech.*, 62:141–169, 1982.
189. A. Renger. Laufdynamik von Schienenfahrzeugen – Beitrag zur Querdynamik von vierachsigen Schienentriebfahrzeugen. Report R–Mech–02/85, Akademie der Wissenschaften der DDR, Institut für Mechanik, Berlin, 1985.
190. A. Renger. Laufdynamische Berechnung von Schienenfahrzeugen. Ein Konzept zum Einbau des Verfahrens der statistischen Linearisierung in das MKS-Programmsystem MEDYNA. ILR-Mitt. 264, Institut für Luft- und Raumfahrt, TU Berlin, 1991.

191. O. Reynolds. On rolling friction. *Philosophical Transactions of the Royal Society of London*, 166(I):155–174, 1876.
192. Y. Rocard. *La Stabilité de Route des Locomotives, Première Partie, avec une note de M. R. Lévy*. Hermann & Cie., Paris, 1935. Teil II siehe [105].
193. Y. Rocard. *Dynamique générale des vibrations. 2. éd., revue et augmentée*. Masson, Paris, 1949.
194. Y. Rocard. *L'instabilité en méchanique. Automobiles, avions, ponts suspendus*. Masson, Paris, 1957. English Translation by Crosby, Lockwood, London, 1957.
195. Y. Rocard. *General Dynamics of Vibrations*. Crosby, London, 1960.
196. R/S-VD. Arbeitsgemeinschaft Rheine-Freren, Rad/Schiene-Versuchs- und Demonstrationsfahrzeug; Definitionsphase R/S-VD; Ergebnisbericht der Arbeitsgruppe Lauftechnik, 1980.
197. J. Salin. Regards en arrière. *Revue Générale des Chemins de Fer*, 100:216–221, 1981.
198. G. Sauvage and Fortin J. P. Resistance to forward movement of railway vehicles. *French Railway Review*, 1:161–168, 1983.
199. H. Scheffel. The hunting stability and curving stability of railway vehicles. *Rail International*, 5:154–176, 1974.
200. H. Scheffel. A new design approach for railway vehicle suspension. *Rail International*, 5, 1974.
201. A. Schmidt und D. Moelle. Ermittlung der Grenzzykelbewegungen der nichtlinearen Drehgestelldynamik, Vergleich zwischen Hybridsimulation und digitalen Grenzzykelberechnungen. Bericht Nr. B 099006 EDS 019, MAN München, MAN Neue Technologie München und TU Berlin, ILR, 1982.
202. A. Schmidt und L. Mauer. Durchführung Rollprüfstands-Versuche, MAN-Anteil. Rad/Schiene-Forschung, BMFT-Vorhaben TV 79604, Abschlußbericht. Bericht Nr. K 096 991 - EDS -MAN Neue Technologie, München, April 1982.
203. R. Schwertassek und O. Wallrapp. *Dynamik flexibler Mehrkörpersysteme*. Vieweg, Braunschweig, Wiesbaden, 1998.
204. Z. Y. Shen, J. K. Hedrick, and J. A. Elkins. A comparison of alternative creep-force models for rail vehicle dynamic analysis. In J. K. Hedrick, editor, *The Dynamics of Vehicles on Roads and Tracks. Proceedings of the 8th IAVSD Symposium held at MIT Cambridge/MA, August 15-19, 1983*, pages 591 – 605, Lisse, 1984. Swets & Zeitlinger.
205. Sjöström, S. On Random Load Analysis. Technical Report 181, Transactions of the Royal Institute of Technology, Stockholm, Sweden, 1961.
206. H. So. The mechanism of oxidational wear. *Wear*, 184:161–164, 1995.
207. W. Specht. *Beitrag zur rechnerischen Bestimmung des Rad- und Schienenverschleißes durch Güterwagendrehgestelle*. Dissertation, RWTH Aachen, 1985.
208. E. Sperling. Beitrag zur Beurteilung des Fahrkomforts in Schienenfahrzeugen. *Glasers Annalen*, 80:314–320, 1956.
209. S. Stichel. Betriebsfestigkeitsberechnung bei Schienenfahrzeugen anhand von Simulationsrechnungen. *VDI Fortschritt–Berichte (zugleich Dissertation TU Berlin)*, Reihe 12, Nr. 288. VDI-Verlag, Düsseldorf, 1996.
210. S. Stichel. Modellierung und Parameterstudien zum Fahrverhalten von Güterwagen mit UIC-Fahrwerken. *ZEV+DET Glas. Ann.*, 123(7/8):289–296, 1999.
211. TGL. Schienenfahrzeugbau, Berechnungsgrundlagen, Festigkeitsnachweis. Fachbereichstandard TGL 33398/01-22, DDR, 1986.
212. A. Theiler. Abschlussbericht der Arbeitsgruppe am ILR der TU Berlin zum Projekt OPTIKON. Technischer Bericht, Institut für Luft- und Raumfahrt, TU Berlin, 2002.

213. H. True. Railway vehicle chaos and asymmetric hunting. In G. Sauvage, editor, *The Dynamics of Vehicles on Roads and on Tracks, Proc. of the 12th IAVSD Symposium held at Lyon/France, August 1991. Supplement to Vehicle System Dynamics*, volume 20, pages 625–637, Amsterdam/Lisse, 1992. Swets & Zeitlinger.
214. H. True. Does a critical speed for railroad vehicles exist? In *Hawthorne, K. L. and Hill, RJ. (Ed.): Proceedings of the 1994 ASME/IEE Joint Railroad Conference held in Chicago, Illionos, March 1994*, pages 125–131, 1994.
215. H. Uebelacker. Untersuchung über die Bewegung von Lokomotiven mit Drehgestellen in Bahnkrümmungen. *Organ für die Fortschritte im Eisenbahnwesen*, 58: Beilage, 158–162, 1903.
216. M. Urabe. Galerkin's procedure for nonlinear periodic systems. *Arch. Rat. Mech. Anal.*, 20:120–152, 1965.
217. M. Urabe and A. Reiter. Numerical computation of nonlinear forced oscillations by Galerkin's procedure. *Arch. of Math. Analysis and Applications*, 14:107–140, 1966.
218. J. Vermeulen and K. L. Johnson. Contact of nonspherical elastic bodies transmitting tangential forces. *Journal of Applied Mechanics*, 31:338–340, 1964.
219. A. H. Vollebregt, J. J. Kalker, and G. Wang. Contact '93 Users Manual. Technical report, Technical University of Delft, 1993.
220. G. Voß. Bedeutung der Lastannahmen für die Bemessung von Schienenfahrzeugen. *ZEV - Glas. Ann.*, 107(2):33–36, 1983.
221. G. Voß. Ermittlung von Betriebslastkollektiven für Hochgeschwindigkeitsdrehgestelle. *ZEV - Glas. Ann.*, 111(6):180–187, 1987.
222. G. Wang and K. Knothe. The influence of inertia forces on steady-state rolling contact between two elastic cylinders. *Acta Mechanica*, 79:221–232, 1989.
223. H. Weber. Prof. Heumanns Arbeiten auf dem Gebiet der Spurführung im Zeichen der heutigen Rad/Schiene-Technik. *ZEV Glasers Annalen*, 102(7/8):201–213, 1978.
224. A. H. Wickens. The dynamic stability of simplified four-wheeled vehicles having conical wheels. *Int. J. Solids Structures*, 1:319–341, 1965.
225. A. H. Wickens. The dynamics of railway vehicles on straight track: fundamental consideration of lateral stability. *Proc. I. Mech. Engrs.*, 180(3F):1–16, 1965.
226. A. H. Wickens. The dynamics stability of a simplified four-wheeled vehicle having profiled wheels. *Int. J. Solids Structures*, 1:385–406, 1965.
227. A. H. Wickens. Steering and dynamics stability of railway vehicles. *Vehicle System Dynamics*, 5:15–46, 1975.
228. A. H. Wickens. The dynamics of railway vehicles - from Stephenson to Carter. *Proc. Instn. Mech. Engrs. Part F*, (212):209–217, 1998.
229. Y. Wu. Einfache Gleismodelle zur Simulation der mittel- und hochfrequenten Fahrzeug/Fahrweg–Dynamik. In *Fortschritt-Berichte VDI (zugleich Dissertation TU Berlin)*, Reihe 12, Nr. 325. VDI–Verlag, Düsseldorf, 1997.
230. J. Zhang. Dynamisches Bogenlaufverhalten mit stochastischen Gleislagefehlern - Modell- und Verfahrensentwicklung unter Verwendung der Methode der statistischen Linearisierung. *VDI Fortschritt–Berichte (zugleich Dissertation TU Berlin)*, Reihe 12, Nr. 304. VDI–Verlag, Düsseldorf, 1997.

Sachregister

äquivalente Konizität, 45, 48
äquivalente Kreisprofile, 48
äquivalenter Koeffizient der Kontaktwinkeldifferenz, 46
äquivalenter Laufparameter, 46
äquivalenter Radprofilkrümmungsradius, 48
äquivalenter Schienenprofilkrümmungsradius, 48

Antwortleistungsspektrum
– Bedeutung des, 137–138
– Ermittlung des
– – bei periodischer Erregung, 128
– – bei stochastischer Erregung, 129, 130

Beanspruchungen des Drehgestellrahmens, *siehe* Betriebsfestigkeit
Berührpunktvorverlagerung, 260, 261
Betriebsfestigkeit, 277–299
– prinzipielles Vorgehen, 278
– – Schadensakkumulationshypothesen, 279
– – Spannungen in Bauteilen, 278
– – Spannungsberechnung, 280
– – Spannungskollektive, 279
– Repräsentation elastischer Körper im MKS-Programm, 278
Beurteilungskriterien, 2–4
– Grenzwerte, 3
– Komfort, 2, 3
– Lärm, 3
– Lebenszykluskosten, 3
– Sicherheit, 2, 3
– Traktion, 3
– Wirtschaftlichkeit, 2
Bezeichnung von Bewegungszuständen, 18
Biegesteifigkeit, *siehe* Drehgestell
Bogenlauf

– Uebelacker und Heumann, 266
– Antriebsmoment (erforderliches) im Bogen, 263
– dynamische Lösung, 2, 266
– kinematisch (reines Rollen), 257, 258
– quasistatische Lösung, 2, 256, 257
– – Gleichungssystem, 262
– – numerische Lösungen (nicht eindeutig), 266
– – Voraussetzungen, 256
– Radialeinstellung, 257, 264
– Radsatzstellungen, 258
– Rechnungen im Zeitbereich, 256
– Restschlupfkraft im Bogen, 263
– Rolllinie, 257, 258
– Schlüpfe im Bogen, 258–263
– Stellungen des Drehgestells im Bogen, 267
– – Freilauf, 270
– – Spießgang, 268
– Vereinfachungen, 266
– Verschleiß, 272–274
– von Drehgestellen abhängig von Primärfederung, 270–272
– von Drehgestellen und Fahrzeugen, 265–272

Definition von Kräften und Schlüpfen im Rad-Schiene-Kontakt, 33
Diagramm (Frequenz-Wellenlängen-Geschwindigkeit), 110
Drehgestell
– Biegesteifigkeit, 211
– Laufwerkskonstruktion, 23
– – Übersicht, 23
– – Minden-Deutz, 18–22
– – SGP-ICE-Drehgestell, 22–23
– – Y25, 23
– Reibdrehhemmung, 19, 21, 237, 239–241
– Schersteifigkeit, 211

- Schlingerdämpfer, 241

Effektivwert, 125, 126
- Ermittlung des Effektivwertes, 128
Eigenbewegungen des Fahrzeugs, 232
Eigenbewegungen eines Radsatzes, 201–202
Eigenwertberechnung, *siehe* Stabilität
- nummerisch, 197
elastischer Wagenkasten, 23–26

Fahrbahn
- harmonische, 125
- periodische, 125
- regellose, 125
Filter
- Bandpassverhalten, 132
- Filterung, 139
- selektive, 132
Filterung
- im Zeitbereich, 132
Forschung und Entwicklung in Deutschland, 11–12
- BMFT-Förderung, 11–12
- Neue Systemgrenzen um 1990, 12
Fourier-Reihendarstellung, 117, 118
Frequenzbereich
- Betriebsfestigkeit, 17
- Fahrdynamik, 17
- Radsatz/Gleis-Kräfte, 17
- Riffelbildung, Akustik, 17
Funktionen des R/S-Systems, 1–2
- Antriebsfunktion, 1, 2
- Führfunktion, 1
- - Stabilität, 2
- Tragfunktion, 1
- Tragfunktion (Komfort), 2, 139–155

Geschichte der Bahntechnik-Forschung, 4–11, 60–61
- Boedecker, 6
- Bogenlauf, 255–257
- - Übelacker, 255
- - Boedecker, 255
- - Dauner-Hiller-Reck, 255
- - Heumann, 10, 15, 255, 260, 266, 267, 270, 271
- - Mackenzie, 255
- - Porter, 255
- - Redtenbacher, 6, 255, 258
- - Uebelacker, 255
- Cooperrider, 244
- Hedrick, 244
- Klingel, 6

- Krugmann, 11
- Müller, C. Th., 10, 11, 243–244
- Matsudaira, 8
- ORE-Ausschuss zum Schlingerproblem, 10
- Rad-Schiene-Kontakt, 60–61
- - Bufler, 60
- - Carter, 7, 60, 63, 64, 66
- - Fromm, 8, 60, 63
- - Heinrich, 60
- - Johnson, 57, 60, 69
- - Kalker, 60, 67
- - Müller, 77
- - Reynolds, 60, 64
- - Rocard, 8
- SNCF-Versuche 1955, 8
- Stephenson, 4
- Tokaido-Linie, 10
- Wickens, 10
Geschwindigkeit, kritische, *siehe* kritische Geschwindigkeit
Gleislagefehler, 29
Gleisunregelmäßigkeit (regellos)
- gaußverteilt, 130
Grenzgeschwindigkeit, 246, *siehe* kritische Geschwindigkeit

Impuls- und Drallsatz, *siehe* Vertikaldynamik für einen Zweiachser
Inhaltsübersicht, 14–15

Komfort, 1, 139–155
- Einwirkungsdauer, 155
- Komfortkriterien, 140–155
- - Übertragungsfunktion, 149
- - ENV 12299, 149
- - ISO 2631, 146–149
- - allgemein periodisch, 143–144
- - Bewertungsfunktion, 142
- - CEN Diskrete Störungen, 153
- - CEN Kurvenübergänge, 151–152
- - CEN mittlerer Komfort, 150
- - Empfindungswerte, 140–142
- - lateral-vertikal, 142
- - regellos, 145–146
- - Wertungsziffern, 140–146
- Laufeigenschaften
- - Güter, 143
- - Güterwagen, 143
- Messung vs. Rechnung, 154
- Personen, 139–155
- Systemeigenschaft, 154
komplexe Schreibweise, 106–121

– Rechenregeln, 106–109
Konizität, 157
– äquivalente, 46
– wirksame, 46–48, 164–166
– – experimentelle Bestimmung, 166
Kontaktkinematik für den Rad/Schiene-Kontakt, 37–51
– äquivalente Kreisprofile, 48
– beliebige Profile, 43–45
– Konus- und Kreisprofile, 43
– mit Gleislagefehlern, 49, 50
– Quasilinearisierung, 45–48
– Schlupfberechnung, 50
Konzentrationsprozesse in der Bahntechnikindustrie, 13–14
Kreisprofile
– äquivalente, 48
kritische Geschwindigkeit
– Drehgestell, *siehe* Stabilität des Drehgestelllaufs
– Einzelradsatz(linear), 190
– linear, 193, 230, 232
– linear (Einzelradsatz), 192
– nichtlinear, 244–246
Kurzzeitdynamik, 3, 4

Langzeitverhalten, 3–4
– Fahrzeug, 4, 277–299
– Gleis, 4
Lastannahmen für Betriebsfestigkeitsrechnungen, 278
Lateraldynamik
– Einführung, 157–166
– Sinuslauf, 157
Leistungsdichtespektren, 131–138
– analoge Bestimmung, 132–133
– der Gleislagefehler, 131
– digitale Bestimmung, 133
– Ermittlung über Korrelationsfunktion, 131
– Ermittlung aus Zeitschrieb, 131
– im DB Netz für ICE 1, 133–135
– im Netz der DB für ICE 1
– – formelmäßig, 133
– Rechnung für ICE 2.2, 135–136

Mittelwert
– arithmetischer, 125
– Effektivwert, 125
– quadratischer, 125
MKS-Programm
– MEDYNA, 225
– ADAMS RAIL, 17, 37, 230

– GENSYS, 17, 230
– LINDA, 230
– MEDYNA, 12, 17, 37, 230, 311
– SIMPACK, 12, 17, 37, 230
– VAMPIRE, 17
– VOCO, 17, 230
Modellierung, 17–31
– Anregung, 28–31
– – bewegte Irregularität, 31
– – Gleislagefehler, 29, 30
– – unrunde Räder, 28
– Fahrzeug, 17–26
– – elastische Modelle, *siehe* elastischer Wagenkasten, *siehe* Vergrößerungsfunktion für elastischen Wagenkasten
– – Starrkörpermodelle, 17, 23
– – Verbindungselemente, 23
– Gleis, 26–28
– – Modellparameter, 27
– Koordinatensysteme, 18
– Laufwerk, *siehe* Drehgestell, Laufwerkskonstruktion
– Programmsysteme, 17

Normalkontakt zwischen Rad und Schiene, 52–59
– äquivalente Kontaktgrößen der Hertz-Theorie, 55–56
– Annahmen, 52–53
– Ellipsoidkontakt, 57–58
– Hertzsche Kontaktsteifigkeit, 59
– Hertzsche Theorie, 54–59
– Kugelkontakt, 56–57
– nichtelliptische Kontaktflächen, 53–54
– Walzenkontakt, 59
Normen
– DIN 13647 (Schienenprofil), 34
– DIN 5573:95 (Radprofil), 34
– ENV 12299, 146, 149, 151–154
– ISO 2631, 146–149
– ORE S1002 (Radprofil), 35, 44
– UIC 513, 146, 149
– UIC 518, 2, 130
– UIC 90A, 274
– CEN WG10, 2, 130
– ORE 116DT81 (Radprofil), 35
– UIC 60 (Schienenprofil), 34, 36, 44

Periode L, 127
Primärsteifigkeit
– optimale Parameter für Stabilität und Bogenlauf, 266

Prinzip der virtuellen Verrückungen (PdvV)
- für Starrkörpersysteme, 90–91
Profilgeometrie im Rad/Schiene-Kontakt, 34–36

Querbeschleunigung
- unausgeglichene, 262

Rad/Schiene-Kontakt, 1, 33–78
- Kontaktkinematik, 51
regellose Schwingungen, 125–138
Reibdrehhemmung, 19, 21, 237, 239–241
RMS-Value, siehe root mean square
Rolllinie, 257, 258
root mean square (RMS-Value), 125

Schädigung, siehe Langzeitverhalten
Schadensakkumulationshypothesen, 279
Schersteifigkeit, siehe Drehgestell
Schlüpfe
- im Bogen, 261
- im geraden Gleis, 50–51
Schlupfgeschwindigkeit
- im Bogen, 261
Schwingungssystem Mensch, 140
Sinuslauf
- des starren Drehgestells
-- Grenzgeschwindigkeit, 219
- eines Drehgestellfahrzeugs, 234–238
- eines Drehgestells, 197–227
-- Wellenlänge, 217
- eines Drehgestells mit Sekundärsteifigkeit (inkl. Frequenz), 219
- eines Radsatzes, 165
-- Ableitung der Klingel-Formel, 161, 164
-- Klingel, 159
-- Voraussetzungen der Klingel-Formel, 164–166
-- Wellenlänge, 164
-- Zusammenfassung, 166
Spektrum
- Amplitudenquadratspektrum, 127
- Amplitudenspektrum, 118, 119
- Leistungsspektrum, 127
- Phasenspektrum, 118
- Zusammenhang zwischen Weg- und Kreisfrequenz, 137
Störgrößen, 1
Stabilität, 2
- des Drehgestellaufs, 197–227

-- analytisch, 203–220
-- endliche Biege- und Schersteifigkeit, 225–227
-- endliche Biege- und Schersteifigkeit (Diagramm), 226
-- Koordinatentransformationen, 206–216
-- sehr große Biege- und Schersteifigkeit, 216
-- sehr große Biegesteifigkeit, 224
-- sehr große Schersteifigkeit, 221–225
- eines Boedecker-Fahrzeugs, 160
- eines vierachsigen Fahrzeugs, siehe Stabilität des Drehgestelllaufs
Standardabweichung, 125
statische Kondensation
- beim Drehgestell, 209
Symmetrieausnutzung, 17
Systembetrachtung, 3

Tangentialkontakt für Rad und Schiene, 60–78
- Anpassung der Theorie an die Praxis, 77–78
- Lösung für Ellipsoidkontakt (Kalker), 66–67
- Lösung für Walzenkontakt (Carter), 63–66
- Näherungslösung Johnson/Vermeulen, 69–70
- Näherungslösung Shen-Hedrick-Elkins, 70–72
- Reibungsphänomene, 62
- Vereinfachte Theorie, 77
- vereinfachte Theorie, 72
- Vorzeichendefinition, 61
- Zusatzannahmen, 62–63

Ueberhöhungsfehlbetrag, 262

Vergrößerungsfunktion
- Beschleunigungsvergrößerungsfunktion, 115
- für elastischen Wagenkasten, 121
- graphische Darstellung, 116
- Wegvergrößerungsfunktion, 115, 120
Vertikal-/Lateraldynamik
- Trennung, 2, 17
Vertikaldynamik für einen Zweiachser, 79–102
- Annahmen, 79–80
- Bewegungsgleichungen für elastische Wagenkästen, 98–99

- Differentialgleichungen, 88–90
- Eigenwerte und Eigenformen, 101–102
- Lösung für freie Schwingungen, 100–101
- Rechnung mit dem PdvV, 92–96
- - Bewegungsgleichungen in Matrizenform, 97
- - Einbau von Zwangsbedingungen, 93
- - Formalisiertes Vorgehen, 94–96
- - Formalisiertes Vorgehen: äußere Kräfte und Zwangskräfte, 96
- - Formalisiertes Vorgehen: Massenmatrix, 96
- - Formalisiertes Vorgehen: Virtuelle Formänderungsenergie, 95
- Rechnung mit Impuls- und Drallsatz, 80–90
- - am freien System, 87
- - Elimination der Zwangskräfte, 87–90
- - Federkräfte, 82–85
- - freies System, 85–87
- - Rechnungsablauf, 80–81
- - Verschiebungsfreiheitsgrade, 81
- - Zwangsbedingungen, 82

Vertikalfehler
- Messschrieb
- - Netz der DB, 135

Vertikalschwingungen
- allgemeine, periodische Gleislagefehler, 117–122
- - elastischer Wagen, 121–122
- Fußpunktanregung, 109–113
- harmonische Gleislagefehler, 109–117
- - Interpretation der Lösung, 113–117
- - Lösung für Tauchbewegung, 110–113
- Harmonische und periodischer Gleislagefehler, 105–122

Vorverlagerung, 260

Wegfrequenz, 127
Wellenlänge, *siehe* Sinuslauf
Wurzelortskurven, 199–201
- Drehgestell, 199
- - Charakterisierung, 199–203

Druck: Strauss GmbH, Mörlenbach
Verarbeitung: Schäffer, Grünstadt

Printed by Printforce, the Netherlands